L'ANATOMIE

DE

L'HOMME.

L'ANATOMIE

DE

L'HOMME,

SUIVANT LA CIRCULATION
du sang, & les dernieres découvertes,

DE'MONTRE'E AU JARDIN ROYAL.

Par Mr DIONIS, premier Chirurgien de
Madame la Dauphine, Chirurgien ordinaire
de la feuë Reine, & Iuré à Paris.

A PARIS,

Ez LAURENT D'HOURY, ruë saint Jacques,
devant la Fontaine saint Severin, au S. Esprit.

M. DC. XC.

Avec Approbations & Privilege du Roy.

PETRVS DIONIS · CHIRVRGVS

SERENISS · DELPHINÆ PRIMARIVS

Boulogne pinxit
S. Thomassin f.t. Graveur du Roy 1689

AU ROY,

IRE,

L'application continuelle que VÔTRE MAJESTE' *donne à la grandeur de ses Etats, ne l'empêche pas de penser incessamment à tout ce qui peut contribuer au*

à iij

EPISTRE.

bien particulier de ses sujets. Vôtre regne, SIRE, éternellement
memorable par de si glorieuses con-
quêtes, ne le sera pas moins par la
perfection où il a porté les Sciences & les Arts ; Ces illustres Aca-
demies protegées & fondées par
VÔTRE MAJESTE', en seront des
monumens aussi durables que la
memoire de ses Triomphes, &
s'il faut décendre à des choses de
moindre éclat, quoyque peut-être
plus utiles, ces Ecoles d'Anatomie
ouvertes si liberalement à tout le
monde, contribuëront encore à
faire passer jusqu'aux siecles les
plus reculez, les soins paternels
dont VÔTRE MAJESTE' est oc-
cupée. C'est à cet établissement,
SIRE, que la Medecine & la
Chirurgie doivent leurs lumieres

EPISTRE.

les plus parfaites : C'est là que la
Circulation du sang & les nou-
velles Découvertes nous ont heureusement desabusez de ces erreurs dont nous n'osions presque
sortir, & où l'autorité des Anciens nous avoit si long-tems re-
tenus. Monsieur Daquin vôtre
premier Medecin m'ayant choisi
pour démontrer à vôtre Jardin
Royal les Veritez Anatomiques,
je m'acquitay de cet employ avec
toute l'ardeur & toute l'exactitude qui sont dûës aux ordres de
VÔTRE MAJESTE' ; mais j'ay crû,
SIRE, que pour répondre entierement à vôtre intention,
je devois rendre publiques par
l'impression mes Démonstrations
d'Anatomie, afin qu'elles pussent
devenir utiles à ceux même à qui

EPISTRE.

bien particulier de ses sujets. Vôtre regne, SIRE, éternellement
memorable par de si glorieuses con-
quêtes, ne le sera pas moins par la
perfection où il a porté les Sciences & les Arts ; Ces illustres Aca-
demies protegées & fondées par
VÔTRE MAJESTE', en seront des
monumens aussi durables que la
memoire de ses Triomphes, &
s'il faut décendre à des choses de
moindre éclat, quoyque peut-être
plus utiles, ces Ecoles d'Anatomie
ouvertes si liberalement à tout le
monde , contribueront encore à
faire passer jusqu'aux siecles les
plus reculez , les soins paternels
dont VÔTRE MAJESTE' est oc-
cupée. C'est à cet établissement,
SIRE, que la Medecine & la
Chirurgie doivent leurs lumieres

les plus parfaites : C'est là que la
Circulation du sang & les nou-
velles Découvertes nous ont heureusement desabusez de ces erreurs dont nous n'osions presque
sortir, & où l'autorité des Anciens nous avoit si long-tems re-
tenus. Monsieur Daquin vôtre
premier Medecin m'ayant choisi
pour démontrer à vôtre Jardin
Royal les Veritez Anatomiques,
je m'acquitay de cet employ avec
toute l'ardeur & toute l'exactitude qui sont dûës aux ordres de
VÔTRE MAJESTE ; mais j'ay crû,
SIRE, que pour répondre entierement à vôtre intention,
je devois rendre publiques par
l'impression mes Démonstrations
d'Anatomie, afin qu'elles pussent
devenir utiles à ceux même à qui

EPISTRE.

l'éloignement des lieux n'a pas permis d'y assister. VÔTRE MAJESTE a parû approuver ce dessein, elle a bien voulu m'accorder la permission de mettre son Nom auguste à la tête de cet Ouvrage ; j'ose donc, SIRE, le luy presenter, trop heureux que mon foible talent m'ait donné une occasion de luy marquer le zele ardent, & le profond respect avec lequel je suis,

SIRE,

DE VÔTRE MAJESTE,

Le tres-humble, tres-obeïssant, &
tres-fidel serviteur & sujet;
DIONIS.

PREFACE.

SI les Anciens Philosophes ont donné à l'Anatomie, toute imparfaite qu'elle étoit, le premier rang entre les Sciences naturelles, à cause de l'excellence de son objet; quelle consideration ne merite-t-elle pas aujourd'huy qu'elle est devenuë la plus certaine de toutes les parties de la Medecine, par le grand nombre des Découvertes que l'on y a faites, & que l'on y fait encore tous les jours.

Ceux qui se sont heureusement défaits de la prévention qu'ils avoient pour les Anciens, & qui suivent des principes fondez sur l'experience & la raison, nous donnent des explications claires & mécaniques de tout ce qui a paru jusqu'icy de plus obscur & de plus caché dans l'Anatomie.

Je dis heureusement, parce que les Anciens ignorant le cours du sang, & croyant que le foye l'envoyoit par les

vénes à toutes les parties du corps pour
leur nourriture ; il étoit impoffible
qu'ils ne fuffent pas dans l'erreur, & que
les conféquences qu'ils tiroient, fuffent
juftes, puifque le principe dont ils
étoient fi perfuadez, n'eft pas veritable,
& qu'il fe trouve au contraire détruit
par un autre, qui eft la Circulation du
fang.

Je ne prétends pas vous la prouver
dans cette Preface ; la difpofition des
parties que je vous feray voir dans cette Anatomie, vous en convaincra beaucoup mieux que tout ce que je pourrois
vous en dire ; je veux feulement vous
avertir, que c'eft la Circulation du fang
que nous établiffons pour principe dans
tout le cours de ces Démonftrations,
tant pour confirmer les fentimens des
Modernes, que pour détruire les erreurs
des Anciens.

C'eft par fon moyen que nous décou-
vrons les fonctions les plus cachées du
corps humain, & que nous connoiffons
que les facultez que les Anciens attri-
buoient à differentes parties, comme
aux mammelles de faire le laict, & aux
tefticules la femence, ne font fimple-

ment que des ſeparations de ces liqueurs,
leſquelles étant mêlées avec le ſang ſe filtrent dans les mammelles ou dans les
teſticules.

Il ne faut auſſi que concevoir que cette circulation ſe fait du centre à la circonference par les arteres, & de la circonference au centre par les vénes, pour
croire que non ſeulement ces deux liqueurs, mais même toutes les autres,
ſont ſeparées du ſang par la ſeule diſpoſition des parties, qui ſont figurées d'une
maniere à laiſſer échapper une liqueur
plûtôt qu'une autre; C'eſt ainſi que le
ſuc animal eſt ſeparé par les glandes du
cerveau ; que la ſalive eſt ſeparée par
les parotides & les maxillaires; la bile par
les glandules du foye ; l'urine par les
reins ; le ſuc pancreatique par le pancreas, & ainſi des autres.

Ce qui fait voir encore que toutes ces
liqueurs ſe ſeparent de la maſſe du ſang
par le moyen de la Circulation, c'eſt
qu'il eſt certain que ce que nous appellons ſang, n'eſt qu'un mélange de pluſieurs liqueurs differentes, qui étant
portées par les arteres à toutes les parties du corps, s'échappent aux endroits

où elles trouvent des porofitez figurées
d'une maniere à les laiffer paffer ; que
cette feparation eft une fuite de la ftructure des parties ; & qu'ainfi elles n'ont
pas befoin de ces facultez *attractrices, re-
tentrices, & expultrices*, que les Anciens
admettoient fi inutilement.

On a efté plufieurs fiecles dans une
foûmiffion tellement aveugle pour ces
premiers Anatomiftes, qu'il n'étoit pas
permis de s'éloigner de leurs fentimens:
& l'on admettoit pour vray, que ce qui
fe trouvoit dans leurs écrits, & principalement dans ceux de Galien, pour lequel on avoit une eftime & une vene-
ration toute particuliere. Mais il s'eft
trouué dans ce fiecle des Anatomiftes
plus curieux & plus hardis, qui fe font
affranchis d'une loy fi dure & fi oppofée
à la raifon, & au progrés des Sciences:
Ils ont publié leurs decouvertes, & les
ont démontrées malgré les entêtemens
& les oppofitions des Partifans de l'Antiquité, qui les traitoient de novateurs &
de temeraires.

Quoyque je vienne de vous entretenir
de quelques erreurs des Anciens, je ne
prétends pas pourtant qu'on leur ait

moins d'obligation qu'aux Modernes ; au contraire j'avoüe que ce font eux qui nous ont donné les premieres connoiffances de l'Anatomie : En effet peut-on nier que Galien n'y ait efté plus fçavant que qui que ce foit avant luy, & que s'il n'a pas tout trouvé, c'eft qu'un feul homme ne le pouvoit faire?

Il en eft de même des découvertes des Modernes ; car il eft certain que quelques nombreufes qu'elles foient, il refte encore tant de chofes à connoître, que nous devons faire de nouveaux efforts pour étendre nos lumieres : D'ailleurs la difficulté qu'il y a de bien diftinguer tous les refforts de nôtre machine eft fi grande, qu'elle laiffera toûjours affez de matiere à l'efprit & à la main de ceux qui viendront aprés nous, s'ils veulent expliquer mécaniquement toutes les actions qui en dépendent.

Il ne faut pas croire que les nouvelles Découvertes que l'on a faites ayent rien changé à la compofition de l'homme, ni que les Modernes y ayent rien ajoûté de nouveau : Il eft tel qu'il a toûjours efté ; ils y ont feulement trou-

vé nouvellement ce que l'on n'avoit pas
encore découvert : Il en est arrivé de
même qu'à ces terres que l'on a découvertes depuis quelques siecles dans l'A-
merique ; l'on sçait qu'elles ne sont pas
produites depuis peu, mais de tout tems,
comme le reste du monde ; elles étoient
seulement inconnuës aux autres hommes,
de même que ces parties l'étoient aux
premiers Anatomistes.

Les Partisans des anciennes opinions
alleguent contre les découvertes de
Modernes, qu'il est inutile de sçavoir,
si le chile est porté au foye par les vénes mesaraïques, ou au cœur par les
vénes lactées & le canal thorachique,
puisque cela ne change rien dans la pratique, & que les Medecins saignent
& purgent comme auparavant ; mais
quand il seroit vray que ces connoissan-
ces ne changeroient pas la cure de quelques maladies, il est toûjours constant
qu'elles nous empêchent de nous tromper sur beaucoup d'autres ; & qu'elles
font que nos raisonnemens sont plus
justes, puisqu'ils sont appuyez sur des
fondemens plus certains & plus solides
que ceux des Anciens.

PREFACE.

Si l'Anatomie a beaucoup d'obligation à Harvée qui a découvert la Circulation ; à Virſungus qui a trouvé le canal Pancreatique ; à Aſellius qui a fait voir les vénes lactées ; à Pecquet qui le premier a démontré le canal thorachique , & à pluſieurs Modernes qui y ont travaillé avec ſuccés ; elle n'en a pas moins à Monſieur Daquin premier Medecin du Roy , par le rétabliſſement qu'il fit des *Démonſtrations publiques au Iardin Royal* , où il a voulu que l'Anatomie fut démontrée ſuivant la Circulation du ſang , & les dernieres découvertes.

Ce fut en l'année 1672. que le Roy choiſit Monſieur Daquin pour ſon premier Medecin , & dés cette même année les exercices du Jardin Royal , qui regardent l'Anatomie , ayant eſté interrompus pendant pluſieurs années , recommencerent : Monſieur de la Chambre , qui en étoit le Profeſſeur , ne pouvant exercer ſa Charge , à cauſe qu'il étoit premier Medecin de la Reine , commit Monſieur Creſſé Medecin de la Faculté de Paris , pour faire les Diſcours Anatomiques , & je fus nommé pour en faire les Diffections & les Démonftrations.

Cet établiffement , quoy que des plus utiles pour le public , ne laiffa pas de trouver des oppofitions qui furent formées de la part de ceux qui prétendoient qu'il n'appartenoit qu'à eux feuls d'enfeigner & de démontrer l'Anatomie : Mais le Roy par une Declaration particuliere qu'il fit verifier & enregiftrer en Parlement , Sa Majefté prefente , dans le mois de Mars de l'année 1673. ordonna que les Demonftrations de l'Anatomie & des Operations de Chirurgie fe feroient au Jardin Royal à portes ouvertes, & gratuitement, dans un Amphitheatre qu'elle y avoit fait conftruire à cet effet ; & que les fujets qui feroient neceffaires pour faire ces Démonftrations , feroient délivrez à fes Profeffeurs par préference à tous autres.

C'eft en execution des ordres de Sa Majefté , & de ceux de Monfieur Daquin le premier Medecin , que j'en ay fait les Démonftrations publiques pendant huit années confecutives ; fçavoir depuis le commencement de l'année

1673.

1673. jufqu'en 1680. que j'eus l'honneur d'eftre choifi par le Roy pour eftre
premier Chirurgien de Madame la
Dauphine : Alors je fus obligé de les
finir, parce que la Charge dont je venois d'eftre honoré, ne me permettoit
plus de les continuer.

Le nombre des fpectateurs, qui mon-
toit toûjours à quatre ou cinq cens perfonnes, étoit une preuve qu'elles ne
déplaifoient pas, & qu'elles fe faifoient avec utilité pour le Public. Ce
qui m'embarraffoit davantage dans ce
grand nombre d'Ecoliers, étoit que la
plûpart me demandoient quel Auteur
ils fuivroient pour y apprendre les nou-
velles Découvertes, & y voir les parties que je leur démontrois : mais comme elles ne font point décrites avec
ordre dans aucun de nos Livres (que
je fçache,) j'avoûë que j'avois peine à
décider lequel ils devoient prendre ; car
bien que Riolan & Bartholin femblent
convenir de la Circulation du fang, neanmoins il leur refte un vieux levain des
anciennes opinions qui paroît dans tous
leurs écrits. Ainfi ne pouvant leur donner de guide affuré pour les conduire

é

dans les routes que je leur avois ouvertes,
ils me prierent de faire imprimer mes
Démonſtrations Anatomiques, à quoy
j'aurois ſatisfait dés-lors, ſi je n'euſſe
eſté appellé à la Cour.

Depuis ce tems un des plus celebres
Anatomiſtes ayant remply la place que je
venois de quitter, & ſes lumieres étant
infiniment au deſſus des miennes, j'ay crû
que je devois me repoſer de ce travail ſur
les promeſſes qu'il faiſoit de ſurpaſſer
dans ſes Démonſtrations tous ceux qui
l'avoient precedé, & de donner au public une Anatomie tellement parfaite,
& ſi differente de celles qu'on a euës
juſqu'à preſent, qu'on avouëroit que
perſonne n'étoit plus capable que luy
de travailler à un ouvrage de cette importance.

Ses grandes & continuelles occupa-
tions dans l'Academie des Sciences luy
ont ſans doute dérobé le loiſir de mettre en execution les projets qu'il a faits
ſur une ſi vaſte matiere, puiſque plus
de dix années ſe ſont écoulées, pendant
leſquelles le Public ſe voit fruſtré des
grandes eſperances qu'il luy avoit données; & comme il pourroit encore atten-

dre long-tems , je me fuis déterminé à
faire imprimer mes Démonftrations,
afin de faciliter aux Etudians en Medecine & en Chirurgie les connoiffances
qu'ils doivent acquerir dans l'Anatomie.

Je fuis perfuadé qu'un autre fe feroit
mieux acquité de cet employ, & j'avouë
franchement que c'eft la principale raifon qui m'a fait tant differer. D'ailleurs
la qualité d'Auteur me paroît fi dange-
reufe, que je ne la prends qu'avec repu-
gnance ; mais enfin l'intereft public , &
le befoin qu'on a d'un Livre où l'on trouve de fuite tout ce qui fe voit dans les
Démonftrations publiques, font que je
luy donne celuy-ci au hazard de toutes
les cenfures.

Je commence d'abord par l'Ofteologie,
parce que c'eft par elle que nous ouvrons
nos Exercices au Jardin Royal , & que
c'eft la connoiffance des Os qui doit pre-
ceder celle de toutes les autres parties :
J'en fais huit Démonftrations , deux des
os en general, deux des os de la tête, deux
de ceux du tronc , & deux de ceux des extremitez.

Je continuë par dix Démonftrations

é ij

Anatomiques ; j'en fais quatre des parties
contenuës dans le bas ventre ; deux de
celles de la poitrine ; deux de celles de la
tête ; & deux des extremitez.

Au commencement de chacune de ces
Démonstrations, il y a une planche qui
represente les parties que l'on y fait voir ;
& les mêmes lettres alphabetiques qui y
sont gravées, se trouvent à la marge de
l'endroit du discours qui explique ces
parties, pour y avoir recours.

Je conviens avec quelques-uns qu'il est
plus avantageux de connoître une partie
par l'inspection des corps, que par celle
des planches ; mais outre que celles-ci
sont tres-justes, & des plus correctes qu'il
y en ait, c'est que les Anatomies se font
si rarement dans la plûpart des Provin-
ces, qu'à peine les Chirurgiens qui s'y
trouvent, en peuvent ils voir une en toute
leur vie : C'est particulierement en leur
faveur que j'ay fait graver ces planches,
a fin qu'elles puissent suppléer au defaut
des Anatomies. Elles n'excedent pas la
grandeur du Livre, & quoy qu'elles soient
petites, elles ne sont pas moins utiles,
parce qu'on a apporté toute l'exactitude
possible pour placer dans une petite éten-

duë toutes les parties que renferme chaque Démonſtration.

Je n'ay point diviſé mes Démonſtrations par Chapitres ; elles contiennent de
ſuite toutes les parties que l'on fait voir
dans le même jour, & dont les noms ſe
trouvent à la marge. J'ay crû que cette
maniere ſeroit plus commode pour les
Etudians, afin qu'ils n'euſſent pas la peine d'aller chercher en differens Chapitres les parties qui appartiennent à la
même Démonſtration ; & ainſi ils verront en dix journées toutes les parties
qui compoſent l'Homme, & par ce moyen
ils découvriront facilement tout ce que
l'Anatomie a de plus curieux.

Si j'apprends que cette façon de démontrer ſoit favorablement receuë, je
pourray dans quelque tems donner encore au Public les Operations de Chirurgie en dix journées, de la même maniere
que je les ay démontrées au Jardin
Royal.

APPROBATION

De Messire Antoine Daquin Conseiller du Roy en tous ses Conseils, & premier Medecin de Sa Majesté.

NOus soussigné Conseiller du Roy en tous ses Conseils, & premier Medecin de Sa Majesté, certifions avoir lû & examiné avec soin *les Démonstrations Anatomiques faites publiquement au Jardin Royal,* suivant nos ordres durant huit années, par Monsieur DIONIS premier Chirurgien de Madame la Dauphine; & les avons trouvez si pleines de bons principes & instructions pour l'utilité du Public, que nous les avons jugées dignes d'estre imprimées. Fait à Versailles le dixiéme Decembre 1689.

DAQUIN.

APPROBATION

De Monsieur Bourdelot Conseiller du Roy, Medecin de Monseigneur le Chancelier, & Docteur de la Faculté de Medecine de Paris.

JE soussigné Conseiller du Roy, Docteur en Medecine de la Faculté Paris, Medecin ordinaire de la feuë Reine & de la Chancellerie, certifie avoir lû & examiné avec beaucoup de soin, par l'ordre de Monseigneur le Chancelier, *les Démonstrations Anatomiques faites au Jardin* du Roy par Monsieur Dionis premier Chirurgien de Madame la Dauphine ; dans lesquelles je n'ay rien trouvé qui en pût empêcher l'impression, & qui ne fût au contraire tres-utile pour tous ceux qui veulent étudier en Medecine & en Chirurgie. Fait à Paris ce huitiéme Janvier 1690.

BOURDELOT.

APPROBATION
De la Faculté de Medecine de Paris.

LA Faculté de Medecine de Paris, aprés avoir oüy le rapport de Monsieur Poirier , & de Monsieur Dodart le jeune , commis pour examiner *les Démonstrations Anatomiques faites par Monsieur Dionis premier Chirurgien de Madame la Dauphine*, a jugé que ce Livre étoit tres-utile & tres-digne d'estre imprimé. A Paris le trentiéme jour de Janvier 1690.

LEGIER.

Professeur du Roy , & Doyen de la Faculté de Medecine de Paris

DE'MONST.

1

B
H
I
K
L
N G
D

E

A
E
F
M
C
Q
O

homannin cces   B.R   M

DEMONSTRATIONS
ANATOMIQUES
FAITES AU JARDIN DU ROY.

DES OS
EN GENERAL.

Premiere Démonstration.

VOus fçavez, Meſſieurs, que la Chirurgie eſt un Art qui enſeigne à guerir les maladies externes par une methodique application de la main. On la peut encore mieux définir, une Operation de l'entendement qui connoît les maux du corps de l'homme, & en même tems une Operation de la main qui y porte les remedes ; puiſque pour bien executer ce qu'elle demande, il faut que la connoiſſance de ce qui eſt ſain, precede celle de ce qui eſt malade ; & comme on doit connoître le droit avant l'oblique, il faut auſſi que le Chirurgien connoiſſe l'homme dans une parfaite ſanté, & qu'il ſçache

A

la bonne conformation de toutes ses parties, afin qu'il puisse la rétablir quand elle aura esté alterée ou détruite par quelque maladie, ou quelque accident fâcheux. C'est par l'Anatomie, Messieurs, qu'il peut acquerir cette connoissance ; c'est par elle que dévelopant & dissequant jusqu'aux moindres parties, dont ce Tout si admirable est composé, il en démêle tout les ressors & les mouvemens, & penetre dans tout ce que la Nature a de plus beau & de plus caché.

Eloge de l'Anatomie.

Galien raporte quatre raisons essentielles qui marquent toutes, que pour parvenir à la connoissance de l'homme, il faut commencer par celle des os.

Necessité de commencer par les os.

La premiere, parce qu'ils servent de fondement & d'appuy à tout le reste du corps, & que d'ailleurs dans tous les Edifices, & dans toutes les Sciences, on commence par les fondemens & par les principes.

Ils sont le fondement des autres parties.

La seconde, parce qu'ils donnent la rectitude au corps de l'homme, qui a cette figure droite par excellence & par preference à tous les autres Animaux.

Ils donnent la figure droite au corps.

La troisiéme, parce que ce sont les os qui donnent origine & insertion aux muscles; ainsi il est necessaire de les connoître, Car, par exemple, si le Chirurgien ignore ce que c'est que l'humerus, l'omoplate, & la clavicule, il aura peine à comprendre que le muscle Deltoïde, qui est un de ceux qui levent le bras en haut, prend son origine de la moitié de la clavicule, de l'Acromion, & de toute l'épine de l'omo-

Ils donnent origine & insertion aux muscles.

plate , & qu'il va s'inferer à la partie moyenne de l'humerus.

La quatriéme & derniere raifon, eft que les os étant percez en beaucoup d'endroits pour donner paffage à des nerfs , des arteres , & des vénes , on ne peut expliquer les chemins de ces vaiffeaux , qu'on ne connoiffe auparavant la ftructure & la difpofition des os par où ils paffent.

Ils don-
nent paf-
fage à
plufieurs
vaiffeaux.

Du Laurens ajoûte aux raifons de Galien , que dans l'Ecole d'Alexandrie on propofoit d'abord un Squelete aux étudians en Medeci-ne & en Chirurgie, comme le feul moyen de parvenir non feulement à la connoiffance de la ftructure de l'homme ; mais encore pour pou-voir pratiquer la Chirurgie dans toutes fes operations. En effet le Chirurgien peut-il fai-re aucune reduction tant des fractures que des luxations, s'il ne connoît la nature de l'os rompu, & la maniere de l'os difloqué ? Peut-il faire aucun prognoftique affuré, s'il ne fçait que les os de la jambe ou du bras étant fractu-rez, font quarante jours avant que le cal en foit fait, qu'il en faut trente pour la clavicule, & vingt pour les côtes ; & qu'aux enfans il fe fait plûtôt qu'aux perfonnes avancées en âge, parce que les os font plus mols, & par confe-quent plus humides ? Peut-il enfin guerir au-cune playe où l'os fera découvert ou alteré, s'il ne connoît la fubftance des os, & s'il ne fçait que les uns l'ont plus molle , & s'exfo-lient plûtôt , les autres plus dure , & s'exfo-lient plus tard, & que l'exfoliation qui arrive

Pourquoi
on propo-
fe aux
Etudians
un fque-
te.

A ij

aux extrémitez d'un os, se fait en moins de tems, que celle qui se fait en la partie moyenne, parce qu'elle est plus solide.

La raison pourquoy nous commençons par le squelete.

Toutes ces raisons doivent nous perfuader qu'il faut commencer par la démonftration du squelete, avant que de faire celle de l'Anatomie.

Qu'est-ce qu'un squelete ?

On appelle squelete, un corps desseché ; il est défini un assemblage & une composition de tous les os d'un corps, tel qu'est celui que vous voyez représenté sur la premiere de ces Tables.

A Un squelete naturel.

B Un squelete artificiel.

Il y a deux sortes de squelete, l'un naturel, qui est assemblé par ses propres ligamens, & dont les os n'ont jamais été separez ; tel qu'est ce petit que vous voyez. L'autre artificiel, dont les os font affemblez & joints ensemble avec du fil de leton. Pour les mieux conserver, on les fait boüillir, & on les néttoye, comme on a fait ce grand, fur lequel nous continuërons la démonftration de nôtre Osteologie.

Etimologie d'Osteologie.

La science qui traite des os est appellée Osteologie, à cause d'*Osteos*, qui signifie os, & de *logos*, qui veut dire discours.

Deux choses à examiner aux os.

Tout ce que cette science renferme, se reduit à examiner ce que les os ont de commun enfemble, & ce qu'ils ont de particulier.

Ce qu'ils ont de commun.

Nous connoîtrons tout ce que les os ont de commun entre-eux, aprés que nous aurons examiné six choses, qui font, leur définition, leurs differences, leurs articulations, leurs caufes, leurs parties & leur nombre.

Ce qu'ils ont de

Je vous feray aussi remarquer ce qu'ils ont

de particulier, en vous démontrant chaque os particu-
lier.
separément.

Je me fuis propofé de faire deux demonftra- Deux de-
tions des Os en general ; dans la premiere je monftra-
ne vous parleray que de leur définition, de tions des
Os en ge-
leurs differences & de leurs articulations ; neral.
& dans l'autre je vous entretiendray de
leurs caufes, de leurs parties & de leur nombre.

L'os eft définy par Ariftote la partie prin- Qu'eft-ce
cipale entre les parties neceffaires à l'animal, qu'un os?
pour le foûtenir & contre-garder. Par Galien,
la partie la plus dure, la plus feche, & la plus
terreftre de tout le corps. Du Laurens ajoûte
à cette définition, *engendrée par la faculté*
formatrice, au moyen d'une grande chaleur,
de la portion la plus craffe & la plus terreftre de
la femence, pour fervir de fondement à tout le
corps, & lui donner la rectitude & la figure.

Nous ne pouvons pas convenir de cette der- Cette derniere définition, parce qu'elle comprend beau- niere dé-
coup de chofes qui nous paroiffent inutiles, & finition
ne con-
que ce mot de *faculté* qui s'y trouve, & dont vient pas
on fe fervoit autrefois dans toutes les défini- aux os.
tions, fera retranché de celles que nous vous
donnerons.

Le mot de *faculté*, qui femble exprimer beau- Nous ne
coup, ne fait rien entendre ; neanmoins les nous fer-
anciens Auteurs s'en fervoient pour expliquer virons
point de
toutes les actions qui fe font dans le corps : ce mot de
lorfqu'on leur demandoit comment fe faifoit *faculté.*
le chile, ou le fang, comment fe formoient les
os ou les cartilages, comment fe faifoit la veuë

A iij

& l'ouïe ? ils répondoient que l'eſtomac avoit une faculté chilifique, & le foye une ſangui-fique ; que les os ſe formoient par une faculté oſſifique, & les cartilages par une cartilagini-fique ; que l'œil voyoit par la faculté viſive, & l'oreille entendoit par l'auditive, & ainſi de toutes les autres ; c'étoit une réponſe ge-nerale aprés laquelle les Ecoliers n'en ſça-voient pas plus qu'auparavant : Mais aujour-d'hui que l'on explique toutes ces mêmes actions par une maniere purement mécanique, je vous ferai voir, en vous démontrant cha-que partie avec exactitude, que l'action qu'el-le fait dépend abſolument de ſa ſtructure, étant une ſuite neceſſaire de ſa diſpoſition na-turelle , & ne pouvant faire autre choſe que ce qu'elle fait.

Nous dirons donc que l'os eſt une partie tres-dure, faite de la portion la plus épaiſſe de la ſemence, qui ſert de fondement au corps, & lui donne la rectitude. Nous nous en tien-drons à cette définition.

Les differences qui ſe remarquent aux os ſe tirent de neuf choſes ; ſçavoir de leur ſubſtan-ce, quantité, figure, ſituation, uſages, mou-vement, ſentiment, generation, & cavi-tez.

La premiere difference qui ſe tire de leur ſubſtance, eſt parce qu'il y a des os qui l'ont tres-dure, comme le tibia ; d'autres moins dure, comme les vertebres ; & enfin d'autres qui l'ont plus molle & ſpongieuſe, comme les os du ſternum.

Les dif-ferences des os ſe tirent de neuf cho-ſes.

De leur ſubſtan-ce.

La feconde, fe prend de leur quantité, parce
que tous les os ne font pas égaux. Il y en a de
grands, comme ceux des bras & des jambes;
il y en a de moyens, comme ceux de la tête; &
enfin il y en a de petits, comme ceux des
doigts.

La troifiéme fe tire de leur figure, qui eft
autant differente qu'il y a d'os au corps; les uns
font longs comme le femur ou le tibia; les autres courts comme les os du carpe & du tarfe;
les uns ronds, comme la rotule; les autres plats,
comme les os du palais; les uns quarrez, comme les parietaux; & les autres triangulaires,
comme le premier os du fternum.

La quatriéme eft marquée par leur fituation, parce qu'il y a des os qui font fituez plus
profondement, comme les trois offelets de
l'ouïe, & d'autres plus fuperficiellement, comme ceux du crane; d'ailleurs il y a des os placez à la tête, d'autres au tronc, & enfin d'autres aux extremitez.

La cinquiéme vient de leurs ufages, en ce
que les uns fervent à foûtenir le corps, comme les os des cuiffes & des jambes; d'autres à
contenir des parties, comme les côtes qui
renferment le cœur & les poûmons; & d'autres à contenir & défendre, comme font les
os du crane à l'égard du cerveau.

La fixiéme fe connoît par leur mouvement,
parce que les uns ont un mouvement manifefte, comme les grands os des extremitez; les
autres en ont un caché, comme ceux du carpe
& du tarfe; & les autres n'en ont point

du tout, comme les os de la tête.

De leur fentimét.

La feptiéme difference eft aifée à remarquer, parce que tous les os generalement n'ont point de fentiment, excepté les dents.

De leur generation.

La huitiéme fe prend du tems de leur generation & de leur perfection, parce qu'il y a des os qui font parfaits dés le ventre de la mere, comme les trois petits os que nous trouvons dans les cavitez de l'oreille, & d'autres qui n'acquierent leur perfection qu'à mefure que l'on avance en âge, comme tous les os du corps : de ceux-ci les uns s'offifient plûtôt, comme les os de la mâchoire inferieure, & d'autres plus tard, comme ceux de la fontaine de la tête.

De leurs cavitez.

La neuviéme & derniere difference fe tire de leurs cavitez ; il y a des os qui en ont de grandes qui contiennent de la moëlle, comme ceux des extremitez ; & il y en a d'autres qui n'ont que des porofitez qui renferment feulement un fuc medullaire, comme le calcaneum. De plus, les uns ont des trous par où paffent des vaiffeaux, comme les os de la bafe du crane & les vertebres ; d'autres ont des foffes feulement, comme les os du fternum ; d'autres ont des finus, comme les os frontaux & petreux ; enfin l'on en voit quelques-uns de percez par plufieurs petits trous, en maniere de crible, comme eft l'etmoïde.

Les articulations des os font admirables.

Il y a tant d'art & d'induftrie dans les articulations & conjonctions des os, qu'elles ont fervi de modele à une infinité d'artifans, qui ont reconnu qu'ils ne pouvoient mieux faire que de copier la nature en cette occasion, comme ils font en plusieurs autres. Il y a presque autant de differentes articulations que vous voyez d'os joints ensemble: Elles étoient necessaires, parce que si tous les os eussent été articulez de la même maniere, l'homme n'auroit pû se mouvoir commodement. Nous allons examiner toutes ces articulations.

Galien nous dit que tous les os sont articulez en deux manieres, ou par *artron,* ou par *simphise* ; la premiere est une naturelle composition d'os, comme lorsque deux os s'entretouchent par les bouts : la seconde, une naturelle union d'os, comme lorsque les os, quoique divisez, semblent continus.

Les os sôt joints ou par artron, ou par simphise.

L'Artron contient sous elle deux especes d'articulations, dont l'une s'appelle *diartrose,* & l'autre *sinartrose.*

Deux sortes d'artron.

Je ne doute point que ces mots ne vous paroissent rudes & barbares ; mais parce que l'Anatomie & la Chirurgie empruntent la plûpart de ces termes du Grec, & qu'il seroit difficile d'en trouver dans nôtre Langue qui fussent plus propres pour signifier la même chose, nous sommes obligez de nous en servir ; je les retrancherai neanmoins le plus que je pourrai, quoiqu'il y ait cependant moins de difficulté à les retenir, qu'à les entendre prononcer : Vous en conviendrez avec moi pour peu que vous vous donniez de peine à les étudier.

Les noms de l'Anatomie sôt derivez du Grec.

La Diartrose est une espece d'articulation, dans laquelle le mouvement est manifeste ;

Qu'est-ce que Diartrose.

Elle a trois eſpeces , qui ſont , l'*Enartroſe* ;
l'*Artrodie*, & le *Ginglime*.

C
Enartro-
ſe.

L'Enartroſe eſt une eſpece d'emboëttement,
ou articulation, dans laquelle une profonde
cavité reçoit une groſſe & longue tête, comme la cavité qui reçoit la tête du femur dans
les os innominez.

D
Artrodie.

L'Artrodie eſt une autre eſpece d'articulation, en laquelle une cavité ſuperficielle reçoit
une tête platte , comme vous voyez que la tête
de l'humerus eſt receuë par la cavité glenoïde
de l'omoplate, ou que les têtes des os du metacarpe ou du metatarſe ſont receuës dans les
cavitez qui ſont aux os de la premiere phalange
des doigts.

E
Gingli-
me.

Le Ginglime eſt une troiſiéme eſpece d'articulation, en laquelle deux os ſe reçoivent mutuellement , de maniere qu'un même os reçoit
& eſt receu, comme l'os du coude, qui eſt receu
par celui du bras, en même tems que celui
du bras eſt receu dans celui du coude. Suivant
les Auteurs, il y a trois ſortes de Ginglime ; la
premiere, eſt lorſque le même os eſt receu par

F
Autre
Gingli-
me.

un ſeul os qu'il reçoit reciproquement, comme
nous venons de le remarquer dans les deux os
du bras & du coude; la ſeconde eſt, lors qu'un os
en reçoit un autre par une de ſes extremitez, &
qu'il eſt receu dans un autre os par ſon autre
extremité ; comme vous pouvez remarquer
aux vertebres, dont l'une reçoit celle qui lui

G
Troiſié-
me Gin-
glime.

eſt ſuperieure, & eſt receuë par celle qui lui
eſt inferieure. La troiſiéme eſpece de Ginglime
eſt celle où un os eſt receu en forme de rouë,

ou d'aiſſieu, comme la ſeconde vertebre eſt receuë par la premiere.

La Sinartroſe eſt une ſorte d'articulation ſi ferme & ſi étroite qu'il n'y a point de mouve_ment. Elle a auſſi trois eſpeces, qui ſont la *future*, *l'harmonie*, & la *gomphoſe*.

Qu'eſt-ce que Si-nartroſe.

La Suture eſt une articulation où deux os ſont joints enſemble comme par une coûture: Elle eſt de deux ſortes, ou vraye, ou fauſſe; la future vraye, eſt quand deux os ſont joints en forme de deux ſcies, dont les dents s'enga_gent les unes dans les autres, comme ſont les parietaux avec le coronal: La future fauſſe ou bâtarde eſt, lorſque deux os ſont articulez en forme d'ongles, ou d'écailles poſées les unes ſur les autres, comme ſont les parietaux avec les os petreux. Je me reſerve à vous expliquer plus au long les autres eſpeces de Sutures dans la Démonſtration ſuivante, en vous parlant des os qui compoſent le crane.

Qu'eſt-ce que Su-ture.

H Suture vraye.

I Suture. fauſſe.

L'Harmonie eſt une articulation où les os ſont joints par une ſimple ligne droite ou circulaire, comme les os de la face, du nez, & du palais. Si l'on démonte les os de la ma-choire ſuperieure, on trouvera de petites dentelures qui en font la jonction : mais parce qu'elles ſont tres-petites, & qu'elles ne paroiſ-ſent point au dehors, comme celles des ſutu-res, c'eſt ce qui fait que nous diſtinguons l'harmonie d'avec la future, & que nous en fai-ſons la ſeconde eſpece de ſinartroſe.

K Harmo-nie.

La Gomphoſe eſt un emboëttement ou ar-ticulation ſerrée, qui ſe fait quand un os eſt

L Gompho-ſe.

enfoncé dans un autre , comme un cloud dans un morceau de bois, ou plûtôt comme les dents font dans leurs alveoles.

MM
Articulation douteufe.

On ajoûte une troifiéme efpece d'articulation , que l'on appelle neutre, ou douteufe, parce qu'elle n'eft pas tout-à-fait diartrofe , n'ayant pas un mouvement manifefte ; ni tout-à-fait finartrofe , parce qu'elle n'en eft pas abfolument privée. Telle eft l'articulation des côtes avec les vertebres, & celle des os du carpe & du tarfe entre-eux , laquelle tenant de l'une & l'autre , eft appellée *amphiartrofe* , & par quelques-uns *diartrofe finartrodialle.*

De la fimphife.

La Simphife,que nous avons dit être une naturelle union d'os, eft de deux fortes, ou fans moyen, ou avec moyen.

N
Simphife fans moyen.

Celle que nous appellons fans moyen, eft lorfque nous ne voyons rien qui faffe l'union de deux os, comme de l'épiphife avec l'os principal , ou tels que font les os de la machoire inferieure. Cette union fe fait à peu prés comme celle de la greffe & de l'arbre, qui s'uniffent tellement enfemble qu'ils ne font plus qu'un corps ; de même la nature endurciffant les os de la mâchoire inferieure, & les épiphifes, les joint d'une maniere qu'ils ne font plus qu'un os continu.

La fimphife avec moyen.

La fimphife qui fe fait avec moyen eft de trois fortes, qui font, *finevrofe , fifarcofe* , & *fincondrofe.*

O
Sinevrofe.

La finevrofe eft une efpece de fimphife qui unit des os par le moyen des ligamens ; telle eft l'articulation de la rotule avec les os de la jambe.

La fifarcofe eft une feconde efpece de fimphife qui joint les os par le moyen des chairs,
comme le font l'os hyoïde & l'omoplate.

P
S ifarcofe,

La fincondrofe eft une troifiéme efpece de
fimphife qui unit deux os enfemble par le
moyen d'un cartilage, comme le font les deux
os du penil ; ce qui rend cette articulation fi
forte, qu'il eft impoffible que ces deux os fe
feparent dans l'accouchement, comme quelques-uns l'ont crû.

Q
Sincon-
drofe,

Bartholin n'admet point de finartrofe, il dit
feulement que la fimphife eft de deux fortes ;
ou fans moyen, dont il en fait de trois efpeces, qui font, future, harmonie, & gomphofe;
ou avec moyen, qui font auffi trois, fçavoir,
finevrofe, fifarcofe, & fincondrofe, comme
nous avons dit ; ainfi il differe peu du fentiment des autres.

Senti-
ment de
Bartho-
lin,

Vous remarquerez, Meffieurs, en finiffant
cette Demonftration, que la fimphife fe rencontre en toutes les trois efpeces de diartrofe,
& qu'elle ne fe trouve dans aucune des efpeces du finartrofe.

S
E
B
M
L
G
D
F
I
H
P
A
T
R

B.I

Thomassin exc.

DES OS
EN GENERAL.

Seconde Démonstration.

CE que j'ai, Messieurs, à vous démontrer aujourd'hui n'est pas de moindre conséquence que ce que je vous
ay fait voir , puisqu'on ne peut
reduire aucune luxation , ni guerir aucune
fracture, que l'on ne sçache comment l'os est
articulé, & quelles sont les parties qui le composent.

Faut con-
noître les
parties
des os.

Lorsqu'il arrive des playes à ces parties,
soit qu'elles soient causées ou par des boulets,
des grenades , & autres instrumens à feu , ou
par des chutes & des coups épouvantables qui
en changent l'œconomie naturelle par le grand
fracas qu'elles y causent ; il est de l'adresse &
de la prudence du Chirurgien de rétablir, tout
autant que faire se peut , ces parties dans
leur premiere conformation , & de corriger
par la connoissance qu'il a de son art, & des
parties dont l'os est composé , les desordres
que de pareils malheurs y ont apportez.

Je vous dis hier que les causes , les parties,
& le nombre des os feroient le sujet de la démonstration d'aujourd'hui ; j'ai trouvé à propos d'y joindre aussi le general des cartilages

Sujet de la demonstration d'aujour-d'hui. & des ligamens, parce qu'ils sont inséparables des os, & qu'ils n'en different que du plus ou du moins, puisque les uns en forment souvent la plus grande partie, & que les autres les lient, & les tiennent joints ensemble.

Il y a quatre causes des os. Je commence donc par les causes des os, que du Laurens a toutes comprises dans la définition qu'il nous en a donnée : Elles sont quatre, sçavoir la materielle, l'efficiente, la formelle, & la finale.

La materielle. La cause materielle est, selon lui, de deux sortes ; ou de generation, qui est la partie la plus crasse & la plus terrestre de la semence ; ou de nutrition, qu'il fait aussi de deux sortes ; l'une mediate, qui est ce qu'il y a de plus épais dans le sang ; & l'autre immediate, qu'il dit être la moëlle & le suc moëlleux.

L'efficiente. L'efficiente est encore double ; ou propre, qu'il appelle l'idole & l'idée de celui qui engendre, (que Bartholin dit être une vertu ossifique, ou une puissance naturelle qui agit par l'assistance de la chaleur;) ou impropre, qui est la chaleur dont la nature se sert comme d'instrument.

La formelle. La formelle est aussi de deux sortes ; selon les Philosophes c'est l'ame qui est toute en tout, & toute en chaque partie ; selon les Medecins, elle est essentielle, ou accidentelle ; pour la premiere ils admettent la temperature, qu'ils appellent la forme des parties exprimées par la secheresse & la fragilité, lesquelles qualitez sont accompagnées de dureté, de pesanteur & de blancheur ; la forme accidentelle

est

est la figure diverse des parties, comme ronde, quarrée, ou triangulaire.

La finale est encore double; ou elle est commune à tous les os, comme de donner la rectitude, la fermeté & la figure au corps; ou elle est particuliere, comme aux côtes de former la capacité de la poitrine, & au crane de contenir & défendre le cerveau.

La finale.

Quoique la maniere dont du Laurens vient d'expliquer les causes des os soit tout-à-fait ingenieuse, cependant il est plus vrai de dire qu'il n'y a que deux choses qui contribuent à les former, sçavoir la semence & la chaleur: En effet, supposé que la portion la plus épaisse de la semence serve de matiere aux os, il vous sera beaucoup plus facile à concevoir qu'il ne faut que de la chaleur pour les perfectionner, que de vous aller embarasser à chercher une idée ou vertu ossifique; autrement il faudroit multiplier ces vertus, & en faire d'autant de manieres, qu'il y a de differentes parties au corps.

Veritables causes des os.

Il faut remarquer que ce ne sont pas seulement les os qui sont faits de la semence, mais encore toutes les parties qui composent l'homme; ce qui arrive parce que la chaleur seule agissant sur cette même semence, en dévelope & separe chaque particule, qui prenant la figure qu'elle doit avoir par la disposition de la matiere, en forme un animal.

Une même cause sert à former toutes les parties.

Mais si l'on m'objecte qu'il est difficile de comprendre comment tant de differentes parties peuvent être faites par une même cause;

B

je réponds que le Soleil, qui eſt un principe de chaleur, produit bien differens effets, ſuivant les differentes matieres qu'il échauffe; ainſi nous voyons qu'il fait fondre la cire, & qu'il deſſeche la terre; ces differens effets ne viennent pourtant que de la diſpoſition de la matiere ſur laquelle il agit; de même on doit concevoir que la chaleur naturelle agiſſant ſur la ſemence, met en mouvement les particules qui font le ſang, en même tems qu'elle ſeche & endurcit celles qui font les os.

* Expe-rience qui le prouve.

Pour détruire cette opinion *d'idole & d'idée de celui qui engendre*, & faire voir qu'elles n'ont point de part à ce qui ſe paſſe dans la generation, il n'y a qu'à faire reflexion ſur ce qui arrive lors que l'on met des œufs de dif-ferens animaux couver ſous une même poule; ſi vous y en mettez de poules, de cannes, & de perdrix, vous verrez que la même chaleur de la poule produira des poulets, des canars, & des perdreaux. Si l'on pouvoit penetrer dans l'idée de cette poule, on verroit qu'elle n'avoit deſſein que de produire des poulets; mais la matiere qui eſt renfermée dans ces œufs eſt le principe d'où dépendent les diffe-rens effets qui le ſuivent.

Senti-mens dif-ferens ſur la cauſe finale.

La cauſe finale eſt aujourd'hui le ſujet d'une diſpute entre deux Medecins de la Faculté de Paris, tous deux fort habiles & tres-bons Ana-tomiſtes. L'un dit que l'on doit en parlant de quelque partie, lui donner une fin, parce qu'il eſt certain qu'elles en ont toutes, & que Dieu n'ayant rien creé d'inutile, il faut en

démontrant quelque partie, dire qu'elle a été
faite pour telle ou telle action, puis qu'elle l'a
fait ; par exemple, que l'on peut dire assuré-
ment que l'œil a été fait pour voir, la main
pour prendre, le pied pour marcher, & ainsi
des autres. L'autre pretend au contraire, que
ce n'est point à nous à déterminer la fin pour
laquelle une partie a esté faite ; qu'il est bien
vrai que l'Auteur de la Nature n'a rien fait en
vain, & qu'il a donné une fin à tout ce qui
compose l'homme ; mais que lorsque nous voulons nous mesler de la marquer, nous nous
mettons au hazard de nous tromper ; qu'il
peut s'en estre proposé une autre que celle
que nous dirions ; & qu'ainsi l'on ne doit jamais dire, cette partie a esté faite pour cela,
mais que cette partie fait cela : il demeure
d'accord que l'on voit avec l'œil, que l'on
prend avec la main, que l'on marche avec le
pied ; mais il soûtient que ce n'est point à
l'homme à vouloir penetrer dans les secrets ni
les intentions de Dieu ; qu'il doit seulement
admirer ses ouvrages, n'étant pas impossible
que Dieu se soit proposé d'autres fins dans ce
qu'il a fait, que celles que nous voyons ; & il
ajoûte, que pour bien connoître une partie,
il n'est pas necessaire d'avancer qu'elle a esté
faite pour tels usages, qu'il n'y a qu'à la bien
examiner, & travailler à développer toutes les
particules qui la composent ; qu'alors on verra
que l'action qu'elle fait, sera une suite de sa
disposition, & que par consequent l'on ne
doit point dire que l'œil est fait pour voir,

mais bien que l'on voit avec l'œil: Voilà le
sujet de leur dispute, c'est à vous à decider
lequel des deux a raison, & à suivre celui que
vous trouverez le plus de vôtre goût; car, à
dire vrai, ce ne font que manieres de parler,
& jeux d'esprit qui font indifferens, puisque
parlant d'une façon ou d'une autre, elles tendent à nôtre but, qui est de bien connoître
l'homme.

Les par-
ties des
os.

Les os font composez de plusieurs parties,
dont les unes font élevées, & les autres caves.
Les premieres font de trois fortes, sçavoir la
partie principale, la partie éminente, & la partie ajoûtée: Il y a aussi trois especes de parties
caves, que l'on nomme, trous, fosses, & sinus:
je vais presentement vous démontrer toutes
ces parties.

La partie principale de l'os est facile à voir,
elle compose presque l'os tout entier, & même
elle en retient le nom, n'en ayant point de
particulier; par exemple, c'est elle qui fait la

A
Le femur.

plus grande partie de ce femur que vous pouvez voir, & qui en occupe tout le milieu jufqu'aux extremitez, lesquelles font des apophifes & des epiphifes qu'il faut examiner.

Ce que
c'est
qu'apo-
phife.

La partie éminente, est ce que nous appellons apophife, qui est définie une partie vraye
& legitime de l'os, fortant dehors, & s'élevant
en forme de bosse sur la superficie du même os;

B
L'apo-
phife ma-
stoïde.

telle est cette éminence que vous voyez à l'os
petreux, que l'on nomme apophife mastoïde.
Les inégalitez des os servent à rendre leur
articulation plus commode, à donner origine

& infertion à plufieurs mufcles , & même à défendre quelques parties , comme celles des omopiates & des vertebres.

La partie ajoûtée fe nomme Epiphife, elle eft définie un os adherant à un autre os par une fimple & iimmediate contiguité ; telle eft cette éminence que vous voyez à l'os du talon. Les Auteurs ont donné trois ufages aux Epiphifes ; le premier, eft de fortifier les articulations, parce que celles qui font aux extremitez des os, étant plus larges que l'os même, elles leur fervent de bafe, & ainfi l'articulation s'en fait mieux : le fecond, de donner, auffi bien que les apophifes, origine & infertion à plufieurs mufcles ; & le troifiéme, de donner naiffance aux ligamens, parce qu'étant d'une fubftance moins folide que les os, & plus dure que celle des ligamens, elles tiennent le milieu entre les unes & les autres, & par confequent facilitent l'attachement du ligament ; car vous fçavez qu'il n'y a point d'articulations, où il n'y ait des ligamens, & que ces mêmes ligamens s'attachent plus facilement aux Epiphifes qui font d'une fubftance molle, qu'aux os qui font fort durs.

C
Epiphife de l'os du coude.

Toutes les Epiphifes ne font pas femblables les unes aux autres, & l'on remarque qu'elles different entr'elles en quatre manieres, en figure, en quantité, en nombre & en fituation.

Differences des Epiphifes.

Elles font tellement differentes en figure, que la veuë même les diftingue aifément. On les reduit toutes fous trois efpeces, que l'on appelle tefte, col, & pointe.

B iij

D
Teſte.

E
Condile.

F

G
Coroné
ou Cora-
coïde.

La teſte eſt quand l'os s'éleve en boſſe ronde ; ſi elle eſt groſſe, on la nomme veritable-
blement teſte, comme celle du femur ; & ſi elle
eſt petite, on l'appelle condile, comme celle de
la machoire inferieure, qui entre dans les cavitez de l'os petreux pour les articuler enſemble.

Le col eſt la partie la plus étroite de l'os,
qui d'étroit qu'il eſt dans ſon commencement,
ſe dilate peu à peu. Il eſt toûjours placé ſous
une teſte. En voilà un ſous la teſte du femur. Il
eſt à remarquer que le col & la teſte different
entr'eux en ce que la teſte eſt preſque toûjours
Epiphiſe, & le col Apophiſe.

La pointe eſt quand l'os fait une éminence
pointuë, que l'on appelle corone. Ces pointes
ont pluſieurs figures ; on leur a donné les noms
des choſes auſquelles elles reſſemblent le plus ;
il y en a une à l'os petreux, que l'on appelle
ſtiloïde, parce qu'elle eſt faite comme un ſti-
let ; une autre maſtoïde, parce qu'elle reſſemble à un mammelon ; une autre qui eſt à l'o-
moplate, qu'on appelle coracoïde, à cauſe
qu'elle reſſemble au bec d'un corbeau ; & enfin
celles de l'os ſphenoïde, ſe nomment pterigoïdes, parce qu'elles ont la veritable figure
des aîles de chauve-ſouris.

La grandeur des Epiphiſes n'eſt pas égale
dans tous les os ; le tibia, par exemple, qui eſt
un gros os, en a de groſſes, & les petits os,
comme ceux des doigts, en ont de fort petites :
On voit auſſi qu'un même os en a de differente
groſſeur, comme le femur qui en a une grande,

que l'on nomme le grand trocanter, & une autre plus petite, auffi de même figure, appellée le petit Trocanter.

H
Le grand
Trocanter.

Le nombre des Epiphifes n'eft pas reglé pour chaque os, il y en a même qui n'en ont point, comme les os de la machoire inferieure, & d'autres qui en ont plufieurs. Les côtes en ont chacune une, les os de la jambe & des bras en ont deux, ceux des iles trois, ceux de la cuiffe quatre, & chaque vertebre en a cinq; ce font les os aufquels nous en trouvons le plus.

I
Le petit
Trocanter.

Nombre
des Epi-
phifes.

La fituation des Epiphifes eft differente, en ce qu'elles ne font pas toutes placées aux extremitez des os, puifque l'on en trouve dans leur partie moyenne.

Situation
des Epi-
phifes.

Outre ces quatre differences effentielles que nous avons remarquées aux Epiphifes, il en eft encore une que l'âge leur donne, en rendant leur fubftance plus ou moins dure; aux enfans elle eft cartilagineufe; mais elle s'endurcit à mefure que l'on avance en âge, & elle ne devient tout-à-fait offifiée qu'après la vingtiéme année; ce que j'ai remarqué en faifant la fquelete d'un garçon de dix-huit ans, dont toutes les Epiphifes fe feparerent par l'ébullition.

Subftan-
ce des
Epiphi-
fes.

Il faut encore remarquer que les Epiphifes font couvertes par leur extremitez d'un cartilage qui facilite le mouvement des articulations, & qu'outre ce cartilage qui étoit necef-faire pour empêcher que les os ne fe frotaffent les uns contre les autres, la nature a encore

Cartila-
ges des
Epiphi-
fes.

mis dans toutes les jointures une humeur glaireuſe, qui faiſant le même effet que le vieux
oing aux rouës des caroſſes, empêche conjointement avec le cartilage, que les extremitez
des os ne s'uſent & ne s'échauffent dans leurs
mouvements continuels.

　　Les parties caves des os ſont, comme je vous
ay dit, de trois ſortes, trous, foſſes & ſinus.
Le trou eſt une cavité qui a entrée & ſortie;
ce qu'on peut voir dans les cavitez qui ſont à
la baſe du crane, dont il y en a quelques-unes
qui donnent entrée à des arteres, & d'autres
qui laiſſent ſortir des nerfs & des veines.

　　On nomme auſſi trou cette grande cavité
que vous voyez à l'os iſchion. La foſſe eſt une
cavité qui a une entrée, & qui n'a point de
ſortie, & dont les bords ſont élevez par de
petites éminences comme montagneuſes; ces
cavitez ſervent pour donner quelque figure,
ou pour contenir quelque partie; telle eſt la
cavité de l'orbite qui contient l'œil.

　　Le ſinus eſt une eſpece de cavité en l'os dont
l'orifice ou entrée eſt fort étroite, & le fonds
large; il ſe trouve de ces ſinus dans la baſe de
l'os coronal, où les Anciens leur ont attribué
la faculté de rendre ces os plus legers, ce que
je ne croi pas; je me reſerve à vous en dire ma
penſée en vous les démontrant.

　　Outre ces trois ſortes de cavitez que je viens
de vous expliquer, il y en a encore d'autres que
l'on diviſe en internes & en externes.

　　Les internes ſont de deux manieres; ou grandes & apparentes, comme celles qui ſont le

long des gros os qui renferment la moëlle ; ou petites & poreuses, comme celles qui sont aux corps des vertebres & des epiphises, qui contiennent un suc medullaire.

Les externes sont de trois sortes ; ou grandes & environnées de bords épais, & se nomment cotiles ou cotiloïdes, du nom d'une mesure des Anciens, comme celle de l'ischion qui reçoit la teste du femur ; ou moyennes & moins profondes, & s'appellent glenes ou glenoïdes, comme celles de l'omoplate, qui reçoivent la teste de l'humerus ; ou petites & plates, comme celles qui sont aux bouts des os de la premiere phalange des doigts, lesquelles reçoivent les testes des os du metacarpe.

Cavitez externes.

N Cavitez cotiloï-des.

O Cavitez glenoï-des.

P Petites cavitez.

Ces cavitez sont simples ou doubles : les premieres ne reçoivent qu'une teste, comme celle du bout du radius ; & les doubles en reçoivent deux, comme le bout d'enhaut du tibia, & ceux des os des deux dernieres phalanges des doigts. Il y en a encore de differente figure, les unes sont faites en forme de poulie, comme celles de l'extremité d'enbas de l'humerus, qui reçoivent les cubitus ; les autres en maniere de croissant, ou de sigma, comme celles de la partie superieure des cubitus, & ainsi de plusieurs autres.

Q Cavité simple.

R Cavité double.

Toutes ces cavitez externes qui servent aux articulations ont chacune à leur circonference une éminence, que l'on appelle lévre ou sourcil, à laquelle est attaché un ligament circulaire, qui en embrassant la teste de l'os qu'elles reçoivent, sert à fortifier l'articulation, &

Utilitez des os ligamenteux.

à empêcher que les luxations n'arrivent aussi souvent qu'elles feroient, s'il n'y étoit pas.

Quatre choses à examiner aux os.

Il me reste à vous faire voir le dénombrement des os pour en finir le general ; mais auparavant je trouve à propos de vous faire observer quatre choses, qui sont la grandeur, la couleur, la nourriture, & le sentiment des os.

Grandeur des os.

Tous les os ne sont pas de même grosseur, je ne dis pas seulement dans les hommes qui sont de differentes tailles, mais encore dans les personnes qui sont d'égale grandeur ; il arrive même souvent que parmi ces derniers, quelques-uns ont les os plus petits que les autres ; & si la beauté dépend de la délicatesse des os, on peut dire que ceux-là sont de plus belle taille & mieux faits. En effet, c'est une des raisons pourquoi les femmes sont ordinairement plus belles que les hommes, parce qu'elles ont les os du visage plus fins que ne sont ceux des hommes ; c'est ce qui fait aussi que l'on distingue facilement le squelete d'une femme d'avec celui d'un homme. Il y a encore entre l'un & l'autre une fort grande difference, en ce que dans l'homme les os des iles sont plus petits & plus serrez l'un prés de l'autre, & que dans la femme ils sont plus écartez, afin de former le bassinet plus grand pour y mieux contenir l'enfant ; de là vient aussi que les femmes ayant les os des iles plus en dehors, & l'os sacrum plus en derriere, elles ont les hanches & les fesses plus grosses que les hommes.

L'on doit encore obſerver la groſſeur des os dans les differens âges ; car ils groſſiſſent depuis la naiſſance juſqu'à vingt ans , & depuis vingt ans juſqu'à ſoixante ils ſubſiſtent dans une même groſſeur ; mais aprés ſoixante ans , ils vont toûjours en diminuant ; ce qui arrive parce qu'en ſe deſſechant , les fibres oſſeuſes s'approchent plus les unes des autres.

La couleur des os n'eſt pas égale en tous , il y en a qui les ont fort blancs , d'autres moins blancs , & d'autres qui les ont d'une couleur griſâtre ; il eſt ſi vrai que la diverſité de ces couleurs dépend de la premiere matiere dont les os ſont formez , que quoique l'on prenne les mêmes ſoins pour blanchir deux ou trois ſqueletes , il y en a toûjours quelqu'un qui ne le devient pas tant que les autres.

Couleur des os.

L'on a crû pendant long-tems que la moëlle étoit la matiere qui ſervoit de nourriture aux os, mais les découvertes que l'on a faites de ſes autres uſages, ont prouvé qu'ils ſe nourriſſoient des parties du ſang, comme le reſte du corps. Il eſt vrai que la moëlle peut bien les entretenir en les humectant , de même que la graiſſe fait les parties molles, mais elle n'en eſt pas le veritable ſuc alimentaire ; il ne ſe trouve que dans le ſang , qui circulant dans la ſubſtance des os, y porte des particules propres à les nourrir, comme il fait dans toutes les autres parties ; ce qui marque qu'ils ne ſont pas nourris pas appoſition de matiere ſur ma-

Nourriture des os.

tiere comme les pierres, mais par une liqueur qui s'infinuant & entrant dans leurs porofitez, & coulant le long de leurs fibres, en augmente le volume ; car il y a une infinité de canaux dans les corps des os, (femblables à ceux des troncs des arbres qui y conduifent le fuc) dans lefquels la nourriture eft portée par les arteres, & dont le fuperflu fortant par les extremitez de ces canaux, eft reçû par des vénules qui le reportent à la maffe. D'ailleurs il eft aifé de voir en trépanant qu'il y a du fang entre les deux tables du crane, & que fi vous caffez l'os d'un animal nouvellement tué, il en fort des gouttelettes de fang ; ce qui ne permet pas de douter qu'il n'entre du fang dans les os.

Sentiment des os.

Il eft vrai que les os n'ont point de fentiment, mais ils font couverts & envelopez du Periofte, qui eft une petite membrane fort déliée, & d'un fentiment exquis. Ceux qui font fujets à la goutte, ou à qui l'on a fait quelque operation fur les os, nous en peuvent rendre un témoignage affuré, puifque les douleurs que l'on reffent dans ces Operations font tresgrandes, principalement lorfque l'on touche cette membrane.

Nombre des os.

Un grãd fquelete vû de côté.

Un petit fquelete.

Le nombre des os, qui eft la fixiéme & derniere chofe que nous avons à confiderer aux os en general, eft fort grand. Dans la premiere Démonftration je vous ay fait voir le fquelete de face, & dans celle-ci je vous prefente ce grand de côté, & ce petit par derriere, afin que vous le puiffiez voir de toutes les ma-

nieres ; il ne faut pas vous étonner s'il est composé de tant d'os, & s'il y en a jusques au nombre de deux cens quarante-neuf ; par exemple,
on en compte soixante à la teste , soixante &
sept au tronc , soixante & deux aux bras &
aux mains, & soixante aux jambes. Si l'Auteur de la Nature en avoit mis moins à la main,
auroit-elle pû prendre comme elle fait ? Si
l'épine n'étoit pas composée d'autant de vertebres qu'elle est, auroit-elle pû se fléchir comme elle a besoin de faire ? Enfin si la jambe
& la cuisse n'eussent esté faites que d'un os ,
auroit-on pû marcher aussi commodément que
l'on fait ? Il étoit donc necessaire pour la perfection de l'homme , & des actions qu'il fait,
que le nombre des os fut aussi grand qu'il
est.

Des soixante de la teste il y en a quatorze
au crane, & quarante-six à la face, y comptant
l'os hyoïde ; les quatorze du crane sont le coronal, l'occipital, deux parietaux, deux temporaux, l'etmoïde, le sphenoïde, & les six os
de l'ouïe, qui sont les enclumes , les estriers &
les marteaux. Des quarante-six de la face , il y
en a ving-sept à la machoire superieure , qui
sont l'os de la pomette, l'os unguis , le maxillaire, l'os du nez, l'os du palais , & autant
de l'autre côté ; le onziéme, qui est impair, est
le vomer , avec seize dents superieures , & dix-
huit à la machoire inferieure ; sçavoir deux
os & seize dents, ausquels ajoûtant l'os hyoïde,
cela fait le nombre de soixante à la teste.

Des soixante-sept au tronc , il y en a trente-

vû par
derriere,

Soixante
os à la
teste,

Soixante-
sept au
tronc.

deux à l'épine , & vingt-neuf à la poitrine;
ceux de l'épine font fept au col, douze au dos,
cinq aux lombes , cinq à l'os facrum , & trois
au coccix ; ceux de la poitrine font vingt-quatre côtes, deux clavicules, & trois au fternum;
Il y a encore fix os innominés , qui font deux
iléon , deux ifchion , & deux pubis ; ce qui fait
le nombre de foixante-fept au tronc.

Soixante-deux aux bras.

Des foixante-deux des extremitez fuperieures , il y en a trente & un à chacune , qui font
l'omoplate , l'humerus , le cubitus , le radius ,
huit au corps , quatre au metacarpe ; & quinze aux doigts , & autant à l'autre extremité ;
cela fait foixante & deux.

Soixante aux pieds.

Des foixante des extremitez inferieures , il
y en a trente à chacune ; fçavoir le femur, la
rotule , le tibia , le peroné , fept au tarfe , cinq
au metatarfe, & quatorze aux doigts , & autant
à l'autre extremité ; c'eft en tout foixante.

Deux cens qua-rante-neuf os en tout.

Ce nombre des os fe pourroit augmenter
par ceux qui en feroient plufieurs de l'os
hyoïde, ou qui y ajoûteroient les fefamoïdes ;
il pourroit auffi eftre diminué par ceux qui
n'en feroient qu'un des deux de la machoire
inferieure , & qui reduiroient les cinq de l'os
facrum à un feul : Mais comme il faut s'en tenir à un nombre fixe , je vous confeille d'en demeurer à celui de deux cens quarante-neuf ,
qui eft le plus univerfellement reçû par tous
les Auteurs.

Faut con-noître les cartila-ges.

Quoique les cartilages & les ligamens foient
feparez du fquelete par l'ébullition, neanmoins
nôtre Ofteologie feroit imparfaite fi nous les

paffions fous filence, & fi nous ne vous inftrui-
fions pas de ce qu'il en faut fçavoir en general.

Les cartilages font les parties les plus dures
aprés les os; ils font prefque de même nature,
& n'en different que du plus au moins. L'on
en fait de trois fortes, les uns font durs & deviennent offeux avec le tems, comme ceux
qui font le fternum, & ceux qui lient les epiphifes avec l'os principal; les autres l'ont plus
mols, & compofent même des parties, comme
ceux du nez, des oreilles, du xiphoïde, & du
coccix; & enfin d'autres font tres-mols &
tiennent de la nature du ligament; ce qui les
a fait appeller cartilages ligamenteux.

Il eft des cartilages de plufieurs figures, à
qui l'on a donné le nom des chofes aufquelles
ils reffemblent, l'un eft appellé annullaire,
parce qu'il eft fait comme un anneau; un autre xiphoïde, à caufe qu'il a la figure de la
pointe d'un poignard; & un autre fcutiforme,
qui eft fait comme un bouclier; & ainfi de plufieurs autres.

Les cartilages accompagnent ordinairement
les os, on en trouve neanmoins qui ne les touchent pas, comme ceux du larinx & des paupieres.

Les cartilages n'ont point de fentiment,
n'ayant ni membranes ni nerfs; ce qui eft d'autant plus avantageux à l'homme, qu'il a affez
d'autres parties fujettes à la douleur, fans
avoir encore celles-ci qui lui en cauferoient de
continuelles dans les mouvemens qu'il eft

obligé de faire ; ils n'ont point de cavitez, & par conséquent point de moëlle ; mais à son defaut ils ont une mucosité d'une substance gluante & flexible, qui les environne, & qui les conserve.

Usages des cartilages.

Les cartilages ont plusieurs usages, ils empêchent que les os ne soient blessez par un frayement mutuel, ils les joignent en plusieurs endroits par sincondrose, & sont d'une grande utilité à plusieurs parties pour les bien former, comme au nez, aux oreilles, à la trachée artere, aux paupieres, & à quelques autres.

Les ligamens ne sont plus à ce squelete.

Tous les os que vous voyez ne pourroient point tenir ensemble, s'ils n'étoient joints par des ligamens qui ne sont plus à ce squelete, en ayant, comme je l'ay dit, esté separez par l'ébullition ; mais il y a du fil de leton qui tient leur place, & du liege qui remplit celle des cartilages du sternum ; il ne seroit pas impossible de conserver un squelete avec les cartilages & les ligamens, il n'y auroit qu'à le décharner ; mais quelque soin que l'on prît, les vers s'y mettroient, & l'on ne pourroit pas le conserver aussi bien & aussi long-tems que l'on fait celui-ci.

Des ligamens.

Le ligament est d'une substance solide & blanche ; il est plus mol que le cartilage, & plus dur que le nerf & la membrane ; il n'a ni cavité, ni sentiment, ni mouvement ; ce qui fait qu'il ne souffre pas plus que le cartilage.

Matiere des ligamens.

Les ligamens sont faits de la portion la
plus

plus vifqueufe de la femence ; il y en a de tres-
forts, qui font interieurement entre les os ; les
uns font épais & ronds, que l'on appelle cartilagineux, & les autres déliez & membraneux,
qui couvrent exterieurement les os.

Il y en a de plufieurs figures, les uns font larges., que l'on appelle membraneux ; les autres
ronds que l'on nomme nerveux ; ces noms ne
leur font donnez que par la reffemblance qu'ils
ont avec des membranes, ou des nerfs, & non
pas parce que le ligament eft effectivement membraneux ou nerveux.

Figure
des liga-
mens.

Le feul & veritable ufage que l'on donne aux
ligamens, eft de lier, comme feroit une corde,
les parties du corps, & fur tout les os, qu'ils
confervent joints & unis enfemble, afin qu'ils
ne puiffent fortir de leur place.

Ufages
des liga-
mens.

Voila, Meffieurs, ce que j'avois à vous démontrer aujourd'hui ; demain nous entrerons
dans le détail de tous les os, en commençant
par ceux de la tefte.

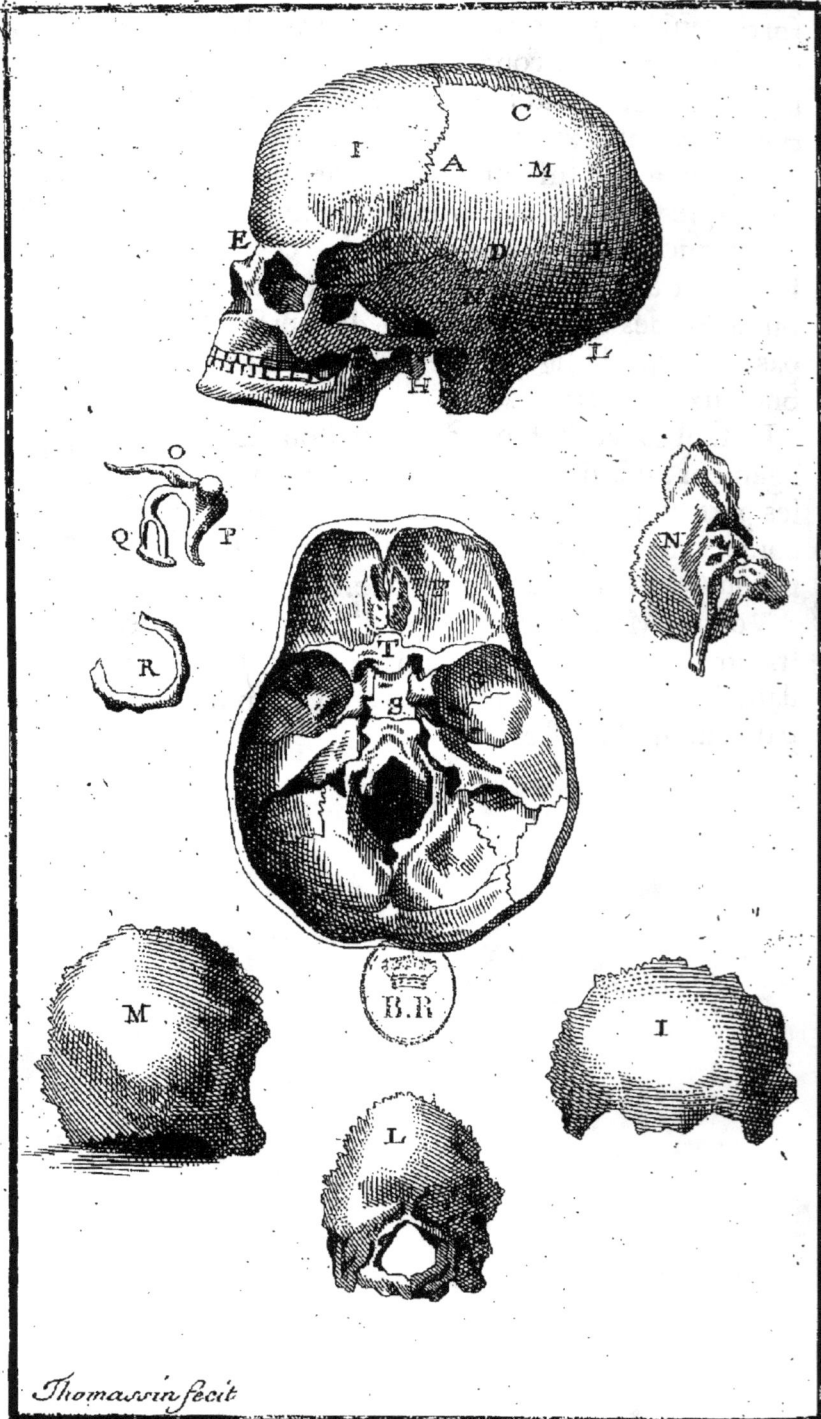

Thomassin fecit

DES OS

DE LA TESTE,

ET PREMIEREMENT DE CEUX
du Crane.

Troisiéme Démonstration.

POUR faire avec ordre le détail des Os, comme je vous l'ai promis, Messieurs, il faut auparavant diviser le squelete, en teste, en tronc, & en extremitez.

Quoique les Auteurs ne conviennent pas entr'eux par quelle partie du squelete il faut commencer, pourvû qu'on les connoisse toutes ; je suis neanmoins persuadé que l'on doit commencer par la teste, non seulement parce qu'elle se presente la premiere, & qu'elle est formée avant toutes les autres parties , mais encore parce qu'elle est le siege de l'ame, & la partie la plus noble & la plus considerable du corps.

Je ne pretens pas faire ici l'éloge du cerveau, nous vous en entretiendrons dans le cours de ces Démonstrations Anatomiques ; je veux seulement vous faire observer que les os qui forment la teste ne sont pas de si petite consequence au cerveau qu'ils n'en tire des utilitez considerables, puisque ce sont eux qui lui forment

Faut commencer par la teste.

Structure admirable de la teste.

C ij

un domicile, & qui lui fervent de rempart contre toutes les injures externes.

Définition de la tefte.

Nous entendons par ce mot de tefte tout ce
qui eft depuis le vertex jufqu'à la premiere
vertebre du col, y comprenant le crane & la face.
Hippocrate la confidérant comme le domicile
du cerveau, dit que c'eft une partie offeufe compofée de deux tables entre-tiffuës du diploé, couverte par dehors du péricrane, & par dedans de
la duremere.

Subftance de la tefte.

Vous remarquerez que la fubftance de la tefte
eft toute offeufe, en quoi elle differe de la poitrine & du bas ventre, l'une étant en partie offeufe, & en partie charnuë; & l'autre tout-à-fait
charnu. Cette fubftance toute folide lui eft d'un
grand fecours; car non feulement elle contient
le cerveau qui a befoin d'être enfermé dans une
boëte auffi forte, mais encore elle le défend
contre tout ce qui pourroit lui nuire.

Situation de la tefte.

La tefte eft fituée à la partie la plus éminente
du corps; la raifon que plufieurs Auteurs
en donnent ne me paroît pas la veritable;
ils difent que c'eft à caufe des yeux qui y font
placez, & que leur action étant de voir & de découvrir toutes chofes, il falloit qu'il fuffent au
plus haut lieu du corps; mais la meilleure raifon eft, que le cerveau ayant à envoyer le fuc
animal par les nerfs à toutes les parties du
corps pour le mouvement & le fentiment, il ne
pouvoit le faire plus aifément que de haut en
bas, l'impulfion en étant facile de cette maniere, au lieu qu'elle lui auroit efté impoffible de
bas en haut, étant d'une fubftance auffi molle

qu'il eft. On peut ici comparer le cerveau à un refervoir qui fournit de l'eau à plufieurs fontaines ; il eft toûjours placé au plus haut lieu du jardin, afin d'en pouvoir envoyer plus commodement, ce qu'il ne pourroit faire, s'il étoit fitué plus bas que les fontaines.

La grandeur de la tefte doit être proportionnée à celle du cerveau, puifqu'elle eft faite pour lui : Il y en a de groffes & de petites, & les unes & les autres marquent également un vice de conformation. Les groffes font fujettes à une infinité de fluxions & d'incommoditez, & les petites tendent beaucoup à la folie, le cerveau étant gêné dans fes fonctions ; neanmoins il eft à fouhaiter que la tefte peche plûtôt en groffeur, qu'en petiteffe ; car l'on remarque que ceux qui ont beaucoup d'efprit, l'ont plus groffe que petite. *La grandeur de la tefte.*

La figure naturelle de la tefte eft ronde, & un peu applatie des deux côtez, tant pour mieux contenir le cerveau, que pour en faciliter le mouvement : Elle eft oblongue dans fa partie anterieure, pour laiffer un grand efpace au cerveau ; Elle l'eft auffi dans fa partie pofterieure pour le cervelet ; fi elle n'étoit pas platte par les côtez, & qu'elle fût abfolument ronde, les tempes auroient efté trop avancées, & elle n'auroit pas efté fi bien dans l'équilibre qu'elle y eft. *Figure de la tefte.*

Il y a des teftes qui font de figure non naturelle & dépravée, aux unes la tuberofité anterieure manque, aux autres c'eft la pofterieure, & à d'autres l'une & l'autre ne s'y trouvent point. Il y en a qui font d'une figure pointuë, comme un pain de fucre ; ceux qui ont le malheur de l'avoir de cette maniere, n'ont pas le cerveau trop bien reglé dans fes fonctions.

Ufages de la tête.

Les ufages de la tefte font confiderables, car outre fes particuliers, qui font de contenir & de défendre le cerveau, elle a encore l'ufage commun de tous les os, qui eft de donner origine & infertion à plufieurs mufcles.

Divifion de la tête.

La tefte fe divife en deux parties, dont l'une eft couverte de cheveux, que l'on appelle le crane; & l'autre eft fans cheveux, que l'on nomme la face.

Les os qui compofent ces deux parties font en affez grand nombre & affez confiderables, pour nous occuper pendant deux Démonftrations ; c'eft pourquoi nous commencerons par ceux du crane, & finirons par ceux de la face.

Du crane.

Le crane eft l'affemblage des os qui contiennent le cerveau & le cervelet; il fe divife en deux tables, qui font comme deux lames appliquées l'une fur l'autre, entre lefquelles il y a le diploé, qui eft une fubftance rare, fpongieufe, & pleine de cellules de differente grandeur, qui reçoivent plufieurs arterioles du cerveau, & qui donnent iffuë à des vénules qui vont fe rendre dans les finus de la dure-mere; C'eft entre ces deux tables que fe porte le fang qui nourrit le crane, où il circule comme par tout ailleurs ; & c'eft ce même fang que l'on voit fortir dans l'Operation du trépan, lorfque l'on a coupé la premiere table de l'os.

Le dehors du crane.

La fuperficie exterieure & fuperieure du crane

est unie & polie, mais l'inferieure est fort rabo-
reuse & inégale, à cause des diverses productions
& appendices qui s'y rencontrent.

Sa superficie interieure & superieure est pareillement unie & égale, à la reserve de quelques canelures qui y sont faites par les vaisseaux
qui rampent sur la dure-mere, lorsque le crane
est encore mol & cartilagineux ; mais il a sa superficie interieure & inferieure inégale , à cause
des productions & des cavitez qui s'y trouvent.

Le de-
dans du
crane.

Le crane a plusieurs trous qui sont de differente grandeur, ils donnent passage à la moëlle
de l'épine , aux nerfs, aux arteres & aux veines
qui remplissent ces trous, & qui les bouchent si
exactement, qu'il n'y a ni vapeurs, ni fumées
qui puissent y entrer, ni en sortir, si ce n'est par
les vaisseaux. Nous ferons voir tous ces trous
en démontrant chaque os en son particulier.

Trous du
crane.

Dans le doute où l'on est de sçavoir si c'est le
crane qui donne la grandeur au cerveau, ou si
c'est le cerveau qui fait celle du crane, il est aisé
de conclure que la grandeur du crane dépend de
celle du cerveau , pour deux raisons ; la premiere est que la matiere qui environne le cerveau,
& qui doit former le crane , s'étend plus ou
moins , que le cerveau est plus ou moins
grand ; & la seconde est que le crane n'est formé qu'aprés le cerveau ; ce qui est si vrai que
nous voyons dans l'enfant qui vient de naître,
que le cerveau est dans sa perfection, lorsque le
crane n'est encore que cartilagineux , & à demi
osseux aux endroits des sutures, & en la region
moyenne & superieure de la teste , que l'on

C'est le
cerveau
qui fait la
grandeur
de la tête.

C iiij

appelle la fontaine, laquelle ne s'offifie que quelques années aprés : De là vient que dans les accouchemens ces os n'étans pas encors durs, ils preffent & cedent un peu à la compreffion pour aider à la fortie de l'enfant.

Les os du crane.

Le crane eft compofé de plufieurs os, diftinguez par des jointures que l'on appelle futures.

Des futures.

Aprés avoir donné la définition des futures, & de quelques-unes de fes efpeces, en parlant de la finartrofe *page treizième* ; il fuffit de les divifer ici en propres, & en communes. Les propres font celles qui fervent à divifer les feuls os du crane : elles font vrayes ou fauffes.

Sutures vrayes.

Les vrayes font celles qui s'uniffent en maniere de dents de fcie. Il faut remarquer qu'il y a de petites pieces d'os qui entrent les unes dans les autres, lefquelles ne font pas pointuës comme les dents de fcie, mais faites comme des queuës d'hirondelle ; ce qui les enchaffe les unes dans les autres, & empêche qu'elles ne puiffent s'écarter & fe feparer : Elles font trois, la coronale, la lambdoïde, & la fagittale.

A
Suture coronale.

La coronale eft celle du devant de la tefte ; elle eft ainfi nommée, ou parce qu'elle eft à l'endroit où l'on portoit autrefois les couronnes ; ou bien parce qu'elle a la figure orbiculaire ; Elle s'étend depuis une tempe jufques à l'autre, & joint l'os du front avec les deux parietaux.

B
Suture lambdoïde.

La lambdoïde eft ainfi appellée, parce qu'elle eft faite comme un Λ Grec ; elle eft oppofée à la precedente ; elle unit l'os occipital avec les deux parietaux par leur partie pofterieure.

La fagittale eſt ainſi nommée, parce qu'elle eſt droite comme une flêche, que l'on nomme en Latin *ſagitta*: Elle eſt placée à la partie ſuperieure de la teſte. Elle va de la coronale juſqu'à la lambdoïde, & joint les deux parietaux par leurs parties ſuperieures. Cette ſuture décend quelquefois juſqu'à la racine du nez, & alors elle diviſe l'os frontal en deux : ce qu'elle fait auſſi en quelques ſujets à l'os occipital. Ces trois ſutures ſont quelquefois ſi bien unies à des cranes de vieillards, qu'ils paroiſſent n'être faits que d'une ſeule piece.

Les ſutures fauſſes ſont celles qui ſe joignent en forme d'écailles de poiſſon ; c'eſt pour cela qu'on les appelle écailleuſes, ou ſquammeuſes : Elles ſont deux, une de chaque côté ; elles joignent les parties ſuperieures & plus minces des os petreux avec les parietaux.

On appelle ſutures communes celles qui ſeparent les os du crane d'avec ceux de la face ; Elles ſont quatre, la tranſverſale, l'etmoïdale, la ſphenoïdale, & la zigomatique.

La Tranſverſale eſt ainſi nommée, parce qu'elle traverſe la face d'un côté à l'autre ; elle commence à un des petits angles de l'œil, & paſſant par le fonds des orbites, & par la racine du nez, elle va finir à l'autre petit angle ; c'eſt elle qui ſepare l'os coronal d'avec ceux de la face.

L'Etmoïdale prend ſon nom de ce qu'elle tourne tout autour de l'os Etmoïde ; c'eſt elle qui le ſepare des os qui le touchent.

La Sphenoïdale eſt ainſi appellée, parce qu'elle environne tout l'os ſphenoïde ; elle le ſepare

Marginal notes:

C
Suture Sagittale,

Sutures fauſſes.

D
Sutures ſquammeuſes,

E
Suture Tranſverſale.

F
Suture Etmoïdale.

G
Suture Sphenoïdale.

de l'os coronal, des os petreux & de l'occipital.

Suture zigoma-tique. La Zigomatique se nomme ainsi, parce qu'elle
est toute dans le Zigoma ; elle est fort petite, &
elle separe l'os petreux par son apophise d'avec
l'os de la pomette. Ces sutures ne sont pas si apparentes que les premieres, car il les faut regarder de prés pour voir les petites pieces d'os
qui entrent dans les espaces des unes & des autres.

Usages des sutu-res. Les usages des sutures se reduisent à trois principaux, qui sont de donner attache à plusieurs
petits filets ligamenteux qui suspendent la dure-
mere ; de permettre le passage aux vaisseaux qui
entrent & qui sortent du diploé ; & d'aider à la
transpiration ; car il n'y a pas apparence de croire que ces sutures ayent esté faites pour empêcher que la fracture d'un des os du crane ne pas-
sât à une autre : il est bien vrai qu'elles le font,
mais que ç'ait esté le dessein de la nature en les
faisant, cela ne se peut pas soûtenir, non plus
que de dire, que les epiphises ayent esté faites pour empêcher que les fractures des os n'al-
lassent jusques dans les articles.

Huit os au crane. Les os du crane sont propres, ou communs ;
les propres sont ainsi nommez, parce qu'ils ne
servent qu'au crane : Ils sont six, sçavoir le coronal, l'occipital, les deux parietaux, & les
deux temporaux. Les communs sont ceux qui
servent au crane & à la face : Ils sont deux, sçavoir le Sphenoïde & l'Etmoïde. Tous ces os feront le sujet de la Démonstration d'aujourd'hui,
aprés que je vous aurai fait remarquer que tous

les cranes ne font pas également épais en toutes
leurs parties, & dans tous les fujets : c'eſt à quoi
le Chirurgien doit principalement s'attacher,
de peur qu'il ne ſe trompe dans les trépans, &
dans les autres Operations qu'il a à faire à la
teſte ; car il y a des perſonnes dans leſquelles le
crane n'eſt épais que d'un écu ; & d'autres où il
l'eſt de deux & de trois ; & même vous verrez
que les fix os du crane ſont tous de differente
épaiſſeur.

Le premier de ces os eſt le coronal, ou fron- **II.**
tal, il eſt le plus dur des os de la teſte aprés l'oc- L'os co-
cipital ; ſa figure eſt demi-circulaire, particulie- ronal.
rement en ſa partie ſuperieure & laterale ; il eſt
uni par dehors, & inégal au dedans ; Il eſt ſitué
en la partie ſuperieure de la face, & anterieure
du crane, d'où il forme le front ; ce qui lui a
fait donner le nom de frontal.

Cet os eſt borné en haut par la ſuture coro- Circon-
nale, & en bas par la tranſverſale ; la premiere ſcription
le joint aux os parietaux & aux petreux ; & la de l'os
ſeconde aux os du nez, à cauſe de la pomette : coronal.
Il y a encore la ſuture ſphenoïdale, qui le joint
à l'os ſphenoïde.

Les parties de cet os ſont ſolides ou caves ; Parties
les ſolides ſont quatre apophiſes, dont il y en a de l'os
deux aux grands angles des yeux, & deux aux coronal.
petits, qui ſervent à former les cavitez des orbites : Les parties caves ſont de trois ſortes,
trous, foſſes, & ſinus ; les trous ſont deux, un de
chaque côté à la partie ſuperieure de l'orbite,
par où paſſe une partie du nerf de la troiſiéme
paire : Les foſſes ſont quatre, ſçavoir deux

externes qui font la partie superieure de chaque
orbite, & deux internes qui forment les petites
cavitez anterieures du crane. Les finus font
deux, appellez furciliers, parce qu'ils font placez à la partie inferieure de cet os proche les
fourcils: On a donné plufieurs ufages à ces finus,
les uns difent qu'ils fervent à la voix ; d'autres
veulent qu'ils contiennent un air qui fert de
vehicule aux odeurs ; d'autres qu'ils fervent de
refervoir tant aux humeurs aqueufes qui forment les larmes, qu'à une humeur moëlleufe
qui rend l'œil gliffant ; d'autres, qu'ils font les
magafins d'une humeur mucilagineufe, qui eft
proprement la morve qui découle par le nez ; &
enfin d'autres, qu'ils ne font faits que pour rendre cet os plus leger.

Ce qui forme ces deux fi-nus.

Mais quelques ufages que l'on donne à ces
finus, je ne fçaurois croire que la ftructure mécanique de l'os coronal n'ait plus de part à leur
formation, qu'aucune de ces utilitez ; car fi on
le remarque bien, on verra qu'ils font faits par
l'éloignement des deux tables du coronal, dont
l'externe s'avance en dehors pour former le
fourcil fuperieur de l'orbite, & l'interne fe retire en dedans pour faire la rondeur des cavitez
anterieures du crane, autrement il y auroit un
angle qui incommoderoit le cerveau.

L L L'os oc-cipital.

Le fecond des os du crane eft l'occipital, qui
eft oppofé à l'os coronal ; quelques-uns l'appellent l'os de la prouë ou de la memoire ; C'eft
le plus dur de tous les os du crane : la raifon que
les Auteurs en donnent eft que n'y ayant point
d'yeux au derriere de la tefte, la nature la fait

plus fort, afin qu'il refiftât mieux aux coups qu'il pourroit recevoir.

Cet os eft moins grand que le precedent, il eft Figure de l'os occipital d'une figure oblongue, approchante de celle d'un turbot, ayant cinq côtez ou deux lignes circulaires qui fe terminent en pointe; il eft fitué à la partie pofterieure de la tefte qu'il occupe toute; il eft borné par la future lambdoïde, & & par la fphenoïdale; l'une le joint aux parietaux, & l'autre l'attache à l'os fphenoïde.

Les parties de cet os font folides ou caves; les Parties de l'os occipital. folides font deux apophifes, appellées coronées, qui font receuës dans les cavitez glenoïdes de la premiere vertebre; elles joignent la tefte avec l'épine par artrodie: Les parties caves font de deux fortes, ou trous, ou foffes.

Les trous font ou communs, ou propres; les communs font deux, un de chaque côté avec les os petreux; ils donnent paffage à la fixiéme paire de nerfs, & à la veine jugulaire interne. Les propres font cinq, le premier eft impair, & fort grand, c'eft par lui que fort la moëlle de l'épine: Deux autres donnent iffuë à la feptiéme paire de nerfs, & les deux dernieres donnent entrée aux arteres cervicales.

Les foffes font deux, & toutes deux internes & fort grandes, pour contenir le petit cerveau.

Le troifiéme & quatriéme des os du crane, M M Les os parietaux. font les parietaux, ainfi nommez, parce qu'ils forment les parois de la tefte: Ils font d'une fubftance plus déliée, plus mince, & moins dure que ceux que je viens de vous faire voir.

La figure des parietaux eſt quarrée, leur grandeur ſurpaſſe celle des autres os de la teſte ; leur
ſituation eſt aux parties laterales qu'ils occupent toutes : la ſuture ſagittale les joint enſemble par leur partie ſuperieure ; la coronale les
unit par leur partie anterieure à l'os du front ;
la lambdoïde les joint par leur partie poſterieure
à l'os occipital ; & enfin la ſuture ſquammeuſe
les unit par leur partie interieure aux os petreux.

Figure des parietaux.

Les os ont leur ſuperficie externe fort polie,
mais l'interne eſt inégale, à cauſe des impreſſions que les arteres de la dure-mere y ont faites par leur battement continuel, dans le tems
qu'ils n'étoient pas encore oſſifiez.

N N Les os petreux.

Le cinquiéme & ſixiéme des os qui compoſent
le crane, ſont ceux des tempes, que l'on appelle ainſi, à cauſe qu'ils montrent l'âge de
l'homme, & que les cheveux qui ſont ſur les
tempes blanchiſſent les premiers ; leur partie ſuperieure eſt appellée ſquammeuſe, ou écailleu-
ſe, parce qu'elle eſt fort mince ; & leur inferieure eſt nommée petreuſe ou pierreuſe, à cauſe
qu'elle eſt fort dure.

Grandeur & figure des os petreux.

Ce ſont les plus petits des os propres du crane,
& pour bien remarquer leur figure, il faut les
diviſer en partie ſuperieure, qui eſt demi-circulaire, & en partie inferieure, qui reſſemble à
un rocher ; ils ſont ſituez aux parties laterales &
inferieures de la teſte, & bornez en haut par la
ſuture fauſſe, qui les unit aux parietaux ; par
derriere par la lambdoïde, qui les unit à l'occipital ; & par devant & en bas par la ſphe-

noïdale, qui les attache à l'os fphenoïde.

Il y a plufieurs parties à vous faire voir à ces os ; elles font éminentes ou caves.

Les parties éminentes des os petreux font les apophifes internes ou externes ; les internes font deux, une de chaque côté qui eft comme un gros rocher, dans lequel font les cavitez de l'ouïe, & les trois offelets qui y fervent : Les externes font trois, la maftoïde, ainfi appellée parce qu'elle reffemble à un mammelon; la ftiloï-de, parce qu'elle a la figure d'un ftilet, & la zi-gomatique qui s'avançant en dehors & fe joi-gnant à une éminence qui eft à l'os malum, forme le zigoma. Les émi-nences des os petreux.

Les parties caves de ces os font de trois for-tes, trous, foffes, & finus. Cavitez des os pe-treux.

Les trous font internes ou externes : les in-ternes font trois, fçavoir deux communs, un avec l'os fphenoïde, & l'autre avec l'occipital; & un propre par où paffe le nerf auditif: Les externes font deux, dont il y en a un commun avec la face, qui eft celui par où paffe le mufcle crotaphite; & l'autre propre, qui eft le trou de l'oreille.

Les foffes font auffi internes ou externes; les internes font deux, elles font les cavitez moyen-nes de la bafe du cerveau : les externes, qui font auffi deux, fervent à l'articulation de la mâchoire inferieure.

Les finus font deux, il y en a un dans cha-cune des apophifes maftoïdes.

Je vous ai dit que dans ce rocher qui forme l'os petreux, il y avoit trois offelets, dont l'un Les os de l'ouïe.

eſt appellé le marteau, l'autre l'enclume, & le troiſiéme l'eſtrieu. On leur a donné ces noms à cauſe de la reſſemblance qu'ils ont avec ces trois inſtrumens. Ces os ſont auſſi grands & auſſi durs dés la premiere conformation qu'ils le ſont pendant toute la vie.

Quatre cavitez dans les os. Il y a dans ce rocher quatre cavitez, dont la premiere eſt tortueuſe, montant en haut; la ſéconde, eſt celle où eſt le tambour; la troiſiéme, eſt le labirinthe; & la quatriéme eſt la coquille. C'eſt dans la ſéconde de ces cavitez où ſont placez ces trois oſſelets qui ſont joints & articulez

O Le marteau. de maniere, que l'apophiſe du marteau eſt attaché au tambour, & articulée par ſa teſte dans la cavité de l'enclume. Vous remarquerez à cette

P. L'enclume. enclume deux jambes, dont la plus courte eſt poſée ſur le tambour, & la plus longue ſur

Q L'eſtrieu. l'eſtrieu. Enfin l'eſtrieu enfoncé par ſa baſe la plus large dans la feneſtre ovale reçoit le petit tubercule de l'enclume par ſa partie ſuperieure & pointuë.

R Le circulaire. L'on trouve aux enfans un quatriéme os que l'on appelle circulaire, il eſt fait comme un anneau ſur lequel cette membrane, que nous appellons tambour, eſt tenduë de même que la peau d'un tambour eſt tenduë ſur une quaiſſe, & c'eſt ce qui lui en a fait donner le nom. A tous ces os l'on en ajoûte un cinquiéme tres-petit, que Silvius a découvert le premier. Il eſt attaché par un petit ligament à la partie ſuperieure & laterale de l'eſtrieu.

Articulations des os de l'ouye. Ces oſſelets ainſi articulez ſont attachez au tambour par une corde tres-déliée qui ſert à les bander,

bander, & à les lâcher enfuite avec le fecours des petits mufcles qui y font : Ces parties étant ainfi difpofées & frapées par l'impulfion de l'air qui y entre, repréfentent au cerveau par leurs petits mouvemens les fons tels qu'ils y ont efté portez.

Le premier des deux os communs eft le fphé-noïde. On lui donne differens noms, tant à caufe de fes differentes figures, que de fa fitua-tion. Il eft appellé par quelques-uns poliforme, ou multiforme; d'autres le nomment cuneïfor-me, parce qu'il eft enfoncé dans les autres, comme un coing dans du bois ; ou bafilaire, par-ce qu'il eft à la bafe du cerveau ; & d'autres, l'os colatoire, à caufe que la glande pituitaire eft pofée fur lui, & qu'il fert à faire écouler la pi-tuite du cerveau. Il eft épais dans fa bafe, & fort mince à la cavité des tempes : il eft affez grand & dur : l'on n'en fait qu'un os, quoi qu'aux enfans il fe puiffe divifer en quatre. Il eft d'une telle étenduë qu'il touche quafi à tous les os de la tefte, & à plufieurs de la mâchoire fuperieure, avec léfquels il eft uni par la future fphenoïdale.

Cet os a des apophifes internes & externes. Les internes font trois, appellées clinoïdes, par-ce qu'elles forment une fcelle à cheval, ou qu'el-les reffemblent aux piliers des lits des Anciens. Il y en a deux anterieures, & une pofterieure, qui font enfemble une petite cavité, dans la-quelle eft placée la glande pituitaire. Les apo-phifes externes font deux, appellées pterigoïdes,

L'O. fphenoï-de.

Les apo-phifes de l'os fphe-noïde.

D

parce qu'elles font faites comme des aîles de chauvefouris.

Cavitez de ces os. Les parties caves du fphenoïde font de trois fortes ; car il a des trous , des foffes , & des finus.

Leurs trous. Les trous font ou communs avec les deux os petreux , que l'on appelle jugulaires; ou propres, qui font douze , fçavoir fix de chaque côté. Le premier eft le trânfcolatoire , qui fert de déchârge à la glande pituitaire; le fecond eft l'optique, par où paffe le nerf du même nom ; le troifiéme eft le motif par où fort le nerf qui fait mouvoir l'œil ; le quatriéme eft le crotaphite ; le cinquiéme, le guftatif ; & le fixiéme, le carotide par où entre l'artere carotide.

Leurs foffes. Les foffes font trois ; une interne, qui eft fur la fcelle du fphenoïde , & qui fert de bafe à la glande pituitaire; & deux externes , qui font dans les apophifes pterigoïdes.

Leurs finus. Les finus font deux, placez dans la partie moyenne du corps, qui reprefente la fcelle à cheval : les ufages de ces finus, auffi bien que ceux des apophifes maftoïdes , font incertains ; quoique Bartholin dife qu'il y entre de l'air par plufieurs petits trous, que cet air y eft élabouré , & qui fert pour la nutrition de l'efprit animal.

L'Os Ethmoïde. Le fecond & dernier des os communs au crane & à la face, eft l'etmoïde, appellé par quelques-uns os cribleux , parce qu'il eft percé dans fa partie fuperieure , comme un crible ; & par d'autres , os fpongieux , à caufe que fa partie inferieure eft toute fpongieufe : Il eft fitué au milieu de la bafe du front, & remplit la cavité des narines.

Cet os eft le plus petit de tous ceux qui com- Gran̄-
deur de
cet os. pofent le crane ; il eft joint à l'os coronal dans fa partie fuperieure par une future commune, que l'on appelle etmoïdale ; & à l'os fphenoïde par la fphenoïdale.

L'on divife l'os etmoïde en trois parties, en Sa divi-
fion. fuperieure, que l'on nomme cribleufe, qui eft percée d'une infinité de petits trous ; en inferieure, qui eft fpongieufe, & qui fepare la cavité des narines en deux ; & en parties laterales, qui font pleines & plates, & qui font partie de l'orbite.

Vous voyez à cet os une éminence qui avan- Apophife
crifta
galli. ce dans la cavité du crane ; & à caufe qu'elle a de la reffemblance avec la crefte d'un coq, on lui en a donné le nom ; elle eft fort dure, & c'eft à cet endroit que s'attache la partie de la dure-mere, qui fepare le cerveau en deux, & que l'on nomme la faulx.

L'on donne deux ufages aux trous cribtifor- Ufages
des trous
de l'os
etmoïde. mes ; l'un pour donner paffage à plufieurs petites fibres, qui venans des productions mammillaires, vont fe répandre dans les tuniques qui tapiffent les cavitez des narines ; & l'autre pour filtrer les ferofitez abondantes du cerveau, lefquelles coulans le long de ces mêmes fibres, tombent dans les narines.

Voila, Meffieurs, tous les os que j'avois à vous démontrer aujourd'hui, demain nous verrons ceux de la face.

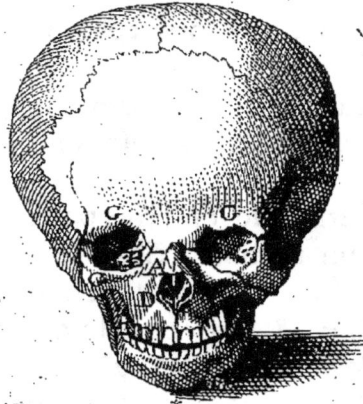

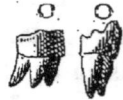

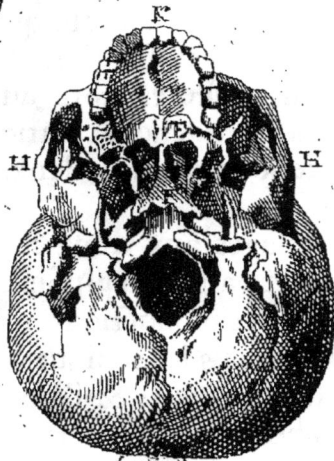

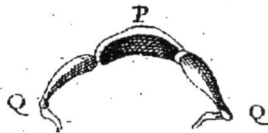

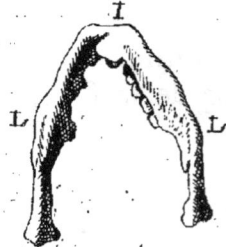

Thomassin fecit

DES OS

DE LA FACE.

Quàtriéme Démonstration.

SI vous avez trouvé, Meſſieurs, dans la compoſition du Crane une ſtructu-re digne de vôtre admiration, vous ne ſerez pas moins ſurpris de celle des os de la Face; & ſi le crane merite des loüan-ges à cauſe qu'il renferme le cerveau, qui eſt la partie la plus noble du corps, je ſuis perſuadé que la Face n'en merite guere moins, puiſqu'elle contient tous les ſens, qui la font appeller avec juſte raiſon l'image de l'ame.

C'eſt elle auſſi qui nous en repreſente toutes les paſſions par des caracteres ſi infaillibles, qu'elle nous fait paroître genereux ou timides, joyeux ou triſtes, & enfin tels au dehors que nous ſommes au dedans : Et comme elle eſt le ſiege de la beauté, & qu'elle attire par ſes char-mes les yeux de tous les hommes, dont elle captive auſſi les cœurs, on doit ſçavoir que rien ne contribuë davantage à ſa beauté, que les os dont elle eſt compoſée, puiſque c'eſt de leur juſte proportion que dépend celle des parties

Eloge de la Face.

D iij

de la face; car, par exemple, ſi le coronal gâte le front, ſi les os du nez le rendent difforme, & que les os de la mâchoire inferieure faſſent le menton pointu, il eſt certain que le viſage ne ſera jamais beau, quoi qu'on ait d'ailleurs des lévres vermeilles, une petite bouche, un teint de lis & de roſes, & une peau blanche & fine.

Les os font la taille.

Ce que je dis en faveur des os de la face, ſe doit auſſi entendre de ceux de tout le corps; car une clavicule trop avancée rend la gorge deſagreable, & un os de la jambe trop gros, ou courbé, la rend mal faite; de maniere que les os ne font pas ſeulement la beauté, mais encore la belle taille.

Diviſion des os de la Face.

La face eſt compoſée de deux mâchoires, ſçavoir une ſuperieure, qui comprend depuis l'œil juſqu'à l'extremité de la lévre ſuperieure; & une inferieure qui s'étend depuis le bord de la lévre inferieure juſqu'à la pointe du menton.

Il n'y a que la mâchoire inferieure qui ait du mouvement.

La mâchoire ſuperieure eſt immobile, l'inferieure au contraire eſt tout-à-fait mobile, puis que la maſtication, qui eſt une action ſi neceſſaire à la vie, ne la fait que par elle, & qu'elle ſuffit pour bien broyer les alimens; de même qu'il ſuffit à un moulin pour bien moudre le bled, qu'une ſeule des deux meules ait du mouvement; avec cette difference neanmoins que c'eſt la meule de deſſus qui appuyant ſur celle de deſſous, briſe facilement les grains de bled, & les rend en farine; & que c'eſt au contraire la mâchoire de deſſous, qui ſe ſerrant par le moyen de pluſieurs muſcles contre celle d'enhaut, mâche & broye les alimens; c'eſt en

quoi nous devons admirer la fageſſe du Tres-
haut, qui n'a pas jugé à propos de donner du
mouvement à la mâchoire ſuperieure, parce
qu'étant fortement attachée au crane, elle l'auroit obligé de faire autant de mouvemens qu'elle : ce qui auroit d'autant plus incommodé le
cerveau, qu'il a beſoin de repos pour faire ſes
fonctions ; D'ailleurs, ſi Dieu avoit donné du
mouvement à cette mâchoire ſuperieure de
l'homme, comme il a fait à celle des Perroquets, il auroit fallu qu'il l'eut ſeparée des os
du crane, & qu'elle eût avancé en dehors, comme elle fait aux Perroquets : Mais comme cette
difformité eût eſté tres-grande, l'Auteur de la
Nature y a remedié, en donnant tout le mouvement à l'inferieure.

Il y a onze os qui compoſent la mâchoire ſuperieure, ſçavoir cinq de chaque côté, & un
dans le milieu ; le premier eſt celui du nez, le
ſecond eſt l'os unguis, le troiſiéme l'os de la
pomette, le quatriéme l'os maxillaire, le cinquiéme l'os du palais, & le onziéme, qui eſt impair, eſt le vomer. Ces os ſont ſeparez du crane par les ſutures communes, & joints enſemble par harmonie ou engrainure, qui eſt une
eſpece de ſinartroſe ; ce qui fait qu'ils n'ont
point de mouvement : il faut les examiner les
uns aprés les autres.

Les os du nez qui ſe preſentent les premiers
à vous démontrer ſont d'une ſubſtance ſolide,
quoi qu'ils ſoient minces ; ils ſont aſſez petits, &
ont une figure piramidale ; ils ſont ſituez, comme vous voyez, à la partie ſuperieure du nez,

D iiij

Onze os
à la mâ-
choire ſu-
purieure.

A
Les os
du nez.

dont ils en composent ce que nous appellons le dos du nez ; car les aîles qui en font la partie inferieure étans cartilagineux, s'en font separez par l'ébullition.

Les bornes des os du nez.

Ces os sont bornez en haut par la suture transversale, qui les joint par leur partie superieure à l'os coronal, & par les côtez par deux sutures harmonieuses ; sçavoir l'une qui les articule ensemble, qui est au milieu du nez, & l'autre qui les unit avec les deux os maxillaires. Il faut remarquer que ces os sont plus polis au dehors qu'ils ne le sont au dedans, & que leur partie inferieure est inégale & découpée, afin que les cartilages s'y attachent mieux.

B
Les os unguis.

Les deux os qui suivent sont appellez unguis, parce qu'ils ont la grandeur & la figure d'un ongle ; ils sont d'une substance mince comme une écaille : ce sont les plus petits os de la mâchoire superieure ; leur situation est au grand angle de l'œil sur le trou lacrimal ; ce qui les a fait appeller par quelques-uns lacrimaux, & par d'autres orbitaires.

Ces os se perdent facilement.

Ces os ne tiennent pas beaucoup aux autres, d'où vient qu'ils se perdent facilement, & que l'on ne les trouve point à beaucoup de squeletes : Ils touchent à quatre os ; sçavoir au coronal, à celui du nez, au maxillaire, & à la partie de l'os etmoïde qui forme l'orbite.

C
Les os de la pomette.

Le cinquiéme & sixiéme sont les os de la pomette ; ils sont assez grands & d'une substance dure & solide ; ils ont une figure triangulaire ; leur partie moyenne est un peu avancée en dehors, & ronde comme une pomme. Je croi que

cette figure & les couleurs vermeilles qui font à
ces endroits aux belles perfonnes, les ont fait
appeller les os de la pomette.

Ce font ces os qui forment la jouë, & qui
font la partie inferieure de l'orbite ; ils font attachez à quatre autres, qui font le coronal, le
fphenoïde, le maxillaire, & l'os petreux : L'on
remarque à chacun trois apophifes, l'une qui
forme une éminence qui montant en haut, fait
le petit angle de l'œil ; l'autre qui s'avançant
vers le nez, fait la plus grande partie du fourcil
inferieur de l'orbite ; & la troifiéme qui fe joignant avec une éminence de l'os petreux, fait
une grande partie du zigoma.

Trois apophifes à l'os malum.

Le feptiéme & huitiéme font les os propres
de la mâchoire, appellez maxillaires ; ce font
les os les plus fpongieux & les plus grands de
la face ; ce font eux qui font une partie de la
jouë, qui contribuent à former l'orbite par fa
partie inferieure, qui compofent la plus grande
partie du palais, & qui articulent toutes les
dents d'enhaut.

D Les os maxil-laires.

Il eft difficile de leur preferire une figure,
parce qu'ils en ont une extraordinaire ; ils font
fituez à côté & au deffous de l'os de la pomette, occupant la partie inferieure de la mâchoire. On remarque qu'ils touchent à quatre
os differens, à ceux du nez, du palais, de la pomette, & aux orbitaires.

Figure de ces os.

On trouve à ces trois fortes de cavitez, des
trous, des foffes, & des finus.

Cavitez de ces os.

Les trous font internes, ou externes ; les internes font quatre, fçavoir deux que l'on appelle

incififs, parce qu'ils font directement fous les
dents incifives ; & deux autres aux parties laterales & pofterieures ; ceux-ci font communs
avec les os du palais : Les externes font deux,
on les appelle trous orbitaires, parce qu'ils font
fituez à la partie fuperieure & moyenne de ces
os proche l'orbite.

Les foffes font au nombre de feize à chaque
mâchoire, ce font des alvéoles dans lefquelles
font emboëttées feize dents.

Les finus font deux, un dans chaque os qui
eft le long des extremitez des racines des dents.

E
Les os du
palais.
Le neuviéme & dixiéme os de la mâchoire fuperieure font ceux du palais, qui font fort durs,
mais fi petits qu'ils n'en font que la moindre
partie, la plus grande partie de la voûte étant
formée par les os maxillaires, qui vont jufqu'à
la ligne qui les fepare les uns des autres.

Figure
des os du
palais.
Ces os étant un peu plus larges que longs, ont
leur figure prefque quarrée : leur fituation eft
au fond du palais ; ils en forment même la partie
la plus enfoncée de la voûte ; ils font joints enfemble par la fûture du palais, qui s'avançant
proche les dents incifives, unit auffi les deux os
maxillaires. Ils font encore attachez aux apophifes pterigoïdes par la fûture fphenoïdale : ils
font appuyez fur le vomer, & font percez chacun d'un trou, que l'on appelle guftatif.

F
Le vo-
mer.
Le onziéme os de la mâchoire fuperieure eft
le vomer ; il eft ainfi appellé, parce qu'il reffemble au foc d'une charuë : cet os eft impair,
n'ayant point de compagnon, il eft placé dans
le milieu au deffus du palais ; il eft dur & petit ;

il eſt joint avec les os ſphenoïde & etmoïde, qui
qui ont tous deux de petites éminences qui
entrent dans les cavitez de cet os, & qui par ce
moyen l'affermiſſent dàns ſa place; c'eſt lui qui
ſepare la partie interieure des narines en deux.

Les orbites ſont ces deux grandes cavitez qui
ſont ſituées à la partie inferieure du front, qui
ſervent de domicile aux yeux, & qui les défendent contre tout ce qui leur pourroit nuire:
leur figure eſt piramidale, ayant au dehors une
grande ouverture, qui ſe rétreciſſant à meſure
qu'elle s'enfonce, forme le point de perſpecti-
ve; elles ſont percées dans leur fond pour donner
paſſage aux nerfs optiques.

Ces cavitez ſont compoſées de ſix os differens, qui tous enſemble en forment la grandeur & la profondeur: de ces ſix os il y en a
un propre & cinq communs; le propre eſt l'orbitaire, qui ne ſert qu'à l'orbite: il eſt ſitué au
grand angle de l'œil. Des communs, il y en a
trois du crane, & deux de la face; le premier de
ceux du crane eſt le coronal, qui en forme la partie ſuperieure, & qui ſert de voûte à l'orbite:
le ſecond eſt l'etmoïde, qui fait la partie laterale du côté du nez; & le troiſiéme eſt le ſphenoïde qui en forme la partie la plus enfoncée:
les deux os de la face en font la partie inferieure, dont l'os de la pomette fait celle qui eſt proche le petit angle de l'œil, & le maxillaire celle
qui approche du grand angle.

Avant que de paſſer aux os de la mâchoire
inferieure, je veux vous faire voir ce que c'eſt
que le Zigoma, appellé par quelques-uns os

G G'
Les orbi-
tes.

Six os
compoſés
cei cavi-
tez.

H
Les Zi-
goma.

Jugal ; ce n'eſt point un os particulier, mais une union de deux éminences d'os, dont l'un vient de l'os temporal, & l'autre de l'os de la pomette : Ces deux éminences ou apophiſes ſont jointes par une petite ſuture oblique, que j'ai appellée zigomatique, lorſque je vous l'ai démontrée.

Uſages du Zigo-ma.

Il faut remarquer que ces deux os font enſemble une arcade ou avance qui a deux uſages conſiderables ; l'un eſt pour donner paſſage au muſcle crotaphite, & lui ſervir de rempart ; & l'autre eſt pour donner origine au muſcle maſſeter, dont l'action avec le crotaphite eſt de mâcher les alimens.

I I La mâ-choire in-ferieure.

La mâchoire inferieure eſt compoſée juſqu'à la ſeptiéme année de deux os, qui par la ſuite ne deviennent qu'un, ſe joignans enſemble dans leur partie anterieure & moyenne par ſimphiſe ſans moyen, comme font les epiphiſes, qui de cartilages deviennent os par ſucceſſion de tems.

L L Les deux os de la mâchoire inferieu-ſe.

Ces deux os ſont aſſez grands, & autant qu'il le faut, pour ſervir de baſe à ſeize dents qui y ſont articulez ; leur ſubſtance eſt ſolide & tres-dure, afin qu'ils ſoient aſſez forts pour mordre & pour mâcher ; Ils font enſemble une plus belle figure dans l'homme que dans tout autre animal ; car elle eſt demi-circulaire & reſſemblante à un arc : ils ſont unis & polis par dehors, & un peu raboteux par dedans & à leur partie inferieure, afin de faciliter l'origine & l'inſertion des muſcles. Ce qui eſt arrondi en devant ſe nomme la baſe, & les bords en ſont appellez lévres, dont il y en a une interne, & l'autre

externe ; ils font attachez en haut aux os petreux , avec lesquels ils font articulez par artrodie , & bornez en bas par le menton , qui
fait leur partie inferieure & anterieure.

Pour bien examiner ces os il en faut remarquer les parties , qui font folides , ou caves.

Les parties folides font fuperieures , ou infe- *Les émi-*
rieures ; les fuperieures font quatre , fçavoir *nences de*
deux apophifes ou teftes fituées fur un petit col, *choire*
appellées condiloïdes , qui en font l'articula- *inferieu-*
tion avec les os petreux : & deux autres apo- *re.*
phifes ou pointes , nommées coronoïdes , qui
fervent à attacher les mufcles crotaphites. Les
inferieures font trois , une anterieure , appellée
le menton , & deux pofterieures , qui fe nomment les angles , dont l'un eft à droite , & l'autre à gauche , où s'attachent exterieurement le
mufcle maffeter , & interieurement le pterigoïdien , qui fervent à la maftication.

Les parties caves font trous , foffes , & finus ; *Les cavi-*
les trous font internes ou externes ; les internes *tez de la*
font deux , fituez aux angles qui donnent entrée *inferieu-*
à un nerf de la cinquiéme paire , & à une artere *re.*
qui vont à toutes les racines des dents inferieures : Ils permettent auffi la fortie à une veine
qui en rapporte le fang. Les externes , qui font
auffi deux , font placez vers la partie anterieure & moyenne de la mâchoire inferieure ; c'eft
par eux que fort une portion du nerf qui eft entré par les internes , dont les rameaux vont fe
diftribuer dans les parties externes du menton.

Les foffes font au nombre de feize , comme

dans la mâchoire superieure, ce sont des cavitez ou alveoles dans lesquelles sont enchassées seize dents : Il y a des alveoles qui n'ont qu'une fosse, d'autres deux, d'autres trois, & d'autres quatre, selon que les dents ont plus ou moins de racines.

Les sinus sont deux, un de chaque côté ; ce sont des cavitez internes qui sont le long de la mâchoire, & qui contiennent la matiere dont les dents sont formées.

La mâchoire inferieure a plusieurs usages, le premier, qui est pour l'ornement & la beauté, lui est commun avec les autres parties de la face, puisqu'elles y contribuent toutes ; le second est pour la mastication ; & le troisiéme est pour la formation de la voix.

On ne fait pas ordinairement sur un squelete la démonstration de toutes les dents tant de la mâchoire superieure que de l'inferieure, parce qu'il y a peu de sujets à qui il n'en manque quelqu'une : D'ailleurs il faut observer qu'elles ne sortent pas hors des mâchoires dans l'homme vivant comme dans le squelete, parce que dans l'un il y a des gencives qui les tiennent fermes dans leurs alveoles, & que dans tous les squeletes elles en sont toûjours separées par l'ébullition.

Les dents sont de petits os durs, blancs & polis, articulez aux mâchoires par gomphose, qui servent à mâcher & à broyer les alimens.

Les dents different des autres os en ce qu'elles n'ont point de perioste ; ce qui fait qu'elles n'ont de sentiment qu'à l'endroit de leur racine où le nerf paſſe ; car il faut demeurer d'accord que la partie de la dent qui ſort dehors en eſt tout-à-fait privée.

Quoique les dents ſoient des os tres-durs , & qu'elles ſupaſſent même en dureté tous les os du corps, neanmoins elles ne laiſſent pas de s'uſer par leur action continuelle , & par le frotte-ment même des unes contre les autres. La preu-ve en eſt ſi évidente , que lors qu'une dent manque., celle qui lui eſt oppoſée, ne la rencon-trant plus en mâchant , croît , & ſurpaſſant la longueur de celles qui ſont à côté d'elle , entre dans le creux de celle qui manque ; c'eſt pour-quoi la nature ne pouvant empêcher qu'elles ne s'uſent, quelque précaution qu'elle ait priſe , leur a donné des vaiſſeaux qui leur apportent une matiere qui les nourrit & les repare.

Les dents s'uſent & ſe repa-rent.

Les dents ſont faites de la ſemence , comme toutes les autres parties , dés la premiere confor-mation ; on les trouve dans les cavitez des alveo-les , même aux fœtus qui n'ont pas encore neuf mois accomplis ; il eſt bien vrai qu'elles n'y ont pas leur perfection , puiſqu'il n'y a que la plus grande partie de la tablette qui ſoit formée : Mais on remarque dans ces mêmes alveoles une mucoſité , qui ſe deſſechant avec le tems, pouſſe le reſte de la dent au dehors à meſure qu'elle ſe forme. Le tems n'eſt pas déterminé pour la ſor-tie des dents ; il y a des enfans qui en ont eu dés le ventre de la mere , d'autres dés les pre-miers mois , d'autres à ſept ou huit mois, qui eſt le terme ordinaire ; & d'autres enfin qui ne commencent à en avoir qu'à un an ou deux.

Les dents trouvent leur prin-cipe dans la ſemen-ce.

Les dents croissent les unes aprés les autres.

Les dents ne sortent pas toutes à la fois, ce sont les incisives de la mâchoire supérieure qui percent les premieres, parce qu'étant les plus petites de toutes, elles ont plûtôt acquis leur perfection ; & qu'ayant leurs tablettes tranchantes, elles ont aussi plûtôt coupé la gencive. Ensuite ce sont les incisives de la mâchoire inferieure qui paroissent, puis les canines, & enfin les molaires.

Elles causent des douleurs en sortant.

Comme la sortie des dents cause de grandes douleurs aux enfans, & quelquefois même de tres-fâcheux accidens, la nature les pousse les unes aprés les autres, ou tout au plus deux à deux ; parce que si elles sortoient toutes à la fois, les enfans ne pourroient supporter les convulsions qui leur arriveroient, sans en être extrémement malades, ou en mourir ; comme on l'a souvent vû dans ceux à qui il en perçoit seulement trois ou quatre à la fois.

On sévre les enfans quand ils ont vingt dents.

Lorsque les dents sont parvenuës au nombre de vingt, les autres cessent de paroître pendant plusieurs années ; neanmoins on ne laisse pas de dire que l'enfant a toutes ses dents ; ce qui se doit entendre de celles qu'il doit avoir à son âge, dont le nombre est pour l'ordinaire de vingt, à vingt mois ; c'est dans ce tems là qu'il faut sévrer les enfans, & non pas plûtôt, parce que la nourriture du lait est propre non seulement à la formation des dents, mais encore à humecter les gencives ; principalement lorsque les dernieres dents sortent ; je dis les dernieres, parce qu'ayant leurs tablettes plus larges, elles percent beaucoup plus difficilement que les premieres.

Lorsque

Lorſque les dents veulent venir aux enfans, on leur attache au col un hochet, tant pour les divertir par le bruit des grelots qui y ſont, que pour les exciter à le porter à leur bouche, & à ſe procurer par ce moyen deux avantages, dont l'un eſt pour rafraîchir leurs gencives qui ſont enflammées par les douleurs que cauſe la ſortie des dents ; ce qui ſe fait par le froid du criſtal qui eſt au bout du hochet ; & l'autre eſt pour faciliter la ſortie d'une dent qui eſt preſte à percer ; ce qui ſe fait par l'enfant, qui ſentant de la douleur, & preſſant le hochet contre ces deux gencives, aide par ce moyen la dent à les couper plûtôt.

Utilité du ho-chet que l'on donne aux enfans.

Les vingt premieres dents étant ſorties, l'enfant demeure en cet état juſqu'à la ſeptiéme année, que quatre autres lui percent derriere les premieres : A quatorze ans il lui en vient encore quatre ; & enfin vers la vingtiéme année il en pouſſe encore quatre autres, que l'on appelle dents de ſageſſe, parce qu'elles viennent dans une âge où l'on doit être ſage ; ce qui fait en tout le nombre de trente-deux.

Les quatre pre-mieres ſont ap-pellées dents dé ſageſſe.

L'on appelle dents de laict les vingt premieres ; elles tombent ordinairement vers la ſixiéme ou ſeptiéme année, parce qu'elles ſont doubles dés la premiere conformation, & que celles qui ſont deſſous les alveôles pouſſent dehors les premieres vers ce tems-là : cela eſt facile à remarquer, puiſqu'il eſt certain que quand une dent eſt tombée à un enfant, l'on en trouve une autre deſſous qui l'a pouſſée dehors. Il faut ôter aux enfans ces dents de laict auſſi-tôt qu'elles com-

Les nou-velles dents ont leur ger-me dans les alveôles.

E

mencent à branler, afin que celles qui viennent
deſſous, & qui doivent y demeurer pendant la
vie ſoient droites & bien placées. L'on remarque encore que ces premieres dents, quand elles
tombent, ne ſont pas parfaites, & qu'il leur
manque une partie de la racine, parce que les
dents de deſſous en occupent la place, & qu'en
croiſſant elles obligent les premieres de tomber;
& ſi on a vû venir quelque dent nouvelle à des
perſonnes dans un âge avancé, comme à cinquante ou ſoixante ans, ou qu'il en ſoit revenu
quelqu'une dans ces âges à la place d'une que
l'on auroit arrachée, je dis que ces dents avoient
leur principe dés la premiere conformation ; car
comme l'on n'arrache point de dent parfaite,
que l'on ne rompe les vaiſſeaux qui ſont à la
racine ; je ſuis perſuadé qu'il n'y en peut jamais
revenir qu'il n'y ait un ſecond germe deſſous,
puiſqu'il faut aux dents, comme à toutes choſes, un premier principe qui dépend de la diſpoſition de la matiere, qui manquant ne ſe regene-
re jamais.

Un dou-ble rang de dents eſt incô-mode.

Toutes les dents ſont arrangées aux deux mâchoires, les unes à côté des autres, quoiqu'il
arrive aſſez ſouvent d'en avoir un double rang ;
neanmoins on doit le regarder comme un vice
de conformation, parce que cela eſt difforme &
incommode, principalement lorſqu'il en vient
au dehors ; car quand il n'en vient qu'en dedans, on en eſt moins incommodé.

Quelques enfans naiſſent avec des dents.

Quelques-uns s'imaginent que le trop grand
nombre de dents, ou que leur ſortie prématu-
rée, comme lorſqu'on en apporte au monde en

naiffant, font des fignes de bonheur & de pré-
deftination ; mais c'eft une erreur , puifque le
plus ou le moins de dents dépend du plus ou du
moins de matiere qui fe trouve dans les alveoles
à la premiere conformation ; je croi feulement
qu'on eft heureux d'en avoir trente-deux , &
de les avoir bonnes ; parce que c'eft un figne
que l'on fe porte bien , & que la maftication
fe fait mieux dans les perfonnes qui les ont toutes , que lorfqu'il en manque ; car fi on ne peut
pas bien mâcher les viandes , & qu'on les avale
par morceaux , l'eftomac ayant de la peine à les
bien digerer , la diftribution de l'aliment ne fe
fait pas fi bien , que lorfque la preparation s'eft
bien faite dans la bouche par le moyen de toutes les dents.

Lorfque j'ai dit que tous les os avoient des
cavitez , je n'ai pas pretendu en excepter les
dents , puifqu'elles en ont une dans leur partie
moyenne où aboutit le nerf ; c'eft dans cet endroit que fe porte quelquefois une ferofité acre,
qui ronge & qui gâte la dent d'une maniere fi
fenfible , qu'on eft obligé alors de fe la faire arracher , parce que cette ferofité ayant commen-
cée à creufer la dent , elle continuë jufqu'à ce
qu'elle l'ait fait tomber par morceaux. Il y en
a qui ont crû qu'il fe formoit de petits vers dans
les dents , mais ils fe font trompez , puifque ce
n'eft qu'une maniere de parler , fondée fur la
reffemblance qu'ont les trous de ces dents avec
ceux que font de petits vers , lorfqu'ils rongent
quelque chofe.

Il eft rare que l'on puiffe conferver fes dents

Il n'y a point de vers dans les dents.

Les dents tombent

par vieil-
lesse.

pendant toute la vie ; car outre qu'il s'en gâte
souvent , ce qui oblige de les faire arracher , elles
tombent encore en vieilliffant , parce qu'elles fe
deffeichent ; & que les gencives fe détachent de
leurs racines. Il y a des vieillards dont les gencives s'endurciffent tellement qu'elles fuppléent
au defaut des dents , & qu'elles fervent à mâcher les alimens ; ce qui ne fe fait pourtant jamais fi bien qu'avec les dents mêmes.

Ufages
des dents.

Les dents ont trois ufages , dont le premier &
le principal eft pour la maftication : le fecond,
pour l'articulation de la voix ; je ne pretends pas
qu'elles foient abfolument neceffaires pour parler , mais feulement pour bien parler ; d'où
vient que les edentez ont de la peine à articuler de certaines lettres , & à prononcer de certaines paroles : le troifiéme enfin eft pour l'ornement ; car c'eft une grande difformité , lors
qu'elles font noires & gâtées , ou qu'il en manque quelqu'une , & principalement de celles du
devant. C'eft au contraire un grand agréement
pour une belle perfonne de les avoir bien tail-
lées , bien arrangées , & fort blanches.

Nombre
des dents.

Le nombre des dents eft ordinairement de
trente-deux ; fçavoir feize à chaque mâchoire.
Il y en a quelquefois davantage , & quelquefois bien moins , puifqu'on en n'a quelquefois
que deux , comme cela s'eft vû à quelques perfonnes , qui n'avoient qu'un os continu à chaque
mâchoire , au lieu de dents. On divife ces trente-
deux dents en incifives , en canines , & en molaires.

M M
Deux

Les incifives font ainfi appellées, parce qu'elles

tranchent & coupent les viandes comme un coûteau ; d'autres les nomment rieuſes ; à cauſe
qu'elles paroiſſent quand l'on rit. Elles ſont
huit , quatre à chaque mâchoire, ſituées à la
partie anterieure, & au milieu des autres ; leur
ſuperficie exterieure eſt faite en forme de voûte,
& l'interieure eſt cave: Elles ſont plus aiguës ,
plus tranchantes , & plus courtes que les autres ;
elles ſont plantées dans les alveoles par des racines ſimples qui ſe terminent en pointe ; c'eſt
pourquoi elles tombent aiſément, ſur tout celles d'enhaut.

dents in-
ciſives.

Les canines ſont ainſi appellées, parce qu'elles ſervent à rompre & à briſer les corps durs ;
ce qui fait que l'on porte ordinairement ſous ces
dents les os qu'on veut ronger. Elles ſont quatre, ſçavoir deux à chaque mâchoire ; elles ſont
ſituées à côté des inciſives ; elles ſont épaiſſes,
fortes & ſolides ; elles ſont emboëttées dans
leurs alveoles par de ſimples racines , comme
les inciſives , mais plus profondément & plus
fortement , car elles ſurpaſſent toutes les autres
en longueur. Les dents d'enhaut ſont nommées
œilleres , à cauſe qu'une portion du nerf qui fait
mouvoir les yeux, ſe porte vers ces dents ; d'où
vient que pluſieurs croyent qu'il eſt dangereux
de les arracher.

N
Une dent
canine.

Les dents molaires ſont ainſi appellées, parce
qu'elles ſervent, comme des meules de moulin, à
briſer & à broyer toutes ſortes d'alimens ; Il y
en a vingt , ſçavoir dix à chaque mâchoire, qui
font cinq de chaque côté ; elles ſont dures, grandes
& larges ; celle qui eſt proche la dent canine, eſt

O O
Dehx
dents
molaires.

E iij

plus petite que les autres, lesquelles deviennent plus grandes, à mesure qu'elles s'enfoncent dans la bouche. Ces dents ont plusieurs racines qui servent à les mieux enchasser dans leurs alveoles. On remarque que celles d'embas n'en ont que deux ou trois, & que celles d'enhaut en ont trois ou quatre; ce qui n'est pas sans raison, car celles-ci étant suspenduës, elles en ont besoin d'une plus grande quantité pour se tenir fermes.

P
L'os
hioïde.

Nous ferons presentement la Démonstration de l'os hioïde pour accomplir le nombre des soixante os de la teste, dans lequel il est compris; il est ainsi appellé à cause de la lettre Grecque γ qu'il renferme : ce qui fait que l'on le nomme aussi ypsiloïde : Il est situé à la base de la langue sur le larinx; c'est cet os que vous trouvez en mangeant une langue de bœuf.

Il est articulé par sisarcose, y ayant dix muscles qui le tiennent en sa place, comme dix cordes tiennent un mast de Navire élevé ; il ne touche à aucun autre os, son articulation ne se faisant que par ces muscles; il est composé de cinq os, dont le plus grand en fait la base, qui est la partie anterieure & moyenne de cet os. Cette base est voûtée en dehors, & cave en dedans ; deux autres plus petits os sont attachez à celui-ci, un de chaque côté, & deux tres-petits sont

A A
Les cornes
de
l'os hioïde.

joints aux extremitez de ces derniers : ces quatre petits os font ensemble les parties laterales de l'os hioïde, que l'on appelle les cornes.

Usage
de l'os
hioïde.

Le principal usage de cet os n'est pas pour servir d'appui à la langue, comme plusieurs l'ont écrit, car elle seroit appuyée trop foiblement,

mais pour faciliter l'entrée de l'air dans la trachée-artere, & celle du boire & du manger dans
l'œsophage, en formant la capacité du larinx,
ample & large.

Comme toutes les cavitez de la teste sont en
grand nombre, & qu'elles sont fort difficiles à
retenir ; je croi qu'il n'est pas inutile d'en faire ici
une repetition avant que de les finir, & de dire
encore une fois qu'elles sont de trois sortes ; sçavoir trous, fosses, & sinus.

Repetition de toutes les cavitez de la tête.

Pour bien examiner les trous de la teste, il faut
les diviser en internes, qui sont vingt-sept, &
en externes qui sont seize. Des vingt-sept trous
internes, il y en a treize de chaque côté ; & un
impair, qui est au milieu ; le premier est l'etmoï-
dal, qui sert à l'odorat, ne comptant tous ces
petits trous que pour un ; le second, est l'optique ; le troisiéme, est celui par où passe le nerf
moteur de l'œil ; le quatriéme, est le crotaphite ;
le cinquiéme, le sphenoïdal ; le sixiéme, le carotide ; le septiéme, le gustatif ; le huitiéme, le
jugulaire ; le neuviéme, le déchiré, par où passe
une partie de l'artere carotide ; le dixiéme, l'auditif ; l'onziéme, celui par où passe le vague ;
le douziéme, celui qui donne passage au nerf de
la langue ; le treiziéme, celui qui donne entrée
à l'artere cervicale ; & le dernier, qui fait le
vingt-septiéme, & qui est le plus grand de tous,
est celui par où sort la moëlle de l'épine.

Vingt-sept trous internes à la tête.

Les trous externes sont seize, huit de chaque
côté, dont le premier est le surcilier ; le second,
est le lacrimal ; le troisiéme, l'etmoïde ; le quatriéme, l'orbitaire ; le cinquiéme, l'incisif, qui

Seize trous externes à la tête.

est au palais proche les dents incisives superieures : le sixiéme , le gustatif ; le septiéme est entre
les apophises mastoïdes & stiloïdes ; & le huitiéme est une grande fente qui est sous le zigoma.

Six fosses internes. Les fosses sont plus faciles à voir que les trous,
elles sont internes & externes. Les internes sont
six, que l'on apperçoit aussi-tôt que l'on ouvre
un crane ; elles sont situées à sa base ; il y en a
deux plus petites que les autres , qui sont dans la
partie anterieure du crane, c'est à dire dans l'os
coronal ; deux moyennes qui sont dans les os
petréux , & deux plus grandes , placées dans l'os
occipital.

Quator- ze fosses externes. Les fosses externes sont quatorze ; sçavoir sept
de chaque côté, dont la premiere reçoit le con-
dile de la mâchoire inferieure pour l'articuler
aux os petréux ; la seconde est dans les apophises
pterigoïdes ; la troisiéme est vers le trou déchiré,
par où passe le vague ; la quatriéme sur le palais;
la cinquiéme fait la voûte du palais ; la sixiéme
est sous le zigoma ; & la septiéme est la cavité
qui forme l'orbite.

Huit si- nus. Les sinus sont huit, deux dans la mâchoire superieure, deux dans la partie inferieure de l'os
coronal, deux aux os petréux dans les apophises
mastoïdes , & deux dans la scelle de l'os sphenoïde.

Voici, Messieurs, toutes les cavitez du crane &
de la face, dans le nombre desquelles je ne com-
prends pas celles de la mâchoire inferieure, parce
qu'elles se separent du reste de la teste. Je parlerai
des os du tronc dans la Démonstration suivante.

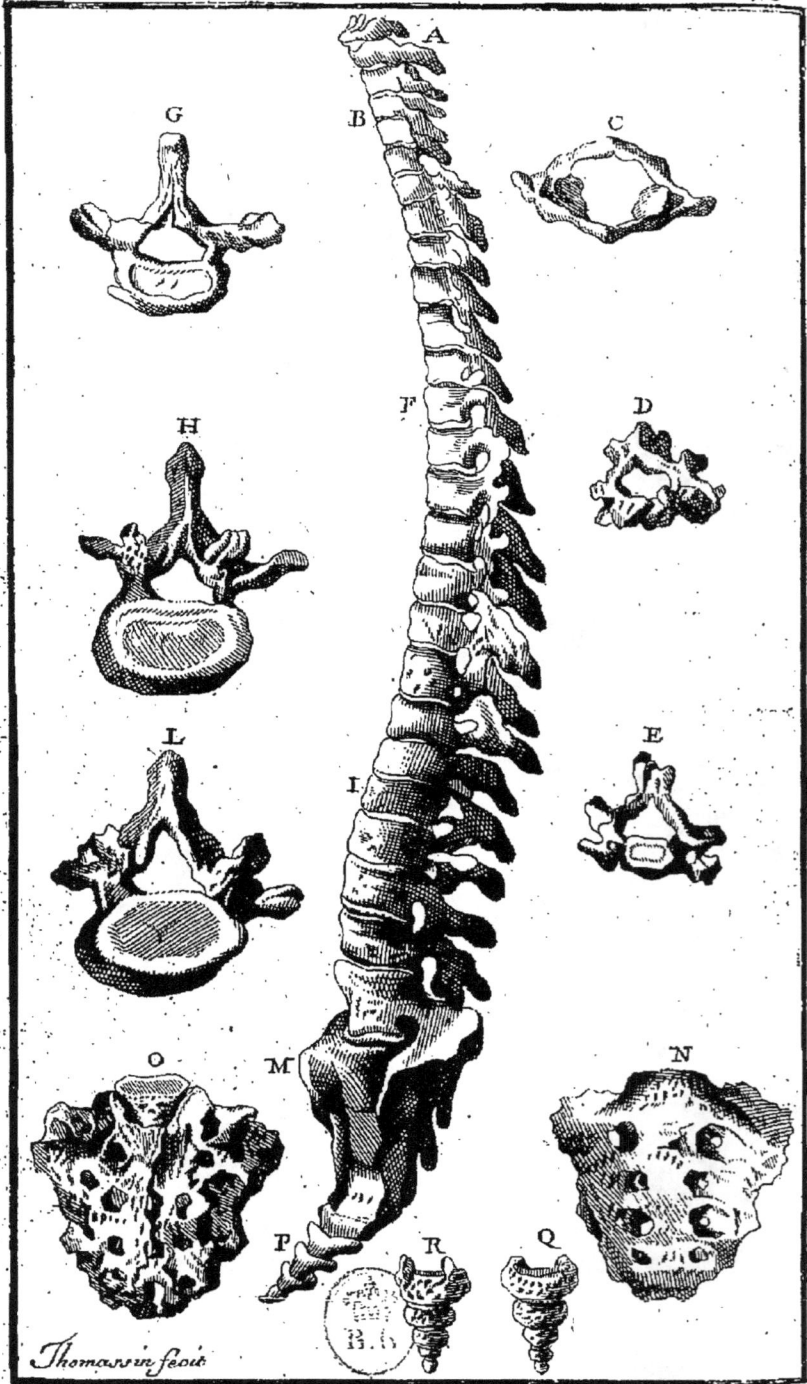

Thomassin fecit

DES OS

DU TRONC,

ET PREMIEREMENT DE CEUX
de l'Epine.

Cinquiéme Démonstration.

A R R E's avoir fait la Démonstration
de tous les os qui composent le crane,
l'ordre veut que nous fassions celle
des os qui forment le Tronc. Il se di-
vise en trois, qui sont les os de l'épine, les os de
la poitrine, & ceux des hanches. Je commencerai aujourd'hui par ceux de l'épine, me reser-
vant à faire voir les os de la poitrine & ceux
des hanches dans les Démonstrations sui-
vantes.

Les os du Tronc se divisent en trois.

La structure admirable de l'épine ne fait pas
moins éclater la sagesse de Dieu, que la composition de la teste ; car comme il a fait le crane tout
osseux pour contenir & défendre le cerveau, il
falloit aussi qu'il fist l'épine toute osseuse, afin
que sa moële, qui est une continuité du cerveau,
pût être conservée & défenduë dans le long
chemin qu'elle ayoit à faire : Elle est percée à

droite & à gauche, comme le crane, de plufieurs trous qui laiffent échaper des nerfs qui
vont porter le fuc animal dans toutes les parties : En effet, il feroit inutile au cerveau de feparer ce fuc, & d'en être, pour ainfi dire, la
fource, s'il n'y avoit un aqueduc comme l'épine, pour le conduire dans toutes ces parties par
le moyen des nerfs.

A
L'E'pine   Pour connoître exactement la compofition
de l'épine, il la faut confiderer en general & en
particulier. Il y a fept chofes à examiner en general, fçavoir fon nom, fa définition, fa divifion, fa figure, fes connexions, fes ufages & fes
parties.

Le nom
de l'E'pi-
ne.   On appelle épine tous les os qui font depuis
la premiere vertebre du col, jufqu'à l'extremité
du coccix ; elle eft ainfi nommée, parce que fa
partie pofterieure eft aiguë, ou bien parce que fi
vous feparez entierement les vertebres du tronc,
elles ont la figure d'une épine.

Défini-
tion de
l'E'pine.   Elle eft définie un affemblage de plufieurs os
articulez enfemble, qui fert de domicile & de
rempart à la moëlle, comme le crane fait au
cerveau. Elle n'eft pas d'un feul os, parce qu'elle auroit efté toûjours droite comme une quille,
fans fe pouvoir fléchir ; & fi elle n'eût efté compofée que de deux, de trois, ou quatre os, il y auroit eu dans les flexions qu'elle auroit faites, des
angles aigus aux endroits des articulations, qui
auroient preffé la moëlle, & qui auroient empêché le cours du fuc animal dans les extremitez des nerfs ; Mais étant faite de plufieurs os
joints & articulez enfemble par de forts liga-

mens, elle se meut facilement de toutes parts, sans incommoder la moëlle qu'elle contient, ni les parties de la poitrine & du bas ventre qu'elle touche.

On divise l'épine en cinq parties, qui sont le col, le dos, les lombes, l'os sacrum & le coccix. *Division de l'épine.*

La figure de l'épine est une des principales circonstances qu'il y faut observer ; si vous la regardez par sa partie anterieure, ou posterieure, elle paroît étroite ; mais si vous la considerez par une des parties laterales, vous verrez qu'elle se jette tantôt en dedans & tantôt en dehors, tant pour se mieux soûtenir, que pour s'éloigner ou s'approcher des parties qui sont dans la poitrine, & dans le bas ventre. La pointe de l'épine, à l'endroit, du col entre en dedans ; il y en a qui disent que c'est pour appuyer la trachée artere & l'œsophage, ce que je ne croi pas, y ayant bien plus d'apparence de croire que c'est pour mieux porter la teste qui y est placée, comme sur un pivot ; car si l'épine eût monté toute droite, elle se seroit jointe à la partie posterieure de la teste, qui n'étant pas bien soûtenuë, tomberoit en devant par son propre poids. Les vertebres du dos au contraire se jettent en dehors pour augmenter la capacité de la poitrine, parce que le cœur & les poûmons qui y sont contenus, étant dans un mouvement continuel, ne doivent pas être pressez. Celles des lombes se portent un peu en dedans, non pas pour servir d'appui à la grosse artere, & à la veine cave, comme quelques-uns l'ont pretendu, mais pour mieux contre-balancer la pesanteur du corps, en

La figure de l'épine.

ſervant comme d'arboutans aux parties qu'elles
ſoûtiennent ; car ſi elles ſe fuſſent jettées en
dehors, comme celles du dos, le corps qui n'eſt
ſoûtenu que par elles, bien loin de ſe tenir droit,
ſeroit tombé continuellement en devant. L'os
ſacrum ſort en dehors, pour former la cavité,
que l'on appelle le baſſin, plus ample, afin que
le rectum, la veſſie & les parties de la generation y fuſſent à leur aiſe, & principalement
celles des femmes, qui en ont beſoin dans le
tems de la groſſeſſe. Le coccix entre en dedans,
afin qu'il ne ſoit pas offenſé, lorſque nous nous
aſſeyons, ou que nous montons à cheval.

Conne-　Pour bien examiner les connexions de l'épine,
xions de　il faut remarquer celles qui lui ſont commu-
l'épine.　nes, & celles qui lui ſont particulieres ; les communes ſont celles qu'elle a avec les parties qui
y ſont attachées, dont la premiere eſt avec la
teſte, à laquelle elle eſt jointe par artrodie,
l'os occipital ayant deux éminences qui entrent
dans deux cavitez glenoïdes de la premiere vertebre du col ; la ſeconde eſt avec les côtes qui
ſont articulées avec les douze vertebres du dos
par une double artrodie, l'une au corps de la
vertebre, & l'autre à ſon apophiſe tranſverſe ;
la troiſiéme, avec l'omoplate par ſiſarcoſe, y
ayant des muſcles qui naiſſent des apophiſes
épineuſes des vertebres du col, & de celles du
dos, qui vont s'inſerer à la baſe de l'omoplate ;
la quatriéme, eſt avec les os des hanches qui ſont
attachez fortement à l'os ſacrum.

　Les connexions particulieres de l'épine ſont
celles que les vertebres font enſemble ; elles

font de deux ou de trois fortes ; l'une fe fait par leur corps, qui eft une fimphife, appellée fincondrofe, parce qu'elle fe fait par le moyen d'un cartilage ; l'autre fe fait par leur apophife oblique, qui eft une artrodie : l'on y en ajoûte une troifiéme, qui eft une efpece de ginglime, parce quen même tems qu'une vertebre eft receuë par celle qui lui eft inferieure, elle reçoit celle qui lui eft fuperieure.

Les ligamens qui font aux articulations des vertebres font tres-forts, pour empêcher qu'elle ne fe luxe dans les mouvemens violens qu'elles font. Ils font de deux fortes ; les uns font épais & fibreux faits en forme de croiffant ; il les lient par haut & par bas ; & les autres qui font membraneux, fervent à les lier avec plus de fermeté. Ils naiffent des apophifes tranfverfes & aiguës.

L'épine a des ufages communs & particuliers. Ufages de l'épine. Les premiers font de fervir de fondement au corps, comme font tous les autres os, & de donner origine & infertion à plufieurs mufcles : les feconds font de conduire la moëlle, de la défendre contre toutes fortes d'injures tant internes qu'externes, & de fervir d'appui à la tefte, à la poitrine, aux côtes, aux jambes, & aux bras ; de maniere qu'on peut dire qu'elle eft comme le maft d'un Navire où les cordes, la poupe, la prouë, & tout l'affemblage du vaiffeau eft attaché.

Les parties qui compofent l'épine font appellées *fpondiloï*, & ordinairement vertebres, Les parties de l'épine. d'un mot qui fignifie tourner, parce que le corps

ſe tourne diverſement par leur moyen. Avant
que d'examiner ces vertebres en particulier, il
faut obſerver cinq choſes qui ſe rencontrent
dans toutes les vertebres ; la premierē, eſt que
chacune a ſon corps dans ſa partie interne ; c'eſt
l'endroit le plus large ſur lequel elles s'appuyent
les unes ſur les autres : la ſeconde, eſt qu'elles
ont toutes un grand trou par où paſſe la moëlle
de l'épine : la troiſiéme, eſt qu'elles ont toutes
trois ſortes d'apophiſes ; ſçavoir quatre obliques, deux tranſverſes, & une épineuſe : la quatriéme, eſt qu'elles ont toutes chacune cinq
epiphiſes ; ſçavoir deux à leur corps, deux aux
extremitez de leurs apophiſes tranſverſes, &
une au bout de l'apophiſe épineuſe : la cinquiéme & la derniere choſe, eſt qu'elles ſont toutes
percées par leurs parties laterales pour donner
paſſage aux nerfs qui en ſortent; Il faut remarquer qu'elles ne ſont pas percées dans leur partie moyenne, ce qui les affoibliroit trop ; mais
que deux vertebres contribuent à faire le trou,
de ſorte qu'il ne paroît à chacune qu'une échancrure, la plus grande partie du trou ſe prenant
dans le cartilage, qui en attache deux enſemble.

Examen
particu-
lier de
l'épine.

Pour bien examiner les vertebres en particulier, il faut reprendre la diviſion que nous
avons faite de l'épine en cinq parties, qui ſont,
le col, le dos, les lombes, l'os ſacrum, & le
coccix.

F
Le col.

Le col eſt compoſé de ſept vertebres, qui ſont
plus ſolides & plus dures que celles du dos, parce
qu'elles ont à ſupporter la teſte, qui eſt d'un

grand poids ; elles font auſſi plus petites , parce
que ſi elles étoient auſſi groſſes que celles du
dos , & des lombes , le col auroit eſté trop gros,
& n'auroit pû ſe mouvoir aiſément.

Deux ou trois de ces vertebres ont quelque
choſe de particulier , que je vous démontrerai
aprés que je vous aurai fait remarquer ce qu'elles ont de commun entr'elles , que je reduis à
cinq choſes : la premiere , eſt qu'outre les ſept
apophiſes que nous avons dit ſe rencontrer à
toutes les vertebres , celles-ci en ont deux de
plus , qui font le nombre de neuf ; elles ſont placées à la partie ſuperieure de leur corps , l'une
à droite , & l'autre à gauche ; elles embraſſent
le corps de la vertebre ſuperieure , qui eſt aſſez
petit , & empêchant qu'il ne s'échappe d'un
côté ou de l'autre , elles le tiennent ferme & aſ
ſûré dans les mouvemens du col : La ſeconde ,
eſt que le corps de ces vertebres eſt plus aplati
en devant que celui des autres , afin qu'elles
n'incommodent point la trachée-artere , ni l'œ
ſophage. Pluſieurs Auteurs ont crû que les vertebres avancent en devant pour ſoûtenir ces
parties ; mais cela n'eſt pas vrai , puiſqu'elles
n'ont pas beſoin du voiſinage de ces os , qui leur
nuiroient dans leurs actions , en les preſſant de
trop prés. La troiſiéme , eſt que leurs apophiſes tranſverſes ſont percées pour donner paſ
ſage aux arteres cervicales , qui ſont conduites
par ce chemin juſques dans le cerveau. La quatriéme , eſt que leurs apophiſes , tant tranſverſes
qu'épineuſes , ſont fourchuës pour faciliter l'origine & l'inſertion des muſcles. Et la cinquiéme ,

Cinq
choſes
que les
vertebres
du col
ont de
commun
entr'elles.

est que leurs apophises épineuses sont un peu couchées en embas pour la facilité du mouvement.

La premiere de toutes ces vertebres est nommée Atlas , parce qu'elle soûtient immediatement la teste, qui étant d'une figure ronde , ressemble à celle du monde , que l'on a feint être porté par Atlas; Cette vertebre n'a point d'apophise épineuse , parce que les mouvemens de la teste ne se font point sur elle , mais sur la seconde ; & étant obligée de se tourner tout autant de fois que la teste se meut circulairement , si elle eût eu une apophise épineuse , elle auroit incommodé le mouvement des muscles dans l'extension de la teste , & principalement des deux petits droits qui naissent de la seconde vertebre , & qui s'inserent à l'occiput. Elle est d'une substance plus déliée & plus dure que les autres vertebres , dont elle differe encore , en ce qu'elles reçoivent d'une part , & sont receuës de l'autre , celle-ci recevant par les deux endroits ; car deux éminences de l'occiput entrent dans ses deux cavitez superieures , qui font son articulation avec la teste , & en même tems deux autres éminences de la seconde vertebre entrent dans ses deux cavitez inferieures, qui les articulent ensemble. Il faut remarquer que l'articulation de la teste se fait sur la partie anterieure de cette vertebre, & non pas sur sa posterieure , afin qu'elle soit mieux supportée, étant sur le corps des vertebres , & qu'elle soit aussi plus dans son équilibre; il faut encore observer que l'ouverture qui est dans le milieu de cette vertebre est plus grande que celle

de

de toutes les autres ; car outre le paſſage qu'elle donne à la moëlle de l'épine , comme font toutes les autres , elle reçoit de plus la dent de la ſeconde , qui paſſant par ſon ouverture , va s'attacher à l'os occipital.

La ſeconde des vertebres eſt appellée tournoyante , parce que c'eſt ſur elle que la teſte tourne comme ſur un pivot , & que du milieu de ſon corps s'éleve une apophiſe longue & oblongüe , comme une dent ſur laquelle la teſte tourne conjointement avec la premiere vertebre ; c'eſt ce qui a fait donner le nom de dent ou d'odontoïde à cette apophiſe , dont la ſuperficie eſt en quelque façon inégale , afin que le ligament qui en ſort , & qui la lie avec l'occiput , s'y attache mieux. Elle eſt auſſi environnée par un ligament ſolide & rond , qui eſt fait d'une maniere induſtrieuſe , pour empêcher que la moëlle de l'épine ne ſoit comprimée par cette apophiſe ; Cette vertebre & la premiere ſont jointes à l'occiput , & entre-elles par des ligamens particuliers , qui les attachent fortement à la teſte.

La troiſiéme eſt nommée aiſſieu , parce que c'eſt elle qui commence à former un corps ſur lequel les deux premieres vertebres , & la teſte, ſont portées comme ſur un aiſſieu ; les trois ſuivantes n'ont point de nom particulier , non plus que la ſeptiéme , à laquelle on remarque ſeulement qu'elle n'a point ſon apophiſe épineuſe fourchuë comme les autres ; & qu'elle commence à prendre la figure de celles du dos.

Il y a douze vertebres qui forment le dos, elles

F

D
La tournoyante
ou axis.

E
Une des vertebres du col.

F
Le dos.

font plus groffes que celles du col , & plus petites que celles des lombes ; il faut remarquer
qu'elles ne font pas toutes égales , & qu'elles
deviennent plus groffes & plus fortes , à mefure
qu'elles defcendent en bas ; par la raifon que ce
qui porte, doit eftre plus fort que ce qui eft porté ; & que formant toutes une figure piramidale, elles en ont plus de force: Elles ont leurs apophifes épineufes , fimples & pointuës, qui fe
couchent en enbas les unes fur les autres ; &
leurs apophifes tranfverfes font fort groffes pour
l'articulation des côtes qui y font attachées ; car
chaque vertebre du dos articule deux côtes tant
par fon corps , que par fes apophifes tranfverfes.

G
Une des
premieres
vertebres
du dos.
La premiere de ces vertebres eft appellée éminente , parce qu'elle l'eft plus que les autres ; la
feconde s'appelle axillaire , à caufe qu'elle eft la
plus proche de l'aiffelle, les huit qui fuivent fe
nomment coftales ou plêvrites, parce qu'elles articulent les côtes qui font tapiffées interieurement de la plevre , qui eft cette membrane où
fe fait la pleurefie. L'onziéme vertebre du dos
eft appellée la droite , à caufe que fon apophife
H
Une des
dernieres
du dos
épineufe n'eft pas couchée comme celle des autres. La douziéme fe nomme ceignante , à caufe
qu'elle eft placée à l'endroit où l'on porte ordinairement les ceintures.

I
Les lom-
bes.
Les lombes font compofées de cinq vertebres , qui font plus épaiffes & plus grandes que
celles du dos, parce qu'elles leur fervent de bafe;
leurs articulations ne font pas auffi fi ferrées
que celles du dos, afin que les mouvemens qu'el-

les font obligées de faire foient plus libres , &
que l'on puiffe fe courber plus aifément contre
terre ; elles ont leurs apophifes tranfverfes plus
longues & plus déliées que celles du dos , afin
de leur fervir en quelque maniere de côtes , ex-
ceptez-en neanmoins la premiere & la cinquiéme , qui les ont plus courtes , pour ne pas nuire
aux mouvemens & aux flexions que les lombes
font vers les côtez : elles ont neuf apophifes ,
car les afcendantes qui fervent à les articuler
enfemble font doubles ; enfin elle ont leurs
épines plus épaiffes & plus larges , ce qui fert à y
mieux attacher les mufcles & les ligamens du
dos.

La premiere de ces vertebres eft nommée ne- **L**
phrites , ou renale , à caufe que les reins font Une de
couchez à côté d'elle , & que c'eft à cet endroit celles des
que commence à fe faire fentir la douleur ne- lombes.
phretique ; les trois qui fuivent n'ont point de
nom particulier ; & la cinquiéme eft confi-
derée comme l'appui & le foûtien de toute l'é-
pine.

L'os facrum eft un gros os large & immobile **M**
qui fert de bafe & de pied d'eftal à l'épine ; je ne L'os fa-
fçai pourquoi on l'appelle ainfi , car les uns di- crum.
fent que c'eft parce que les Anciens l'of-
froient aux Dieux ; les autres à caufe qu'il eft
grand , & d'autres parce qu'il enferme les par-
parties honteufes. Il eft de figure triangulaire ;
il eft cave , poli & égal par dedans pour aider à
former cette cavité qui eft au bas de l'hipo-
gaftre , que l'on nomme le baffin ; & pour ne
pas bleffer les parties qu'il contient. Il eft con-

vexe & inégal par sa partie postérieure pour
l'insertion des muscles.

Articula-
tions de
l'os sa-
crum. Cet os a trois differentes articulations ; sa
premiere, qui est avec la derniere des vertebres
des lombes, est semblable à celle de toutes les
vertebres ; sa seconde est avec le coccix, elle se
fait par sincondrose ; & sa troisiéme avec les os
des hanches, elle se fait par engrainure ; c'est
pourquoi il faut remarquer à la partie superieure de cet os deux apophises ascendantes,
dont chacune a une cavité glenoïde qui reçoit
les descendantes de la derniere vertebre des
lombes, & qui fait la premiere articulation ; à
sa partie inferieure, deux petites apophises descendantes qui se joignent au coccix, & qui font
la seconde ; & à ses parties laterales, plusieurs sinuositez entre-meslées d'éminences, qui reçoivent
& qui sont receuës des os des hanches ; ce qui
fait la troisiéme articulation.

N
L'os sa-
crum en
devant. Les parties qui composent l'os sacrum sont
mises au rang des vertebres, non pas à raison de
leur usage, mais à cause de leur ressemblance,
& qu'elles sont immôbiles. On le divise en cinq
vertebres de differente grosseur, dont la superieure est la plus grande ; elles diminuent à mesure qu'elles descendent ; car la derniere est la
plus petite de toutes : ces vertebres se separent
facilement aux enfans, parce que les cartilages
qui les joignent n'étant pas ossifiez, s'en vont
par l'ébullition ; mais aux adultes elles sont si
fortement unies qu'elles ne font plus qu'un seul
os, lequel doit estre fort solide pour soûtenir
toute l'épine, & pour articuler les os des

hanches auſſi fortement qu'il fait.

C'eſt dans l'os ſacrum que finit la cavité qui conduit la moëlle de l'épine ; il faut remarquer que les trous qui y ſont pour la ſortie des nerfs, ne ſont pas ſituez lateralement, comme aux autres vertebres, mais en devant & en derriere ; ceux de devant ſont plus grands que ceux de derriere, parce que les nerfs qui en ſortent, & qui vont ſe diſtribuer aux parties anterieures des cuiſſes & des jambes, ſont plus gros que les autres : Ses apophiſes tranſverſes ſont fort petites, pour ne pas empêcher ſon articulation avec les os des hanches.

O
L'os ſa-
crum en
derriere.

Cet os a quatre uſages ; le premier eſt de ſervir de fondement & d'appui à l'épine ; le ſecond eſt de contenir les parties de l'hipogaſtre, en leur formant une capacité proportionnée à leur grandeur ; le troiſiéme, de les défendre ; & le quatriéme d'articuler les os des hanches, & de donner origine & inſertion à pluſieurs muſcles.

Le coccix eſt la partie extréme de l'épine ; on l'appelle ainſi, parce qu'il reſſemble au bec d'un coucou ; il eſt ſitué à la pointe de l'os ſacrum ; il eſt compoſé de trois os, dont le plus grand touche l'os ſacrum ; le ſecond eſt plus petit ; & le troiſiéme, qui eſt tres-petit, eſt celui au bout duquel eſt attaché un petit cartilage. Ils ſont tous trois joints enſemble par une connexion fort lâche ; ce qui fait qu'ils obeïſſent & qu'ils ſe reculent facilement en derriere.

P
Le coccix

Aux femmes ces os ſe portent plus en dehors qu'aux hommes, parce qu'elles ont beſoin d'une

grande cavité pour renfermer la matrice , &
pour contenir l'enfant pendant la grossesse. La
pointe de ces os regarde toûjours en dedans, afin
de ne point incommoder , lorsque l'on veut
s'asseoir, ils se reculent un peu en arriere pour
laisser sortir les gros excremens, & pour donner

passage à l'enfant dans l'accouchement.

J'ai tâché, Messieurs, de ne rien oublier de ce
qui regarde l'épine, & toutes ses parties, afin
que vous la puissiez conserver dans son état naturel ; ce qui n'est pas toûjours facile à faire au
Chirurgien ; car comme elle est composée de
plusieurs os attachez les uns aux autres, il arrive souvent qu'elle se porte tantôt en dedans,
& tantôt en dehors ; elle cause non seulement
une tres-grande difformité au corps , mais encore quelquefois la mort, parce qu'elle empêche
la distribution de la moëlle de l'épine , & qu'elle
comprime même le cœur & les poûmons.

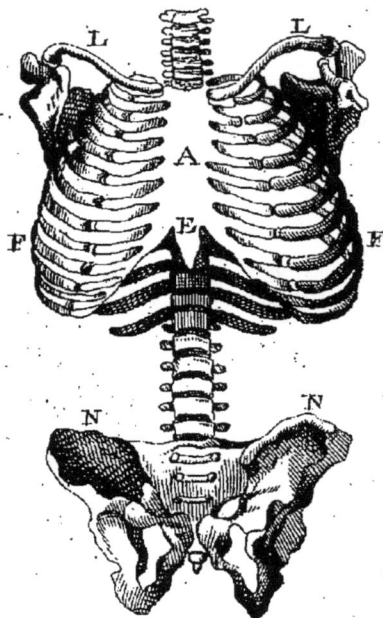

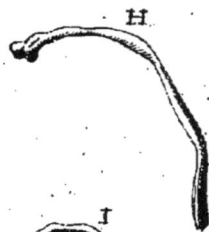

Thomassin fecit.

DES OS

DE LA POITRINE,

ET DE CEUX DES HANCHES.

Sixiéme Démonstration.

APRE'S vous avoir fait voir, Meſ-
fieurs, les premiers os du tronc,
qui ſont ceux de l'épine, il reſte
à vous démontrer ceux de la poitrine & des hanches.

Le cerveau & le cœur ont des actions ſi nobles & ſi neceſſaires à la vie, que les Anatomiſtes n'ont encore pû decider juſqu'à preſent
laquelle de ces deux parties devoit l'emporter
ſur l'autre : Mais ſans nous embaraſſer plus avant
dans cette queſtion, nous ſuivrons l'ordre que
nous nous ſommes preſcrits, & nous trouverons,
en examinant bien la poitrine, que ſa compoſition n'eſt pas moins digne d'admiration que
celle du crane ; celui-ci eſt tout oſſeux pour contenir & défendre le cerveau, qui eſt d'une ſubſtance molle ; & l'autre eſt en partie oſſeuſe, &
en partie charnuë, parce qu'elle ſert non ſeulement à contenir & à défendre le cœur & les

Structure de la poitrine.

F iiij

poûmons, mais encore à s'étendre & à se serrer selon le mouvement de ces parties.

Figure de la poitrine. La poitrine, que l'on appelle aussi thorax, d'un mot qui signifie saillir, parce que le cœur qu'elle enferme, ne cesse point de battre & de saillir, est d'une figure ovale, principalement lorsque le diaphragme se porte en bas. Elle est bornée en haut par les clavicules; par devant, du sternum; par derriere, des vertebres du dos; par les côtez, des vingt-quatre côtes; & en bas par tous les cartilages des fausses côtes, & par celui du xiphoïde, où s'attache le grand muscle, que l'on appelle diaphragme.

Grandeur de la poitrine. Il falloit que cette cavité fût grande, large & profonde, afin que les parties qui y sont contenuës, pussent se mouvoir plus à leur aise; & l'on remarque que ceux qui l'ont grande, vivent beaucoup plus long-tems, que ceux qui l'ont petite & serrée.

Division de la poitrine. Les os qui composent la poitrine sont le sternum, les côtes, & les clavicules. Nous en allons presentement faire la démonstration, aussi bien que celle des os des hanches, qu'on appelle autrement os innominez.

A Le sternum. Le sternum est toute cette partie anterieure du thorax, qui touche en haut aux clavicules, & qui finit en bas au cartilage xiphoïde, & lateralement tant à droite qu'à gauche, aux extremitez anterieures des côtes. Elle s'avance en devant, & se courbe sur les côtez pour former la figure ronde & ovale de la poitrine, sur laquelle elle est comme couchée, ce qui fait qu'on l'appelle sternum.

Pour bien connoître la substance du sternum, il faut l'examiner suivant les differens âges : Aux enfans il est tout cartilagineux, excepté le premier os où s'attachent les clavicules ; aux vieillards, il est tout osseux, & à peine peut-on separer avec le scalpel les cartilages qui le joignent avec les côtes ; & à ceux qui sont entre ces deux âges, on le trouve en partie osseux, & en partie cartilagineux.

Substance du sternum.

Je vous ai dit qu'aux enfans le sternum étoit tout cartilagineux, & qu'il ne s'endurcissoit que par succession de tems, la partie superieure s'ossifiant plûtôt que la moyenne, & la moyenne plûtôt que l'inferieure. On ne peut point limiter le nombre des os qui composent le sternum, à moins qu'ils ne soient parfaits; car à quelques enfans, on en a compté jusqu'à huit qui s'unissans après la septiéme année, n'en forment plus que quatre, & pour l'ordinaire que trois.

Le sternum ne s'ossifie qu'aprés la naissance.

Il y a des Auteurs qui en ont fixé le nombre à sept, à cause que l'on voit entre chaque espace des côtes, une petite ligne qui semble separer le sternum en autant d'os qu'il y a de côtes qui s'y articulent ; mais nous en demeurerons au nombre de trois, qui est celui qui s'y trouve le plus ordinairement.

Le premier des trois os du sternum est le superieur, il est plus ample & plus épais que les autres ; il est fait en forme de petit croissant par en haut ; Je croi que c'est pour ce sujet que quelques-uns l'ont appellé la fourchette superieure. L'on voit à chaque côté de sa partie superieure un sinus qui reçoit la teste de la clavi-

B Premier os du sternum.

cule avec laquelle il est joint par le moyen d'un cartilage; il a encore une autre sinuosité au milieu de sa partie interne & superieure, qui fait place à la trachée-artere.

Le second de ces os est situé au dessous du premier, il est plus étroit & plus mince, mais il est plus long. L'on voit à ses deux côtez plusieurs sinuositez qui reçoivent les cartilages des côtes qui s'y viennent articuler.

Le troisiéme est encore plus petit que le second, mais il est plus large; il est situé au dessous des deux premiers; il finit par un cartilage que l'on appelle xiphoïde, ou pointu, à cause qu'il est aigu comme la pointe d'une épée. Ce cartilage est triangulaire & oblong; quelquefois il est rond, & d'autrefois separé en deux; ce qui l'a fait appeller par quelques-uns la fourchette.

Lorsqu'il est enfoncé en dedans par quelque coup, ou par quelque chute, il cause des vomissemens qui ne cessent point qu'il ne soit remis en sa place. Ce cartilage sert à défendre l'estomac, à attacher le diaphragme, & à soûtenir le foye en devant par le moyen d'un ligament large qui y est attaché.

Ces trois os sont joints ensemble par des cartilages qui en occupent les entre-deux, & qui leur servent de ligamens; ils forment aussi une cavité qui paroît exterieurement, & que l'on appelle la fossete du cœur.

Les usages du sternum sont quatre; le premier est de former la partie anterieure & moyenne de la poitrine; le second, de joindre & d'articuler les côtes & les clavicules; le troisiéme,

de défendre & de contenir le cœur, & les parties de la respiration ; & le quatriéme, de servir
à attacher le long de sa partie moyenne & interne, le mediastin, qui est une membrane qui
separe la poitrine en deux.

Les côtes n'ont esté ainsi appellées que parce
qu'elles sont situées aux côtez de la poitrine,
dont elles forment les parties laterales à droite
& à gauche.

Nous serons parfaitement instruits de tout ce
qui regarde les côtes, aprés que nous y aurons
examiné leur substance, leur figure, leurs connexions, leur nombre, leurs parties, & leurs
usages.

La substance des côtes est en partie osseuse, &
en partie cartilagineuse ; l'extremité de la côte
qui s'articule à la vertebre, étant plus menuë que
celle qui se joint à la poitrine, est d'une substance plus dure, afin qu'elle soit moins sujette à
se casser ; l'autre extremité au contraire est d'une
substance plus spongieuse, & la partie moyenne
tient le milieu entre ces deux extremitez tant en
substance qu'en grosseur.

Toutes les côtes finissent anterieurement par
des cartilages qui leur servent d'épiphises, & qui
deviennent quelquefois si dures en vieillissant,
que l'on ne peut plus les séparer du sternum avec
le scalpel ; l'on observe que les cartilages des
côtes superieures sont plus durs que ceux des
inferieures, parce qu'ils sont attachez immediatement au sternum, & que les autres n'y sont
joints que par d'autres cartilages, & par consequent plus obligez d'obeïr aux mouve-

F F.
Des cô-
tes.

Six cho-
ses à exa-
miner
aux cô-
tes.

Substan-
ce des cô-
tes.

mens de la poitrine.

La figure des côtes est d'un demi-cercle, ou d'un croissant, si vous n'en considerez qu'une ; mais si vous les examinez deux ensemble, comme elles sont au squelete, elles font le cercle entier : Elles sont caves en dedans pour former la capacité de la poitrine, & gibbes en dehors pour mieux resister ; plus elles s'éloignent du sternum, plus elles sont étroites & rondes ; mais elles s'applatissent & deviennent plus larges à mesure qu'elles en approchent : Elles ne sont pas toutes également grandes, car les superieures sont courtes, les moyennes sont les plus grandes de toutes, & les inferieures sont fort petites : Ces differentes grandeurs étoient necessaires pour former la voûte de la poitrine : & quoique les superieures & les inferieures soient les plus petites, elles ne laissent pas de differer entr'elles, en ce que les superieures sont plus larges que les inferieures.

Les côtes sont articulées à d'autres os par leurs extremitez, par leur partie anterieure avec le sternum par sincondrose, & par leur poste-rieure avec les vertebres par artrodie ; cette derniere articulation est double aux sept pre-mieres côtes, l'une se fait avec le corps de la vertebre, & l'autre avec l'apophise transverse ; car les cinq dernieres ne sont jointes que par une simple tuberosité.

Le nombre des côtes change rarement, il est toûjours de vingt-quatre ; douze de chaque côté ; elles se divisent en vrayes & en fausses : Les vrayes sont les sept superieures, que l'on appelle ainſi , parce qu'elles achevent le cercle plus parfaitement que les autres , & qu'elles touchent au ſternum , avec lequel elles ont une ferme articulation : Les deux premieres de chaque côté , en comptant par enhaut , ſe nomment recourbées ; les deux ſuivantes ſolides , & les trois autres pectorales. Les cinq dernieres s'appellent fauſſes côtes , parce qu'elles ſont plus petites , plus molles & plus courtes que les autres , & qu'elles ne vont pas juſqu'au ſternum ; ce qui fait qu'elles n'ont qu'une articulation fort lâche : Elles ſont attachées poſterieurement aux vertebres , & en devant elles ſe terminent en des cartilages longs & mols , qui ſe recourbent en haut , & s'uniſſent aux côtes ſuperieures , comme s'ils y étoient collez , excepté la derniere , qui étant la plus petite de toutes , n'eſt point adherante par devant à aucune autre.

G
Premiere
côte.

H
Grande
côte.

I
Moyenne
côte.

K
Derniere
côte.

Les parties des
côtes.

L'on conſidere aux côtes deux ſortes de parties , leur corps , & leurs extremitez ; on appelle corps , ce qui en fait la partie moyenne & principale ; on y remarque encore la partie ſuperieure qui a deux lévres , l'une interne , & l'autre externe , auſquelles s'attachent les muſcles intercoſtaux ; & l'inferieure , qui a auſſi deux lévres qui ſont ſeparées par une ſinuoſité qui eſt le long de la côte , & qui diſparoît à meſure qu'elle s'éloigne de la vertebre. Cette ſinuoſité ſert à loger l'artere , & la veine intercoſtale ; les extremitez ſont doubles , l'une ſe joint au ſternum , & l'autre aux vertebres , comme je vous l'ai fait voir : A l'extremité anterieure

il y a une petite cavité dans le bout de la côte qui
sert à recevoir la pointe du cartilage, qui y est par
ce moyen plus fortement attaché que s'il n'étoit
que posé dessus ; & à l'autre extremité, outre sa
double articulation par artrodie, il y a encore
un ligament qui l'attache & la lie avec la vertebre.

Les usa-
ges des
côtes.
Les côtes servent à trois choses : la premiere,
à former la capacité de la poitrine : la seconde,
à défendre les parties qu'elle contient : & la troisiéme, à donner origine & insertion à plusieurs
muscles.

L L
Les cla-
vicules.
Les clavicules sont ainsi nommées, ou parce
qu'elles sont comme des clefs qui ferment le
thorax par sa partie superieure, ou bien parce
qu'elles affermissent l'épaule avec le sternum :
d'autres les nomment os jugulaires, d'un mot
Latin qui signifie joindre, parce que les bras
n'ont point d'autres os qui les attachent à la
poitrine que ceux-ci.

Articula-
tions des
clavicu-
les.
Elles sont deux, une de chaque côté : elles
sont situées transversalement à la partie inferieure du col, & à la partie superieure de la poitrine un peu au dessus des premieres côtes ; elles
sont articulées par leurs extremitez, dont l'une
est jointe à l'apophise superieure de l'épaule par
une teste large & oblongue, & ce par le moyen
d'un cartilage, qui neanmoins ne lui est pas
adherent, afin qu'il cede un peu dans les mouvemens des bras & de l'épaule, mais qui est attaché seulement par des ligamens qui enveloppent l'article ; & l'autre avec le sternum, comme
nous avons déja dit. Outre ces deux articulations

l'on en trouve souvent une troisiéme, qui se fait avec les deux premieres côtes, par deux petites éminences, dont l'une s'éleve de la partie superieure de la côte, & l'autre de la partie inferieure de la clavicule, qui se joignent ensemble par le moyen d'un petit cartilage.

La substance des clavicules est épaisse, mais poreuse & fongueuse, d'où vient qu'elles se rompent souvent, & que quand il leur arrive quelque fracture, la réunion & le cal en sont plûtôt faits qu'aux autres os.

Substance des clavicules.

Leur figure est semblable à celle d'une ∽ faite de deux demi cercles conjoints & opposez; elle est convexe par dehors vers le col, & un peu cave interieurement, afin que les vaisseaux qui sont dessous ne soient pas comprimez: l'on remarque que les hommes les ont plus courbées; c'est pourquoi ils ont les mouvemens des bras plus libres: les femmes au contraire les ayant plus étroites, elles ne peuvent avoir la même agilité des bras, ni jetter une pierre avec la même force que les hommes; mais ce petit defaut leur est recompensé par la beauté de leur gorge, qui est plus élevée, plus unie & moins remplie de fosses & de creux que celle des hommes.

M
Une clavicule separée.

Les clavicules servent pour les divers mouvemens des bras qui se meuvent plus aisément en devant & en derriere, à cause qu'ils sont appuyez sur ces os comme sur des pieux: Elles sont encore d'une grande utilité pour empêcher que les bras ne se portent trop en devant; c'est pouquoi les animaux qui avoient besoin que leurs

Usages des clavicules.

extremitez superieures avançassent en devant, pour marcher commodement, n'ont point de clavicules.

NN Les os des hanches. Les derniers os que j'ai à vous démontrer presentement sont ceux des hanches, qui composent la derniere partie du tronc; ils sont appellez os innominez, ou os sans nom, parce que tous ensemble n'en ont point de particulier, mais quand on les a divisez, ils en ont chacun un qui les distingue les uns des autres, comme vous le verrez par la suite.

Articulations des os des hanches. Les os des hanches sont deux, un de chaque côté, situez à la partie inferieure du tronc; ils sont articulez par leur partie posterieure à l'os sacrum, & par leurs laterales avec les femurs: la premiere de ces articulations se fait par ginglime; car plusieurs petites éminences tant de l'un que de l'autre de ces os entrent dans des cavitez proportionnées à leur grosseur; ainsi ces os reçoivent & sont receus reciproquement. La seconde se fait par enartrose; car la teste du femur, qui est fort grosse, est receuë par une grande cavité, qui est à la partie laterale & externe de ces os. L'on remarque au fond de cette cavité une petite inégalité, qui est l'endroit où s'attache le ligament, qui tenant la teste du femur fortement attachée dans sa place, empêche qu'elle n'en sorte que par de grands efforts, comme il arrive dans les luxations de cette partie.

Les femmes ont ces os plus écartez. Lorsque l'on examine de prés ces os dans un squelete, on voit aisément la difference qu'il y a entre ceux des hommes, & ceux des femmes;

ils

ils font plus forts & plus petits aux hommes , &
plus grands & plus minces aux femmes ; de forte
que cette cavité , que l'on nomme le baffin , &
que ces os forment conjointement avec l'os facrum , eft beaucoup plus grande au fquelete de
la femme , parce qu'elle ne contient pas feulement le rectum & la veffie comme dans l'homme , mais encore la matrice qui a befoin d'un
grand efpace , principalement lorfqu'elle renferme un enfant.

Ces os donnent origine & infertion aux muf- Ufages
clus , & fervent de fondement à tout le corps , des os
des han-
comme tous les autres os : Mais outre ces ufages ches.
communs , ils font encore utiles pour lier les extremitez inferieures avec le tronc , pour foûtenir & appuyer l'épine , pour aider à former la
capacité du bas ventre , & pour fervir de bafe
& de lit aux parties contenuës dans l'hypogaftre.

Les os des hanches font compofez de trois os, Les os
des han-
qui font joints enfemble par des cartilages , qui ches fe
avec le tems fe deffechent , & même s'offifient divifent
de telle maniere , qu'ils femblent ne plus faire en trois.
qu'un même os dans les adultes. Ces cartilages
fubfiftent jufqu'à la dixiéme ou douziéme année ;
& neanmoins ils ne s'effacent pas tellement
qu'il n'en refte encore quelques veftiges , ou
quelques lignes par le moyen defquelles on
puiffe feparer les os des hanches en trois , qui
font l'os ilion , l'ifchion , & l'os pubis.

L'os ilion eft ainfi appellé , parce qu'il contient le boyau ileum ; c'eft celui qui fe prefente
le premier , parce qu'il eft le plus grand ; il eft

G

auffi fitué au deffus des autres ; il fait l'articulation avec l'os facrum par ginglime , laquelle eft
fortifiée par un cartilage , & par un ligament
membraneux qui eft tres-fort.

La figure de cet os eft demi circulaire ; on y
confidere fes deux faces , l'une interne , qui eft
remplie par un des mufcles fléchiffeurs de la cuiffe , appellé iliaque , à caufe du lieu qu'il occupe ; & l'autre externe , où s'inferent les
mufcles extenfeurs de la cuiffe , que l'on nomine
les feffiers.

Ce qui eft entre ces deux faces , eft la côte
qui eft bordée de deux lévres , dont l'une eft pareillement interne , & l'autre externe : les deux
extremitez de cette côte finiffent par deux éminences , appellées épines , dont la fuperieure eft
beaucoup plus grande que l'inferieure. Proche
cette derniere , qui eft placée anterieurement ,
l'on voit une échancrure qui facilite le paffage
aux tendons des mufcles iliaques & pfoas , aux
arteres , aux veines crurales , & aux vaiffeaux
fpermatiques.

Pour ne rien oublier de ce qu'il faut examiner à cet os , vous obferverez qu'il forme par
fa partie inferieure , une partie de cette cavité
qui reçoit la tefte de l'os de la cuiffe.

Je vous ay dit que cet os là étoit plus ample
à la femme qu'à l'homme , parce qu'il falloit
que l'enfant fut bien appuyé dans la matrice ; c'eft ce qui fait auffi que les femmes groffes fentent fouvent à cette partie une douleur
qui eft caufée par le poids de l'enfant.

L'ifchion eft le fecond des os qui compofent

les hanches. On y confidere trois parties ; la
fuperieure eft celle qui fait la plus grande partie du cotile ; l'anterieure fait une partie du
trou ovalaire ; & l'inferieure eft celle à laquelle
on remarque deux apophifes ; l'une pofterieure, appellée épine, & l'autre anterieure & inferieure ; on y voit auffi une finuofité, ou, fciffure, qui donne paffage au tendon de l'obturateur interne.

Cet os eft lié avec l'os facrum par un double ligament qui en fort, l'un s'infere à l'a-
pophife aiguë de la hanche, & l'autre pofte-
rieurement à fon epiphife, qui fert d'appuy à
l'inteftin droit. Son extremité fe nomme la tuberofité de l'ifchion, qui donne origine aux mufcles de la verge, aux releveurs de l'anus, & à
beaucoup des fléchiffeurs de la jambe.

Articu-
lation de
l'os if-
chion.

L'os pubis eft le troifiéme & le dernier des os
de la hanche ; il eft appellé auffi os du penil, ou
pecten ; c'eft lui qui eft fitué à la partie anterieure & moyenne du tronc. Il a quatre parties
differentes qu'il faut examiner; l'anterieure, qui
fe joint par fincondrofe avec fon compagnon par
le moyen d'un cartilage ; la pofterieure, qui eft
l'extremité de derriere de cette épine, forme une
partie du cotile ; c'eft entre cette partie & l'extremité de l'os ilion qu'eft cette finuofité par où
paffent les tendons des mufcles lombaires &
iliaques ; la fuperieure, autrement dite l'épine,
eft celle où s'attachent les mufcles de l'abdomen;
& enfin l'inferieure eft celle qui fe joint avec une
avance que fait la tuberofité de l'ifchion, lefquelles deux avances font le trou ovalaire, ap-

L'os pu-
bis.

pellé auſſi tiroïde, qui forme une avance où s'attachent pluſieurs muſcles.

Les os
pubis
plus dé-
liez aux
femmes.

Les os pubis ſont plus déliez & plus amples aux femmes qu'aux hommes ; & celles qui les ont plus avancées en dehors, en accouchent plus aiſément.

Sçavoir
ſi les os
pubis ſe
ſeparent
dans le
tems de
l'accou-
chement.

Je finis, Meſſieurs, cette Démonſtration en vous rapportant deux differens ſentimens , touchant l'articulation que les os pubis ont entr'eux. Bartholin prétend qu'il ſe ſeparent dans l'accouchement, & qu'on les peut même ſeparer avec le dos d'un coûteau aux femmes nouvellement accouchées ; ce qui ne ſe peut faire ſi aiſément dans un autre tems. Ceux qui ſont d'une opinion contraire ſoûtiennent que ces os étant joints comme ils le ſont , ne ſe ſeparent point dans l'accouchement ; & que s'il s'eſt trouvé quelque femme à qui on les ait ſeparez facilement , c'eſt un pur effet de la diſpoſition naturelle, y ayant des perſonnes qui ont les articulations plus lâches les unes que les autres , & non pas parce

Ces os
ne ſepa-
rét point.

qu'elle étoit nouvellement accouchée ; car j'ay ouvert & diſſequé pluſieurs femmes nouvellement accouchées , à qui je n'ay pû ſeparer ces deux os qu'avec bien de la peine.

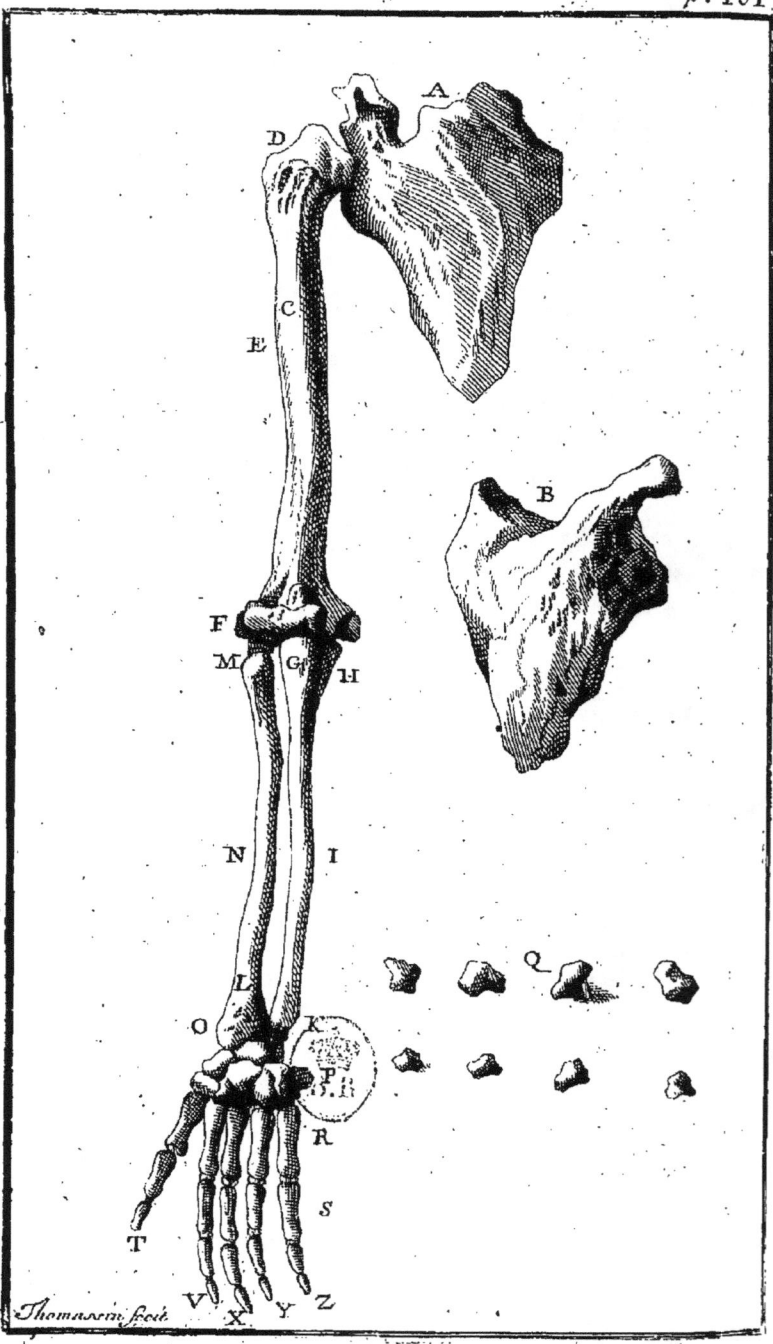

Thomassin fecit

DES OS

DES MAINS.

Septiéme Démonstration.

A RRE's vous avoir démontré , Mes-
fieurs , tous les os qui composent les
deux premieres parties du squelete ,
il ne reste plus qu'à vous faire voir
ceux des extremitez qui en font la derniere par-
tir , par laquelle nous finirons nôtre Ostéolo-
gie.

Ces extremitez font superieures , ou inferieu- Deux
sortes
d'extre-
mitez.
res ; les unes & les autres font comme autant de
branches qui fortent du tronc , & qui y font
attachées : les premieres font les mains , & les
secondes font les pieds : je vous ferai voir dans
cette Démonstration les os des mains , & dans la
suivante ceux des pieds.

Quoiqu'il n'y ait pas une partie qui ne four- Eloge
de la
main.
nisse quelque sujet d'admiration , neanmoins il
faut demeurer d'accord que la main l'emporte
sur toutes les autres ; & que c'est avec justice
que tous les Auteurs , & principalement Aristo-
te , l'ont appellée l'organe des organes , & l'in-

ſtrument des inſtrumens ; & ſi la Nature a donné à chaque animal quelque choſe de particulier, ou pour le défendre contre les autres, ou
pour le garentir des injures externes, on peut
dire que l'homme en a reçû deux choſes preferablement aux animaux ; ſçavoir la raiſon, & la
main ; l'une pour le conſeil & la conduite, &
l'autre pour l'execution. La premiere le diſtingue & le met infiniment au deſſus de tous les
Animaux ; c'eſt elle qui luy donne l'empire qu'il
a ſur eux, qui conduit toutes ſes actions, &
qui ayant inventé tous les Arts, lui fournit
les moyens de s'en ſervir : Cependant tous ces
avantages auroient eſté de peu d'utilité à l'homme, s'il n'avoit eu des mains pour executer ce
que la raiſon lui dicte, & pour profiter de tout
ce que l'Auteur de la Nature a fait en ſa faveur :
Ce ſont elles qui fabriquent toutes ſortes d'ar-
mes pour ſe défendre, & pour maîtriſer tous les
animaux ; ce ſont elles qui font les vêtemens qui
ſuppléent au defaut du poil & des plumes que
la Nature leur a accordées : enfin c'eſt par elles
que l'on met en pratique la Chirurgie, qui eſt
un Art ſi noble & ſi neceſſaire à la vie.

Deux mains neceſſaires pour faire l'apprehenſion. L'action de la main eſt l'apprehenſion, l'homme a deux mains afin de la mieux faire. Il faut
remarquer que toutes les jointures des bras &
des mains ſe fléchiſſent en dedans, afin qu'elles
embraſſent mieux & qu'elles puiſſent ſe ſecourir
mutuellement dans leur action, qui ne pourroit qu'eſtre imparfaite avec une ſeule main.

L'homme eſt porté à ſe Tous les hommes, & même les enfans ſont
naturellement diſpoſez à ſe ſervir également

des deux mains ; & s'il y en a qui se servent de la droite, plûtôt que de la gauche, il faut croire que cela ne vient que de l'habitude qu'ils ont contractée, & parce qu'on leur a appris, & non pas parce qu'il y a plus de chaleur de ce côté-là qui les détermine à s'en servir, plûtôt que de la gauche, puisque la plufpart de ceux que l'on néglige d'inftruire, fe fervent d'eux-mêmes auffi-tôt de la gauche que de la droite ; & qu'étant avancez en âge, ils ne peuvent plus fe défaire de cette méchante habitude.

Ces extremitez fuperieures qui font le fujet de cette Démonftration, fe divifent en trois, en bras, en avant-bras, & en la main proprement dite ; le bras eft compofé d'un feul os, l'avant-bras de deux, & la main de vingt-fept. Nous les allons voir tous dans leurs rang, aprés que nous aurons examiné les omoplates que nous avons comprifes dans le nombre des foixante & deux os qui compôfent ces extremitez.

L'omoplate eft cet os qui forme l'épaule, on l'a défini un os large & mince, fur tout au milieu, & épais aux apophifes ; elle eft fituée à la partie pofterieure des côtes fuperieures, où elle fert comme de bouclier ; il y faut obferver quatre chofes, qui font fa figure, fes connexions, fes parties, & fes ufages.

La figure de l'omoplate eft triangulaire, dont deux angles font pofterieurs, & le troifiéme anterieur : Elle eft gibbe en dehors, & cave en de-dans, tant pour s'accommoder aux côtes fur lefquelles elle eft pofée, que pour contenir un mufcle dont nous parlerons tout à l'heure.

G iiij

Elle a trois fortes de connexions, dont l'une se fait par artrodie avec l'humerus, ayant à son angle anterieur une cavité glenoïde, qui reçoit la teste de l'humerus ; cette cavité est enduite d'un cartilage qui facilite le mouvement, & elle a un bord ligamenteux, qui formant la cavité plus profonde, & embrassant la teste de l'humerus, en fortifie l'articulation : l'autre se fait par sincondrose avec la clavicule, par le moyen d'un cartilage qui unit cet os avec sa clavicule ; & la troisiéme se fait par sisarcose avec les vertebres & les côtes, n'y ayant par toute la partie posterieure que des muscles qui la joignent avec les os voisins.

Les parties que nous avons à considerer à cet os, sont en grand nombre ; nous commencerons par sa base, qui est sa partie posterieure, & la plus prochaine des vertebres du dos. Cette base finit par deux angles, dont l'un est appellé l'angle superieur, & l'autre l'inferieur. Les parties qui viennent de ces angles vers son col sont nommées les côtes de l'omoplate, dont il y en a aussi deux, l'une appellée la côte d'en haut, qui est la plus délicate & la plus courte ; & l'autre la côte d'embas, qui est la plus épaisse & la plus longue.

Les deux faces de cet os sont differentes l'une de l'autre ; l'interne est cave pour loger le muscle scapulaire, & l'externe est élevée, pour former une éminence considerable, qui du bas de la base monte droit en haut ; elle s'appelle l'épine de l'omoplate, dont l'extremité se nomme acromion, à cause qu'elle ressemble à un ancre.

Connexions de l'omoplate.

Parties de l'omoplate.

Les deux faces de l'omoplate.

Quelques-uns ont prétendu que c'étoit un os
diftingué des autres, parce que ce n'eft durant
l'enfance qu'un cartilage qui s'offifie peu à peu,
& qui aprés l'âge de vingt ans eft tellement dur
& uni au refte de cette épine, qu'il ne paroît
qu'un même os. A chaque côté de cette même
épine, il y a deux foffes, l'une au deffus qui fe
nomme fus-épineufe ; elle contient le mufcle
fus-épineux ; & l'autre au deffous, que l'on appelle fous-épineufe, qui eft plus grande que la
precedente : Outre les mufcles fous-épineux, elle
en renferme encore quelques-autres qui fervent
aux mouvemens des bras ; & dans le milieu de
l'épine il y a une éminence tortuë & courbée,
qu'on nomme la crête, ou l'aîle de chauve-fou-
ris, à caufe de fa reffemblance.

L'apophife qui eft placée à la partie fuperieure du col, & qui s'avance au deffus de la tefte de
l'os du bras, fe nomme coracoïde, parce qu'elle
reffemble au bec d'un corbeau : Elle affermit
l'articulation de l'épaule, & donne origine à un
des mufcles du bras, que l'on nomme pour cet
effet coracoïdien.

Il faut encore obferver deux cavitez ou
échancrures, dont l'une eft entre le col & l'acromion, & l'autre entre la côte fuperieure & l'a-
pophife coracoïde ; elles fervent toutes deux
pour le paffage des vaiffeaux ; & enfin le creux
qui eft au bout de l'angle exterieur fe nomme la
cavité glenoïde de l'omoplate, dont nous avons
déja parlé.

L'omoplate a plûfieurs ufages ; elle donne
origine & infertion aux mufcles, comme tous les

*L'apo-
phife co-
racoïde.*

*Ufages
de l'omo-
plate.*

autres os, elle attache le bras au corps, elle lui sert d'appui, afin qu'il fasse commodement tous ses mouvemens; elle forme l'épaule, & défend les parties internes par sa partie la plus large, qui est appliquée sur les côtes.

C
L'hume-rus.

Le bras n'est composé que de l'humerus, qui est l'os le plus grand & le plus fort de tous ceux de cette extremité; pour le bien connoître, il faut examiner ses connexions & ses parties.

Articu-lations de l'hume-rus.

Il est articulé par ses deux extremitez, par celle d'enhaut avec l'omoplate par artrodie, comme je vous l'ai déja fait voir; & par celle d'embas doublement, sçavoir par ginglime avec le cubitus: Il faut observer que le ginglime est ici parfait, en ce que ces deux os s'entre-reçoivent également par la même extremité, ayant l'un & l'autre des éminences & des cavitez qui forment cette articulation. Il se joint aussi avec le radius par artrodie, ayant une éminence à son extremité, qui est receuë dans la cavité qui est au bout du radius; c'est cette articulation qui fait les mouvemens de l'avant-bras en dedans & en dehors, que l'on appelle de pronation & de supination.

Pour examiner les parties de l'humerus, il faut le diviser en son corps & ses extremitez; elles sont deux, l'une superieure, & l'autre inferieure.

D
Le corps de l'hu-merus.

Le corps de l'humerus est long & rond, il a une cavité interne qui est de toute sa longueur, & qui renferme de la moëlle; sa figure n'est pas absolument droite, mais un peu cave en dedans,

& gibbe en dehors , pour la fortifier dans fes actions. L'on y remarque une ligne qui defcend & qui fe termine en deux condiles ; elle fert à attacher plus furement les mufcles qui s'inferent à cet os.

L'extremité fuperieure de l'humerus eft beaucoup plus groffe & plus fpongieufe que l'inferieure ; elle contient un fuc medullaire ; cette partie fe nomme la tefte ; elle eft non feulement entourée de tous côtez de ligamens & de membranes qui partent de la cavité glenoïde de l'omoplate ; mais encore enveloppée des quatre aponevrofes des mufcles qui l'environnent. Un peu au deffous de cette tefte, il y a une partie ronde , un peu plus étroite, que l'on nomme le col ; & à la partie anterieure de cette tefte , il paroît une fente , ou fciffure affez longue , qui va jufqu'à la partie moyenne de l'os ; elle eft faite en forme de goutiere, pour laiffer paffer un des trous du mufcle biceps.

L'extremité inferieure de cet os eft plus petite, plus plate , & plus dure que l'autre ; elle eft auffi plus large, parce qu'elle s'articule avec les deux os de l'avant-bras , qui font placez à côté l'un de l'autre , & qui font deffus elle deux mouvemens differens ; l'on voit à cette partie trois apophifes & deux cavitez ; la premiere des apophifes eft la fuperieure , qui eft la plus groffe ; c'eft une tefte ronde qui s'articule avec le radius : la feconde eft l'inferieure , ou interne , elle eft plus petite que la precedente ; on l'appelle condiloïde ; elle ne s'articule à aucun os , parce qu'elle ne fert que pour l'origine des

E
Le haut de l'humerus.

F
Le bas de l'hume-rus.

mufcles flechiffeurs de la main. Au milieu de ces deux condiles eft la troifiéme apophife, qui eft unie, oblongue, & faite en forme de poulie, autour de laquelle le cubitus fait fes mouvemens : les deux cavitez font proche cette apophife, l'une eft interne & plus petite, & l'autre eft externe & plus grande ; elles reçoivent les deux apophifes coronoïdes du cubitus, & la poulie eft receuë dans la cavité figmatoïde du même cubitus.

De l'a-vant-bras.

L'avant-bras, que d'autres appellent le coude, eft compofé de deux os, à caufe des differens mouvemens contraires qui s'y font, & qui n'auroient pû eftre faits par un feul os, joint par ginglime, qui auroit bien à la verité permis au bras de fe fléchir & de s'étendre, & non pas de fe renverfer en dedans & en dehors ; ce qui fe fait par le moyen du radius, qui pour cet effet eft articulé par artrodie.

Ces deux os font affez é-gaux.

Ces deux os ne font pas fi longs, ni fi gros que celui du bras, mais ils ont entre-eux à peu prés la même grandeur ; neanmoins le cubitus eft un peu plus grand que l'autre, c'eft ce qui les a fait appeller par quelques-uns le grand & le petit focile ; ils font éloignez l'un de l'autre par leur partie moyenne, pour la fituation commode des mufcles, pour le paffage des vaiffeaux, & principalement pour la facilité du mouvement ; & de plus il étoit jufte qu'étant diftinguez d'action, ils le fuffent auffi de corps ; ils s'entre-touchent par leurs extremitez, étans même articulez l'un avec l'autre, comme je vai vous le démontrer tout à l'heure, l'un fe nomme le cubitus , & l'autre le radius.

Le cubitus , ou l'os du coude, eſt ainſi appellé , parce que c'eſt lui qui forme le coude.
Il y en a d'autres qui lui ont donné le nom
d'ulna, parce qu'anciennement il ſervoit d'aulne,
& de meſure. Nous y conſiderons deux choſes,
ſes connexions & ſes parties.

G
Le cubi-
tus.

Il eſt articulé par ſes deux extremitez , par la
ſuperieure en deux manieres , avec l'extremité
inferieure de l'humerus par ginglime, & avec la
partie ſuperieure du radius par artrodie ; & par
l'extremité inferieure auſſi en deux façons , avec
les os du corps par ſon bout , & avec le bas du
radius par ſa partie laterale , ces deux articulations ſe font par artrodie.

Articula-
tions du
cubitus.

L'on ne peut pas bien examiner les parties du
cubitus que l'on ne le diviſe en trois, qui ſont
ſa partie ſuperieure, ſa moyenne, & ſon inferieure.

Diviſion
du cubi-
tus.

On remarque à la partie ſuperieure du cubitus
deux apophiſes & deux cavitez, la plus petite de
ces apophiſes eſt ſituée anterieurement, elle n'a
point de nom particulier , mais ſeulement celui
de coroné, qui ſe donne en general à ces ſortes
d'éminences; l'autre eſt ſitué poſterieurement,
elle eſt plus groſſe, & s'appelle olecrane;c'eſt ſur
elle que l'on appuye le coude;elle forme un angle
aigu lorſque l'on ploye le bras ; elle empêche
qu'il ne ſe puiſſe fléchir en atriere.Ces deux apophiſes entrent dans les deux cavitez qui ſont à la
partie inferieure de l'os du bras.Des deux cavitez
qui ſont à la partie ſuperieure du cubitus , l'une
qui eſt fort grande , eſt ſituée entre les deux

H
Le haut
du cubi-
tus.

apophifes ; on l'appelle figmatoïde, parce qu'elle reffemble à un figma Grec : c'eft elle qui reçoit la pointe de l'humerus : Il y a au milieu de cette cavité une ligne ou éminence qui va d'une apophife à l'autre, & qui entre dans la finuofité de la partie qui eft au bas de l'humerus : l'autre cavité eft fort petite ; elle eft à la partie laterale & interne du cubitus ; c'eft elle qui recevant le radius les articule enfemble.

On remarque à la partie moyenne du cubitus trois angles, dont l'inferieur, que l'on appelle épine, eft fort tranchant, & les deux autres font obliques, dont l'un eft anterieur, & l'autre pofterieur.

A la partie inferieure il y a deux éminences & une cavité : la premiere des éminences eft fituée à la partie laterale & inferieure, elle eft receuë dans la cavité glenoïde du radius : la feconde eft à l'extremité de l'os, elle s'appelle ftiloïde, elle fert à fortifier l'article, c'eft pourquoi elle eft placée dans fa partie externe ; la cavité qui eft au bout de l'os, aide à faire l'artrodie avec le carpe.

Le fecond os de l'avant-bras eft appellé radius, ou rayon, à caufe que l'on veut qu'il reffemble à un des rayons d'une roüe : l'on y confidere deux chofes comme aux autres os, fçavoir fes connexions & fes parties.

Cet os eft articulé comme le cubitus, en fa partie fuperieure, & en fon inferieure ; par fa partie fuperieure en deux manieres par artrodie, l'une avec le condile externe de l'humerus, & l'autre avec le cubitus : par fa partie inferieure, il eft aufli articulé en deux façons, ou avec les os du carpe , ou avec le cubitus, ce font encore deux artrodies ; car le cubitus & le radius font joints enfemble en haut & en bas , avec cette difference que le cubitus reçoit en haut le radius, & que celui-ci reçoit le cubitus par en bas.

Si nous voulons eftre inftruits de tout ce qui concerne le radius , il faut le divifer auffi en trois parties, qui font la fuperieure, la moyenne, & l'inferieure. *Divifion du ra-dius.*

On remarque à fa partie fuperieure trois cho-fes , fçavoir une tefte , un col , & une tuberofi-té ; la tefte eft ronde & polie pour mieux fe mou-voir ; il y a deffus cette tefte une cavité glenoïde qui reçoit le condile fuperieur de l'humerus : le col eft fort long pour les mouvemens obliques : la tuberofité eft fituée fous le col , c'eft cette éminence qui fert à le joindre avec l'os du coude. *M Le haut du ra-dius.*

A la partie moyenne il faut obferver qu'elle a un angle tranchant, que l'on appelle épine , & qu'elle va toûjours en groffiffant, & même qu'elle approche du poignet, à la difference du cubitus , qui diminuë en s'éloignant du coude : C'eft en cela qu'il faut admirer la nature, qui ne pouvant fe difpenfer de faire ces deux os inégaux dans leurs extremitez , a trouvé moyen de ren-dre le bras également fort dans fa longueur, en plaçant la partie la plus forte de l'un avec la plus foible de l'autre. *N Le mi-lieu du radius.*

L'on remarque à la partie inferieure plufieurs finuofitez & inégalitez qui font comme autant de petites goutieres qui font faites afin de ne pas incommoder les tendons, qui vont particuliere- *O Le bas du ra-dius.*

ment à la partie externe de la main : Il y a auſſi deux cavitez dont l'une, qui eſt à ſon extremité, reçoit les os du carpe, & l'autre plus petite, qui eſt à ſa partie laterale & interne, dans laquelle eſt placée une éminence du cubitus : Il ne faut pas oublier cette éminence qui eſt à ſon extremité, partie externe, laquelle forme conjointement avec l'apophiſe ſtiloïde une grande cavité qui reçoit les os du carpe, & qui en empêche la luxation.

De la main. La main proprement dite eſt faite du carpe, ou poignet, du metacarpe, & des doigts ; elle commence où finit l'avant-bras, & elle ſe termine à l'extremité des doigts.

P
Le carpe. Le carpe eſt la premiere partie de la main ; c'eſt un amas d'os ſituez entre l'articulation inferieure du coude & le metacarpe. Ces os ſont

Q
Les os du carpe ſeparez. huit, diſpoſez en deux rangées, quatre à chacune. Il faut examiner la ſituation de ceux de la premiere rangée, & puis nous verrons ceux de la ſeconde.

Premier rang. Le premier rang eſt compoſé de quatre grands os, dont les deux plus grands ſont receus dans la cavité du radius par leur partie ſuperieure pour le mouvement de la main ; & par leur inferieure ils touchent les trois premiers os du ſecond rang : le troiſiéme, qui les ſuit en grandeur, eſt ſitué dans la cavité du bout du cubitus joignant ſon apophiſe ſtiloïde ; & en ſa partie inferieure il eſt uni avec le quatriéme du ſecond rang ; le quatriéme du premier rang, qui eſt le plus petit de tous, eſt ſitué ſur le troiſiéme au dedans de la main, faiſant une éminence qui eſt pareille à l'apophiſe crochué rochuë du quatriéme os du second rang.

Le premier os du second rang eſt placé plus Second rang.
n dedans de la main que dehors , ce qui fait
u'il ſoûtient mieux le poûce , & qu'il répond
l'apophiſe crochuë du quatriéme os du même
ang : le ſecond & le troiſiéme ſoûtiennent le
remier , & le ſecond os du metacarpe ; & le qua-
riéme & dernier os du carpe ſoûtient le troiſié-
ne & le quatriéme os du metacarpe par ſes deux
etites cavitez glenoïdes.

Il faut remarquer qu'il y a à la partie interne
e tous ces os une apophiſe crochuë , qui fait
ne éminence d'un côté , & que de l'autre le
remier os du ſecond rang s'avance en dedans
e la main , & qu'ainſi l'eſpace qui eſt entre-
eux étant fait comme une goutiere , ſert de paſ-
ge aux tendons des muſcles fléchiſſeurs de la
ain, qui paſſent par ce vuide en toute ſureté
vec le ſecours du ligament annulaire qui les
uvre , & qui joint enſemble tous ces os dont
viens de vous parler.

La figure des os du carpe eſt ronde & gibbe Figuré du carpe.
dehors , mais elle eſt inégale & cave en de-
ns pour la facilité de l'action.

Il y a trois ſortes d'articulations aux os du Articulations du carpe.
rpe ; la premiere avec les os de l'avant-bras
r artrodie , comme nous avons déja dit ; la ſe-
nde avec les os du metacarpe par amphiartro-
; & la troiſiéme par ſinevroſe entr'eux , c'eſt à
re par des ligamens tres-forts, qui les uniſſent
ſemble ; de ces trois articulations il n'y a que
premiere qui ait un mouvement manifeſte ;
r les deux autres n'en ont point , ou du moins

H

il eſt extrememẽt obſcur.

Le metacarpe eſt la ſeconde partie de la main, il en forme la paume par ſa partie interne, & le dehors par ſa partie externe ; il eſt compoſé de quatre os longs, greſles & inégaux: ils ont cha-cun une cavité qui contient de la moëlle : Il y en a qui en mettent cinq, & qui pour cet effet y ajoûtent le premier os du poûce ; mais il ne doit pas eſtre mis au nombre des os du meta-carpe, parce qu'il a un mouvement manifeſte, & que les autres l'ont fort obſcur.

Ces quatre os ſont joints avec le carpe par une connexion forte, par le moyen de pluſieurs liga-mens cartilagineux qui ne leur permettent qu'un mouvement caché ; & avec les doigts par artro-die, ayant chacun une tête ronde à leur extremi-té, qui entre dans la cavité glenoïde qui eſt au bout du premier os des doigts : Et outre ces deux articulations qui ſe font par leurs extremitez, ils s'entre-touchent & ſont encore unis enſemble par leur partie laterale, tout proche l'endroit où ils ſe joignent au carpe, & ce pour une plus gran-de force ; ils s'écartent enſuite vers le milieu pour laiſſer une eſpace commode aux muſcles interoſ-ſeux.

Ils ont une figure ronde par leur milieu, qui eſt un peu gibbe en dehors pour la force, & cave en dedans pour l'apprehenſion. Leur extremité ſu-perieure eſt la partie la plus groſſe qu'ils ayent. C'eſt elle qui finit avec le carpe ; & l'inferieure eſt la plus petite, qui finit par une teſte qui les articule avec les doigts.

Ces quatre os ne ſont pas tous également gros,

celui-ci qui foûtient le doigt index l'eſt plus que les autres ; le ſecond eſt moindre ; le troiſiéme diminuë encore ; & enfin le quatriéme eſt le plus petit de tous. Je vous ay dit que ces os n'avoient point de mouvement, ou bien qu'ils en avoient tres-peu, puiſqu'il n'y a que le dernier (qui eſt celui qui ſert à ſoûtenir le petit doigt,) qui en ait un peu plus que les autres ; ce qui ſe voit aiſément lorſqu'il s'éloigne d'eux.

Il reſte encore à vous démontrer les doigts, qui ſont pluſieurs, afin que l'action de la main, qui eſt l'apprehenſion, ſe fiſt mieux, & qu'elle pût prendre les choſes les plus petites ; ils ſont cinq ; ils different les uns des autres tant en groſſeur qu'en longueur ; le premier ſe nomme le pouce, parce qu'il eſt le plus gros & le plus fort, étant oppoſé lui ſeul aux quatre os dans l'apprehenſion ; le ſecond s'appelle l'indicateur, parce que nous nous en ſervons quand nous voulons montrer quelque choſe ; le troiſiéme eſt appellé le doigt du milieu, à raiſon de ſa ſituation ; c'eſt lui qui eſt le plus long de tous ; le quatriéme eſt nommé annulaire, parce que c'eſt celui où on met l'anneau : le cinquiéme eſt le plus petit de tous, on l'appelle auriculaire ; parce qu'étant pointu on en peut aiſément nettoyer les ordures des oreilles.

Les os des doigts ſont quinze, trois à chaque doigt ; ces os ſont diſpoſez en trois ordres, que l'on appelle phalanges, parce qu'il ſemble qu'ils ſoient comme rangez en bataille : la premiere rangée eſt plus groſſe que la ſeconde, & la ſeconde que la troiſiéme ; qui eſt la plus petite, &

ferent en groſſeur.

S
Les doigts

T
Le pouce

V
L'index.

X
Le milieu.

Y
L'annulaire.
Z
Le petit doigt.

Quinze os aux doigts.

dont l'extremité des os qui la compoſent finit en demi rond, ou en croiſſant.

La figure de ces os eſt cave en dedans pour la commodité de la flexion ; convexe par dehors pour la force ; & un peu aplatie en dedans pour ne pas incommoder les tendons des fléchiſſeurs, & pour faciliter l'empoignement.

Articulations des os des doigts. Ils ſont joints enſemble par ginglime, ayant tous de petites teſtes & de petites cavitez qui ſe reçoivent reciproquement les unes & les autres ; leur articulation avec le metacarpe ſe fait par artrodie ; chaque doigt a auſſi des ligamens à ſa partie interne, ſelon ſa longueur. Ces ligamens ſont comme des canaux qui attachent ces os mutuellement enſemble.

Obſervations ſur les mouvemens des doigts. Je finis, Meſſieurs, en vous faiſant remarquer que de la maniére que les os des doigts ſont articulez enſemble, ils ne ſont capables que de ſe fléchir & de s'étendre ; & que s'ils ſe courbent d'un côté ou d'un autre pour s'approcher ou s'éloigner les uns des autres, cela dépend de l'articulation de leurs premieres phalanges avec le metacarpe, auquel elles ſont jointes en cet endroit par artrodie, comme nous avons ſouvent dit.

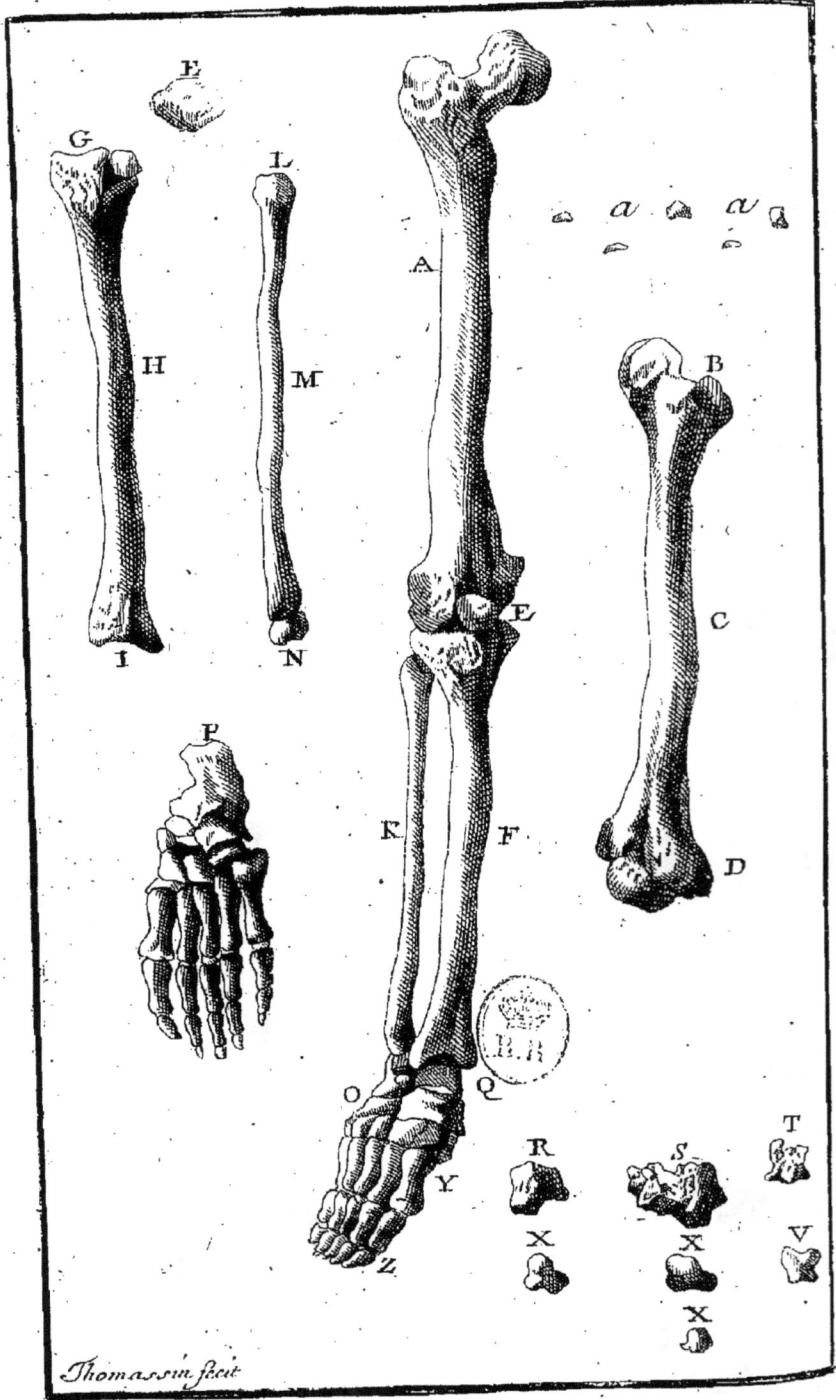

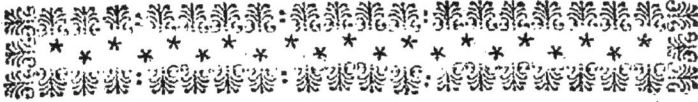

DES OS

DES PIEDS.

Huitiéme & derniere Démonstration.

APRE's vous avoir amplement expliqué les os de la main, il est juste, Messieurs, que nous finissions nos Démonstrations Osteologiques par celle **De l'extremité inferieure.** des os qui composent l'extremité inferieure; je suis persuadé que vous ne serez pas moins surpris de sa structure, que vous l'avez esté de celle des autres parties.

On entend par le pied tout ce qui est compris **Division de l'extremité inferieure.** depuis les os des iles jusqu'à l'extremité des doigts du pied que nous divisons comme la main, en trois parties, qui sont la cuisse, la jambe, & le pied proprement dit.

La cuisse est faite comme le bras d'un seul os, **A Le femur.** qui est le plus grand & le plus fort de tous les os du corps de l'homme, parce qu'il en porte lui seul tout le fardeau. C'est aussi ce qui lui a fait donner le nom de femur, du mot Latin *fero*, qui signifie porter ; il faut examiner à cet os ses connexions & ses parties, de même qu'au bras.

Cet os a des articulations proportionnées à sa grandeur & à sa grosseur, puisqu'il en a deux fortes par ses deux extremitez; la premiere est par celle d'enhaut, qu'on appelle enartrose, elle se fait par le moyen d'une tres-grosse teste, qui est receuë dans une grande cavité; la teste est au bout du femur, & la cavité est dans la partie laterale des os des iles; cette cavité a un bord cartilagineux pour mieux embrasser cette teste, & pour empêcher qu'elle ne sorte de sa place: Il y a de plus un fort ligament qui attache cette teste au fond de la cavité; mais avec toutes les précautions que la nature a prises pour affermir cet article, il ne laisse pas de se luxer quelquefois. La seconde connexion se fait à son extremité inferieure par ginglime, ayant deux testes qui sont receuës dans deux cavitez qui sont à la partie superieure & extréme du tibia; Entre ces deux testes il y a une cavité qui reçoit une éminence du même tibia, & qui fait le ginglime.

Les parties du femur sont trois; sçavoir une superieure, une moyenne, & une inferieure.

A la superieure il faut examiner une teste, un col, & deux apophises; la teste est grosse & ronde, elle se forme de l'appendice qui s'insere dans la boëte de la hanche; la petite fosse qui est dans son milieu est l'endroit d'où sort le ligament qui la lie avec l'os des iles: Cette partie merite mieux le nom de teste, que le col qui la soûtient, elle en a même plus la figure, étant plus grosse que ce col qui est neanmoins fort gros & fort long; il se jette en dehors non seulement pour la situa-

Marginal notes:

Articulations du femur.

Trois parties au femur.

B
Le haut du femur.

ruation commode des parties qui font fituées entre les cuiffes, mais encore pour la fermeté du marcher. Ce col eft oblique, parce que la cavité de l'ifchion n'étant pas en ligne droite, la tefte du femur n'auroit pû y entrer; d'ailleurs le col fe portant ainfi en dehors, il écarte ces deux os les uns des autres, & fait que toute la tefte de l'os defcendant en ligne droite, le corps eft porté commodement & feurement.

Les deux apophifes qui font derriere le col, font nommées trocanters, d'un mot Grec qui fignifie tourner, parce que les mufcles qui font les mou-vemens de la cuiffe, & particulierement ceux qui la font tourner, s'attachent à ces apophifes, dont la fuperieure & la plus grande fe nomme le grand trocanter; elle donne infertion aux mufcles ex-tenfeurs de la cuiffe; c'eft pourquoi elle a fa partie externe inégale & raboteufe, afin qu'ils s'y attachent mieux; & à fa partie interne, qui regarde le col, il y a une cavité au deffus de laquelle on voit comme un joint, que l'on ap-pelle le fommet ou la crefte. La feconde apo-phife eft plus petite & placée au deffous, elle fe nomme le petit trocanter. Il faut remarquer qu'il y a à la partie interne de cet os une petite éminence oppofée au petit trocanter, & qu'en-tre ces deux premieres apophifes, il y a encore une efpace où s'inferent les tendons des mufcles obturateurs de la cuiffe.

A la partie moyenne du femur il faut obferver qu'elle eft ronde, polie, & unie dans fa partie an-terieure, & inégale dans fa pofterieure, où l'on remarque une ligne tout le long de l'os, qui fe ter-

C
Le milieu du fe-mur.

H iiij

mine aux deux condiles inferieurs. Cet os a une grande cavité dans toute sa longueur qui contient de la moëlle. Il est gibbe en dehors, & un peu courbé en dedans, de sorte qu'il sert d'arboutant à l'homme, pour empêcher que le corps ne se porte trop en devant, & ne tombe aussi souvent qu'il feroit.

Il faut que les Chirurgiens remarquent que dans les fractures qui y arrivent, ils ne doivent pas s'efforcer à lui donner une figure droite, puisqu'il ne l'a pas naturellement.

D
Le bas du femur.

A la partie inferieure du femur, il y a deux apophises qui par leur grandeur meritent le nom de teste; ce sont elles qui font le ginglime dont nous avons parlé. De ces testes l'interne est un peu plus grosse & moins applatie que l'externe. Elles sont toutes deux couvertes d'un gros cartilage.

Il y a aussi deux cavitez, l'une plus petite qui reçoit l'éminence du tibia, & l'autre plus grande & posterieure, qui est entre ces deux testes; cette derniere reçoit l'aboutissement des aponêvroses qui enveloppent le genou; Elle donne passage aux vaisseaux qui vont à la jambe; & elle est remplie d'une graisse qui lubrifie l'article dans ses mouvemens.

E E
La rotule.

La partie qui est à l'extremité de la cuisse, & au dessus de la jambe s'appelle le genou, où l'on trouve un os particulier, que l'on nomme la rotule, parce qu'il ressemble à une petite roüe; d'autres l'appellent la meule, ou la palette du genou. C'est un os long & large, qui est couché sur l'articulation de la cuisse avec le tibia. Sa substance est cartilagineuse aux enfans pendant quelque mois, aprés lefquels elle devient offeufe ; fa figure eft femblable à celle de la boffe circulaire d'un bouclier, fon milieu étant plus épais & plus éminent que fes bords.

La rotule eft mobile, n'étant articulée que par les aponêvrofes des quatre mufcles extenfeurs de la jambe qui l'enveloppent, & qui font attachées à la partie externe & à fes bords. Elle eft revêtuë par fa partie interne d'un cartilage gliffant, afin de faciliter le mouvement qu'elle eft obligée de faire fur les extremitez du femur & du tibia. Elle fert à affermir l'article, & à empêcher que l'os de la cuiffe ne fe difloque, & que la jambe ne fe fléchiffe en devant. *Articulations de la rotule.*

La jambe eft la feconde partie de l'extremité inferieure, elle comprend depuis le genou jufqu'au pied ; elle eft compofée de deux os, dont l'un eft fort gros, que l'on appelle le tibia, & l'autre plus petit, que l'on nomme le peroné. *Deux os à la jambe.*

Quoique ces deux os different en groffeur, neanmoins ils ont beaucoup de chofes qui leur font communes, ayant tous deux une figure triangulaire, & une même longueur, étant unis tant par haut que par bas, & n'étant feparez que par leur milieu pour faire place aux mufcles, & pour laiffer paffer les vaiffeaux. Ils font auffi tous deux chacun une malleole, qui eft ce que l'on appelle autrement la cheville du pied : Ce font ces deux éminences qui font aux parties laterales du pied, dont le tibia forme la malleole interne, & le peroné l'externe. *Ce que ces deux os ont de commun.*

Le tibia eft le plus gros & le plus grand os de *Le tibia.*

F.

la jambe, il eft cave dans fa longueur pour contenir de la moëlle ; il eft fitué en dedans de la
jambe ; quelques-uns l'appellent le grand focile ;
nous y confiderons deux chofes, fçavoir fes connexions & fes parties.

Il eft articulé par fes deux extremitez par ginglime, celle d'enhaut en fait un avec l'os de la
cuiffe., & celle d'embas un autre avec un des os
du tarfe, que l'on nomme aftragale. Il eft encore
uni avec le peroné par artrodie par fes deux
extremitez, mais lateralement, y ayant deux
cavitez affez fuperficielles au tibia qui reçoivent
deux éminences du peroné.

Cet os a trois parties, fçavoir une fuperieure,
une moyenne, & une inferieure.

La partie fuperieure eft la plus groffe de tout
l'os, elle a dans fon milieu une apophife, qui eft
receuë dans la cavité qui eft au bout de l'os de
la cuiffe. Il y a aux deux côtez de cette apophife deux finuofitez oblongues qui reçoivent les
teftes du femur. Leur profondeur eft augmentée
à chacune par un cartilage lunaire, qui ne laiffe
pas d'eftre mobile, quoiqu'il foit attaché par des
ligamens ; il eft mol, gliffant, & abbreuvé d'une
humeur onctueufe ; il eft épais au bord & délié
vers le centre ; ce qui lui a fait donner le nom de
lunaire,

La partie moyenne du tibia eft prefque triangulaire, ayant trois éminences, dont la plus re-
marquable, que l'on appelle crefte, ou épine,
eft longue & aiguë par devant, comme le taillant
d'un coûteau ; d'où vient que les coups que l'on
reçoit à cette partie font tres-fenfibles, à caufe

que la peau & le perioſte qui la recouvrent, en ſont ſouvent coupez; à meſure que cet os approche du pied, il diminuë en groſſeur; mais auſſi en recompenſe il devient plus dur.

La partie inferieure du tibia ſe termine par une grande cavité, où il y a deux ſinuoſitez qui reçoivent les éminences de l'aſtragale; & au milieu de ces ſinuoſitez il y a une avance qui eſt receuë dans la cavité qui eſt à la partie ſuperieure de l'aſtragale; & à côté de cette cavité il y a une éminence aſſez groſſe qui forme la malleole interne, laquelle empêche la luxation du pied en le tenant ferme dans ſa boëte.

I
Le bas du tibia.

Le peroné, ou le petit focile, eſt le plus petit os de la jambe; cependant il arrive ſouvent dans les fractures de la jambe, que le tibia ſe caſſe, & que celui-ci demeure dans ſon entier, parce qu'étant plus délié, il obeït mieux; & que ployant un peu, il ne ſe rompt pas ſi facilement que l'autre. Il eſt ſitué à la partie externe de la jambe.

K
Le peroné.

Cet os eſt articulé par ſes deux extremitez avec le tibia par une eſpece d'artrodie, appellée amphiartroſe, qui eſt fortifiée par un ligament tant en haut qu'en bas.

Articulations du peroné.

Cet os a trois parties, qui ſont une ſuperieure, une moyenne, & une inferieure.

La ſuperieure eſt une teſte ronde qui ne touche pas au genou, finiſſant un peu au deſſous, à l'endroit où elle s'articule avec le tibia.

L
Le haut du peroné.

La moyenne eſt greſle & longue, & de figure triangulaire, comme le tibia, mais un peu plus irreguliere.

M
Le milieu du peroné.

N
Le bas
du pero-
né.

L'inferieure eſt encore une teſte qui fait une apophiſe, que l'on appelle la malleole externe. Elle eſt un peu cave en dedans, pour laiſſer la liberté à l'aſtragale de ſe mouvoir librement; & un peu gibbe en dehors, pour avoir plus de force à mieux emboëter le premier os du tarſe. Il eſt à remarquer que l'extremité inferieure de cet os deſcend un peu plus bas que celle du tibia, & que la ſuperieure ne monte pas ſi haut que celle du même tibia; ce qui fait que ces deux os ſe rencontrent de même longueur.

O
Le pied.

Tout ce qui eſt compris depuis l'articulation inferieure de la jambe juſqu'au bout des doigts, s'appelle le pied proprement dit, il eſt compoſé du tarſe, du metatarſe, & des orteils.

P
Le pied
regardé
par la
plante.

Le pied eſt de figure oblongue pour mieux faire ſon action, & pour ſe tenir plus ferme: Il eſt plus long que large, afin que l'homme ne tombe pas ſur le nez en marchant, & qu'il ne ſoit pas obligé de trop écarter les jambes.

Sa partie ſuperieure & externe eſt convexe pour aider à former la cavité qui ſe trouve dans la partie inferieure & interne, appellée la plantu du pied: cette cavité a ſes uſages, car outre qu'elle donne beaucoup de commodité à marcher & à ſe tenir ferme, elle laiſſe encore le paſ-ſage libre aux tendons qui vont aux doigts, & elle loge un de leurs fléchiſſeurs.

Q
Le tarſe.

Le tarſe, qui eſt la premiere & la plus groſſe partie du pied, eſt un aſſemblage de ſept os, dont il y en a quatre qui ont des noms particu-liers, & trois autres qui n'ont que celui de cuneïformes.

Le premier, qui est l'astragale, ou l'os du talon, sert comme de base aux os de la jambe, sous lesquels il est articulé ; on y considere six faces, ce qui le fait nommer quarré. La premiere, qui est la superieure, est polie & faite en forme de poulie, sur laquelle le gros os de la jambe est posé : Cette partie a la figure d'un arc, c'est ce qui la fait appeller l'os de l'arbalestre ; la seconde face, qui est l'anterieure, est une grosse teste qui entre dans la cavité de l'os naviculaire, avec lequel il est fortement articulé ; la troisiéme, qui est la posterieure, s'unit fortement avec le calcanèum, dont il reçoit la teste : la quatriéme, qui est l'inferieure, est raboteuse & inégale ; elle se releve en des endroits, & se rabaisse en d'autres. La cinquiéme & la sixiéme face de l'astragale sont les deux laterales, qui sont enfermées par les deux malleoles ; il se trouve dans ces parties une humeur glaireuse, qui humecte non seulement cet article qui est dans un mouvement continuel, mais encore les tendons des muscles qui vont au pied, & qui passent par dessous les malleoles.

Le second os du tarse est le calcaneum ; c'est le plus grand & le plus épais des sept, parce que c'est lui seul qui contre-balance presque tous les autres, étant situé à la partie posterieure du pied, & les autres à l'anterieure ; c'est pourquoi il est appellé par quelques-uns l'os de l'éperon ; c'est à lui que s'insere le tendon d'Achille, qui est le plus gros & le plus fort de tous les tendons ; il est composé du solaire & des deux jumeaux, qui sont les trois muscles principaux

(marginalia)

R
L'astra-
gale.

S
Le calca-
neum.

qui forment le gras de la jambe ; il est doublement joint avec l'astragale, quoiqu'il le soit
aussi par une teste plate avec l'os cuboïde ; l'on
remarque qu'il y a une epiphise à sa partie posterieure qui ne s'unit avec lui qu'avec le tems ;
enfin cette avance posterieure empêche que le
corps ne se porte trop en derriere.

T
Le Sca-
phoïde.

　　Le troisiéme est le scaphoïde, ou naviculaire,
ainsi appellé, parce qu'il ressemble à un petit
navire. Il a une cavité assez grande, qui va
d'un de ses bouts à l'autre, dans laquelle la grosse
teste de l'astragale est receuë, ce qui les joint fortement ensemble ; & de l'autre côté de cette cavité il a trois éminences où les trois derniers os
du tarse s'articulent.

V
Le cuboï-
de.

　　Le quatriéme est le cuboïde, ainsi nommé
par quelques-uns, parce qu'étant quarré il a la
forme d'un cube, & par d'autres multiforme ;
il est plus grand que les trois que nous avons
encore à démontrer, il est situé au devant du
calcaneum, auquel il est joint par une superficie
inégale, il s'articule encore avec le septiéme os
du tarse, & si on l'examine seul, on lui trouve
six faces comme à un dé.

XXX
Les cu-
neïfor-
mes.

　　Le cinquiéme, sixiéme, & septiéme os du tarse sont appellées cuneïformes, parce qu'ils ont
la figure d'un coing à fendre du bois. Quoiqu'ils
soient entr'eux semblables en figure, neanmoins
ils different en grandeur ; il y en a un plus grand
que les autres, un autre moyen, & l'autre plus
petit ; ils sont articulez tous trois à l'os scaphoïde
par une de leurs extremitez, & par l'autre ils
soûtiennent chacun un des os du metatarse, les

deux autres étant foûtenus par le cuboïde.

Le metatarse ou avant pied est composé de cinq os fituez à côté les uns des autres pour *Le metátarfe.* foûtenir chacun un doigt ; ces os font fort ferrez par leur extremité , qui fe joint avec le tarfe pour la fermeté de l'articulation ; mais ils s'écartent par leur partie moyenne pour loger les mufcles interofleux ; leur figure en general eft gibbe en dehors , & cave en dedans pour y recevoir plus facilement les tendons des mufcles ; ils font longs & grefles ; ils finiffent par une petite tefte , qui entrant dans la cavité qui eft au bout des os de la premiere phalange des doigts , les unit enfemble par artrodie. Celui qui foûtient le pouce eft le plus gros , le plus fort , & le plus court des cinq ; le fecond n'eft pas fi gros ; le troifiéme l'eft encore moins ; de forte qu'ils vont en diminuant , & que celui du petit doigt eft le plus petit de tous. Ils ont à leur extremité la plus grefle une epiphife qui eft une petite tefte enduite d'un petit cartilage pour la facilité du mouvement des doigts.

Aux os des orteils , ou doigts du pied , on con fidere les mêmes chofes qu'à ceux de la main , *Les os des* excepté leur nombre , qui n'eft que de quatorze *doigts.* au pied , & de quinze à la main , à caufe que le pouce du pied n'en a que deux , & celui de la main trois.

La raifon eft , que le premier os du pouce du pied eft mis au nombre de ceux du metatarfe , n'ayant pas plus de mouvement que les quatre autres ; ce qui fait que le metatarfe eft compofé de cinq os , à la différence du metacarpe qui n'en a que quatre, parce que le mouvement du premier os du pouce de la main se fait sur un des os du carpe, comme je vous l'ai fait remarquer en le démontrant.

Quatorze os aux orteils, & leurs articulations.

Des quatorze os des doigts du pied, il y en a deux pour le pouce, & trois pour chacun des quatre autres doigts ; ils sont distribuez en trois rangées, ou phalanges, comme ceux de la main ; ceux du premier ordre sont plus grands que ceux du second, & ceux du troisiéme plus petits que les autres, & ainsi du reste ; ils ont la même figure que ceux de la main, car ils sont gibbes en dehors, & caves en dedans ; ils ont aussi les mêmes connexions, sçavoir par artrodie avec les os du metatarse, & par ginglime entr'eux.

A A Des os sesamoïdes.

L'on trouve aux jointures des os des mains & des pieds quelques osselets fort petits, qu'on appelle sesamoïdes, à cause de la ressemblance qu'ils ont avec la graine de sesame ; ils sont adherans aux tendons, sous lesquels ils sont cachez & enveloppez dans des ligamens, de maniere qu'on ne manque point de les ôter, à moins que l'on n'y prenne garde lorsqu'on nettoye les os pour en faire un squelete.

Figure des os sesamoïdes.

Leur figure est demi-ronde, faite en forme de petit croissant, étant un peu applatis, & même caves du côté qu'ils touchent les autres os, & ronds du côté qui regarde la partie externe: ceux de la main sont plus grands que ceux du pied, à la reserve de ceux du pouce du pied, qui sont les plus grands de tous ; neanmoins ceux de la main ne sont pas tous de même grosseur,

groſſeur ; car ceux des grands doigts ſont plus grands que ceux du petit doigt ; ceux qui ſont aux jointures des os de la premiere phalange ſont auſſi plus gros que ceux de la ſeconde, & de la troiſiéme.

Leur nombre eſt incertain, quoi qu'on en compte ordinairement douze à chaque main, & autant à chaque pied ; il y en a quelquefois plus, & quelquefois moins : L'on en trouve davantage aux vieillards qu'aux perſonnes moins avancées en âge, parce qu'ils commencent par de petits cartilages qui s'oſſifient avec le tems. Ils ſont en plus grand nombre, plus forts & plus durs dans la partie interne de la main que dans l'externe, où ils ſont ſi petits à de certains ſujets, qu'on a de la peine à les trouver.

Nombre des os ſeſamoïdes.

Ces os, quoique petits, ne ſont pas inutils, car ils ne ſervent pas ſeulement à affermir les articles, & à empêcher la luxation ; mais leur principal uſage eſt de ſervir de poulie aux tendons des muſcles qui vont aux doigts, afin de les retenir dans leur place, & d'empêcher qu'ils ne tombent de deſſus l'article, y ayant pour cet effet des os ſeſamoïdes à droite & à gauche des tendons.

Uſage des os ſeſamoïdes.

Voila, Meſſieurs, tous les os que l'on a accoûtumé de démontrer au corps de l'homme. Il y en a qui ajoûtent encore quelques oſſelets qui ſe rencontrent tantôt à la main, tantôt au pied, & tantôt au jaret : mais comme ils ne s'y trouvent que rarement, ils ne

Nombre certain de 249. os.

I

meritent pas d'estre mis au nombre des deux
cent quarante - neuf qui composent le squelete.

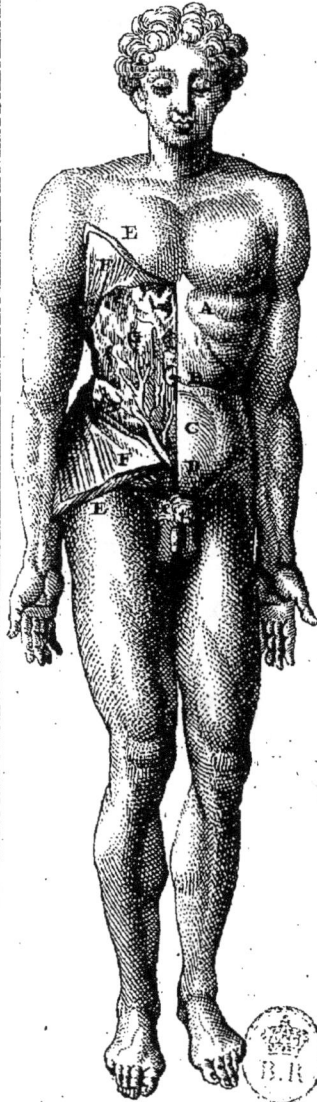

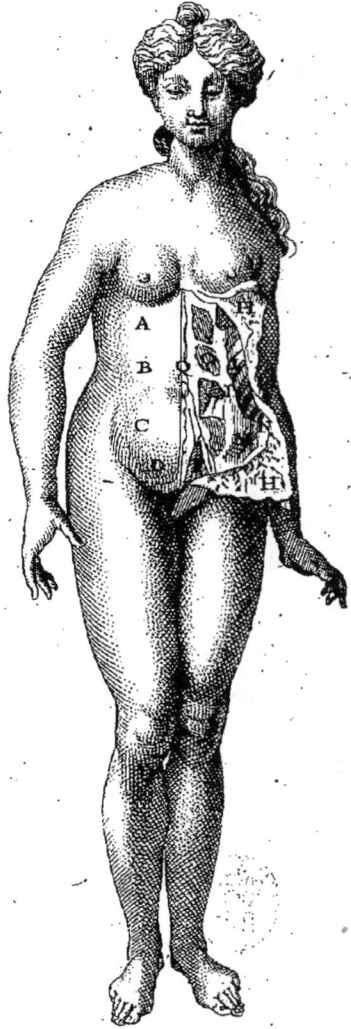

L'ANATOMIE
DE
L'HOMME,
SUIVANT LA CIRCULATION
& les dernieres Découvertes.

PREMIERE DEMONSTRATION.

Des Parties Contenantes

COMME je ne me suis point proposé dans ces Demonstrations, Messieurs, de vous faire l'éloge de l'homme, ni de m'étendre sur les avantages qu'il a sur le reste des animaux ; je commenceray d'abord par vous dire que l'Anatomie est une dissection ou division artificielle que l'on fait d'un corps pour connoître les parties qui le composent.

Définition de l'Anatomie.

I ij

Divifion de l'Anatomie.

Elle fe divife principalement en deux parties, qui font l'Ofteologie & la Sarcologie; la premiere traite des Os & des Cartilages ; & celle-ci des chairs & autres parties molles.

Aprés avoir amplement expliqué les os dans les huit Demonftrations que j'en ay faites : Il ne me refte prefentement qu'à vous expliquer les parties molles ; mais pour le faire avec ordre, il faut divifer la Sarcologie en Myologie, en Angeiologie, & en Splanchnologie. La premiere parle des mufcles ; la feconde, des vaiffeaux qui font les nerfs, les arteres & les veines; & la troifiéme fait l'hiftoire de toutes les autres parties internes, & particulierement des vifceres. C'eft de ces trois parties que j'efpere vous entretenir dans le cours de ces Demonftrations.

Divifion de la Sarcologie.

L'Anatomie eft abfolument neceffaire aux Medecins & aux Chirurgiens.

La fcience de l'Anatomie eft fi utile & fi avantageufe à tous les hommes, & principalement à ceux qui pratiquent la Medecine & la Chirurgie, qu'ils ne peuvent la negliger, fans renoncer entierement à leur Profeffion, puifqu'elle en eft la bafe & le fondement; & qu'il eft abfolument impoffible qu'ils puiffent jamais guerir aucune maladie, ni faire aucune Operation, s'ils ne connoiffent auparavant la partie affligée; car à quels dangers les bleffez ne feroient-ils point expofez, fi le Chirurgien qui doit leur faire une incifion, ou un trépan, ou retirer du corps une bale ou un éclat de grenade, ne fçavoit pas comment ces parties font faites ? pourroit-on fans cela guerir tant de bleffez, & faire d'auffi belles cures que l'on en fait à l'Armée, où il arrive tous les jours des playes surprenantes ?

C'eſt pour cette raiſon, Meſſieurs, que le Roy qui connoît mieux que perſonne de quelle utilité ſont les Chirurgiens habiles, a voulu que les exercices du Jardin Royal qui avoient eſté interrompus pendant pluſieurs années, fuſſent renouvellez, afin que l'on y fiſt gratuitement des Anatomies publiques, & que l'on y enſeignât toutes les Operations de Chirurgie, pour faciliter aux Etudians les moyens de ſe perfectionner dans un Art, auquel ſa Majeſté doit la conſervation de ſes plus grands Capitaines.

Rétabliſſement des Anatomies au Jardin du Roy.

Le Roy ne pouvant mieux confier le ſoin de ſes ordres pour ſon Jardin des Plantes, qu'à celuy à qui il avoit déja confié le ſoin de ſa ſanté, choiſit Monſieur Daquin ſon premier Medecin, pour y rétablir les Sciences ; ce qu'il a fait avec tant de ſuccés, qu'on peut dire que c'eſt à preſent la plus belle école du monde. Il a confirmé par le choix qu'il a fait des Profeſſeurs habiles, tant dans l'Anatomie & dans les Operations, que dans la Chimie, & dans les Demonſtrations des Plantes, combien il a d'amour pour ces Sciences, & combien il a de bonté pour ceux qui s'y appliquent.

Monſieur Daquin en reçoit les ordres du Roy.

C'eſt en execution de ces ordres que nous vous ferons remarquer dans cette Anatomie toutes les curieuſes découvertes des modernes, & que nous refuterons l'erreur des anciens, tant ſur le mouvement du ſang & des humeurs, que ſur la ſanguification au foye, leur doctrine ne paroiſſant plus à preſent qu'une pure imagination ſans fondement, à laquelle on ne doit point s'arrêter.

Ces ordres y ſont executez.

Pour traiter exactement cette matiere, je croy, Messieurs, qu'il n'est pas inutile d'établir le sujet de cette Anatomie, & de dire avec tous les Anatomistes, que le corps de l'homme est le plus propre que l'on puisse se proposer dans ces sortes de Demonstrations, non seulement parce qu'il est le chef-d'œuvre de la Nature, & par consequent le plus parfait de tous les corps, mais encore parce qu'il est beaucoup plus avantageux aux Medecins & aux Chirurgiens de le connoître, que tout autre.

Il est composé de parties exterieures & interieures, les unes & les autres tombent sous les sens, avec cette difference neanmoins que les premieres se presentent d'elles-mêmes à nos yeux, (comme une teste, des bras & des jambes) & que les autres ne se découvrent qu'aprés quelque preparation.

On ne remarque aux parties exterieures que la proportion qu'elles doivent avoir entr'elles ; par exemple, la teste doit estre d'une grosseur proportionnée au reste du corps ; mais pourtant plus grosse que petite, d'une figure ovale, applatie par les côtez, & avancée en devant, & en derriere, parce qu'elle ne doit estre ni ronde, ni pointuë ; il faut que le front soit grand, les traits du visage forts, principalement aux hommes, qui ne doivent pas se piquer de beauté. Le col doit estre long & point trop gros : la poitrine large, ample & élevée en forme de voute, parce que si elle étoit pointuë, plate ou enfoncée, le cœur & les poûmons n'auroient pas la liberté de se mouvoir. Les mammelles des hommes doi-

Marginal notes:

Le corps de l'Hôme est le sujet de l'Anatomie.

Les parties qui composent le corps humain.

Proportion des parties exterieures.

vent estre moins élevées que celles des femmes
ou des filles; il faut que le ventre soit un peu
élevé & en rond: L'épine du dos doit estre droite; les fesses un peu grosses; les hanches avancées; les cuisses rondes & fermes; les jointures
larges, les jambes bien tournées & un peu grosses; le pied large, les bras charnus, point trop
longs, bien proportionnez au corps; mais sur
tout que les muscles & les veines y paroissent:
& enfin que les mains soient fortes pour mieux
resister au travail.

Les parties de l'Homme se divisent encore en
similaires, & en dissimilaires. Les similaires
sont celles qui ne sont point composées d'autres
de differente nature; On en compte dix, qui
sont les os, les cartilages, les ligamens, les membranes, les fibres, les nerfs, les arteres, les veines, les chairs & la peau.

Division des parties en similaires, & en dissimilaires.

Toutes ces parties sont ou spermatiques, ou
sanguines, & mixtes: On appelle parties spermatiques celles dans lesquelles il y a plus de semence que de sang, comme dans les huit premieres; on nomme sanguines celles dans lesquelles il
y a plus de sang que de semence, comme dans les
chairs; & mixtes celles dans lesquelles il y a également de l'un & de l'autre, comme dans la peau.

Ces parties sont spermatiques, sanguines, ou mixtes.

Les parties dissimilaires sont celles qui sont
composées d'autres de differente nature, comme
le doigt qui se peut diviser en os, nerfs, arteres, &c.

Parties dissimilaires.

Outre toutes ces parties il y en a encore qu'on
appelle organiques, parce qu'elles nous servent
d'organes & d'instrumens pour certaines actions

Parties organiques.

que nous ne pourrions faire sans elles ; comme le
pied qui nous sert à marcher ; & la main à écrire.

Quelques-uns ont pretendu qu'il n'y avoit que
les parties dissimilaires qui fussent organiques :
Ils les ont même souvent confonduës, mais mal
à propos, puisque les arteres, les veines, les
nerfs, & les os, qui sont des parties similaires,
ne sont pas moins organiques, à raison de leurs
fonctions, que le pied & la main.

Pour bien faire la Démonstration de toutes
Division du corps de l'homme. ces parties les unes aprés les autres : Il faut,
Messieurs, diviser le corps en tronc & en extre-
mitez : quoi que cette division soit fort commune, elle ne laisse pas d'estre la meilleure, & la
plus claire de toutes. Les autres sont à la verité
fort étenduës, mais tres-embarrassées & fort
obscures.

Par le tronc, on entend trois parties ou trois
Qu'est-ce que tronc. regions principales, qui sont la teste, la poitrine, & le ventre ; la teste est au lieu le plus
élevé du corps, la poitrine est au milieu, & le
ventre en occupe la partie inferieure.

Les extremitez sont quatre ; sçavoir deux su-
Quelles sont les extremi- tez du corps. perieures, que l'on appelle les bras ; & deux inferieures, qui sont les jambes. Nous parlerons
des bornes que la Nature a données à toutes ces
parties, en les démontrant chacune en leur particulier.

Les sentimens des Anatomistes sont partagez
Trois or- dres Ana- tomiques. sur le choix de la partie par laquelle on doit commencer ; les uns disent qu'il faut que ce soit par
le cerveau, parce que c'est la partie la plus noble
du corps, & que c'est luy qui commande à toutes

les autres ; ceux qui font du fentiment contraire
pretendent que toutes les parties de l'homme
font égales, ayant efté formées en même tems,
& ne fe pouvant paffer les unes des autres ; &
qu'ainfi on doit commencer par la partie qui fe
prefente la premiere ; les uns fuivent l'ordre de
dignité, & les autres celui de fituation : Nous
laifferons l'un & l'autre pour nous affujettir à
l'ordre de neceffité, fuivant lequel nous commencerons par le ventre, à caufe qu'il renferme
les excremens & les parties les plus fujettes à fe
corrompre, & qu'on ne pourroit faire une Anatomie entiere, fi on ne commençoit par les
ôter.

Le ventre eft toute cette cavité qui s'étend ╎ Défini-
depuis le diaphragme jufqu'à l'os pubis. ╎ tion du
╎ ventre.

Quoique ce mot de ventre convienne à tout ce
qui eft creux, neanmoins cette partie en retient
le nom par excellence, étant la plus grande cavité qui foit au corps. On l'appelle ventre inferieur pour le diftinguer des deux autres fu-
perieurs.

La fubftance du ventre eft molle & charnuë ╎ Subftance
par devant, d'où vient qu'il peut s'étendre & fe ╎ du ven-
refferrer librement, tant pour faciliter la coction ╎ tre.
des alimens, & l'expulfion des excremens, que
pour donner de l'efpace à la matrice pendant les
groffeffes. Il eft borné en haut par le cartilage
Xiphoïde & par le diaphragme ; par les côtez,
des fauffes côtes ; en bas par devant, des os des
hanches, & de l'os pubis ; & par derriere, des
vertebres, des lombes, & de l'os facrum.

Le ventre fe divife ordinairement en partie ╎ Divifion
╎ du ventre.

anterieure & en posterieure ; l'anterieure, qui est ce que nous appellons abdomen, se divise en trois regions, dont la partie superieure s'appelle Epigastrique, la moyenne Umbilicale, & l'inferieure Hypogastrique ; la premiere commence au cartilage xiphoïde, & finit deux travers de doigts au dessus de l'umbilic ; la seconde commence où finit la premiere, & se termine environ deux travers de doigts au dessous de l'umbilic, & la derniere descend jusqu'à l'os pubis.

A A L'Epigastre. Chacune de ces trois regions se divise encore en trois parties, sçavoir une moyenne, & deux laterales. La partie moyenne de la region épigastrique est appellée Epigastre, & les laterales Hypocondres, dont l'un est à droite, & l'autre à gauche.

Le Chirurgien doit sçavoir les parties contenuës dãs ces trois regions. Comme il est necessaire que le Chirurgien sçache distinguer les differentes parties qui sont contenuës dans ces trois regions, il est à propos de les faire remarquer les unes aprés les autres, tant dans la partie moyenne, que dans les laterales ; l'épigastre renferme le petit lobe du foye, & une partie du ventricule avec son orifice inferieur ; l'hypocondre droit contient la plus grande partie du foye, & le gauche la rate, & une partie du ventricule.

B B L'Umbilic. La partie moyenne de la region umbilicale se nomme umbilic ou nombril ; les parties laterales sont les deux lombes, un de chaque côté ; l'umbilic renferme la plus grande partie de l'intestin jejunum ; le lombe droit contient le rein droit, l'intestin cœcum, & une partie du jejunum & du colon ; & le gauche le rein gauche & encore une partie du colon & du jejunum.

Le milieu de la region hypogaſtrique s'appelle Hypogaſtre ; ſes côtez ſont les iſles, les aines ou les flancs ; ſous l'hypogaſtre on y trouve le rectum, la veſſie & la matrice aux femmes ; les îles ſont ainſi appellez, parce qu'ils contiennent l'ileum avec les vaiſſeaux ſpermatiques.

C C
L'Hypogaſtre.

Il faut remarquer que la partie baſſe & moyenne de l'hypograſte s'appelle le penil, qui eſt l'endroit où le poil vient dans les adultes.

D D
Le penil.

La partie poſterieure du ventre eſt ou ſuperieure, que l'on appelle les lombes, ou inferieure que l'on nomme les feſſes, entre leſquelles il y a une raye & un trou, qu'on nomme l'anus, qui eſt l'égout des plus gros excremens du corps.

Le derriere du ventre.

Tout ce ventre que je viens de vous décrire, eſt compoſé de deux ſortes de parties, dont les unes ſont externes & contenantes, & les autres internes & contenuës.

Diviſion du ventre en parties contenantes & contenuës.

Les premieres ſont communes ou propres ; les parties contenantes communes, que l'on appelle autrement les tegumens, ſont cinq ; ſçavoir l'épiderme ou ſurpeau, la peau, la graiſſe, le panicule charnu, & la membrane commune des muſcles ; les parties contenantes propres ſont les muſcles de l'abdomen & le peritoine.

Quelles ſont les parties contenantes.

L'épiderme eſt un membrane tres-déliée, & fortement attachée à la peau qu'elle couvre dans toutes les parties du corps, d'où vient qu'elle eſt un tegument comme les autres ; Quelques-uns la nomment la premiere peau ; d'autres la cuticule, à cauſe qu'elle eſt mince comme une

E E
L'Epiderme.

pelûre d'oignon, & d'autres enfin l'épiderme,
parce qu'elle est située immediatement sur le
derme, qui n'est autre chose que la peau.

Origine de l'Epiderme.

La pluspart des Auteurs disent, que l'épiderme est fait d'une vapeur huileuse, gluante & humide qui exhale de la peau & des parties qui
sont sous elle, & que cette vapeur s'endurcit
par l'air qui frape continuellement nôtre peau;
ils nous donnent en même tems la comparaison
de cette petite peau qui se fait sur de la boüillie
aussi-tôt qu'on la laisse reposer: Mais ce sentiment a bien de la peine à s'accorder avec l'experience, qui nous fait voir que les enfans qui sont
encore dans la matrice, & qui par consequent
n'ont point esté touchez de l'air, ne laissent pas
d'avoir un épiderme; cela est si vray, que lors
qu'une femme avorte (quelque âge qu'ait l'enfant) on le trouve assez épais pour le separer de
la peau. On le voit même s'en separer à des
avortons qui sont restez quelque tems morts
dans la matrice; ainsi il y a plus d'apparence de
croire que l'Epiderme est engendré de la semence, comme toutes les autres parties.

Ce qui doit confirmer encore dans cette opinion, c'est que ces mêmes Auteurs lui donnent
l'usage de boucher les orifices des vaisseaux qui
aboutissent à la peau, afin d'empêcher par ce
moyen l'écoulement qui se feroit par ces mêmes
orifices; ce que ne pourroit faire l'enfant dans la
matrice, puisqu'il n'auroit point d'épiderme,
faute d'avoir esté touché par le froid de l'air.

Figure & grandeur de l'Epi-derme.

L'Epiderme a la même figure & la même grandeur que la peau, parce qu'il en suit les dimen-

fions, lorfque le corps groffit, ou diminuë : Il fe fepare de la peau dans les brûlures, mais il fe rengendre auffi tres-facilement, fans qu'il y paroiffe aprés.

Quelque addreffe qu'ait un Anatomifte, il ne peut diffequer cette cuticule, ni la feparer de la peau pour la faire voir, qu'en la brûlant avec la flamme de la bougie. C'eft elle qui fait ces groffes puftules, lorfque l'on applique des veficatoires en quelque partie du corps ; quand elle fe fepare d'elle-même de la peau, & fans caufe externe, c'eft figne qu'il y a de la difpofition à la mortification & à la gangrene : Je dis fans caufe étrangere, parce qu'un erefypele, ou la grande ardeur du Soleil la fait feparer de la peau affez fouvent, mais la nature la repare promptement.

L'Epiderme ne fe peut pas diffequer.

Sa couleur eft differente en differens païs ; car les François l'ont blanche, les Efpagnols bafanée, les Maures l'ont noire, & ainfi des autres. Ceux qui font d'un temperament fanguin ont la peau vermeille, mêlée de blanc & de rouge ; les bilieux l'ont feche & tirant fur le jaune pâle ; les pituiteux l'ont molle & blanche ; & enfin les mélancoliques l'ont rude, brune & plombée, parce que ces mêmes couleurs s'impriment à l'Epiderme, qui n'étant qu'une pellicule fort mince, & ordinairement blanche, reçoit facilement la couleur de la peau qu'elle couvre.

Couleur de l'Epiderme.

Cette partie contribuë beaucoup à la beauté ; car plus elle eft déliée, diafane & polie, plus le teint eft beau ; elle devient quelquefois épaiffe

L'Epiderme contribuë à la beauté.

& calleuſe, & alors le ſentiment du toucher en
eſt moins vif. Elle eſt percée en pluſieurs endroits du corps comme la peau ; car outre ſes
grandes ouvertures elle a encore une infinité
de petits pores dans toute ſon étenduë, tant pour
les ſueurs & l'inſenſible tranſpiration, que pour
la ſortie des poils.

Uſages de
l'Epider-
me.

Les uſages de l'Epiderme ſont de couvrir la
peau, de la rendre unie & égale, d'empêcher la
ſortie des humeurs par les extremitez des vaiſſeaux qui s'y terminent, & enfin d'émouſſer le
ſentiment du toucher, qui ne ſe pourroit faire
ſans douleur, ſi l'impreſſion des objets ſe faiſoit
immediatement ſur les fibres & ſur les nerfs qui
aboutiſſent à la peau.

F F
La peau.

La ſeconde envelope de tout le corps eſt la
peau, qui eſt appellée derme par les Anciens.
C'eſt la membrane la plus grande du corps ; elle
eſt fort épaiſſe, principalement au dos, aux
reins & aux extremitez ; elle eſt tres-fine au viſage, & tres-mince aux lévres ; les animaux l'ont
beaucoup plus forte que l'homme, & c'eſt auſſi
pour cette raiſon qu'ils ſont moins ſenſibles aux
injures de l'air.

Origine
de la
peau.

Les Anciens pretendent que la peau eſt faite en
partie de ſemence, & en partie de ſang, & qu'elle eſt la ſeule membrane qui ſoit compoſée du
mélange de ces deux matieres ; mais il eſt
certain qu'ils ſe trompent, puiſque la ſemence ſeule contribuë à ſa formation, & que
ſi l'on remarque qu'il s'y porte du ſang par
pluſieurs petits vaiſſeaux, ce n'eſt que pour la
nourrir & l'augmenter ; ſon veritable principe

étant comme celui des autres parties dans la semence.

Les recherches de quelques curieux Anatomistes nous ont fait voir que la peau étoit formée des particules les plus crasses de la semence; qu'une infinité de fibres entrelassées ensemble en forme de rets en faisoient l'épaisseur; qu'il y avoit un million de petites glandes situées au dessous de ces rets; qu'à chacune de ces glandes il y venoit une petite artere, qu'il en sortoit une vénule, & qu'un vaisseau Lymphatique partant de la glande perçoit ce rets, & se terminoit à la superficie de la peau.

Véritable structure de la peau.

La connoissance de cette structure nous a découvert de quelle maniere se font les sueurs; que c'est avec justice que l'on regarde la peau comme l'égoût universel du corps; & que l'évacuation qui se fait par l'insensible transpiration est tres-salutaire.

La maniere dont se fait l'insensible transpiration.

On voit donc qu'une assez grande quantité de sang étant portée par autant d'arteres qu'il y a de glandes, est raportée par autant de petites veines; & que passant par les porositez des glandules, il s'en filtre une serosité, qui sortant par le vaisseau excretoire, fait la matiere de la sueur.

Il faut remarquer que quand cette serosité est en petite quantité, elle se desseche sur la peau, & fait ce que nous nommons la crasse. La premiere de ces évacuations fait des crises qui guerissent une infinité de maladies tres-dangereuses. La seconde n'est pas moins avantageuse, parce que se faisant sans cesse, elle purifie & rafraîchit le

fang, & en fait une diffipation qui eft neceffaire
pour la fanté.

Cette humidité qui fort continuellement par
les pores de la peau, des vaiffeaux excretoires ou
limphatiques, fert encore à humecter la peau,
& la furpeau, qui fans cela deviendroient trop
feches.

Trous de
la peau.

La peau a de petits trous infenfibles, que l'on
nomme les pores, & d'autres tres-fenfibles, comme font ceux de la bouche, du nez, des oreilles,
des yeux, & des parties naturelles.

La peau
peut s'é-
tendre &
fe reffer-
rer.

La peau eft une membrane qui peut s'étendre
& fe refferrer facilement; nous voyons qu'elle
s'allonge aux femmes groffes, aux hydropiques,
& à ceux qui deviennent extraordinairement
gros & gras: ainfi ceux qui ont crû qu'elle fervoit
de borne au corps, fe font trompez. En Efté elle
eft plus rare & plus molle qu'en Hyver; fes pores en font auffi plus ouverts, d'où vient que la
tranfpiration fe fait mieux l'Efté que l'Hyver.

Adheran-
ce de la
peau.

Elle eft attachée dans toute fon étenduë aux
parties qu'elle touche; mais plus à la paûme de
la main, & à la plante du pied, qu'au front & au
ventre. Elle eft plus adherante à l'homme que
dans de certains animaux; ce qui fait auffi qu'ils
la meuvent plus aifément.

La peau
fe réunit
par le
moyen
d'une ci-
catrice.

Si la peau fouffre une folution de continuité en quelque-endroit que ce foit, elle ne fe
réunit jamais que par une cicatrice dont il refte
une marque toute la vie. Elle eft moins difforme aux enfans, parce qu'ils ont la peau humide, qu'aux perfonnes âgées, à qui elle eft plus
feche.

La

La peau de l'Homme eſt toute veluë ; celle de la femme l'eſt moins : il y a même des hommes qui ont plus de poils les uns que les autres. L'on découvre aiſément ceux de la tête, du viſage, des aiſſelles, & des parties naturelles ; mais tres-difficilement ceux qui ſont à toute la ſuperficie de la peau, puiſque celle qui paroît la plus unie, a à chaque poroſité un petit poil qui en ſort, & qui a ſa racine dans une de ces petites glandes, dont la peau eſt parſemée. Ce petit poil ſe voit plus ou moins, ſelon qu'il eſt blond ou brun.

Toute la peau eſt couverte de poils.

Il eſt inutile de vous dire qu'il s'eſt trouvé des perſonnes qui avoient la peau auſſi veluë que des ours, puiſque c'eſt un prodige qui ne ſert point de regle. Je ne vous rapporteray point non plus les raiſonnemens de quelques Auteurs, pour prouver que l'Homme n'avoit pas beſoin de poils, ni de plumes, ayant la raiſon & les mains pour ſe faire des vêtemens qui ſuppléaſſent à leur defaut.

Tous les Hommes n'ont pas le peau également blanche, quoique ce ſoit ſa couleur naturelle, étant faite de la ſemence : elle change ſelon le temperament & l'humeur qui domine, comme nous l'avons fait voir en parlant de l'Epiderme. Les perſonnes graſſes l'ont blanche, parce que la graiſſe qui ſe trouve au deſſous d'elle étant blanche, lui donne un éclat de blancheur. Les maigres au contraire l'ont rouge, à cauſe que la chair qui la touche immediatement, lui imprime ſa couleur.

Couleur de la peau.

Tout ce que l'on coupe pour ſeparer la peau des autres membranes ſont autant de petits vaiſ-

Une infinité de petits

K

vaiffeaux qui fe trouvent à la peau.

feaux qui vont à la peau, ou qui en viennent ; car outre ceux des glandules dont je vous ay parlé, il y en a encore qu'on appelle cutanez, qui font des arteres & des vénes capillaires : Il y a auffi une infinité de petits nerfs qui y viennent aboutir, & qui font le fentiment du toucher.

Ufages de la peau.

Nous remarquons trois ufages confiderables à la peau. Le premier eft de couvrir & d'enveloper toutes les parties du corps; le fecond d'eftre l'organe de l'attouchement ; & le troifiéme eft de fervir d'émonctoire aux humeurs qui fortent par les fueurs & par la tranfpiration. Nous n'ajoûtons point de foy à celuy que luy donnent les Phyfionomiftes, qui eft de fervir de regiftre à nos deftinées, s'imaginant connoître nôtre bonne ou mauvaife fortune par les traits du vifage, & par les lignes des mains & des pieds.

G
La graiffe.

Le troifiéme des tegumens communs eft la membrane graiffeufe, ou adipeufe, qui couvre & envelope tout le corps ; cette membrane n'a pas les fibres fi ferrées que le font celles de la peau ; c'eft dans les efpaces de ces fibres, & dans des petites cellules qu'elle forme, que la graiffe fe fige & s'embarraffe.

Défini-
tion de la graiffe.

La graiffe eft un corps blanc de moyenne confiftence ; elle eft faite de la partie onctueufe & huileufe du fang, & épaiffie par un froid moderé, ou plûtôt par un certain degré de chaleur, qui n'étant point affez fort pour la diffoudre, ne peut empêcher qu'elle ne foit produite.

Quatre fortes de graiffe.

On ne peut pas nier que cette matiere graiffeufe n'acquiere fa confiftence par la dureté &

le froid des membranes qui la figent , & que la
grande chaleur ne puisse la fondre ; mais comme
il y en a de plus ou moins solide, nous sommes
obligez d'en observer de quatre sortes ; l'une
que l'on appelle suif, qui se fige & devient tellement dure qu'elle est aisée à rompre lorsqu'elle
est refroidie : Elle se trouve en abondance dans
les bœufs & dans les moutons au ventre inferieur & autour des reins : La seconde , qui est
celle dont nous parlons, est moins solide , elle
se fige plus difficilement que les autres. La
troisiéme, que l'on nomme axonge , est la plus
liquide & la plus molle, elle ne paroît qu'une
huile épaissie ; c'est celle qui se rencontre aux
articles : Et enfin une quatriéme, qui est la moëlle , se fond à la moindre chaleur, & alors elle
coule comme de l'huile.

Ces quatre sortes de graisses ont des usages
differens , selon les differentes parties où elles
sont. Celle qui environne tout le corps l'échauffe & en entretient la chaleur naturelle ; c'est
pourquoy ceux qui en ont plus , sont moins sensibles au froid. Celle qui est autour du cœur, sert
à l'humecter dans son mouvement. Celle des
reins sert à preserver leur bassinet contre les sels
de l'urine ; & celle qui se trouve prés des articles, en facilite le mouvement par sa lubricité.
Quelques Auteurs veulent que la graisse contribuë non seulement à la nourriture de toutes
les parties dans une grande abstinence , mais encore à la beauté ; car les personnes qui n'ont
point de graisse , ont la peu seche & ridée.

Il faut observer que l'on ne trouve point de

Usage de la graisse.

graisse dans le cerveau, aux lévres, dans la partie
superieure de l'oreille, à la verge, ni aux testicules, nous en dirons les raisons en tems & lieu;
mais il y en a toûjours quelque peu dans toutes
les autres parties, & beaucoup autour du cœur,
aux reins, aux fesses, & aux articles.

La membrane charnuë, ou le pannicule charnu est la quatriéme enveloppe commune du
corps; elle est épaisse & devient même musculeuse en quelques endroits.

Il y en a qui pretendent qu'elle ne se trouve
point à l'Homme, mais seulement aux Animaux,
& que Galien ne l'a décrite, que parce qu'il a
fait plusieurs Anatomies d'animaux, & principalement de chiens, & que l'y ayant trouvé, il
a crû qu'elle devoit estre aussi dans l'Homme;
c'est pourquoi il a pris ces fibres charnuës qui
sont sous la graisse, & qui lui servent de base,
pour cette membrane.

Ceux au contraire qui n'admettent point de
pannicule charnu, disent que les fibres charnuës
que l'on trouve au front, à l'occiput, au col,
& au scrotum, sont des muscles; que si l'on
meut le front & le derriere de la teste, c'est par
le moyen des muscles frontaux & occipitaux:
que s'il y a du mouvement à la peau du col, c'est
le muscle peaucier qui le fait; & qu'enfin si
l'on voit mouvoir à quelques-uns le scrotum & les testicules, c'est l'effet du muscle cre-
master; & qu'ainsi il n'en faut point admettre:
la situation même qu'on lui donne, fait douter
de son existence; car aux animaux on le trouve
sous la peau, & à l'Homme on le cherche sous la
graisse.

[marginal notes:]

Il n'y a point de graisse dans le cerveau.

II. La membrane charnuë.

Sentimés differens sur la membrane charnuë.

Quoique ce fentiment paroiffe vrai-femblable, cependant il eft certain qu'il y en a un qui eft fait de la partie interne de la membrane adipeufe. Il caufe le friffon lorfqu'il eft picoté par quelque feroſité acre, ou par quelque acide.

Son ufage eft de fervir de fondement à la graiffe, d'empêcher qu'elle ne devienne liquide, de défendre les parties contenuës des injures exterieures, d'y conferver la chaleur naturelle, & d'appuyer les vaiffeaux qui vont à la peau.

Ufage du panniculе charnu.

La membrane commune des mufcles eft ainfi appellée, parce qu'elle les contient tous, & qu'elle enveloppe tout le corps à la referve du crane; ce qui fait qu'elle eft un des cinq tegumens communs. Outre ces ufages elle fert encore principalement à empêcher que les mufcles ne fortent de leur place dans leurs mouvemens violens.

Une partie de la membrane commune des mufcles feparée. Son ufage.

Elle eft blanche, déliée & tranfparente, faite d'un tiffu de fibres & de nerfs, qui la rendent d'un fentiment fi exquis, quelle caufe des friffons incommodes, & des rhûmatifmes infupportables, lorfqu'elle eft picotée de quelque acide: Elle reçoit auffi par de petites arterioles du fang pour fa nourriture, dont le fuperflu eft reporté par des venules.

Les cinq tegumens étant levez, on découvre plufieurs mufcles qui occupent toute la partie anterieure du bas ventre. Ces mufcles font dix, cinq de chaque côté. Il s'en trouve quelquefois moins, lorfque l'on ne compte point les deux piramidaux de Fallope; & quelquefois plus, lorf-

Dix mufcles à l'abdomen.

qu'on en fait plufieurs des mufcles droits ; mais je m'en tiendrai au nombre de dix, qui font quatre obliques, deux tranfverfes, deux droits, & deux piramidaux. Ils prennent tous leur nom de la fituation & de l'arrangement de leurs fibres. Je ne vous parlerai de ces mufcles en general, que lorfque je vous en démontrerai un plus grand nombre. Je veux feulement dire ici, que les mufcles font des parties organiques, & les inftrumens du mouvement volontaire ; & que ce n'eft que par leur moyen, que le ventre peut s'étendre & fe refferer.

Les Obliques defcendans.

Des quatre obliques il y en a deux defcendans ou externes, & deux afcendans ou internes ; ceux qui fe prefentent les premiers font les obliques defcendans ; ils font nommez ainfi, parce que leurs fibres defcendent obliquement de haut en bas. On les appelle auffi externes, à la difference des autres qui font fituez deffous eux ; & enfin grands obliques, parce que leur grandeur excede celle des autres obliques. Leur figure eft prefque triangulaire.

Origine & infertion de ces mufcles.

Ils prennent leur origine par digitation du grand dentelé, c'eft à dire de la fixiéme & feptiéme des vrayes côtes, de toutes les fauffes, & des apophifes tranfverfes, des vertebres des lombes ; ils vont s'attacher à la côte externe de l'os ilion, & de l'os pubis, & finiffent par une large & forte aponevrofe à la ligne blanche.

Poitrine.

Il y a un mufcle à la poitrine, que l'on appelle le grand dentelé, parce qu'il a des dentelures qui entrent les unes dans les autres, de même que les doigts d'une main entrent dans les efpa-

ces des doigts de l'autre. A chacune de ces den-
telures, qui font au nombre de fept, il y a un petit
nerf qui y entre ; ce qui fait que ce mufcle eft un
des plus difficiles à diffequer, lors qu'on veut les
faire voir tous; Il nous marque auffi fon origine,
parce que les nerfs qui vont aux mufcles, y entrent plûtôt vers leur origine que par leur infertion.

Les obliques afcendans font ainfi nommez,
parce que leurs fibres montent de bas en haut;
ils font fituez immediatement fous les autres,
c'eft pourquoi on les appelle obliques internes.
Ils font beaucoup plus petits que les premiers,
& font comme eux de figure triangulaire. Ils
prennent leur origine de la partie fuperieure de
l'os pubis, fe continuent à toute la partie moyenne de la crête des os des hanches, & finiffent
aux apophifes tranfverfes des vertebres des
lombes ; ils s'attachent enfuite aux extremitez
de toutes les côtes jufqu'au cartilage xiphoïde,
& s'inferent par une large & double aponevrofe à la ligne blanche ; ils reçoivent des nerfs à
l'endroit où ils font attachez aux vertebres des
lombes.

De ces deux aponevrofes l'une paffe par deffus,
& l'autre par deffous le mufcle droit, afin qu'il
foit également fortifié tant deffus que deffous ;
les fibres de ces mufcles & celles des precedens,
s'entre-croifent en forme de Croix de S. André.

Les tranfverfes font ainfi nommez, parce que
leurs fibres vont de travers ; ils font fituez fous
les obliques, & placez fur le peritoine, auquel ils
font fi adherans, qu'on a de la peine à les en-

M. Obliques afcendás.

Les mufcles ont doubles aponevrofes.

N. Les mufcles tráfverfes.

K iii

feparer fans le déchirer ; ils font d'une figure
quadrangulaire.

Ces mufcles prennent leur origine des apophifes tranfverfes des vertebres des lombes ; ils
s'attachent à la côte interne des os des iles , & à
la partie intérieure des cartilages des côtes inferieures , puis paffant par deffous le mufcle droit ,
ils vont fe terminer par une large aponevrofe à la
ligne blanche.

Remar-
ques fur
ces trois
mufcles.

Ces trois fortes de mufcles ont des aponevrofes qui leur tiennent lieu de tendons , & qui vont
chacune s'attacher à celle du mufcle qui eft de
l'autre côté ; ce qui les unit fi bien qu'elles ne
paroiffent qu'une : Elles font percées à leur partie moyenne , pour donner paffage aux vaiffeaux
umbilicaux ; & à leur partie inferieure , pour laiffer fortir aux hommes les vaiffeaux fpermatiques
qui vont aux tefticules , & aux femmes les ligamens ronds de la matrice qui vont s'inferer dans
la cuiffe.

Les trois trous qui font aux aponevrofes de ces
mufcles font fi induftrieufement faits , qu'ils meritent d'eftre remarquez ; celui du mufcle tranfverfe eft le plus haut de tous ; celui de l'oblique
afcendant eft un travers de doigt au deffous ; &
celui de l'oblique externe encore plus bas ; en
forte que ces trois trous ne fe trouvent point
vis-à-vis les uns des autres , & que l'aponevrofe
de l'un couvre l'ouverture de l'autre , afin d'empêcher que les parties internes ne fortent au dehors ; cependant il ne laiffe pas d'arriver trop
fouvent des hernies par la fortie de l'Epiploon &
des inteftins.

La quatriéme paire des mufcles de l'abdomen
font les droits ; ils font ainfi appellez parce que
leurs fibres vont en ligne directe de haut en bas,
ou de bas en haut ; car les uns veulent qu'ils
naiffent du fternum , & les autres de l'os pubis ;
mais il eft indifferent que leur origine ou leur
infertion foit à l'une ou à l'autre de ces parties,
pourvû que l'on fçache qu'ils font attachez par
un bout au fternum , & aux côtez du cartilage
xiphoïde , & par l'autre à la partie fuperieure
de l'os du penil.

Ces mufcles n'ont pas de fibres qui aillent
d'une extremité à l'autre ; mais ils font entre-
coupez par des énervations dont le nombre n'eft
pas certain, puifque les uns en ont trois , d'autres quatre , & quelquefois plus.

Il y en a qui ont voulu faire autant de mufcles qu'ils voyoient de ces intervalles membraneux , parce qu'ils avoient remarqué qu'il entroit plufieurs nerfs dans ce mufcle ; mais cela
doit d'autant moins furprendre que ce mufcle
eft long , & qu'il fait une action tres-forte, à
laquelle un feul petit nerf n'auroit pas efté fuf-
fifant.

Quelques Auteurs ont rapporté que l'Homme
avoit plus de ces énervations au deffus du nombril qu'au deffous , parce qu'étant gourmand &
débauché, fon eftomac avoit plus befoin de s'é-
tendre ; & que la femme au contraire en avoit
davantage au deffous , à caufe que ce mufcle
étoit obligé de s'étendre dans cet endroit pour
donner plus d'efpace à la matrice dans le tems
de la groffeffe. Mais cette obfervation ne fe

trouve pas veritable, puisque les hommes & les femmes en ont également par tout.

Pour bien connoître à quoi servent ces énervations, il faut sçavoir que tout muscle en agissant se racourcit, & qu'en se racourcissant il se gonfle dans son milieu plus ou moins, selon que ses fibres sont plus ou moins longues : Or il est certain que si les fibres du muscle droit eussent esté d'une extremité à l'autre, sans estre entrecoupées par ces intervalles membraneux, le gonflement de ce muscle eût esté si grand dans sa partie moyenne, qu'il auroit meurtri les parties contenuës, au lieu de leur aider à l'expulsion des excremens par une compression égale & douce ; Ce qui ne se peut faire que par ces entrenœuds, qui coupans ce muscle en quatre, font qu'au lieu d'une tumeur il s'en fait quatre, lesquelles compriment également le bas ventre, & facilitent la sortie des superfluitez des intestins & de la vessie.

Ce n'est pas seulement sur l'usage de ces énervations que je ne suis pas du sentiment de beaucoup d'autres, mais encore sur celui des vénes Mammaire & Epigastrique ; plusieurs ayant crû qu'une des branches de la véne Mammaire que l'on trouve sous ce muscle, lorsqu'on le retourne, s'abbouchoit avec la véne Epigastrique ; que cette communication faisoit la grande simpathie qu'il y a entre les mammelles & la matrice ; & que c'étoit le chemin par où le lait aux femmes accouchées se vuidoit par la matrice ; Mais la circulation nous fait connoître que ces vénes n'ont point d'autre usage que ceux de

toutes celles du corps, qui est de reporter le sang
au cœur; car j'ai essayé en seringant des liqueurs
dans l'une & l'autre de ces vénes d'en faire passer, sans avoir jamais pû y réussir : ce qui nous
fait voir que cette belle Anastomose qui a fait
tant de bruit, n'est qu'une pure chimere.

La figure piramidale qu'ont les deux derniers
muscles du bas ventre, les a fait appeller piramidaux ; ils sont couchez sur les tendons inferieurs
des droits : c'est ce qui a fait croire à quelques-
uns, qu'ils en faisoient partie ; mais ce sont deux
muscles distincts & separez des autres : on ne
trouve quelquefois ni l'un ni l'autre, & plus
rarement encore le gauche que le droit.

P
Les muscles pira-
midaux.

Ils prennent leur origine par un principe charnu & fort étroit de la partie superieure & externe de l'os pubis, & montant en haut ils s'étre-
cissent peu à peu, & vont se terminer par une
pointe à la ligne blanche, trois ou quatre doigts
au dessus de l'os pubis, & quelquefois jusqu'au
nombril.

Leur ori-
gine &
insertion.

Fallope, Riolan, & Gelée leur ont donné
plusieurs usages. Les deux premiers pretendent
qu'ils fortifient les tendons des muscles droits,
& qu'ils servent à l'excretion de l'urine ; & le
dernier veut qu'ils contribuent à l'érection de
la verge : mais ce ne sont pas là leurs veritables
usages ; & s'ils different des autres muscles, je
croi que c'est plûtôt parce que ceux-ci élevent
le peritoine & empêchent que la region de la
vessie où ils s'inserent ne soit pressée, & que
l'on ne soit obligé de pisser tout aussi souvent
que les autres muscles compriment les parties

Ces mus-
cles ont
un usage
opposé à
celui des
autres.

internes; ces deux muscles sont tres-petits, & ils ne sont jamais égaux; celui qui est plus long que l'autre, s'insere un travers de doigt au dessus : ce qui contribuë encore à me persuader qu'ils élevent le peritoine en cet endroit, qui ne comprimant pas la vessie, la rend capable de contenir une plus grande quantité d'urine qu'elle ne feroit.

Usage des muscles du bas ventre.

Tous ces muscles, excepté les piramidaux, servent à comprimer également les parties contenuës dans l'abdomen, lors qu'ils agissent ensemble; & qu'ils sont aidez par le diaphragme; & par conséquent à chasser & à pousser dehors toutes les superfluitez du corps; car quoique chaque partie ait une disposition naturelle pour mettre dehors ce qui l'incommode; que les intestins poussent les matieres par leur mouvement vermiculaire; que la vessie laisse échaper l'urine avec facilité; & que la matrice s'ouvre pour laisser sortir l'enfant; neanmoins toutes ces parties ont besoin d'estre aidées par les muscles, qui pour cet effet sont plusieurs situez diversement, & dont les fibres ont aussi differentes figures. Quoiqu'ils soient destinez pour le bas ventre, ils servent encore au thorax dans de grands cris, dans la toux, & dans la violente expiration.

La ligne blanche.

La ligne blanche est un concours de toutes les aponevroses que je viens de vous expliquer; on l'appelle ligne, parce qu'elle est droite; & blanche parce qu'elle n'a point de chairs: Elle s'étend depuis le cartilage xiphoïde jusqu'à l'os pubis. Il faut observer qu'elle est plus étroite

au deſſous du nombril qu'au deſſus, & qu'elle
diviſe les muſcles du côté droit d'avec ceux du
côté gauche.

Ce ſeroit ici le lieu de vous démontrer le
Peritoine, étant la ſeconde & derniere des parties contenantes propres ; mais comme il renferme dans ſa duplicature les vaiſſeaux umbilicaux, qui ont beſoin d'eſtre preparez ; je re-
mets à vous le faire voir dans la Démonſtration ſuivante.

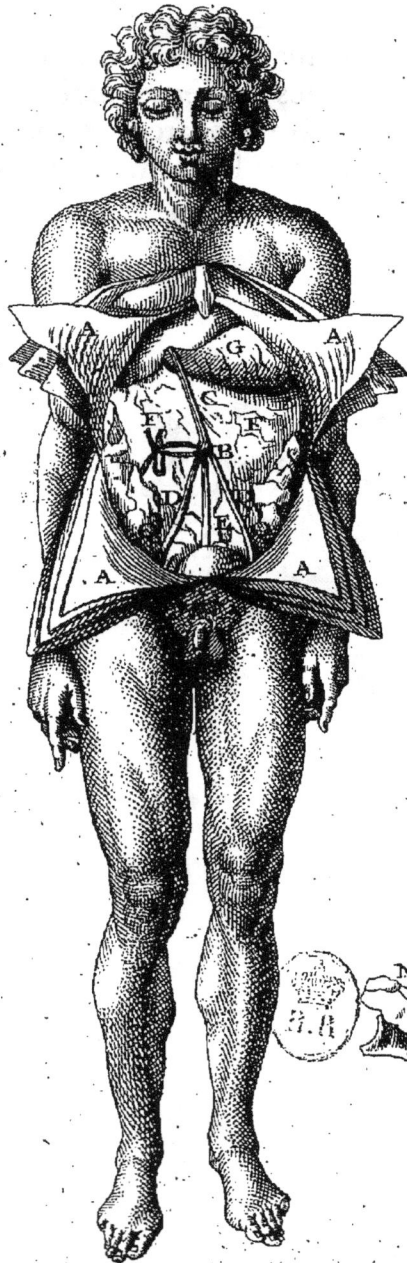

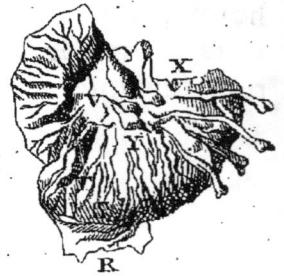

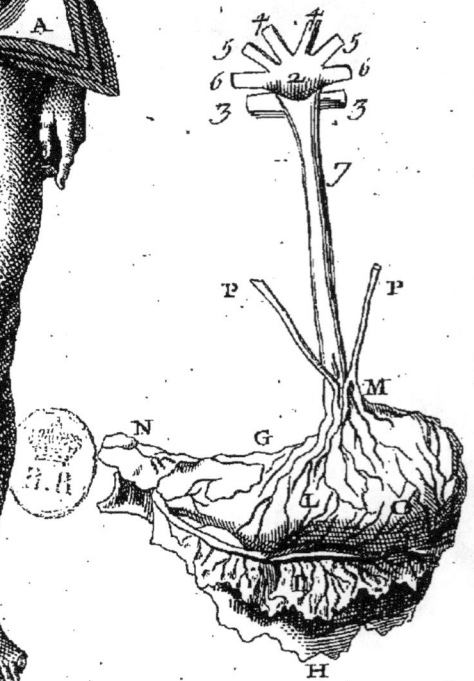

Thomasin fecit

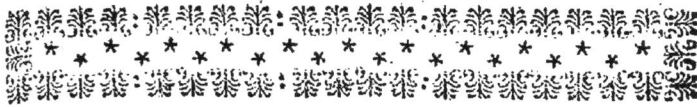

SECONDE

DEMONSTRATION.

*Des Parties contenuës dans le bas ventre,
qui servent à la chilification.*

'E s t dans cette Démonstration,
Messieurs, que nous commencerons
à éxaminer les Parties qui font renfermées dans le bas ventre. Quoique
ce lieu foit la cuifine où fe prepare la nourriture pour tout le refte du corps, & qu'il foit l'é-
goût par où toutes les impuretez s'écoulent ;
neanmoins fa ftructure n'eft pas moins admirable que celle des autres parties. L'Architecte qui
entreprend un grand édifice eft quelquefois autant embarraffé à placer la cuifine & les offices
dans les endroits convenables, qu'à difpofer les
plus fuperbes appartemens; & fait autant voir la
force de fon genie dans leur conftruction, que
dans celle d'une chambre, ou d'un cabinet. Dieu
n'a pas moins fait paroître fa grandeur & fa puif-
fance dans la formation des parties les plus viles
de l'Homme, que dans celle des plus nobles,
ayant donné aux unes & aux autres un degré de
perfection qui furpaffe tout ce que l'efprit humain pourroit imaginer.

Division des parties contenuës dans le bas ventre.

Comme il est impossible de faire voir toutes les parties du bas ventre dans une seule Démonstration ; nous en ferons trois, à cause des trois sortes de parties qui y sont renfermées ; les unes servent à la Chilification ; les autres à la Purification du sang , & les autres enfin à la Generation.

Mais avant que de vous démontrer aucune de ces parties, il faut, Messieurs, que j'acheve de vous faire voir la derniere des parties contenantes propres, qui est le Peritoine, par lequel on commence ordinairement la seconde Demonstration, à cause qu'il renferme les vaisseaux ombilicaux , qui demandent une preparation toute particuliere.

AAAA Le Peritoine.

Le Peritoine est une membrane déliée, molle, & qui s'étend facilement ; sa superficie interne est polie & enduite d'une humeur , afin de ne pas blesser les intestins & les autres parties qu'il touche. L'externe au contraire est fibreuse & inégale, afin de mieux s'attacher aux muscles.

Figure du Peritoine.

Il a la même figure & la même grandeur que le bas ventre qu'il tapisse par tout : Il s'étend & se resserre tout autant que le peut cette capacité dans une grossesse , ou dans une hydropisie.

Sylvius remarque qu'il est plus fort aux hommes au dessus du nombril , & qu'aux femmes il est plus épais au dessous ; mais cette opinon n'est pas plus vraye que celle des énervations du muscle droit , puisqu'il est certain qu'il est également épais par tout.

Il est fortement attaché à l'épine à l'endroit
de

de la premiere & troifiéme vertebre des lombes, d'où l'on ne peut pas le feparer fans le rompre; ce qui fait croire que c'eſt de là qu'il prend fon origine. Il eſt encore adherant par en haut au diaphragme, à qui il fert de membrane; par en bas aux os pubis & ilion; & par devant à la ligne blanche.

Quoique le Peritoine paroiſſe d'une ſubſtance déliée, neanmoins il eſt compoſé de deux membranes feparées en quelques endroits; depuis le nombril juſqu'à l'os pubis, il renferme dans ſa duplicature la veſſie & les parties qui ſervent à la generation: au nombril il contient les vaiſſeaux umbilicaux; & aux côtez les reins & les ureteres.

Le Peritoine eſt percé en pluſieurs endroits; il a trois trous à ſa partie ſuperieure par où paſſent l'œſophage, ſa groſſe artere, & la véne cave: Il en a encore à ſa partie inferieure pour le fondement, pour la matrice, & pour les vaiſſeaux qui vont aux cuiſſes: Il eſt auſſi percé par ſa partie anterieure pour le paſſage des vaiſſeaux umbilicaux.

Les Hommes ont encore à la partie inferieure du Peritoine à droite & à gauche deux productions oblongues ſemblables à des tuyaux; elles deſcendent juſques dans le ſcrotum pour y conduire les vaiſſeaux ſpermatiques, par les trous qui ſont aux aponévroſes des muſcles de l'abdomen; & quand elles ſont parvenuës aux teſticules, elles s'ouvrent & s'élargiſſent pour les enveloper, & former leur ſeconde membrane propre, appellée elytroïde: C'eſt par ces mêmes

L

productions que remontent les vaiſſeaux déferens pour porter la ſemence des teſticules aux veſſicules ſeminaires.

Vaiſ-
ſeaux du
Peritoi-
ne.

Il reçoit de petits nerfs des vertebres de la poitrine & des lombes ; & des vénes & des arteres ; des phreniques, des mammaires, & des epigaſtriques.

Uſages
du Peri-
toine.

Les uſages du Peritoine ſont de contenir & d'enveloper toutes les parties du bas ventre, & de donner à chacune une tunique ; car outre les propres qu'elles ont, elles en reçoivent une commune du Peritoine ; d'où vient qu'on l'appelle la mere de toutes les membranes qui ſont dans le bas ventre.

B
Le Nom-
bril.

Le nombril eſt un nœud formé de la réunion des vaiſſeaux umbilicaux, que l'on coupe à l'enfant auſſi-tôt qu'il eſt né; on l'appelle auſſi umbilic du mot Latin *umbo*, qui ſignifie milieu, parce qu'il n'eſt pas ſeulement placé au milieu du ventre, mais encore au milieu du corps ; cela eſt ſi vrai que ſi on étend les deux bras, & que l'on écarte les jambes, on trouvera que ces quatre extremitez ſont un cercle.

Il faut conſiderer l'umbilic ou à l'enfant, lorſqu'il eſt encore dans la matrice, ou à l'homme parfait : à l'enfant c'eſt un cordon de la longueur d'une aûne ou environ, qui va de l'arrierefaix juſqu'au ventre de l'enfant, & qui renferme alors quatre vaiſſeaux qui ſont une véne, deux arteres & l'ouraque.

Ce cordon ſert à conduire ces vaiſſeaux qui auroient eſté trop foibles d'eux-mêmes pour faire ce long chemin, & pour pouvoir reſiſter aux

mouvemens de l'enfant ; Sa longueur est utile
à l'enfant, afin qu'il puisse se remuer commodement dans la matrice ; & que l'enfant & l'arrierefaix puissent sortir l'un aprés l'autre. Aussi-tôt
que l'enfant est né , l'on fait une ligature à ce
cordon deux travers de doigts proche le ventre
de l'enfant , & on le coupe au dessus de la ligature ; ensuite la nature separe ce qui en
reste, de maniere qu'il n'en demeure plus qu'un
nœud.

Les quatre vaisseaux que nous appellons umbilicaux y sont attachez ; l'un qui est la véne
monte en haut, & les trois autres , qui sont les
arteres & l'ouraque descendent en bas. Ces
vaisseaux sont conduits du nombril jusqu'à leur
insertion dans la duplicature du peritoine. La
veine va s'inserer par la scissure du foye à la véne
porte. Les deux arteres vont aux iliaques , &
l'ouraque qui est au milieu va s'attacher au
fond de la vessie.

Je ne conviens pas des usages que l'on donne
à ces vaisseaux ; l'on pretend, par exemple, que
la véne sert de ligament au foye , ce qui ne peut
pas estre par trois raisons : la premiere est
qu'elle nuiroit plûtôt qu'elle ne lui serviroit ,
puisqu'elle le tireroit en bas: la seconde est qu'elle ne peut pas le soûtenir en devant , étant attachée au nombril, qui obeït à tous les mouvemens du ventre : & la troisiéme est que le
foye a suffisamment de ligamens à sa partie
superieure , sans qu'il ait besoin de celui-
ci ; à quoi l'on peut ajoûter que ce seroit mal
assurer un ligament que de l'attacher à une vé-

Quatre
vaisseaux
umbili-
caux.
C
La veine
umbili-
cale.
D D
Les arte-
res umbi-
licales.
E
L'oura-
que.
Usages
des vais-
seaux
umbili-
caux dâs
l'hom-
me.

ne comme eſt la porte, dont la membrane eſt mince comme du papier.

Quelques Auteurs veulent que les arteres umbilicales ſervent a appuyer la veſſie ; mais c'eſt mal à propos, puiſqu'elles en ſont éloignées de deux travers de doigts, & que ces vaiſſeaux, auſſi petits qu'ils ſont, ſeroient un foible appuy pour la veſſie, qui d'ailleurs n'en doit point avoir pour ſe pouvoir étendre ſelon ſes beſoins.

A l'egard de l'ouraque, l'on a pretendu qu'il ſervoit de conduit pour vuider l'urine de l'enfant dans les membranes ; mais comme je ne l'ay jamais trouvé cave, je ne croi point qu'il ait cet uſage : Outre cette experience, la raiſon veut que l'enfant n'urine point dans le ventre de la mere, puiſque le ſang qui lui eſt porté pour ſa nourriture, eſt purifié de tous ſes excremens avant que d'y aller ; & que d'ailleurs l'on trouve d'autres cauſes des ſeroſitez dans leſquelles nage le fœtus ſans les chercher dans les urines ; mais le veritable uſage que l'on doit donner à l'ouraque, eſt de ſuſpendre le fonds de la veſſie, & d'empêcher qu'il ne tombe vers ſon col, afin de la rendre capable de contenir une plus grande quantité d'urine.

Uſages des vaiſſeaux umbilicaux au fœtus.

Le ſentiment des modernes n'eſt pas ſeulement different de celui des Anciens ſur l'uſage de ces vaiſſeaux à l'homme parfait, mais encore à l'égard de ceux du fœtus ; l'opinion ancienne étoit que les arteres lui portoient le ſang arteriel, & les veines le ſang venal ; & comme cela repugne à nôtre principe & à l'experience, voici en peu de mots comment cela ſe fait ; les arteres

de la mere portent une certaine quantité de
fang dans le placenta , qui y étant verfé , eft
reçû par les branches de la veine umbilicale,
qui le conduit dans la veine porte pour eftre
filtré à travers la fubftance du foye de l'enfant
avant que d'entrer dans la veine-cave , qui le
porte dans le ventricule droit de fon cœur, d'où
il paffe dans le gauche par le trou Botal, pour
eftre enfuite diftribué à toutes les parties du
corps par les arteres ; le fuperflu de ce fang eft
reporté par les deux arteres umbilicales à l'arrierefaix, où étant répandu, il eft reçû par les
veines de la mere qui y font difperfées, & qui
le reportent dans les groffes veines pour circuler
avec toute la maffe ; & ainfi il fe fait continuellement une circulation du fang de la mere à l'enfant, & de celui de l'enfant à la mere; une marque
affurée qu'elle fe fait de cette maniere, c'eft qu'en
touchant le cordon d'un enfant nouveau né, l'on
y fent le même battement qu'à fes arteres; ce qui
fait voir que le fang qui emplit les arteres umbilicales, eft le même qui vient du cœur de l'enfant, & non pas celui de la mere, comme on l'a
crû fort long-tems.

Ce mouvement reciproque du fang de la mere à l'enfant, & de l'enfant à la mere eft manifefte par la ftructure des parties qui y fervent:
il n'y a qu'à faire la diffection d'un fœtus, pour
en demeurer d'accord.

Auffi-tôt que l'on a coupé le peritoine, &
que l'on en a relevé les quatre angles, on découvre une membrane graiffeufe, que l'on appelle épiploon, ou coeffe.

F F
L'Epi-
ploon.

Situation
de l'Epi-
ploon.

Cette membrane est sous le peritoine, & sur les boyaux ; elle va même dans leurs sinuositez ; elle s'étend depuis le fond du ventricule jusqu'au nombril, où elle finit pour l'ordinaire ; car il arrive quelquefois qu'elle décend jusqu'au bas de l'hypogastre, & même qu'elle tombe aux hommes dans le scrotum, où elle cause l'hernie epiplocelle, qui se forme plus souvent du côté gauche que du droit, parce que l'epiploon décend ordinairement de ce côté là. Et lorsque cette membrane se glisse aux femmes entre la matrice & la vessie, elle presse l'orifice de l'uterus, & empêche par ce moyen la generation. Sa pesanteur est ordinairement de demi-livre, quoique Vesale rapporte qu'il en a vû un de cinq livres.

Figure &
origine
de l'Epi-
ploon.

La figure de l'epiploon est semblable à la gibbeciere d'un oiseleur ; d'autres veulent qu'elle ressemble à un filet de pescheur, d'où vient qu'ils l'appellent *rete*. Il a à sa partie moyenne une grande cavité qui est formée par deux membranes qui sont éloignées l'une de l'autre, & dont l'externe ou anterieure est attachée au fond du ventricule & à la ratte, & l'interne & posterieure à l'intestin colon. Il prend son origine du peritoine, auquel il est fortement attaché au dos sous le diaphragme.

En examinant de prés cette partie, l'on y trouve de même qu'à la membrane adipeuse, de petits vaisseaux graisseux qui se terminent en des globules, qui servent de canaux à la graisse que l'on y voit, laquelle se fond souvent à ceux qui ont la fiévre hectique. Il y a aussi une infinité

de vénes limphatiques, qui par leur rupture caufent une hydropifie dans cette cavité, laquelle ne
fe guerit que par la ponction.

L'Epiploon fe corrompt facilement, lorfqu'il
eft alteré par l'air; c'eft pourquoi dans les bleffures du bas ventre, on eft obligé d'en couper la
partie qui eft fortie dehors : Il y a auffi des maladies qui le gâtent & qui le corrompent, comme il eft aifé de l'obferver aux fcorbutiques,
aux phtyfiques, aux hypocondriaques, & à
quelques autres.

Il a plufieurs vaiffeaux qui fe répandent par
toute fa fubftance; & il en a même plus qu'aucune autre membrane à proportion de fa grandeur ; il reçoit de petits nerfs du rameau coftal
de la fixiéme paire ; il a plufieurs arteres qui
viennent de la cœliaque, & plufieurs vénes qui
ont fe rendre dans la porte: l'on y trouve auffi
une grande quantité de petites glandes qui n'y
ont pas fans quelque ufage particulier.

Les ufages que l'on donne à l'Epiploon font
'échauffer le fond du ventricule, afin de lui
ider par fa chaleur à faire la digeftion, & d'y
xciter la fermentation des alimens ; de couvrir
es boyaux, & enfin de conduire le rameau fple-
ique & les autres vaiffeaux qui vont au ven-
ricule, au duodenum ou au colon. Galien raporte qu'un Gladiateur à qui l'on avoit coupé de
Epiploon étoit fort fenfible au froid, & qu'il
toit obligé d'avoir fon ventre couvert de lai-
e: Riolan & quelques autres nous affûrent,
ue des perfonnes à qui on l'avoit coupé, fe por-
ient fort bien.

Vaiffeaux de l'Epi-ploon.

Ufages de l'Epi-ploon.

L iiij

Le corps
continu
boyaux.

Il y a depuis la bouche jusqu'à l'anus un corps continu, creux, rond, long, tiſſu de fibres dures & aſſez fortes, qui s'élargit immediatement au deſſous du diaphragme; & qui reprenant enſuite à peu prés ſa premiere groſſeur, fait pluſieurs circonvolutions qui ſont attachées à la circonference d'une membrane, du centre de laquelle partent pluſieurs vaiſſeaux qui aboutiſſent vers elle; & enfin va ſe terminer en ligne droite à l'anus.

Noms
differens
de ce
corps
continu.

La partie qui eſt depuis la bouche juſqu'au diaphragme ſe nomme l'œſophage ou goſier; je n'en ferai la Démonſtration qu'en parlant de la poitrine dans laquelle il eſt renfermé : Celle qui eſt plus large & plus capable de contenir, s'appelle le ventricule ou la pance : celles qui font ces circonvolutions ſont les inteſtins, ou les boyaux, & la membrane qui les tient tous, eſt le meſentere. Je commencerai par le ventricule, qui eſt une des principales parties du bas ventre, & celle qui paroît la premiere aprés que l'on a levé l'Epiploon.

G G
Le ven-
tricule.

Le ventricule, ou petit ventre, eſt une partie organique, qui eſt le receptacle du boire & du manger, & le principal inſtrument de la Chilification.

Situation
& gran-
deur du
ventricu-
le.

Sa ſituation naturelle eſt dans l'Epigaſtre, immediatement ſous le diaphragme entre le foye & la ratte : Il devroit eſtre au milieu du corps, étant une partie unique; mais comme le foye eſt plus grand que la ratte, il le pouſſe vers l'hypocondre gauche, qu'il occupe preſque tout par ſa partie la plus ample & la plus large; il tient

plus ou moins de place ; felon qu'il eft plus ou
moins grand ; car il n'eft pas égal en tous. On
dit que ceux qui vivent fobrement, l'ont mediocre, & que ceux qui font gourmands & yvro-
gnes, l'ont au contraire fort grand ; cela n'eft pas
toûjours vrai, puifqu'on a diffequé de grands
bûveurs & de grands mangeurs, dans lefquels on
l'a trouvé fort petit ; mais en recompenfe deux
fois plus épais que ceux des autres hommes. Les
femmes l'ont pour l'ordinaire plus petit que les
hommes, parce qu'elles mangent moins ; & ainfi
on ne peut lui donner une grandeur déter-
minée : d'ailleurs étant membraneux, il peut
s'étendre & fe refferrer fort facilement, puifqu'il
peut contenir à la fois jufqu'à trois pintes de
vin ou d'eau mefure de Paris, & trois ou quatre
livres de viande.

Sa figure eft ronde & oblongue, elle reffemble
à une cornemufe, particulierement lorfque l'on
y laiffe l'œfophage, & une portion de l'inteftin
duodenum. Il eft également convexe & rond
pardevant & par derriere ; il fait comme deux
boffes qui font feparées par l'épine, parce qu'il
faut qu'il s'accommode à la figure du lieu qu'il
occupe. Sa fuperficie externe eft polie & blan-
chaftre, & l'interne eft ridée & rougeaftre : il
eft attaché en haut au diaphragme ; en bas à l'é-
piploon ; du côté droit au duodenum, & du
gauche à la ratte.

Le ventricule eft compofé de trois membranes,
fçavoir une commune, & deux propres.

La membrane commune ou exterieure du ventricule eft beaucoup plus épaiffe que les deux

*Figure &
conne-
xion du
ventricu-
le.*

*Trois
membra-
nes au
ventri-
cule.*

H
La commune.

propres qu'elle renferme, elle vient du peritoine ; ses fibres vont d'un orifice à l'autre, elles sont charnuës, afin de se pouvoir dilater à mesure que l'estomac s'emplit ; C'est elle qui soûtient & qui renferme toutes les ramifications des vaisseaux qui rampent sur le ventricule.

I
La premiere des propres.

La seconde, qui est celle du milieu, est la premiere des tuniques propres ; elle est charnuë afin de mieux servir à la digestion ; elle a une infinité de fibres droites, obliques, & transverses diversement arrangées ; les premieres vont en droite ligne depuis l'orifice superieur jusqu'à l'inferieur, que l'on nomme pilore ; les autres descendent obliquement des côtez du ventricule vers le fond, en sa superficie convexe, & les transverses en embrassent tout le corps de haut en bas.

Toutes ses fibres servent à retrecir le ventricule de toutes parts, afin d'exprimer par ce moyen le suc des petites glandes de la troisiéme tunique, & de faire couler le chile & tout ce qui y est contenu dans le pilore.

L
La seconde & derniere des propres.

La troisiéme membrane, qui est l'interieure, est toute nerveuse, & par consequent tres-sensible ; elle a quantité de plis & de rides qui la rendent plus ample que les autres, & qui empêche que le chile ne s'échappe & ne coule avec trop de facilité avant que d'estre parfait.

Comment se fait le sentimët de la faim & de la soif.

Il faut remarquer que ce même chile resté d'un repas à l'autre dans ces rides, s'aigrissant & picotant cette membrane excite la faim, & sert de ferment pour la digestion des nouveaux alimens ; & que ce qui cause la soif est la secheresse des fibres de cette même membrane.

L'experience nous fait voir que cette membrane eſt parſemée de pluſieurs petites glandes, qui ſont comme autant de ſources qui verſent continuellement dans l'eſtomac un eſprit acide, qui ſert de levain pour faire fermenter les alimens, & de menſtruë pour les diſſoudre.

Le ventricule ſe diviſe en partie convexe, & en partie cave; la premiere regarde les inteſtins, & l'autre le diaphragme. Outre ces deux parties on y comprend encore ſes deux orifices, & ſon fond. *Diviſion du ventre.*

L'orifice ſuperieur eſt au côté gauche; il eſt appellé par quelques-uns la bouche du ventricule, & par d'autres l'eſtomac. Il commence où l'œſophage finit; il eſt d'un ſentiment exquis à cauſe de la quantité des nerfs qui l'environnent: il eſt plus ample que celui qui eſt au côté droit, parce que c'eſt lui qui reçoit les alimens, & leur donne entrée, quoiqu'ils ne ſoient quelquefois qu'à demi mâchez: Il eſt ſitué vis-à-vis l'onziéme vertebre du dos; il eſt exactement fermé par une infinité de fibres charnuës & circulaires dans le tems qu'il ne reçoit point d'aliment; ce qui étoit neceſſaire non ſeulement pour en mieux faire la coction, mais encore pour empêcher que les alimens ne regorgeaſſent dans la bouche, & que les fumées cauſées par la digeſtion ne montaſſent au cerveau. *M L'orifice ſuperieur*

L'orifice inferieur eſt au côté droit, il eſt appellé pilore, c'eſt à dire portier, parce que c'eſt lui qui laiſſe ſortir les alimens du ventricule, aprés qu'ils y ont eſté digerez & changez en chile; Quoiqu'on le nomme inferieur, ce n'eſt que par rapport au premier, qui eſt placé un peu au *N L'orifice inferieur.*

deſſus de lui, & non pas par rapport au fond,
puiſqu'ils en ſont preſque également éloignez ; il
eſt un peu recourbé, & quelquefois cartilagineux : Il eſt fort étroit, parce qu'il eſt rempli de
fibres tranſverſes, & environné d'un cercle épais,
comme ſi c'étoit un muſcle circulaire, ou un
ſphincter qui le formât : cependant ſon action
differe de celle des ſphincters de l'anus, & de la
veſſie, en ce qu'elles ſont volontaires, & que
celle-ci eſt naturelle, puiſqu'il ne dépend pas de
nôtre volonté d'arrêter ou de laiſſer ſortir le
chile. On remarque au pilore une valvule qui
empêche le retour du chile dans l'eſtomac.

O
Le fond
du ven-
tricule.

Le fond du ventricule eſt cette partie ronde
ronde & charnuë qui eſt entre les deux orifices ;
c'eſt l'endroit où eſt le Magaſin du boire & du
manger, & où ſe fait la fermentation & la digeſtion des alimens : Ce fond s'étend & ſe reſſerre à proportion des alimens qu'il reçoit ; car
il en embraſſe auſſi bien une petite quantité
qu'une grande ; Il eſt unique, & s'il s'eſt trouvé
quelquefois ſeparé en deux, cela eſt rare & contre nature.

P P
Les nerfs
du ven-
tricule.

Le ventricule reçoit des nerfs de la ſixiéme
paire des rameaux qu'on appelle recurrens ; il
y en a deux qui vont aux orifices, ce qui les rend
extrémement ſenſibles, & principalement le ſuperieur qu'on dit eſtre le ſiege de l'appetit & de
la faim, & deux autres qui vont auſſi de la ſixiéme paire au fond du ventricule ; c'eſt pourquoi
il ne faut pas s'étonner ſi le cerveau ayant eſté
frappé & offenſé, le ventricule eſt travaillé de
vomiſſemens ; ni de ce que lui-même étant in-

diſpoſé, tout le reſte du corps s'en reſſent : Il reçoit des arteres de la cœliaque, qui lui portent
du cœur le ſang pour ſa nourriture, lequel eſt
enſuite reporté dans la véne porte par les vénes
gaſtriques & gaſtrepiploïques ; ces vaiſſeaux
nous prouvent que le ventricule eſt nourri de
ſang, & non pas de chile, comme quelques-uns
l'ont crû.

L'on trouve encore au fond ventricule un Le *vas breve.*
vaiſſeau que l'on appelle *vas breve*, parce qu'il eſt
fort court ; il a pluſieurs petits rameaux qui vont
du fond du ventricule à la ratte, ou bien, ſuivant
l'uſage que les Anciens ont voulu leur donner,
de la ratte au ventricule ; car ils croyoient que
la ratte lui envoyoit par ces vaiſſeaux un ſuc
acide, qui agiſſant ſur la membrane interieure de
l'eſtomac, y cauſoit le ſentiment de la faim ; qu'il
y arrêtoit les alimens autant de tems qu'il étoit
neceſſaire ; & que ce même ſuc par ſon acidité
aidoit à leur diſſolution ; mais ce raiſonnement ſe
détruit, lors qu'examinant les rameaux de ce
vaiſſeau, l'on voit qu'ils ne percent point dans
l'eſtomac, & que ce ne ſont que des branches
de vénes qui reportent le ſang dans le rameau
ſplenique, d'où il paſſe à la véne porte.

L'uſage du ventricule étant de recevoir Uſage du ven-tricule.
les alimens, de les cuire & de les conver-
tir en chile, la difficulté eſt de pouvoir expliquer comment ſe fait cette converſion, qui
eſt ce que l'on appelle ordinairement Chilification.

L'opinion commune a eſté que la chaleur naturelle en étoit le principal inſtrument, & que

Senti-
ment des
Anciens.

non seulement la chaleur propre du ventricule
y contribuoit, mais encore celle des parties voisines; que tous les alimens y étoient comme dans
une marmite sous laquelle on met beaucoup de
bois pour les faire cuire ; & que le foye , la ratte,
le pancreas & l'epiploon étoient autant de bu-
ches allumées à l'entour du ventricule , pour faire la coction & la digestion de ces alimens.

D'autres pretendoient qu'il y avoit dans le
ventricule de chaque animal, une faculté qu'ils
appelloient Chilifique , & que c'étoit cette même
faculté qui faisoit la digestion des alimens , &
qui les convertissoit en chile.

La ma-
niere dôt
se fait
la dige-
stion des
alimens.

Ce seroit ignorer la structure de l'estomac que
de déferer au sentiment des Anciens sur la digestion des alimens, puisqu'il n'y a qu'à sçavoir,
(pour l'expliquer d'une maniere méchanique
& naturelle) que les membranes internes de
l'œsophage & du ventricule sont toutes parse-
mées de glandes qui y versent continuellement
un suc acide, qui est un dissolvant aussi puissant
à l'égard des alimens, que l'eau forte l'est à l'é-
gard des métaux : cependant il ne faut pas s'imaginer que ces glandes soient l'unique source de
ce dissolvant, y en ayant une autre dans les glandes parotides d'où naissent de petits ruisseaux de
salive , qui coulans par les conduits salivaires
vont se rendre dans la bouche, pour y détremper les alimens, & y commencer leur fermentation par l'esprit acide, & par les sels vola-
tiles dont la salive est remplie, lorsqu'elle n'est
ni trop épaisse , ni trop aqueuse ; car alors elle
ne peut ni détremper les alimens ni procurer

leur diſſolution, ſes eſprits & ſes ſels étant ou embarraſſez dans une liqueur trop groſſiere, ou noyez par une trop grande quantité de phlegme. Les alimens les plus ſolides étant devenus par ce moyen très liquides dans l'eſtomac, cette liqueur qu'on nomme chile ne pouvant remonter par l'œſophage à cauſe de ſon ſphincter, & du diaphragme qui comprime l'eſtomac, coule par le pilore dans les inteſtins, où elle eſt encore perfectionnée par la bile & par le ſuc pancreatique, comme nous vous le ferons voir par la ſuite en parlant des vénes lactées.

Voila comment ſe fait la diſſolution de l'aliment dans l'Homme : elle ſe fait encore plus promptement aux animaux qui ont ce diſſolvant plus fort, comme aux chiens & aux loups, qui digerent même les os. On convient bien que cette diſſolution eſt aidée par la chaleur naturelle tant du ventricule que des parties voiſines, & qu'elle facilite même la penetration du diſſolvant ; mais on ne tombe pas d'accord qu'elle en ſoit le principal inſtrument, comme on l'a crû, ni qu'on ait beſoin d'aucune faculté chilifique.

Les chiens & les loups le font promptement.

Les inteſtins ſont des corps longs, ronds, creux, & continus depuis le pilore juſqu'au fondement : Ils ſont ainſi appellez du mot Latin *intus*, qui ſignifie dedans, parce qu'ils ſont placez au dedans du corps, & qu'ils reçoivent dans leur cavité le chile & les excremens de la premiere coction.

QQ Les boyaux.

Ils ſont ſituez ſous l'epiploon dans le ventre inferieur dont ils rempliſſent preſque toute la capacité, qui eſt depuis le ventricule juſqu'à l'os

Situation des boyaux.

pubis : Ils font attachez au dos par le moyen
du mefentere qui les lie enfemble, de maniere
que les grefles font au milieu du ventre à la region umbilicale, & les gros à la circonference.

Gran-
deur des
boyaux. Les inteftins n'ont pas tous la même groffeur,
ni le même diametre ; mais ils ont pour l'ordinaire fept fois la longueur du corps dont on les
a tirez ; cette grande étenduë & les differentes
circonvolutions que la nature a efté obligée de
leur donner à caufe de la petiteffe de l'efpace
qu'ils occupent, étoient neceffaires, tant pour y
retenir plus long-tems le chile, & le faire fermenter par le mélange de la bile & du fuc pancreatique, que pour le feparer d'avec fes excremens, & le rendre par le moyen de ces deux
liqueurs plus coulant & plus fubtil, & par confequent plus en état de paffer dans les vénes
lactées.

D'ailleurs fi l'Homme n'avoit eu qu'un boyau,
il auroit efté obligé de manger fans ceffe, comme font les loups cerviers & les cormorans, à
caufe qu'ils ont les boyaux fort courts ; c'eft par
cette même raifon qu'un homme mort hydropi-
que dont j'ai fait l'ouverture, & dans lequel je
n'ai trouvé des boyaux qu'autant qu'il en falloit
pour aller du ventricule à l'anus, mangeoit à
toute heure pendant fa vie, & avoit même foin
de mettre tous les foirs du pain auprés de lui,
afin d'en manger la nuit lorfqu'il s'éveilloit.

La graif-
fe des
boyaux
eft utile. Les inteftins font couverts de graiffe par dehors,
& par dedans ils font enduits d'une mucofité qui
les défend contre l'acrimonie de la bile & des
humeurs

humeurs qui y paſſent inceſſamment.

La ſubſtance des boyaux eſt membraneuſe, afin qu'ils puiſſent ſe reſſerrer ou s'étendre, lorſqu'ils ſont pleins ou de chile, ou d'excremens, ou de ventoſitez. Elle eſt compoſée comme celle du ventricule de trois tuniques, ſçavoir une commune & deux propres.

La premiere, qui eſt la commune, leur vient du peritoine; elle eſt continuë avec celle du meſentere à quatre des inteſtins, qui ſont le jejunum, l'ileon, le colon, & le rectum; car le duodenum & le cœcum la reçoivent des membranes de l'epiploon.

La ſeconde tunique des inteſtins eſt charnuë & tiſſuë de differentes petites fibres, mais particulierement de deux ſortes, dont les unes ſont circulaires, & les autres droites; les circulaires ſont placées ſous les droites, & aboutiſſent à la partie du meſentere, qui touche les inteſtins, & les fibres droites traverſent les circulaires à angles droits, & ſe rendent à la membrane externe des inteſtins.

Le mouvement periſtaltique des inteſtins ſe fait par la contraction de ces fibres de haut en bas, comme le mouvement antiperiſtaltique arrive par leur contraction de bas en haut.

J'ai ſouvent obſervé dans des animaux vivans que j'ai ouverts, pour y voir la diſtribution du chile, que la contraction qui arrive dans le mouvement periſtaltique, (que quelques-uns appellent vermiculaire, parce qu'il eſt ſemblable à celui des vers,) ne ſe fait pas de toutes les parties de l'inteſtin en même tems, mais des unes aprés les

M

(marginalia:) Subſtance des boyaux.

Trois membranes aux boyaux.

R La commune.

S La premiere des propres.

Le mouvement periſtaltique & antiperiſtaltique des inteſtins.

autres. Ce mouvement fe fait toûjours de haut
en bas, tant pour obliger le chile d'entrer dans
les vénes lactées, que pour chaffer dehors les
groffes matieres : dans le mouvement au contraire qui fe fait de bas en haut, les matieres
remontent & fortent par la bouche, au lieu de
fuivre leur cours ordinaire : c'eſt ce qui arrive
dans le miferere & dans les étranglemens des
boyaux, qui fe font dans les aînes.

La troifiéme tunique des inteſtins eſt nerveufe comme celle du ventricule ; elle eſt environ
trois fois plus longue que les deux autres qui la
couvrent : elle a beaucoup de rides & de plis qui
forment encore plufieurs petits cercles membraneux qui fervent à retarder le mouvement
du chile, & la defcente des excremens ; les arteres, les vénes, & les vaiffeaux lactez qui font
répandus par tout le mefentere, fe terminent à
la fuperficie interieure de cette tunique : fa fuperficie exterieure eſt remplie auffi d'une infinité de petits rameaux d'arteres & de vénes, & de
petites glandes, qui font rangées par petits pa-
quets de diſtance en diſtance dans les inteſtins
grefles. Chacune de ces glandes eſt percée par
un petit tuyau, qui rend une liqueur blanchâtre, quand on les preffe ; mais dans les gros elles
font femées une à une dans toute leur furface ;
elles ont la figure d'une lentille, & font pareillement percées pour fournir une liqueur qui fert
à faire couler les matieres les plus groffieres.

Le grand nombre des nerfs qui forment cette
troifiéme tunique, la rend tres-fenfible ; c'eſt
pourquoi fa partie interne eſt toûjours remplie

T
La fecon-
de des
propres.

d'une viscosité glaireuse qui l'humecte, & qui défend ses fibres contre l'acrimonie de la bile, & la dureté des excremens.

Les boyaux ont beaucoup de nerfs, d'arteres, & de vénes qui se répandent entre leurs membranes ; les nerfs viennent de la sixiéme paire. Ils portent le suc animal qui est necessaire aux mouvemens des fibres charnuës de la seconde tunique ; Les arteres viennent de la mesenterique superieure & inferieure ; elles leur apportent quantité de sang, tant pour leur nourriture, que pour le filtrer à travers les glandes ; Les vénes vont à la porte, elles reportent au tronc de cette véne le sang superflu de la nourriture des boyaux.

Vaisseaux des boyaux.

Quoique les intestins ne soient qu'un corps continu depuis l'estomac jusqu'à l'anus, neanmoins on ne laisse pas de les diviser en grêles & en gros, les grêles sont le duodenum, le jejunum & l'ileon : les gros sont pareillement trois, sçavoir le cœcum, le colon, & le rectum.

Division des intestins.

Les intestins grêles ou menus boyaux sont ainsi nommez, à cause de la tenuité de leur membrane. Ils sont situez, comme je vous l'ai déja fait remarquer, dans la region moyenne du ventre, aux environs du nombril, parce que leur principal usage étant de perfectionner & de distribuer le chile, ils le font plus commodement étant auprés du mesentere, qui les tient attachez comme à leur centre, que s'ils en étoient éloignez : d'ailleurs les vénes lactées n'ayant pas tant de chemin à faire, la distribution du chile s'en fait mieux & beaucoup plus promptement.

Les intestins grêles.

M ij

Les gros
inteftins.

Les gros inteftins font ainfi appellez, à caufe que leurs tuniques font beaucoup plus épaiffes que celles des autres. Ils font fituez tout autour des grefles, aufquels ils fervent comme de rempart. Leur ufage eft de retenir quelque tems la partie groffiere du chile, & de fervir de magafin aux excremens.

Le duo-
denum.

Le premier des inteftins grêles eft le duodenum, il eft ainfi appellé, parce que fa longueur eft de douze travers de doigts : ce qu'on a pourtant peine à trouver, à moins que l'on ne comprenne le pilore dans cette longueur. Il commence au pilore, qui eft l'orifice droit du ventricule, & defcendant vers l'épine, il finit où les circonvolutions des autres inteftins commencent; il eft plus épais & plus étroit que les autres. Il eft d'une figure droite, parce que s'il eût efté courbé, ce qui fort du ventricule auroit eu de la peine à y entrer.

Il y a fur la fin de cet inteftin, ou vers le commencement du jejunum, deux trous qui font les extremitez de deux canaux, dont l'un s'appelle Cholidoque, & l'autre Pancreatique : le premier décharge dans la cavité de l'un ou de l'autre de ces inteftins la bile qui vient de la veficule du fiel, & celui-ci le fuc pancreatique qui vient du pancreas.

Le jeju-
num.

Le fecond des inteftins grêles eft le jejunum, que l'on appelle ainfi, parce qu'on le trouve toûjours moins plein que les autres, ayant une grande quantité de vénes lactées qui reçoivent fans ceffe le chile. L'on peut encore ajoûter que la bile & le fuc pancreatique fe mêlant au

commencement de ce boyau, ou à la fin du duodenum, precipiteroient non feulement la partie
groffiere du chile, mais même le chile, s'il n'a-
voit des plis & replis dans fa partie interne pour
le retenir & l'empêcher de couler avec tant de
violence. Il occupe le deffus de la region umbilicale. Il commence à l'extremité du duodenum,
& va fe terminer à l'ileon, aprés avoir fait plufieurs tours en bas & vers les côtez. Sa longueur
eft d'une aûne & demie mefure de Paris.

Le troifiéme des inteftins grêles eft l'ileon, **L'Ileon.**
ou le boyau des hanches, ainfi nommé, parce
qu'il eft placé en cet endroit. Sa couleur eft un
peu plus noire que celle du jejunum, c'eft à quoi
on le reconnoît : Il commence immediatement
où finit le jejunum, & va fe terminer au cœcum;
il eft plus long lui feul que tous les autres enfemble, ayant pour le moins vingt pieds de
longueur; il a moins de vénes lactées que le jejunum, c'eft pourquoi il fe trouve plus plein.
Il occupe prefque toute la partie inferieure de
l'umbilic, & s'étend par fes circonvolutions jufqu'aux iles de côté & d'autre; ce boyau n'étant
pas fi étroitement attaché aux parties voifines
que le colon & le cœcum, tombe fouvent dans
le fcrotum, & fait la hernie, qu'on nomme en-
terocele; C'eft auffi dans lui que fe fait le vol-
vulus & le miferere, qu'on appelle paffion iliaque, dans laquelle on revomit les excremens par
la bouche, parce qu'alors les membranes de cet
inteftin rentrent l'une dans l'autre, & fe retournent comme un gant.

Le premier des gros boyaux eft le cœcum, **Le Cœcum.**

ou l'aveugle, on l'appelle ainſi, à cauſe qu'étant
fait comme un ſac, il n'a qu'une ouverture qui
lui ſert d'entrée & de ſortie ; ou bien ſelon Bartholin, parce que ſon uſage eſt inconnu. Il eſt
ſitué dans l'hypocondre droit plus bas que le rein
droit, où il eſt étroitement attaché au peritoine ;
il a une appendice en forme d'un ver oblong
faite de la jonction des trois ligamens du colon,
que Bartholin prend pour le cœcum ; elle eſt
plus grande aux enfans nouvellement nez qu'à
ceux qui ſont avancez en âge ; ce qui embar-
raſſe extrémement les Anatomiſtes à ſe déterminer ſur ſon uſage. Pour ce qui eſt du cœcum,
quelques-uns pretendent qu'il ſert d'un ſecond
ventricule pour cuire quelques parties de l'aliment qui ſe ſont échappées de la premiere coction ; & d'autres s'imaginent que c'eſt l'endroit où le chile ſe ſepare d'avec les excremens.

Le Co-
lon.
   Le Colon eſt le ſecond des gros, & le plus ample de tous ; il eſt ainſi appellé, parce que c'eſt
en lui que ſe font ſentir les douleurs de la coli-
que. Sa longueur eſt de huit ou neuf pieds ; il
commence à la fin du cœcum vers le rein droit,
auquel il eſt attaché, & remontant à la partie
cave du foye où il s'attache auſſi quelquefois,
il touche la veſſicule du fiel qui le teint en cet
endroit de ſa couleur jaune, de là il paſſe le long
de la partie inferieure du ventricule, & s'attache à la ratte & au rein gauche, d'où il deſcend
en forme d'un S juſqu'au deſſus de l'os ſacrum,
& va ſe terminer au rectum, de maniere qu'il
environne tout le bas ventre ; au defaut du me-

fentere il eft arrofé de plufieurs petites appendices graiffeufes ; il a trois ligamens dont deux l'attachent en haut & en bas, & le troifiéme forme plufieurs petites cellules qui fervent à retenir quelque tems les matieres & les ordures qui doivent fortir par le fondement. Il a à fon commencement une valvule membraneufe & circulaire, pour empêcher que les excremens, les vents & les lavemens même ne montent des gros inteftins dans les grêles ; on la peut voir aprés avoir lavé & retourné cet inteftin.

Le troifiéme & dernier des gros boyaux eft le Le rectum rectum ou droit, ainfi nommé, à caufe qu'il defcend en ligne droite de l'os facrum au fondement où il fe termine ; il eft long d'un pied & large de trois doigts : Ses tuniques font épaiffes & folides ; elles font recouvertes d'une envelope particuliere qui lui fert à chaffer les excremens avec plus de force. Il eft attaché au col de la veffie aux hommes, & à celui de la matrice aux femmes. Sa partie exterieure eft humectée d'une grande quantité de graiffe, c'eft pour cela qu'on l'appelle le boyau gras. L'anus, qui eft formé par fon extremité inferieure, a trois mufcles, fçavoir un fphincter & deux releveurs ; le premier fe nomme le fphincter de l'anus, fa figure eft femblable à celle d'un anneau, il eft large de deux travers de doigts ; il tient pardevant à la verge aux hommes ; & au col de la matrice aux femmes ; par derriere au coccix ; & lateralement aux ligamens de l'os facrum & des hanches ; il fert pour ouvrir & fermer l'anus, felon nôtre volonté.

M iiij

Les deux autres , que l'on appelle releveurs de l'anus, naiſſent de la partie inferieure & laterale de l'os iſchion , & s'inſerent au ſphincter de l'anus pour le relever aprés la ſortie des excremens.

En ſeringant une liqueur dans l'artere hemorroïdale , j'ai trouvé qu'il y avoit une infinité de branches d'arteres, qui ſe terminoient à ce boyau; ce qui m'a fait voir qu'elles n'y alloient pas ſeulement pour lui porter du ſang pour ſa noutriture , mais encore pour y vuider les impuretez du ſang, comme à un égoût par où ſortent toutes les immondices du corps.

V
Le Meſentere.

Le meſentere eſt ainſi appellé , parce qu'il eſt au milieu des inteſtins ; c'eſt un corps compoſé de deux tuniques, qui lui viennent du peritoine , entre leſquelles il y a quantité de graiſſe & de glandes , & un nombre infini de nerfs, d'arteres , de vénes & de vaiſſeaux lactez & limphatiques , qui ſont diſperſez dans toute ſon étenduë.

Figure &
origine
du Meſentere.

Sa figure eſt preſque circulaire & ſemblable à ces fraiſes que l'on portoit autrefois au col ; il a trois aûnes ou environ de circonference, à laquelle les inteſtins ſont attachez. Il prend ſon origine de la premiere & de la troiſiéme des vertebres des lombes , auſquelles il eſt fortement attaché, d'où vient la correſpondance des lombes avec les inteſtins.

La graiſſe s'amaſſe au meſentere comme à l'epiploon d'un ſang huileux & ſulphuré, qui exude des vaiſſeaux, & qui eſt retenu par l'épaiſſeur des membranes. Cette graiſſe y étoit

neceffaire tant pour conferver la chaleur naturelle de ces parties, que pour humecter les vénes
lactées, qui n'ayant qu'une membrane tres-fine,
& n'étant remplies que dans le tems de la diftribution du chile, fe deffecheroient facilement.

Les glandes du mefentere ont chacune une ar-
teriole qui leur porte du fang, une vénule qui
le reporte, & un vaiffeau excretoire qui décharge dans les boyaux ce qui a efté filtré par ces
glandes; & fi elles fe groffiffent & deviennent
fchirreufes, c'eft parce que les humeurs les plus
groffieres, qui fe portent au mefentere comme
à leur égoût naturel, trouvent les porofitez de
ces glandes trop étroites pour s'en pouvoir échaper; de maniere qu'elles s'y arrêtent & y caufent
des duretez qui croiffent avec le tems: & comme on a de la peine à refoudre ces tumeurs qui
font de longue durée, quelques-uns ont appellé
le mefentere, la mere nourrice des Medecins.

X
Les glan-
des du
Mefen-
tere.

L'ufage du mefentere eft d'attacher les inteftins enfemble aux vertebres des lombes, &
d'empêcher qu'il n'arrive aucun defordre dans
leurs circonvolutions; celui de fes deux membranes eft, afin que les vaiffeaux paffant dans leur
duplicature aillent fe rendre aux inteftins, & en
revenir fans eftre offencez.

Ufages
du Me-
fentere.

Les nerfs fortent des vertebres des lombes, &
particulierement des rameaux de l'intercoftal; ils
font tous fi bien entrelaffez enfemble au milieu
du mefentere qu'ils y font un plexus, d'où fort
une tres-grande quantité de ligamens nerveux,
déliez comme des cheveux, qui fe répandent fur
les membranes de tous les inteftins.

Nerfs du
Mefente-
re.

Arteres
du Me-
fentere.

Les arteres qui font renfermées dans la duplicature des membranes du mefentere viennent de
la mefenterique fuperieure & inferieure , qui
font deux gros rameaux qui fortent du tronc de
l'aorte , & qui vont fe terminer à tous les inteftins. Un des plus gros rameaux eft celui qui
fe traînant le long du *rectum* , va finir à l'anus :
Ce rameau eft l'artere hemorroïdale, qui porte
un fang groffier à ces parties pour y eftre purifié ; & lorfque ce fang ne peut remonter par les
vénes hemorroïdales, comme il arrive quelquefois à caufe de fa pefanteur, il y caufe cette maladie fi incommode , qu'on appelle les hemor-
roïdes.

Vénes du
Mefen-
tere.

Si le nombre des vénes qui fe trouvent dans le
mefentere paroît furpaffer celui des autres vaiffeaux qui y font, c'eft que ces vénes étant pleines
de fang font faciles à voir ; & que les autres
vaiffeaux au contraire étans vuides, ne fe peuvent pas difcerner. A mefure que toutes les vénes approchent de la bafe du mefentere, elles
s'uniffent & en font de tres-groffes, lefquelles
forment un tronc de véne , que l'on appelle
mefenterique , qui fe joignant avec un autre
qu'on nomme fplenique , font enfemble une
tres-groffe véne , qui eft la porte , ainfi nommée
par les Anciens , à caufe qu'ils croyoient qu'elle
apportoit au foye le chile , pour y eftre converti
en fang.

Ces deux troncs , dont le fuperieur eft le fplenique , qui vient de la ratte , & l'inferieur le
mefenterique , qui vient du mefentere , reportent au tronc de la porte le fang qui avoit efté

porté à ces parties. Il y a quatre vénes qui s'inferent au premier , ſçavoir l'epiploïque poſterieure , la coronaire ſtomachique , l'épiploïque ,
& la gaſtrique majeure : & au ſecond il n'y en a
que deux , qui ſont l'hemorroïdale & la cœcale.

Je viens de vous faire remarquer que c'étoit
de la jonction de ces deux troncs que la véne
porte étoit faite , & qu'elle entroit dans la partie cave du foye ; mais avant que de s'y perdre ,
il eſt bon de ſçavoir qu'il y a quatre vénes qui
viennent s'y joindre , qui ſont , l'inteſtinale ,
la gaſtrepiploïque , la petite gaſtrique , & la
ciſtique.

L'on donnoit à toutes ces vénes deux uſages
tout-à-fait oppoſez , & même impoſſibles ; l'un
étoit d'apporter le chile des inteſtins au foye , &
l'autre de reporter le ſang du foye aux inteſtins.
Cette opinion a eſté ſuivie juſqu'à ce ſiecle ,
que l'on a découvert les vénes lactées , qui portent le chile des inteſtins aux glandes du meſentere ; & ainſi la véne porte n'a point d'autre
uſage que celui qui lui eſt commun avec toutes
les vénes du corps , qui eſt de reporter le ſang
au cœur. Nous dirons , en vous démontrant le
foye , pourquoi elle ne va pas plûtôt s'inſerer
à la véne cave que dans la ſubſtance du foye :
Mais à preſent il s'agit de parler des vénes
lactées , & des vaiſſeaux limphatiques.

Senti-
ment des
Anciens.

Il eſt impoſſible de voir les vénes lactées ſur
un ſujet mort , parce qu'elles diſparoiſſent auſſi-
tôt qu'elles ſont vuides. Lorſqu'on les veut voir ,
il faut faire beaucoup manger un chien , & quatre heures aprés il faut le lier ſur une table , &

Y
Vénes
lactées.

lui ouvrir le ventre promptement ; alors vous verrez les vénes lactées difperfées par tout le mefentere, pleines du chile qu'elles portent au refervoir de Pequet.

Pourquoi appellées lactées. Ces vénes font ainfi appellées, à caufe qu'elles contiennent une fubftance blanche & liquide, femblable à du laict ; elles étoient entierement inconnuës aux Anciens, elles n'ont même efté découvertes qu'en l'année 1622. par Afellius, qui rapporte que ces vaiffeaux ont une fubftance & une ftructure de véne ; qu'elles ont une membrane fimple, où l'on remarque trois fortes de fibres, des droites, des tranfverfes, & des obliques ; & que cette membrane, quoique fimple, eft pourtant affez forte, parce qu'elle eft placée entre les deux tuniques du mefentere qui la fortifient.

Le nombre des vénes lactées. Leur nombre eft infini, y en ayant une fois plus que de meferaïques ; elles font prefque toutes dans les inteftins grêles, parce que ce font eux qui font la diftribution du chile, en le feparant de fes excremens. Je vous ay déja dit que le jejunum en avoit plus qu'aucun autre des grêles ; & que les gros en avoient tres-peu, leur ufage étant de chaffer dehors les excremens, & toutes les impuretez du bas ventre.

Leur chemin. Pour bien comprendre la route que le chile prend pour aller au cœur, & non pas au foye, comme les Anciens l'ont pretendu : Il faut fçavoir qu'il y a de deux fortes de vénes lactées ; les unes que l'on appelle premieres, & les autres fecondaires ; les premieres font celles qui portent le chile des inteftins à des glandes, qui font répanduës en tres-grande quantité par tout le mefentere, mais principalement vers fon centre.

Les vénes lactées fecondaires, font celles qui portent le chile de ces mêmes glandes, aprés qu'il y a efté fubtilifé par la limphe qu'il y reçoit, dans le refervoir de Pequet, ou dans des glandes que l'on nomme lombaires ; car Bartholin n'a point trouvé d'autre refervoir dans l'Homme, que ces glandes qui font fituées entre les deux racines du diaphragme, & les angles que fait l'aorte avec les emulgentes. Les deux rameaux qui fortent de ces glandes, fe joignant enfemble font le canal thorachique, qui fe trouve fort fouvent double ; ce canal monte le long de l'aorte, entre les côtes & la plévre, & va aboutir par deux ou trois rameaux, dans la véne fouclaviere, proche l'axillaire, d'où le chile eft porté dans le ventricule droit du cœur par la véne cave afcendante.

Ce canal & toutes ces vénes, tant foucla-vieres que lactées, ont des valvules d'efpace en efpace, difpofées de maniere qu'elles permettent facilement l'entrée du chile, & en empê-chent le retour.

La découverte des veines lactées a efté d'un grand fecours dans l'Anatomie, quoiqu'on n'en ait pas tiré d'abord tous les avantages que l'on devoit en retirer, parce que le Anatomiftes de ce tems là, & même Afellius qui en a efté l'inven-teur, étoient tellement prévenus que c'étoit le foye qui faifoit le fang, qu'ils ont crû que le chile ne pouvoit eftre porté ailleurs : & mal-

On croyoit que les vénes lactées al-loient au foye.

gré toutes les découvertes qu'on a faites depuis, il s'eſt encore trouvé des Partiſans de l'Antiquité, qui étant obligez d'en croire leurs yeux, avoüoient que cela étoit ainſi dans l'animal qu'on leur montroit, & non dans l'Homme. Pour moi je ſuis convaincu que cela ſe fait dans l'Homme, de la même maniere que dans les Animaux ; car il y a environ dix-huit ans qu'un faux monnoyeur ayant eſté condamné à mort, je lui envoyai dans la priſon de quoi boire & manger quatre ou cinq heures avant qu'on le fiſt mourir ; & comme l'execution ſe faiſoit à la Croix du Tiroir, qui n'étoit pas fort éloigné de mon logis, je fis tenir un caroſſe tout preſt, dans lequel on mit le corps auſſi-tôt qu'il fût étranglé. On me l'apporta promptement, & à l'inſtant je l'ouvris, & découvrant le meſentere, j'y vis encore une aſſez grande quantité de vénes lactées pleines de chile, pour me convaincre que la diſtribution s'en fait dans l'Homme de la même maniere que je l'ai veuë dans pluſieurs animaux.

Je finis, Meſſieurs, cette Démonſtration par les vaiſſeaux limphatiques du meſentere, qui ſont de petits conduits tres-déliez, qui portent la limphe dans le reſervoir de Pequet, afin d'y rendre le chile plus actif & plus coulant. Quoique ces vaiſſeaux ſoient en tres-grande quantité dans le meſentere, neanmoins on ne les y peut voir, que lorſqu'ils ſont pleins de cette limphe, qui eſt une liqueur claire comme de l'eau ; Ils viennent des glandes du foye, de la ratte, & de celles des autres parties.

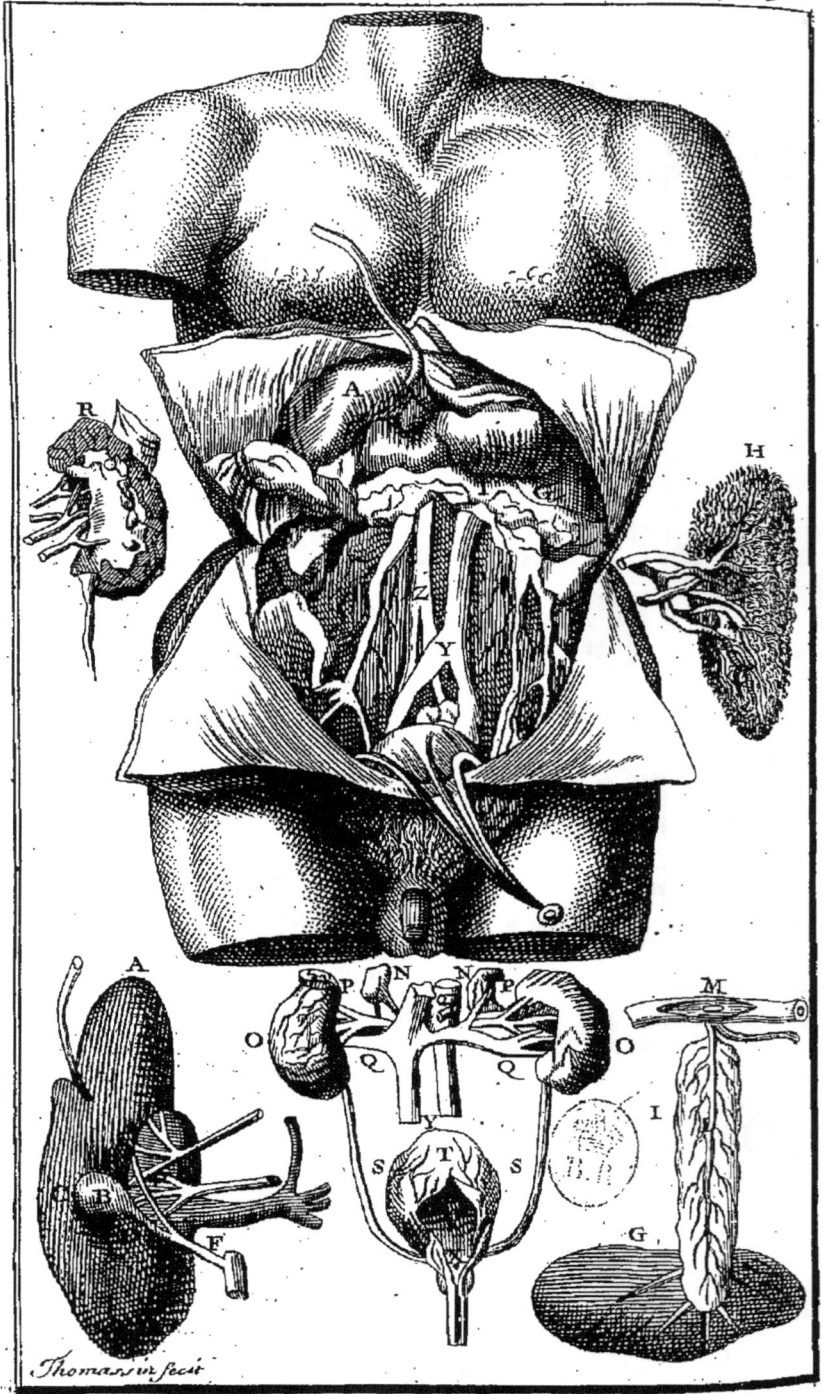

Thomassin fecit

TROISIE'ME

DEMONSTRATION.

Des Parties contenuës dans le bas ventre,
qui servent à la purification du sang.

POUR sçavoir, Messieurs, comment se fait le sang, il ne suffit pas d'avoir examiné les parties qui servent à changer les alimens en chile, & à le separer de ses excremens : Il faut encore connoître celles où le sang se fait, & celles qui le purifient.

Je vous ay déja dit que le chile, qui est la veritable matiere du sang, étoit preparé dans la bouche par le moyen de la salive ; qu'il étoit cuit & digeré dans le ventricule par le dissolvant qu'il y trouve ; & qu'étant ensuite perfectionné dans les intestins par le rencontre de la bile, & du suc pancreatique, il se cribloit par les petits orifices des vénes lactées qui sont en tres-grand nombre dans le mesentere ; que de ces vénes il entroit dans le reservoir de Pequet, d'où il monte par le canal thorachique dans la véne soûclaviere gauche, par où il est porté dans la véne cave ascendante, & de là dans le ventricule droit du cœur, où il commence principalement à se changer.

Le sang est fait du chile.

Il faut remarquer que la falive, le fuc acide, la bile & le fuc pancreatique, qui font des liqueurs abfolument neceffaires pour faire le chile, lui deviennent inutiles, & même préjudiciables, lorfqu'il eft changé en fang; car il eft certain que le fang, qui doit eftre bon & doux pour nourrir les parties, ne pourroit avoir aucune de ces deux qualitez, fi toutes ces liqueurs reftoient mêlées avec lui: Par exemple, fi cet acide diffolvant, qui par fes pointes aiguës & tranchantes penetre & diffout les alimens les plus folides, étoit porté avec le fang & épanché fur une membrane pour la nourrir, alors agiffant fur elle, comme il feroit fur l'aliment, il y cauferoit un fentiment de douleur, comme il arrive quelquefois dans les douleurs des rhumatifmes: Si la mélancolie n'en étoit feparée, le fang feroit trop épais: enfin fi l'urine n'étoit évacuée, il feroit trop fereux; & ainfi il faut que le fang, qui eft une liqueur fi precieufe & fi ceceffaire à la vie, foit purifié par le foye, par la vefficule du fiel, par la ratte, le pancreas, les reins, & la veffie.

Plufieurs liqueurs feparées du fang.

C'eft de toutes ces parties, Meffieurs, dont je vous entretiendrai dans cette Démonftration, étant toutes fituées dans le bas ventre, excepté celle qui fepare la falive, de laquelle je vous parlerai auffi dans fon lieu.

Des parties qui purifient le fang.

Le Foye eft un vifcere d'une grandeur confiderable, qui eft fitué dans l'hypocondre droit, fous le diaphragme, dont il eft éloigné environ d'un travers de doigt, afin de ne lui pas nuire dans fon mouvement. Dans le fœtus il s'étend

A A' Le Foye.

jufqu'au

juſqu'au côté gauche, parce que le ventricule
pour lors n'a point d'action, mais après la naiſſance il ſe retire preſque tout dans le côté droit:
On le trouve quelquefois au côté gauche, mais
cela arrive fort rarement.

Il eſt envelopé d'une membrane mince &
déliée qui lui vient du peritoine ; on trouve
quelquefois ſous cette membrane des veſſicules
pleines d'eau, qui ne ſont autre choſe que des
limphatiques gonflées entre deux valvules, qui
venant à ſe rompre, font cette eſpece d'hydropiſie, qu'on nomme *aſcites*.

La figure du foye eſt preſque ronde & aſſez
reſſemblante à un pied de bœuf ; il eſt convexe du
côté du diaphragme, pour s'accommoder à la
figure du lieu qu'il occupe, & concave du côté
du ventricule ; c'eſt en cette partie, qu'on appelle la voûte du foye, qu'eſt attachée la veſſicule
du fiel.

Le foye eſt unique dans l'Homme, mais il eſt
diviſé en deux lobes, dont l'un, qui eſt rond &
ample, eſt à droite, & l'autre, qui eſt étroit &
pointu, eſt à gauche ; ces lobes ſont ſeparez par
une ſciſſure par où entre la véne umbilicale. Outre ces deux lobes, l'on y en trouve un troiſiéme
fort petit, ſitué à la partie poſterieure du foye,
dont la chair eſt plus molle, & qui eſt envelopé
d'une membrane déliée, qui s'étend juſqu'à
l'epiploon.

Il eſt attaché par deux ligamens ; le premier,
qui eſt le plus fort & le principal, le tient ſuſpendu au diaphragme ; il penetre dans la ſubſtance
du foye pour le tenir plus fortement : le ſecond

Membrane du Foye.

Figure du Foye.

Le Foye ſe diviſe en pluſieurs lobes.

Ligamé. du Foye.

N

est lâche, mais large & fort ; il vient de la tunique du foye, & s'attache au cartilage xiphoïde. Je ne conviens pas du troisiéme ligament qu'on lui donne, qui est la véne umbilicale dessechée; car comme elle tireroit le foye en embas , & par consequent le diaphragme , auquel il est attaché , elle en empêcheroit le mouvement, principalement dans l'expiration.

Substance du Foye.　　　La substance du foye est particuliere , & à peu prés semblable à du sang caillé , d'où vient qu'il est appellé parenchime , c'est à dire épanchement d'une humeur qui occupe & remplit les espaces qui sont entre les vaisseaux & les glandes.

Couleur du Foye.　　　Sa couleur est ordinairement rouge , cependant on le trouve quelquefois pâle & blanchâtre; cette rougeur étoit une des raisons dont les Anciens se servoient pour prouver qu'il faisoit le sang ; ce que nous refuterons en parlant des autres usages qu'ils lui donnoient.

Veritable structure du Foye.　　　Les Modernes qui ont recherché avec soin la structure du foye , ont remarqué qu'il étoit tissu d'une quantité de petits lobes de figure conique ; que ces petits lobes étoient composez de plusieurs petits corps glanduleux, qui ont des membranes particulieres qui les unissent , & les attachent les uns aux autres; & que chaque lobe du foye, quelque petit qu'il soit, ne laisse pas de recevoir un rameau de la porte , un du vaisseau biliaire, & un de la cave ; de maniere qu'on peut dire que toute la substance du foye n'est qu'un amas & un assemblage d'une infinité de petits corps glanduleux , & de ramifications diverses de vaisseaux.

Il y a dans le foye cinq fortes de vaiffeaux, Cinq fortes de vaiffeaux au foye.
fçavoir des nerfs, des arteres, des vénes, des
conduits biliaires, & des limphatiques.

Le foye reçoit deux nerfs de la fixiéme paire; Nerfs du Foye.
un du rameau ftomachique, & l'autre du coftal.
On ne veut pas qu'ils penetrent dans fa fubftance, mais feulement qu'ils fe perdent dans fa
tunique; d'où vient qu'il n'a pas le fentiment
auffi vif, que les parties qui en reçoivent un
plus grand nombre.

L'artere cœliaque en fortant de l'aorte fe divi- Arteres du Foye.
fe en deux branches, dont l'une va au foye, &
l'autre à la ratte; la premiere, qui eft la plus
petite, jette la gaftrique, les deux ciftiques,
l'epiploïque, l'inteftinale, & la gaftrepiploïque
avant que d'entrer dans le foye, où elle fe perd
enfin en fe divifant prefque en autant de petits
rameaux que la véne porte. Il y a même des
Anatomiftes qui pretendent faire voir que les
rameaux de cette artere font enveloppez avec
ceux de la véne porte, & avec les branches du
canal hepatique dans une même membrane.

Les principaux vaiffeaux du foye font la véne
cave & la véne porte, qui font répanduës en
pareil nombre dans toute la fubftance du foye;
de forte que chaques lobules, & tous ces petits
corps glanduleux qui forment la partie cave &
la convexe de ce vifcere, font également fournis
de ces vaiffeaux; ainfi il ne faut pas croire que
la porte ne foit qu'en la partie concave, & que la Vénes du Foye.
véne cave ne foit que dans la partie convexe du
foye, puifque l'on conduit leurs rameaux dans
toutes les parties de ce vifcere. Ceux de la véne

N ij

porte ne se déchargent point dans ceux qui reçoivent la bile, ni dans ceux de la véne cave, par des anastomoses qu'ils ayent les uns avec les autres, comme le croyent quelques Anatomistes ; mais au travers de ces petits grains glanduleux dont le foye est composé, & qui servent de moyen entre les rameaux qui donnent & ceux qui reçoivent, de maniere que tout le foye est parsemé des ramifications de la véne porte, & de celles de la véne cave, avec cette difference neanmoins que celles de la porte y entrent, & que celles de la véne cave en sortent.

Conduits biliaires dans le Foye.

Les conduits biliaires sont en aussi grand nombre dans le foye, que les rameaux de la véne porte ; puisque par tout où il se trouve une branche de l'un, il y en a toûjours une de l'autre, & qu'ils sont enfermez dans une même membrane : Ces conduits servent à porter la bile dans la vessicule du fiel, ou dans le duodenum, comme nous l'expliquerons plus amplement ci-aprés.

Vaisseaux limphatiques du Foye.

Les Anatomistes remarquent que les vaisseaux limphatiques du foye tirent leur origine des petites glandes conglobées, que l'on découvre sous la tunique de sa partie cave, vers l'entrée de la véne porte, dans la capsule de laquelle Glisson dit qu'on voit entrer ses vaisseaux, sans qu'ils ayent pour cela aucune communication avec le foye : Ce qui fait assez connoître qu'ils n'ont pas leur principe dans son parenchime, comme l'a crû Bartholin qui les a découverts.

L'usage de ces vaisseaux est de porter la

limphe de ces glandes dans le reſervoir de Pequet, & non pas d'apporter le chile au foye, comme l'ont pretendu ceux qui les prenoient pour des vénes lactées.

Les Anciens ſe ſont imaginez que c'étoit le foye qui faiſoit le ſang, & qui le diſtribuoit aux parties pour leur nourriture, & que le chile ne pouvoit eſtre porté ailleurs; & pour cet effet ils vouloient qu'il y fuſt porté par les mêmes vénes qui apportoient du foye le ſang aux inteſtins.

Uſages que les Anciens dónoient au Foye.

Pour détruire cette opinion, il ne faut qu'examiner les mouvemens oppoſez du chile & du ſang, n'y ayant pas apparence de croire que deux liqueurs dont l'une monte, & l'autre deſcend, puiſſent paſſer en même tems par un même canal; d'ailleurs la circulation du ſang que l'on a découverte de nos jours, s'eſt trouvée ſi oppoſée à cette diſtribution du ſang par les vénes, que bien loin de le porter aux parties, elles n'ont au contraire point d'autre uſage que celui de le reporter au cœur.

Ce qui me confirme encore dans cette opinion, c'eſt qu'ayant fait l'ouverture de pluſieurs chiens en vie quatre heures aprés les avoir fait manger, j'ai auſſi-tôt découvert le foye, que j'ai ſeparé du corps du chien, & ayant en même tems imbibé tout le ſang épanché dans la place qu'occupoit le foye, je n'ai point vû qu'il y eût une goutte de chile répandu dans cet endroit, ni dans pas une partie du foye, quoique les vénes lactées, le reſervoir & le canal thorachique en fuſſent alors tout remplis; ce qui fait

Le chile ne va point au Foye.

N iij

voir affurément qui le chile va droit au cœur, & non pas au foye.

Le foye eft une partie qui contribuë, comme plufieurs autres, à purifier le fang : Il faut ici vous expliquer comment fe fait cette purification.

Le fang qui eft apporté dans le foye par les arteres, & celui qui y eft rapporté des parties du bas ventre par la véne porte, étant plein de bile & d'impuretez, eft conduit par les extremitez de ces rameaux dans les petites glandes qui forment les lobules dont toute la fubftance du foye eft compofée; le fang ayant efté filtré à travers les porofitez de ces glandules, & feparé de la bile, eft repris par les extremitez des vaiffeaux de la véne cave qui le porte au cœur; & la bile eft receuë dans les conduits biliaires, qui vont la verfer dans la veficule du fiel, ou dans le duodenum.

Si vous faites reflexion fur la neceffité qu'il y avoit que ce fang qui venoit des parties du bas ventre, où il avoit contracté de méchantes qualitez, fuft épuré avant que d'eftre mêlé dans la maffe, & que d'eftre porté au cœur; vous avouërez qu'il ne falloit pas une partie moins confiderable que le foye, qui lui fervant de tamis, en fepare la bile, & en même tems lui redonne fa douceur & les bonnes qualitez qu'il avoit perduës.

En levant le foye en haut, on voit la veficule du fiel, qui eft le refervoir de la bile; c'eft une efpece de poche ronde, & un peu longue, qui a la figure d'une petite poire. Elle a deux membranes,

Le veritable ufage du Foye.

B La veficule du fiel.

dont l'une, qui lui est commune avec le foye, la couvre seulement du côté qu'elle ne le touche point : celle-là vient du peritoine ; & l'autre, qui lui est propre, est plus épaisse & plus solide, ayant de toutes sortes de fibres ; elle est enduite par dedans d'une certaine mucosité, qui la défend contre l'acrimonie de la bile qu'elle contient.

L'on remarque qu'il y a entre ces deux membranes une infinité de petites glandes, où les extremitez des arteres cistiques vont se terminer. Ce qui fait croire qu'il se separe dans ces glandes quelque partie de la bile ; car si ce n'étoit que pour porter du sang pour la nourriture de la vessicule du fiel, une seule artere suffiroit pour une si petite partie.

Deux membranes à la vessicule du fiel.

Cette vessicule n'excede pas pour l'ordinaire la grosseur d'un petit œuf de poule ; neanmoins ceux qui sont fort bilieux, l'ont plus grosse & plus grande que ceux qui le sont moins : Sa longueur est environ de deux travers de doigts, & sa largeur d'un poûce. Elle est située au dessous du grand lobe du foye dans sa partie concave, où elle est comme enfoncée dans sa substance ; elle est unique, & rarement il s'en trouve deux.

Grandeur & situation de la vessicule du fiel.

La vessicule du fiel a toutes sortes de vaisseaux ; elle reçoit un petit nerf d'une branche de l'intercostal ; Elle a deux arteres cistiques, qui viennent de la cœliaque, & qui aprés s'estre divisées en plusieurs petits rameaux, vont enfin se terminer aux petites glandes, qui sont entre ses deux tuniques : Elle a aussi deux vénes, que

Vaisseaux de la vessicule du fiel.

N iiij

l'on nomme ciſtiques, leſquelles reçoivent le reſſ. du du ſang que les arteres y ont apporté, pour le reporter dans la véne porte; enfin elle a un vaiſſeau limphatique qui va ſe rendre avec ceux du foye dans le reſervoir du chile.

On conſidere à la veſſicule du fiel ſon fond & ſon col; le fond eſt rond & placé en la partie inferieure du foye, lorſqu'il eſt dans ſa ſitua-tion naturelle. Ce fond eſt teint de la couleur de la bile qu'il contient.

C
Le fond de la veſ-ſicule du fiel.

Le col eſt au deſſus du fond; il s'allonge & ſe retreſſit de maniere qu'il ſe termine en un canal étroit & délié, qui va aboutir au conduit commun. A l'endroit où ce col forme ce canal, il y a un petit anneau fibreux qui ſe dilate & ſe reſſerre comme un ſphincter, pour lâcher ou pour retenir la bile dans la veſſicule, & pour empêcher qu'elle ne remonte d'où elle vient: cet anneau fait là le même office que le pilore au ventricule.

D
Le col de la veſſi-cule du fiel.

Le meat cholidoque eſt un vaiſſeau oblong, deux fois plus large que le col de la veſſicule, qui s'en va droit du foye par le canal commun dans l'inteſtin. L'on croyoit qu'il portoit la bile du foye dans la veſſicule; mais l'inteſtin en-flant, & non pas la veſſicule, lorſqu'on ſoufle dans ce conduit; cela fait voir que la bile de ce canal va droit dans l'inteſtin, & en même tems fait preſumer que celle que l'on trouve dans la veſſicule, y eſt apportée d'ailleurs.

E
Le meat cholido-que.

Le meat cholidoque, & le pore biliaire ſe joi-gnant enſemble, forment le canal commun, qui va ſe terminer obliquement à la fin du duode-

F
Le canal commun.

ïum , ou quelquefois au commencement du jejunum , & rarement au ventricule. Il ſe coule
entre les deux tuniques de l'inteſtin , & en perce
l'exterieure deux travers de doigts plus haut que
l'interieure : Cette maniere d'entrer dans l'inteſtin , fait qu'il n'a pas beſoin de valvule qui
permette l'entrée de la bile , & qui empêche ſon
retour , étant impoſſible par cette diſpoſition
que la bile , & même le chile , puiſſent monter
par ce conduit.

Les pigeons , & beaucoup d'autres animaux
qui n'ont point de veſſicule du fiel , ne laiſſent
pas cependant d'avoir de la bile , leur foye ſe
trouvant amer ; mais ils ont le meat cholidoque
qui faiſant la fonction de la veſſicule , porte la
bile tout droit dans l'inteſtin.

Pour bien concevoir les uſages de ces parties, Deux for-
il faut ſçavoir qu'il y a de deux ſortes de bile, tes de
l'une ſubtile, qui eſt portée par les conduits bi- bile.
liaires dans la veſſicule , qui la dégorge enſuite
dans les inteſtins ; & l'autre , qui eſt groſſiere ,
paſſe par le meat cholidoque dans le canal commun , où l'une & l'autre ſe rencontrent.

Si la bile n'étoit qu'un excrement , & qu'elle La bile
n'eût ſon conduit dans les inteſtins que pour eſt necef-
eſtre évacuée avec les impuretez du bas ventre , ſaire pour
la nature auroit dû mettre ce conduit dans les la perfe-
gros boyaux , & non pas au commencement des ction du
grêles , où la plus grande partie de la bile ſe chile.
mêlant avec le chile , eſt reportée dans le ſang ,
dont toute la maſſe ſe corromperoit infailliblement ſans elle , comme il arrive dans la plûpart
de ceux qui ſont hydropiques , aprés avoir eu la

jauniſſe ; d'ailleurs étant un diſſolvant tres-puiſ-
ſant , elle acheve de rompre & de briſer dans
ces premiers inteſtins , les parties de l'aliment
qui ne l'avoient pas eſté ſuffiſamment dans l'eſtomac ; & ainſi bien loin d'eſtre un pur excrement,
comme on l'a toûjours crû , on doit au contraire eſtre perſuadé par les uſages importans que
la nature lui a donnez , que c'eſt une liqueur neceſſaire , ſans laquelle le chile ne pourroit jamais acquerir le degré de perfection , dont il a
beſoin pour devenir ſang.

G G
La Ratte.

La ratte eſt ſituée dans l'hypocondre gauche ,
à l'oppoſite du foye , ſous le diaphragme , entre
les côtes & le ventricule. Elle eſt aux uns plus
haut , & aux autres plus bas ; mais en tous elle
eſt à la partie poſterieure , étant appuyée ſur les
vertebres & les fauſſes côtes.

Situation
de la
Ratte.

On trouve fort rarement la ratte dans l'hypocondre droit ; quelques-uns l'ont appellée le vi-
caire du foye , parce qu'ils ont crû qu'elle pouvoit ſuppléer à ſon defaut ; mais l'action de ces
deux viſceres eſt ſi oppoſée , & leur diſpoſition
naturelle , tellement differente , qu'il eſt impoſſible que l'un faſſe la fonction de l'autre.

Sa gran-
deur.

Quoique l'Homme l'ait aſſez groſſe , elle eſt
neanmoins beaucoup plus petite que le foye :
ſa longueur eſt de demi pied , ſa largeur de trois
travers de doigts , & ſon épaiſſeur d'un poûce.
Ceux qui ſont naturellement mélancoliques ,
l'ont plus grande , parce qu'étant rare & lâche ,
elle groſſit à meſure que la partie la plus groſſiere du ſang y eſt receuë ; mais il eſt plus avantageux de l'avoir petite que groſſe.

La ratte eſt faite comme une langue de bœuf ; Figure de la Ratte. elle eſt un peu convexe du côté des côtes , & concave du côté du ventricule : Elle a dans le milieu de ſa longueur une certaine ligne blanche, qui a quelques tuberoſitez ; c'eſt l'endroit où les arteres ſont receuës.

La couleur de la ratte eſt differente, ſuivant Sa couleur. les âges ; au fœtus , elle eſt rouge comme le foye ; aux adultes elle eſt noirâtre, à cauſe du ſuc mélancolique qui l'emplit ; & à ceux qui ſont plus avancez en âge , elle approche de la couleur livide ; enfin elle eſt plus ou moins brune , ſelon que l'humeur qu'elle reçoit eſt plus ou moins noire.

Outre qu'elle eſt attachée au peritoine , au Ligamens de la Ratte. rein gauche, & quelquefois au diaphragme par des membranes qui ſont fort déliées , elle l'eſt encore par ſa partie cave à la membrane ſuperieure de l'epiploon : Elle eſt auſſi attachée à l'eſtomac par deux ou trois vénes remarquables , qui ſont appellées *vas breve* , ou vaiſſeaux courts , parce qu'ils font peu de chemin.

La ratte a deux membranes qui lui ſervent Deux membranes à la Ratte. d'enveloppe ; l'une eſt exterieure & commune , & l'autre interieure & propre.

L'exterieure lui vient du peritoine, elle a de La membrane externe. toutes ſortes de vaiſſeaux ; ſes nerfs viennent de l'intercoſtal ; ils ne s'arrêtent pas à cette membrane, comme on l'a crû , mais ils ſe diſtribuent en pluſieurs petites branches dans toute la ſubſtance de la ratte. Ses arteres ſont les extremitez des rameaux interieurs de la cœliaque, qui aprés avoir penetré toute la ratte par une infinité de

ramifications , en fortent pour s'inferer dans
cette membrane : c'eft pourquoi lorfqu'on l'en-
leve de force , & qu'on la veut feparer de l'interieure , on y voit paroître une infinité de petits points rouges , qui font autant de petites
gouttes de fang forties par les orifices de ces ramifications d'arteres qui ont efté déchirées. Ses
vénes , aprés avoir rampé fur cette membrane ,
& y avoir diftribué un grand nombre de petits
rameaux entrelacez en forme de rets , fe réunif-
fent & forment le rameau fplenique ; enfin elle a
une tres-grande quantité de petits vaiffeaux limphatiques , qui s'entortillant autour des vénes
& des arteres qui entrent dans ce vifcere , vont
fe rendre dans le refervoir du chile , pour y
porter la limphe , dont ils ménagent le cours
par une infinité de valvules. La couleur de cette
limphe eft jaune , & quelquefois rouffâtre.

La mem-
brane in-
terne.

     La membrane interieure de la ratte eft plus
déliée , plus polie , & plus forte que l'exterieure ; elle eft faite d'un tiffu de fibres fi bien entre-
lacées , que ce font ces lacis redoublez qui en
font toute la ftructure ; neanmoins ce tiffu n'eft
pas fi ferré que l'on ne faffe bien paffer à tra-
ver une partie de l'air qu'on aura fouflé dans la
ratte par l'artere fplenique , pourvû que l'on
foufle bien fort ; ce qui n'arrive pas à l'exterieure. Elle n'eft percée qu'aux endroits par où fes
vaiffeaux entrent & fortent ; fes arteres font les
extremitez des rameaux de l'artere fplenique,
qui aprés avoir penetré toute la fubftance de la
ratte , s'élevent vers toute fa circonference , où
ils fe divifent en trois ou quatre petits tuyaux;

ce sont ces deux membranes qui tiennent toutes les parties de la ratte liées ensemble.

On nous a toûjours décrit la ratte comme une parenchime fait de sang coagulé, & épaissi entre les fibres & les vaisseaux, & on a voulu qu'elle ne fust differente du foye que par sa substance & par sa chaleur.

Sentimens des Anciens sur la composition de la ratte.

Mais les modernes qui ont recherché exactement sa structure, nous ont fait voir qu'elle est composée d'une tres-grande quantité de membranes, qui forment de petites cellules de differentes figures, qui s'entretiennent & qui sont jointes ensemble par des fibres & de petits vaisseaux qui les traversent ; ces cellules ont communication les unes avec les autres, & contiennent toutes de petites glandes de figure ovale, & de couleur blanche, ou aboutissent les extremitez des nerfs & des arteres. Les membranes qui forment ces cellules, viennent de la tunique interne de la ratte, n'étant toutes qu'un même tissu & une production continuelle de la membrane qui enveloppe immediatement ce viscere.

Sa veritable composition.

La ratte a des vaisseaux considerables ; elle a deux nerfs qui accompagnent les rameaux de l'artere, & qui ont tous deux la même enveloppe ; l'artere cœliaque lui fournit un tres-gros vaisseau, qui se divise en trois ou quatre branches, qui vont se rendre dans ces cellules, & enfin se terminer aux petites glandes dont nous venons de parler : De ces glandules partent de petites vénes, qui se joignant ensemble en forment de grosses ; ces grosses ensuite en sortant de

Vaisseaux de la ratte.

la ratte se réunissent & font la véne splenique, qui aprés avoir reçû quatre rameaux en chemin, va finir à la véne porte.

H
Une rat-
te dé-
poüillée
de la
membra-
ne.

Si vous souhaitez voir la distribution de tous ces vaisseaux dans une ratte, aussi bien que dans un foye, vous n'avez qu'à dépoüiller l'un & l'autre de leurs membranes, & ensuite les foüeter sur une planche, en versant de l'eau continuellement dessus ; ayant ainsi dissout & lavé tout ce qui occupe les espaces qui sont entre les vaisseaux, vous aurez lieu d'admirer la prodigieuse quantité de ces vaisseaux, & l'industrie avec laquelle ils sont fabriquez.

Les sentimens des Anatomistes sont si opposez sur les usages de la ratte, que quelques-uns lui en donnent beaucoup qu'elle n'a pas ; d'autres au contraire ne lui en donnent point du tout, disant que c'est une partie inutile, qu'elle pourroit se retrancher du corps, & que l'on en vivroit plus commodement: Mais cette opinion me paroît d'autant plus extraordinaire, qu'elle se trouve entierement détruite par l'experience que l'on a faite sur plusieurs chiens que l'on a érattez, & qui en sont tous morts tost ou tard. D'autres assurent que la ratte est un second foye, qui fait le sang d'une partie du chile, qui y est porté pour nourrir les parties du bas ventre: d'autres enfin croyent qu'elle sert de reservoir à la mélancolie, & qu'il se separe dans la ratte un suc acide qui passe dans l'estomac par le *vas breve*, pour y faire la coction des alimens ; mais parce qu'il seroit trop long de refuter toutes ces opinions les unes aprés les autres, nous nous conrenterons de vous expliquer l'usage de la ratte, conformement à sa structure.

Son usage est de subtiliser le sang, & voici comment ; le sang étant porté dans la ratte par les arteres, qui s'inserent & s'abouchent aux petites glandes situées dans les sinus, & dans les cellules membraneuses qui en composent toute la substance ; il y est subtilisé & revivifié par l'esprit animal que les nerfs portent dans ces mêmes glandules, d'où le sang alors s'écoule en se filtrant par leur fond dans leurs petits pores, qui sont d'une structure particuliere, pour estre ensuite reporté dans les sinus, où il est encore retenu pour s'y perfectionner davantage, & y prendre comme une nouvelle nature. Ce sang ayant esté ainsi purifié, passe de ces sinus dans le rameau splenique, qui le porte droit au foye, où il est encore épuré avant que d'aller au cœur avec le sang.

Le Pancreas est un corps composé d'une grande quantité de glandes enveloppées d'une même membrane, qui lui vient du peritoine. Il est situé sous la partie posterieure & inferieure du ventricule vers la premiere vertebre des lombes: Il s'étend depuis le duodenum jusqu'à la ratte, ayant sa principale partie dans l'hypocondre gauche ; il est fortement attaché au peritoine. Sa pesanteur est de cinq onces ; Il est long pour l'ordinaire de dix travers de doigts, large de deux, & épais d'un.

Les modernes ne reconnoissent que deux especes de glandes, ausquelles ils reduisent toutes les autres, excepté les rénales : Ils appellent

les unes conglobées, & les autres conglomerées,
Je prendrai occasion de vous les expliquer ici
toutes deux , à cause du pancreas qui est au rang
des conglomerées.

Glandes conglobées.

Les glandes conglobées sont celles qui n'étant
point divisées en petits morceaux , ont une substance & une composition qui en paroît plus ferme ; elles ont une cavité dans leur milieu , & des
vaisseaux limphatiques qui vont se rendre dans
le reservoir , ou dans le canal.

Glandes conglo-merées.

Les conglomerées sont celles qui sont composées de plusieurs petits corps , ou grains glanduleux joints ensemble sous une même membrane,
comme les glandes salivales , sudorales , lachri-
males , & le pancreas ; ces glandes , outre des
arteres , des vénes & des nerfs , sont encore four-
nies chacune d'un vaisseau excretoire , ramifié
dans leur propre substance , par le moyen duquel elles déchargent dans des reservoirs les liqueurs qu'elles ont filtrées.

Usage des glan-des.

L'usage des glandes étoit inconnu aux Anciens , puisqu'ils croyoient qu'elles ne servoient
qu'à appuyer la distribution des vaisseaux , ap-
paremment qu'ils ne se donnoient pas la peine
d'examiner si ces vaisseaux entroient ou non dans
les glandes , car ils auroient connu comme
les modernes , qu'il n'y a pas une glande qui ne
separe quelque liqueur par sa disposition naturelle ; de même qu'un crible laisse passer par ses
trous des particules qui en ont la figure.

Les liqueurs qui sont separées par les glandes,
ont des usages differens ; les unes servant à dis-
soudre , les autres à humecter , & les autre
étan

étant deſtinées pour eſtre évacuées.

Le pancreas étant, comme nous le venons de dire, de la nature des glandes conglomerées, il reçoit toutes ſortes de vaiſſeaux ; il a un nerf de l'intercoſtal, des arteres de la cœliaque, des vénes qui vont à la ſplenique, & des vaiſſeaux limphatiques qui vont au reſervoir.

Le Pancreas eſt une glande conglomerée.

Le pancreas, outre tous ces vaiſſeaux, a un conduit particulier, que l'on nomme pancreatique ; il fut découvert en l'année 1642. par Virſungus celebre Anatomiſte à Padouë. Ce canal eſt membraneux: Aprés qu'on l'a ouvert on y remarque une cavité dans laquelle on introduit facilement une petite ſonde, que l'on conduit juſques dans le duodenum, où il entre aſſez proche de l'ouverture du conduit de la bile, qui eſt quelquefois la même pour ces deux canaux. La facilité avec laquelle la ſonde avance, lorſqu'on la pouſſe dans cette cavité vers l'inteſtin, & la difficulté qu'on a de la faire entrer en la pouſſant du côte de la ratte, nous font voir que ſon veritable chemin eſt d'aller à l'inteſtin, où il porte une liqueur jaune, autant qu'on le peut remarquer par la couleur de la ſonde que l'on en retire.

L Le canal pancreatique.

Ce canal ne vient pas de la ratte, à laquelle il ne touche point, mais des rameaux des petites glandes qui compoſent le pancreas, de maniere qu'il groſſit à meſure que ces rameaux s'uniſſent ; il vient ſe terminer dans le duodenum, où il a une petite valvule qui permet la ſortie de la liqueur qu'il contient, & empêche que le chile & les autres matieres ne paſſent des inteſtins dans ſa petite ouverture. Il eſt unique & rare-

M Ce canal perce dãs le duodenum.

O

ment double ; sa groſſeur eſt comme celle d'une petite plume, quand il eſt dans ſon état naturel, car il groſſit quelquefois par excés.

Uſage du pancreas & du ſuc pancreatique.

L'uſage du pancreas n'eſt pas de ſervir de couſſin au ventricule, ni d'appui aux vaiſſeaux qui ſe diſtribuent dans l'abdomen, mais de ſeparer & de filtrer par le moyen des glandes dont il eſt compoſé, un ſuc acide, qui eſt porté enſuite par ſon canal dans le duodenum, où ce ſuc ſert de diſſolvant conjointement avec la bile, pour y donner au chile ſa derniere perfection.

Les capſules atrabilaires.

Avant que de paſſer aux reins, il y a deux parties à vous expliquer, qui ſont les capſules atrabilaires, ainſi appellées à cauſe que l'on trouve toûjours dans leur cavité une liqueur noire; d'autres les nomment Reins ſuccenturiaux, parce qu'elles ont pour l'ordinaire la figure de Reins; enfin d'autres les appellent glandes Renales, à cauſe qu'elles ont la ſubſtance de glande, & qu'elles ſont ſituées proche les Reins.

Situation des capſules atrabilaires.

Ces capſules ſont deux, une de chaque côté; elles ſont placées tantôt deſſus le rein, & tantôt entre le rein & la groſſe artere; elles ſont envelopées d'une membrane fort déliée & embarraſſées dans la graiſſe, ce qui donne de la peine à les trouver. Celle qui eſt à droite, eſt ordinairement plus petite que celle qui eſt à gauche; elles ſont chacune de la groſſeur d'une noix applatie, ayant une cavité aſſez ample pour leur groſſeur; dans le fœtus elles ſont toûjours preſque auſſi grandes que les reins.

Leur ſubſtance.

Leur ſubſtance ne differe gueres de celle des reins, excepté qu'elle eſt un peu plus molle, &

plus lâche ; elle se rompt facilement en dissè-
quant ces capsules, lorsqu'on les veut separer de
la membrane exterieure des reins, à laquelle
elles sont fortement attachées.

Leur figure est aussi changeante que leur situation, étant quelquefois rondes, ovales, quar-
rées, triangulaires, & n'en ayant, pour mieux
dire, aucune d'assurée.

Leur fi-
gure.

Leur couleur est tantôt rouge, & tantôt semblable à la graisse de laquelle elles sont envelopées, elles ont dans leur cavité de petits trous
qui penetrent leur substance.

Leur cou-
leur.

Elles ont un nerf qui leur vient de l'intercostal,
& qui y forme un plexus ; l'artere émulgente, &
quelquefois l'aorte leur envoyent un ou deux
rameaux ; elles ont une petite véne qui va s'inferer dans la véne émulgente à sa partie superieure ; Il y a dans leur cavité une valvule, qui s'ouvre du côté de l'émulgente.

Leurs
vaisseaux

Quoiqu'on n'ait pas encore connu jusqu'à
present l'usage de ces capsules ; cela n'empêche
pas qu'on ne doive leur en donner un par rapport à leur structure, & à la liqueur que l'on
trouve dans leur cavité ; ainsi je dis qu'il y a lieu
de croire qu'étant des glandes, elles servent à
separer cette humeur feculente & noire, du sang
que les arteres leur portent : & ce qui prouve
que cette humeur est ensuite versée par leur petite véne dans l'émulgente, où elle est mêlée
avec le sang à qui elle sert de ferment, c'est la
disposition de la valvule dont je viens de vous
parler, qui est faite de maniere qu'elle permet
l'écoulement de cette humeur dans l'emulgente,

L'usage
des capsu-
les.

& empêche que le sang ne remonte de l'émulgen-
re dans la cavité de ces glandes.

Les parties qui épurent le sang de la serosité
superfluë, que nous appellons l'urine, sont de
trois sortes; sçavoir les reins, les ureteres, & la
vessie; les premiers separent cette serosité, les
seconds la charient dans la vessie aussi-tôt qu'elle
est separée, & la vessie lui sert de reservoir pour
la garder quelque tems, & la chasser dehors, lors
qu'il y en a une quantité suffisante.

Les reins sont des corps d'une consistence beaucoup plus dure que le foye & la ratte; Ils sont
ainsi appellez du verbe Grec ρέιν qui signifie
couler, à cause que l'urine coule sans cesse dans
leur bassinet:Ils sont deux;la raison que quelques
Anatomistes apportent de leur duplicité, est afin
qu'un étant indisposé,l'autre puisse suppléer à son
defaut;mais cette raison ne doit pas satisfaire; car
si la nature avoit eu cette intention,elle auroit fait
toutes les parties doubles, puisqu'elles sont toutes
sujettes à estre malades:par exemple, elle auroit
fait deux cœurs,afin que l'un cessant de nous faire
vivre, l'autre eût suppleé à son defaut; ainsi la
cause de la duplicité des parties n'est pas la raison
qu'ils en ont apportée; mais plûtôt la perfection
des actions de ces mêmes parties; car s'il n'y a
qu'un foye pour separer la bile, qu'une ratte
pour subtiliser le sang, qu'un pancreas pour filtrer le suc pancreatique, & qu'il y ait neanmoins
deux reins, c'est que ces sortes d'humeurs ne
sont pas en aussi grande quantité que la serosité,
qui n'auroit pû estre separée toute par un seul
rein ; voila la raison pourquoi il y en a deux.

o o
Les
reins.

Cependant il y a environ dix ans que je disse-
quai un homme dans lequel je n'en trouvai
qu'un ; mais il étoit plus gros qu'à l'ordinaire,
& placé dans le milieu du bas ventre.

Ils sont situez dans la region umbilicale, l'un
à droité sous le foye, & l'autre à gauche sous la
ratte ; ils sont couchez sur le muscle psoas, aux
côtez de l'aorte & de la véne cave, entre les
deux tuniques du peritoine ; d'où vient qu'on
ne les peut voir qu'on n'ait auparavant ouvert
cette membrane : Ils ne sont pas directement situez vis-à-vis l'un de l'autre, parce qu'ils sus-
pendroient la serosité que les arteres émulgentes
leur portent, & l'empêcheroient de couler : mais
le droit est ordinairement plus bas que le gauche, non seulement pour cette raison, mais encore parce qu'il est placé sous le foye, qui occupant plus d'espace, & descendant plus bas que la
ratte, ne lui permet pas de monter si haut que le
gauche : Ils sont éloignez l'un de l'autre environ de quatre travers de doigts.

Ils sont attachez aux lombes & au diaphragme
par une membrane qui leur vient du peritoine ; à
la véne cave, & à la grosse artere par les vénes
& les arteres émulgentes ; & à la vessie par les
ureteres. Le rein droit est attaché au cœcum, &
quelquefois au foye, & le gauche au colon, &
quelquefois aussi à la ratte.

Leur figure approche de celle d'un croissant,
étant faite à peu prés comme une feüille de ca-
baret, ou comme une fêve : Ils sont caves par
la partie qui regarde les vaisseaux, & convexes
& ronds par celle qui regarde les côtez.

Situa-
tion des
reins.

Leur con-
nexion.

Figure
des reins.

O iij

Grandeur & couleur des reins. Les reins font d'une groffeur mediocre ; il arrive fouvent qu'un eft plus gros que l'autre, & indifferemment tantôt le droit, & tantôt le gauche ; leur longueur ordinaire eft de quatre ou cinq travers de doigts, leur largeur de trois, & leur épaiffeur de deux. Leur fuperficie eft polie & douce, comme celle du foye, & leur couleur eft d'un rouge obfcure, & rarement d'un vif éclatant.

Deux membranes aux reins. Ils ont deux membranes, l'une exterieure & commune, qui leur vient du peritoine, & l'autre interieure & propre qui couvre directement le rein, & retient toutes les glandes qui le compofent dans leur état naturel ; cette derniere eft fort délicate : On pretend qu'elle eft une continuité de la tunique des vaiffeaux qui y entrent, lefquels fe dilatant tapiffent interieurement les reins, & fe refléchiffant en dehors, viennent les environner par tout : Ils font toûjours couverts de beaucoup de graiffe.

Nerfs des reins. Les reins reçoivent chacun deux nerfs, l'un qui leur vient du rameau ftomachique, qui fe diftribuë dans leur membrane propre ; & l'autre qui vient des environs du mefentere, entre par la partie cave du rein, & va fe perdre dans fa fubftance ; ce font ces nerfs qui caufent les vomiffemens qui ferviennent aux douleurs nephretiques.

P P Arteres des reins. Il y a deux groffes arteres qui fortent du tronc de l'aorte, & qui vont chacune à un rein ; mais auparavant que d'y entrer, elles fe divifent chacune en trois ou quatre branches, qui après avoir penetré la fubftance du rein par fa partie cave, vont se rendre à une infinité de petites glandes, où elles portent confusément le sang & la serosité.

L'usage des reins est de filtrer l'urine, comme le foye filtre la bile, & voici comment ; le glandes, dont presque toute la substance des reins est composée, ayant reçû le sang qui leur a esté porté par les rameaux des arteres qui s'y terminent, en separent l'urine par la configuration de leurs pores, & s'en déchargent dans plusieurs petits tuyaux, qui se réunissant forment de petites piramides mammillaires qui la distillent dans le bassinet, d'où elle coule ensuite par les ureteres dans la vessie.

Le sang qui a esté porté à ces glandes par les arteres, & qui n'a pû passer par les orifices de ces petits tuyaux, est repris par les rameaux de la véne émulgente, qui le reporte dans la véne cave.

J'ai fait ouvrir ce rein suivant sa longueur, afin de vous faire voir sa structure interieure ; sa substance est rouge, dure & particuliere, n'y en ayant point de semblable dans tout le corps ; vous pouvez examiner la distribution des arteres qui vont à toute sa circonference, & qui retournent à ces petits corps mammillaires que vous voyez au nombre de huit ou dix : On les appelle mammillaires, à cause qu'ils ressemblent à un mammelon : Ils avancent pourtant un peu en pointe, à l'endroit où ils sont percez, pour laisser tomber l'urine dans le bassinet.

Le bassinet est une cavité faite de l'extremité de l'uretere, qui se dilate dans la partie cave du

Usage des reins.

QQ Véne des reins.

R Un rein ouvert.

Qu'est-ce que le bassinet.

rein : à mesure qu'il s'étrecit, il forme la figure d'un entonnoir, dont la partie la plus étroite fort du rein, & fait le commencement de l'uretere : Son vsage est de recevoir l'urine qui distille de ces mammelons.

Usage du baffinet.

S S
Les ure-teres.

Les ureteres font deux canaux particuliers qui fortent de châque côté du baffinet des reins, & qui vont obliquement entre les deux membranes du peritoine se terminer dans la veffie affez prés de fon col.

Leur grandeur & leur fi-gure.

Ils ont autant de longueur qu'il y a de chemin depuis les reins jufqu'à la veffie ; leur groffeur ordinaire approche de celle d'une plume à écrire ; car dans ceux qui ont efté fujets aux douleurs nephretiques, l'on y trouve quelquefois leurs cavitez dilatées à y mettre le petit doigt : leur figure eft femblable à celle d'une S.

Leurs membranes & leurs vaiffeaux

Ils font compofez de deux membranes, l'une exterieure qui leur vient du peritoine, & l'autre interieure qui leur eft propre ; celle-ci eft la plus forte ; ils reçoivent des nerfs qui viennent de l'intercoftal, qui leur donnant un fentiment tres-exquis, font fouffrir de cruelles douleurs à ceux qui font atteints de la gravelle. Ils ont auffi des branches d'arteres qu'ils reçoivent des parties voifines, & des petites veines qui y retournent.

Quelques-uns pretendent que ces canaux prennent leur origine de la veffie, parce qu'ils difent qu'ils ont une fubftance blanche & membraneufe comme elle ; mais mon fentiment eft qu'ils la prennent des reins, puifque tous les conduits ont leur principe où ils reçoivent ce qu'ils con-

duifent, & leur fin où ils le déchargent ; c'eft
pourquoi nous dirons qu'ils commencent à la fin
du baffinet, en fortant du rein ; que leur milieu
eft tout ce qui eft entre les reins & la veffie ; &
que leur fin eft à l'endroit où ils entrent dans la
veffie, qu'ils percent adroitement ; car ayant
penetré la membrane exterieure, ils fe traînent
environ de la longueur de deux travers de doigts
entre les deux membranes, & percent l'interne
proche de fon col ; de maniere que l'urine étant
une fois entrée, ne peut plus remonter dans ces
canaux, à caufe que l'ouverture d'une m'embra-
ne eft bouchée par l'autre.

L'ufage des ureteres eft de recevoir l'urine
qui a efté feparée dans les reins, & de lui fervir
d'aqueduc pour la conduire dans la veffie.

Ufages des ure-teres.

La veffie eft une partie membraneufe qui forme une cavité confiderable & propre à contenir
l'urine, & même des corps folides qui s'y engendrent contre nature.

T
La veffie.

Elle eft fituée au milieu de l'hypogaftre, dans
la duplicature du peritoine, entre l'os facrum
& l'os pubis.

La fitua-tion de la veffie.

La figure de la veffie eft ronde, oblongue, &
femblable à celle d'une bouteille renverfée ; elle
n'eft pas également grande dans tous les fujets ;
neanmoins elle l'eft affez pour recevoir une quantité raifonnable d'urine : Quand il arrive qu'elle
eft trop petite, on eft obligé de piffer fouvent.

Sa figure & fa gran-deur.

La fubftance de la veffie eft membraneufe,
pour pouvoir s'étendre & fe refferrer felon les
befoins ; Elle eft compofée de trois tuniques, une

Subftan-ce de la veffie.

commune & deux propres ; la commune lui
vient du peritoine ; elle eſt fort ſenſible ,étant
tiſſuë de fibres nerveuſes : la premiere des propres eſt fort épaiſſe , ſolide, dure & tiſſuë de
fibres charnuës , par le moyen deſquelles elle ſe
reſſerre & s'étreſſit dans le tems de l'expulſion de
l'urine. : La ſeconde des propres , qui eſt l'interne, eſt la plus mince & la plus délicate ; elle a
un ſentiment tres-exquis ; elle eſt pleine de rides
pour en faciliter la dilatation & la contraction ;
elle eſt enduite d'une eſpece de mucoſité , qui
empêche l'action des ſels de l'urine.

Vaiſſeaux de la veſ-ſie.

La veſſie reçoit deux nerfs , l'un qui vient de
la ſixiéme paire, & qui va s'inſerer dans ſon fond ;
& l'autre , de la moëlle de l'os ſacrum, & qui va
ſe perdre dans ſon col. Elle a des branches, des arteres hypogaſtriques qui lui portent du ſang pour
ſa nourriture, & de petites vénes qui reportent
dans la véne hypogaſtrique le reſidu du ſang.

V Fond de la veſſie.

On conſidere deux parties à la veſſie , ſçavoir
le fond & le col. Le fond eſt la partie la plus ample, & la plus propre à contenir l'urine : Aux
hommes il eſt placé ſur le rectum, & aux femmes ſur la matrice : Il eſt d'une largeur & d'une
grandeur raiſonnable ; il s'étreſſit peu à peu , &
vient ſe terminer au col.

X Son col.

Le col eſt la partie la plus étroite , la plus
épaiſſe & la plus charnuë de la veſſie : Il eſt beaucoup plus long , plus tortueux, & moins large
dans les hommes, que dans les femmes : Il a un
petit muſcle circulaire , appellé le ſphincter de
la veſſie , qui ſert à ouvrir ou fermer ſon orifice,
ſelon nôtre volonté.

Le fond de la veſſie eſt attaché au nombril Conne-
par l'ouraque qui le tient ſuſpendu , de peur xion de
qu'il ne tombe ſur ſon col. Ses côtez ſont auſſi la veſſie.
attachez aux arteres umbilicales degenerez en
ligamens ; ſon col a l'inteſtin droit aux hommes ,
& aux femmes au col de la matrice.

La veſſie a trois trous , deux internes, qui ſont Trous
faits par les ureteres, proche de ſon col , & un de la veſ-
exterieur, par lequel l'urine a ſon iſſuë. ſie.

L'uſage la veſſie eſt de recevoir & de contenir Uſages
l'urine qui y eſt apportée par les ureteres , de lui de la veſ-
ſervir de reſervoir , & de s'en décharger de tems ſie.
en tems par le moyen d'un ſphincter , qui l'ouvre
& la ferme ſelon le deſir de l'animal.

Quoique je me ſois acquité, Meſſieurs , de ce
que je vous ay promis , en vous démontrant les
parties qui contribuent à la perfection du ſang ,
& qui ſeparent de ſa maſſe tout ce qui peut
lui nuire ; neanmoins comme je me ſuis propo-
ſé de faire une Anatomie parfaite , je ſuis bien
aiſe de vous faire voir encore dans cette Démonſtration les deux gros vaiſſeaux du bas ventre , qui ſont la groſſe artere & la véne cave.

L'artere eſt compoſée de pluſieurs membranes tres-fortes , parce qu'elle contient un
ſang vif & ſubtil, qui eſt dans une agitation
continuelle , & qu'elle a beſoin de force pour
reſiſter aux mouvemens que ce ſang reçoit ſans
ceſſe du cœur ; au contraire la véne n'en a que
de tres-déliée, parce que le ſang qu'elle renferme eſt tranquille , & que ſon uſage eſt ſeulement
de le reporter au cœur.

Cette groſſe artere a un nom particulier, ou

l'appelle Aorte, elle vient directement du ventricule gauche du cœur, où elle reçoit le ſang
pour le diſtribuer à tout le corps. Je ne vous démontrerai ici que les arteres qu'elle jette dans le
bas ventre aprés qu'elle a percé le diaphragme:
Elles ſont ſept, dont la premiere eſt la cœliaque,
qui ſe diviſe en deux, en droite qui va au foye,
& en gauche qui va à la ratte; la ſeconde eſt la
meſenterique ſuperieure qui va à la partie ſuperieure du meſentere: la troiſiéme, ſont les émulgentes qui vont aux reins: la quatriéme les ſpermatiques, qui vont aux parties de la generation:
le cinquiéme la meſenterique inferieure, qui va
aux inteſtins, & à la partie baſſe du meſentere:
la ſixiéme, les lombaires qui vont aux muſcles
des lombes; & la ſeptiéme, les muſculaires ſuperieures qui ſe perdent dans les chairs.

Lorſque l'aorte eſt parvenuë à l'os ſacrum,
elle monte ſur la véne cave, & ſe diviſe en deux
groſſes arteres, que l'on appelle iliaques: il y en
a une de chaque côté qui ſe diviſe derechef en
interne & en externe; l'iliaque interne & plus
petite eſt celle qui avant que de ſortir de la cavité du bas ventre pour aller aux cuiſſes, jette quatre arteres, qui ſont la ſacrée, la muſculaire inferieure, l'umbilicale, & l'hypogaſtrique; l'externe & plus groſſe eſt celle qui aprés avoir jetté
l'artere epigaſtrique & la honteuſe, ſe porte dans
les cuiſſes où elle change de nom, & s'appelle
alors artere crurale; nous la laiſſerons là pour la
démontrer en ſon lieu.

Dans le même endroit où finit l'artere iliaque,
il y a une véne de pareille groſſeur, que l'on ap-

pelle iliaque externe, à laquelle viennent se rendre non seulement trois autres plus petites vénes, qui sont la musculaire inferieure, la honteuse, & l'epigastrique ; mais encore l'iliaque interne, qui est faite de deux vénes, qui sont l'hypogastrique, & la musculaire moyenne ; ces deux
vénes iliaques d'un côté, avec les deux autres
iliaques qui viennent de l'autre (car il y en a
quatre, deux de chaque côté) commencent à
former à l'endroit de l'os sacrum une tres-grosse
véne, que l'on nomme la véne cave ascendante ; il
y a encore deux vénes qui viennent s'y rendre,
& qui la grossissent, qui sont la sacrée, & la musculaire superieure.

Ne croyez pas, Messieurs, que je me sois
trompé, quand j'ai nommé cette véne ascendante ; tous les Auteurs l'ont à la verité appellée
descendante, parce qu'ils croyoient que le sang
descendoit du foye par cette véne, pour nourrir
les parties qui sont au dessous du diaphragme ;
mais comme nous sommes assurez qu'elle a un
usage tout contraire, qui est de porter le sang
des parties inferieures au cœur ; c'est avec justice que nous la nommons ascendante : Elle commence à prendre le nom de véne cave sur l'os sacrum, où les quatre iliaques se joignent ensemble. En montant en haut, elle reçoit quatre sortes de vénes ; les premieres sont les lombaires
qui viennent des muscles des lombes ; les secondes, les spermatiques qui viennent des parties de
la generation ; les troisiémes, les émulgentes qui
viennent des reins ; & les quatriémes, les adi-
peuses qui viennent de la membrane graisseuse

Marginal note: Cette véne étoit appellée autrefois descendante.

des reins. Enſuite cette véne cave aſcendante,
perce le diaphragme pour entrer dans la poitrine,
& va finir au ventricule droit du cœur. C'eſt là
où nous la laiſſons pour la reprendre & l'examiner, lorſque nous vous démontrerons les parties
contenuës dans la poitrine.

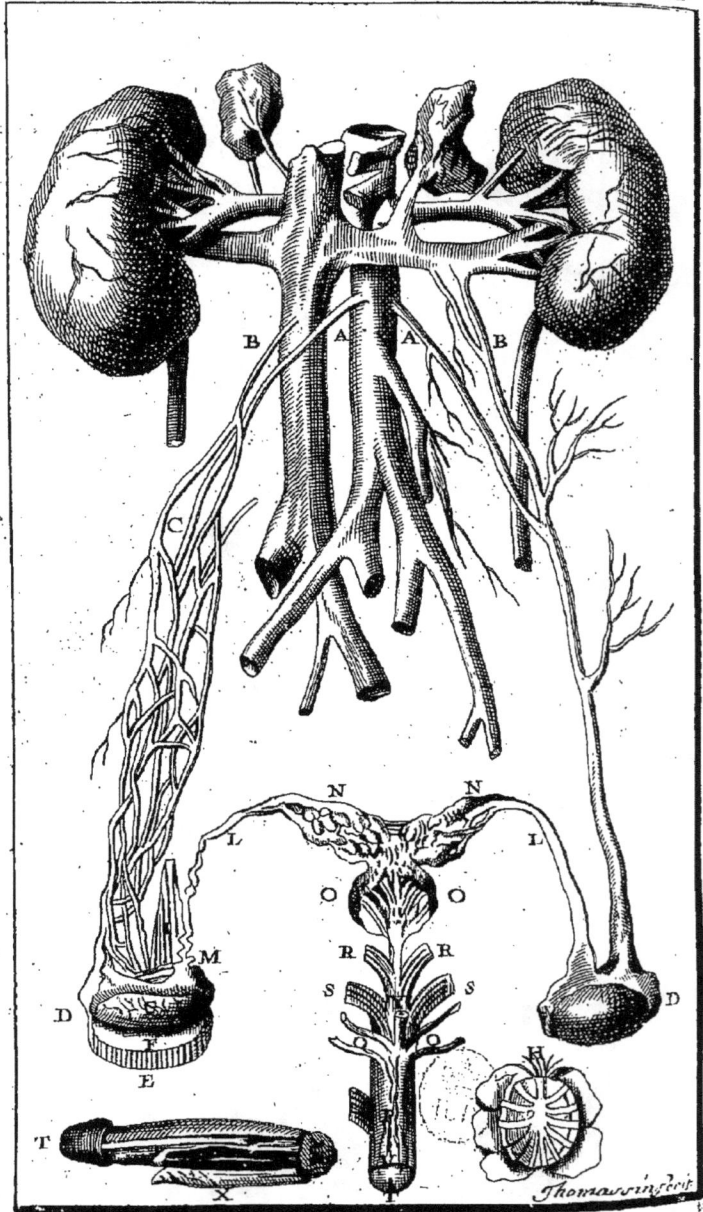

Thomassin fecit

QUATRIE'ME
DEMONSTRATION.

*Des Parties de l'Homme , qui servent à
la generation.*

P OU R suivre l'ordre de la division
que j'ai faite des trois sortes de Parties
contenuës dans le bas ventre , il est
necessaire , Messieurs , qu'aprés vous
avoir fait voir dans les deux dernieres Démonstrations les parties qui servent à la Chilification
& à la Purification , tant du chile que du sang ,
je vous fasse voir aussi celles qui sont destinées
à la generation : J'en ferai deux Démonstrations ,
afin de ne pas confondre les parties qui sont propres à l'Homme , avec celles qui le sont à la Femme : & aussi afin que les Chirurgiens puissent choi-
sir celle des deux qui les accommodera davantage , suivant le sujet qu'ils auront à dissequer.

Les parties qui servent à la generation sont
communes , ou propres ; les communes sont celles qui se trouvent dans l'un & l'autre sexe ,
comme les vaisseaux spermatiques , les testicules ,
& les vaisseaux deferens. Les parties propres
sont ou particulieres à l'Homme , comme les parastates ou epididimes , les vessicules seminaires ,

*Plusieurs
parties de
la gene-
ration.*

les proftates & & la verge ; ou à la femme, comme la matrice.

Voila, Meffieurs, toutes les parties de la generation, dont j'ai à vous entretenir dans les deux
Démonftrations que je vous ay promifes: Je commencerai par celle des parties de l'homme, dans
laquelle je ferai voir non feulement celles qui
luj font propres, mais encore celles qu'il a de
communes avec la femme, afin qu'on voye en
quoi elles different : Je fuivrai ce même ordre
dans la Démonftration fuivante.

Plufieurs Auteurs ont pretendu que toutes ces
parties meritoient le titre de parties nobles, auffi
bien que le cerveau & le cœur. Il y en a même
qui encherifffent, & qui leur donnent la preference fur toutes les autres parties, difant que le
cerveau & le cœur, ne tendent qu'à la confer-
vation de l'individu, & que ces parties tendent
à celle de l'efpece.

Quatre vaiffeaux fpermatiques. Les parties qui paroiffent les premieres à
l'Homme font les vaiffeaux fpermatiques, qui
font quatre, fçavoir deux arteres & deux
vénes.

A A Deux arteres fpermatiques. Les deux arteres fpermatiques viennent du
tronc de l'aorte ; celle du côté droit en fort en-
viron d'un travers de doigt au deffus de celle du
côté gauche, elles s'étendent obliquement fur
les ureteres, & décendent le long du mufcle
pfoas jufqu'aux aînes, où elles trouvent une
production du peritoine qui les reçoit & les
conduit jufqu'aux tefticules, en paffant par les
anneaux des aponévrofes des mufcles de l'abdomen.

Les

Les deux vénes fpermatiques fortent des tefticules pour aller aboutir à la véne cave, au tronc
de laquelle celle du côté droit va immediatement;
au lieu que celle du côté gauche ne va qu'à l'e-
mulgente; pendant que ces vénes avancent, il y a
de petites branches de vénes qui viennent du
peritoine & des mufcles voifins fe joindre à elles,
& leur rapporter le refidu du fang de ces parties
pour le conduire dans la véne cave.

L'artere & la véne, dont l'une monte & l'autre defcend de chaque côté, s'approchent l'une
de l'autre, & font enveloppées d'une même tunique que leur donne le peritoine. Les differens
rameaux que la véne y produit en remontant
fe refléchiffent & ferpentent de maniere qu'elles
forment feule ce corps, qu'on appelle variqueux
ou piramidal, l'artere n'y contribuant en rien,
puifqu'elle defcend prefqu'en ligne droite dans
le tefticule, fans fe divifer, excepté à l'endroit
de fon infertion, où elle fe divife alors en deux
rameaux, dont le plus petit va fe terminer fous
l'epididime, & l'autre au tefticule; & ainfi il ne
faut pas dire comme ceux qui ont écrit depuis
peu, que la véne & l'artere s'entre-laffent par
plufieurs circonvolutions, & qu'elles font le
pampiniforme.

Les vaiffeaux fpermatiques font plus grands
aux hommes qu'aux femmes; & tant aux uns
qu'aux autres les arteres font toûjours plus amples que les vénes: Ils ne percent point le peritoine, comme aux chiens, mais font conduits
dans fa production, accompagnez de quelques
rameaux des nerfs intercoftaux, & de la vingt &

C
Corps
pampini-
forme.

P

uniéme paire de l'épine, qui s'en vont aux testicules pour y porter l'esprit animal, ou suivant
quelques-uns, la matiere de la femence; ce qui ne
peut pas estre, parce que les nerfs n'ayant pas
de cavité, ne peuvent servir de conduits à une
matiere aussi épaisse que la femence.

La véne
fpermati-
que gau-
che va à
l'emul-
gente.

L'on a cherché la raison pourquoi la véne spermatique gauche n'alloit qu'à l'émulgente, & non
pas au tronc de la véne cave comme la droite;
mais on ne l'a pas trouvée juste, lorsqu'on n'a fait
que dire que c'est à cause qu'elle auroit pû se rompre par le battement continuel de cette artere,
en passant par dessus, puisqu'il est plus vray-semblable de croire, que c'est parce que l'aorte passant dans cet endroit sur la véne cave, empêche la
véne spermatique gauche d'y parvenir; il ne faut
pas non plus alleguer que le sang auroit trop de
peine à remonter jusques-là, puisque la nature
a mis dans les vénes spermatiques plusieurs valvules de distance en distance, qui servent comme d'échelons au sang pour monter.

Ces vaif-
feaux é-
toient ap-
pellez les
vaiffeaux
preparás.

Ces deux arteres & ces deux vénes spermatiques ont esté nommées vaisseaux preparans par
les Anciens, parce qu'ils croyoient que la semence commençoit de s'y preparer; & pour
cela ils supposoient que ces vaisseaux s'unis-
soient par des ouvertures sensibles, que l'on appelle anastomoses, par le moyen desquelles ils
disoient qu'il se faisoit un mélange du sang arteriel avec le venal, & qu'étant arrêté quelque
tems dans ces corps pampiniformes, il y recevoit
la premiere teinture de la femence.

Mais le principe que nous suivons est bien

oppofé à leur erreur, puifqu'il nous apprend que le fang eft directement porté par les deux arteres aux tefticules, & que fi elles fe divifent chacune en deux petites branches un peu auparavant que d'y entrer, c'eft afin d'en mieux penetrer la fubftance, en y entrant par plufieurs endroits, & que les particules de la femence, que ce fang arteriel porte avec lui, en foient exactement feparées : d'ailleurs la circulation nous fait voir que le réfidu de ce fang eft reporté par les vénes fpermatiques à la véne cave, & qu'il n'y a point d'anaftomofes des arteres avec les vénes, non feulement en cet endroit, mais encore dans pas une partie du corps ; car il eft certain que fi le fang paffoit des extremitez des arteres dans celles des vénes, comme il arriveroit s'il y avoit anaftomofe ; la nourriture des parties ni la feparation des liqueurs ne fe pourroit faire ; & ce feroit en vain que la nature auroit fait des arteres fi fortes pour contenir le fang arteriel, fi elle avoit mis des embouchures de ces arteres avec les vénes, qui n'ont que des membranes fort minces ; car alors ce ne feroit plus qu'un même vaiffeau : On peut encore ajoûter à ces raifons, qui font toutes tres-convaincantes que fi le fang, auffi violent qu'il eft dans les arteres, avoit la liberté d'entrer dans les vénes, il les dilateroit & les romperoit infailliblement.

Si la raifon eft oppofée à la doctine des Anciens, l'experience ne l'eft pas moins, & en voici une que j'ai faite plufieurs fois : pour la faire je prenois deux liqueurs que je compofois avec de l'huile & de la cire fondües enfemble ; à l'une

Il n'y a point d'anaftomofe entre les arteres & les vénes fpermatiques.

Experience qui prouve qu'il n'y en a point.

j'y mêlois un peu de vermillon, & à l'autre une teinture verte pour les rendre de differentes couleurs; j'en feringuois fort aifément une dans l'artere fpermatique; il les faut feringuer chaudes. J'avouë que je ne pouvois venir à bout de faire entrer l'autre dans la véne, parce que fes valvules, qui regardent de bas en haut, s'y oppofoient : Mais lorfque j'allois chercher le principal rameau de cette véne proche le tefticule, & que je feringuois ma liqueur, elle y entroit facilement, & empliffoit toutes les branches, & dégorgeoit dans la véne cave.

Ces liqueurs étant réfroidies, fe congeloient & me donnoient une grande facilité d'en diffequer jufqu'aux moindres rameaux, je trouvois la liqueur rouge dans toutes les branches des arteres, & la verte dans toutes celles des vénes, fans m'eftre jamais apperçû qu'il y en ait paffé de l'une dans l'autre ; & ainfi je conclus avec certitude qu'il n'y a point d'anaftomofe, & que le fang de l'artere fpermatique eft porté au tefticule, & celui de la véne reporté au tronc de la cave fans aucun mélange.

Il faut obferver en faifant cette experience, de ne diffequer ces vaiffeaux qu'à l'endroit où vous les voulez ouvrir pour y conduire le bout de la feringue, parce qu'en les découvrant davantage, on pourroit en couper quelque petit rameau, par lequel la liqueur s'échaperoit en feringuant.

Si vous faites cette experience, vous n'aurez point de regret à la peine que vous vous ferez donnée, parce qu'en vous convainquant de la

Ufage des vaiffeaux fpermatiques.

verité, vous verrez encore les circonvolutions &
les entrelaſſemens des vénes, qui meritent d'eſtre
examinez.

Je ſuis perſuadé que ces circonvolutions de
vénes aident au ſang qu'elles contiennent à
monter en haut, & que la nature s'eſt ſervie de
la méme induſtrie dont nous nous ſervons lorſque nous voulons monter une montagne, nous
n'allons pas directement au ſommet, mais tantôt à droite, & tantôt à gauche; & faiſant un
chemin en forme de zigzague, nous parvenons
enfin juſqu'au lieu le plus haut.

Uſages des cir- circon- volu- tions.

Les valvules qui ſont dans la cavité des vénes,
ſont auſſi d'un grand ſecours au ſang pour le faire monter; elles y ſont diſpoſées d'eſpace en eſpace, afin de le ſoûtenir & de l'empêcher de tomber;
de maniere que cette diſpoſition naturelle le
conduit dans la véne cave, pour peu qu'il y ſoit
pouſſé par le nouveau ſang qui entre dans la
véne ſpermatique.

Les teſticules ſont ainſi appellez du mot Latin
teſtes, qui ſignifie témoins, parce qu'ils le ſont
de la force & de la vigueur de l'homme : On les
appelle encore didimes, c'eſt à dire gemeaux, à
cauſe qu'ils ſont ordinairement deux; car il eſt
rare d'en trouver trois, ou de n'en trouver qu'un;
cependant l'on nous aſſure que tous ceux d'une
famille illuſtre d'Allemagne en avoient trois,
& qu'ils avoient auſſi plus d'ardeur pour le
ſexe.

D D Les teſti- cules.

Il y a des Auteurs qui raportent que les teſticules & la verge même ſont demeurez cachez
dans l'abdomen juſqu'à l'âge de puberté à quel-

ques perfonnes à qui ces parties ne font forties
dehors que par quelque effort violent qu'elles
ont faits, & qu'ayant paffé pour des filles jufqu'alors, ces parties ont rendu témoignage que
c'étoit des hommes.

Situation des tefticules. Ils font fituez à l'homme hors de l'abdomen
à la racine de la verge, dans le fcrotum. La raifon
de cette fituation n'eft pas comme on fe l'eft ima-
giné, afin que les vaiffeaux qui portent la femence
fuffent plus longs, ni que le fang y reftant plus
long-tems, la preparation de la femence s'y fift
mieux; car ils n'ont point de part à fa formation, que parce qu'ils charient le fang dont elle
eft feparée. D'ailleurs, fi la nature avoit eu
deffein de faire le chemin de ces vaiffeaux plus
long, elle pouvoit les faire fortir d'un endroit
plus haut de l'aorte : Mais il y a plus lieu de
croire qu'ils font placez dehors pour empêcher
que leur chaleur naturelle ne fuft augmentée
par celle des parties du bas ventre; ce qui auroit
rendu l'homme trop lafcif; car l'experience fait
voir que les animaux qui les ont en dedans, font
plus chauds & plus feconds que les autres.

Figure & grandeur des tefti-cules. Les tefticules font de figure ovale, & de la
groffeur d'un œuf de pigeon : On pretend nean-
moins que le droit eft toûjours un peu plus gros
que le gauche; que la femence qui s'y filtre, eft
plus cuite, & que c'eft lui qui engendre les
mâles.

Ce qui a donné lieu à cette erreur, c'eft que
l'on croyoit que le fang étoit apporté par les vénes fpermatiques : que celle du côté droit venant
immediatement du tronc de la cave, en fournif-

foit de plus chaud , que celle du côté gauche qui vient de l'emulgente ; & ainfi que c'étoit le tefticule gauche qui engendroit les femelles. Erreur des Anciens.

Cette opinion fe détruit, parce que les vénes ne portent rien aux tefticules ; que les arteres qui leur diftribuent le fang, viennent toutes deux du tronc de l'aorte ; & que ceux à qui l'on a ôté un tefticule, foit le droit ou le gauche, engendrent également des mâles & des femelles.

Les tuniques qui enveloppent les tefticules font cinq ; fçavoir deux communes, qui font le fcrotum & le dartos ; & trois propres, qui font l'eritroïde, l'elitroïde, & l'albugineufe.

La premiere des membranes communes eft le fcrotum, ou la bourfe ; elle eft compofée de la cuticule, & de la peau, qui eft plus déliée & plus mince en cet endroit qu'aux autres parties du corps : elle eft molle, ridée, & fans graiffe ; elle fe couvre de poils à quatorze ou quinze ans ; elle eft divifée en partie droite & en partie gauche par une ligne ou future, qui commence à l'anus, qui paffe par le perinée, & qui finit au gland. Cinq membranes des tefticules.

La feconde membrane commune s'appelle dartos ; c'eft une continuation de la membrane charnuë, qui eft une des cinq enveloppes de tout le corps ; elle eft plus déliée en cet endroit qu'aux autres, quoiqu'elle foit tiffuë de beaucoup de fibres charnuës : C'eft par le moyen de cette tunique que le fcrotum fe comprime, & devient tout ridé ; elle a plufieurs vaiffeaux qui lui viennent des arteres honteufes ; elle n'envelope pas feulement les deux tefticules, comme le fcrotum, mais elle s'avance entre-eux pour les Deux membranes communes.

feparer l'un de l'autre , & empêcher par ce moyen qu'ils ne fe froiffent en s'entre-touchant.

Trois membranes propres.

La premiere des tuniques propres eft l'eritroïde , c'eft à dire rouge ; elle eft parfemée de fibres charnuës qui la font paroître rougeâtre ; elle eft produite par le mufcle fufpenfeur des tefticules , qui eft le cremafter.

E
L'Er-
troïde.

F
L'Elitroï-
de.

La feconde eft l'Elitroïde ; elle reffemble à une gaine ; c'eft ce qui l'a fait nommer vaginale ; elle eft formée par la dilatation de la production du peritoine ; elle a fa fuperficie interne égale & polie, & l'externe rude & inégale; ce qui la rend fort adherente à la premiere des propres.

G
L'albugi-
neufe.

La troifiéme eft l'Albugineufe, que l'on appelle ainfi , parce qu'elle eft blanche ; elle eft nerveufe , forte & épaiffe ; c'eft elle qui couvre immediatement la fubftance du tefticule, dont elle a la même figure, ou plûtôt c'eft elle qui lui donne celle qu'il a ; elle prend fon origine des tuniques qui enferment les vaiffeaux fpermatiques.

H
Un tefti-
cule ou-
vert.

Sa ftru-
cture.

On n'a pas plûtôt coupé cette derniere tunique, que l'on découvre la fubftance du tefticule qui eft blanche, molle & lâche, parce qu'elle eft compofée de plufieurs petits vaiffeaux feminaires, & de quantité d'autres capillaires, qui font des rameaux, d'arteres de vênes, de nerfs, de vaiffeaux limphatiques, & des racines des vaiffeaux que l'on appelle déferens, de maniere que toute la fubftance des tefticules n'eft qu'un tiffu & un laffis d'une infinité de petits vaiffeaux, dont la ftructure eft furprenante; on avoit cru qu'elle étoit moëllenſe & glanduleuſe , parce qu'on ne s'étoit pas donné la peine de l'examiner.

Deux muſcles que l'on nomme cremaſteres , ou ſuſpenſeurs , tiennent les teſticules ſuſpendus , afin qu'ils n'entraînent pas par leur peſanteur les vaiſſeaux ſpermatiques. Ils prennent leur origine d'un ligament qui eſt à l'os du penil, où les muſcles tranſverſes de l'abdomen finiſſent , deſquels ils paroiſſent eſtre une continuité ; ils ſortent par la production du peritoine , & envelopent les teſticules comme une membrane ; ce qui fait que quelques-uns les confondent avec la premiere des propres.

I
Le muſcle cremaſter.

L'uſage des teſticules eſt de filtrer la ſemence, & de la ſeparer du ſang. Il n'eſt pas difficile d'expliquer comment ſe fait cette filtration , ſi on remarque ce que j'ai dit de la ſtructure des teſticules ; car du moment qu'on ſçaura qu'ils ſont compoſez d'arteres , de vénes , & d'une infinité de petits vaiſſeaux ſeminaires qui y ont communication avec les racines des vaiſſeaux déferens , on ne doutera pas que les arteres n'y portent une liqueur mêlée de ſemence & de ſang , ni que les vénes ſpermatiques ne rapportent ce ſang, aprés que la partie, la plus ſubtile, qui eſt la ſemence, en a eſté ſeparée par ces petits vaiſſeaux ſeminaires. Cette ſemence étant ainſi ſeparée eſt receuë par les racines du vaiſſeau déferent, qui la portent du teſticule dans l'epididime, ou paraſtate, d'où elle paſſe enſuite dans le tronc même du vaiſſeau déferent , qui la décharge dans les veſſicules ſeminaires , où elle ſejourne pour

Uſage des teſticules.

estre ejaculée , comme nous le dirons cy-
cy-aprés.

Les epididimes ou paraſtates ſont de petits corps
ronds , qui ſortent d'un des bouts du teſticule ,
ſur lequel ils ſe refléchiſſent dans toute ſa longueur ; ils ſont ainſi nommez, à cauſe qu'ils ſont
couchez ſur les teſticules , qu'on appelle didimes ;
ils ſont ſemblables à des vers à ſoye , & ſont fortement attachez à la tunique albugineuſe du
teſticule.

On donne beaucoup de differens uſages aux
epididimes , mais leur veritable eſt de recevoir
la ſemence ſeparée dans le teſticule , & de la verſer dans le tronc du vaiſſeau deferent , auquel ils
ſont continus.

Les vaiſſeaux deferens ſont ainſi appellez , à
cauſe de leur uſage ; d'autres qui croyent que la
ſemence dans le tems du coït eſt ejaculée par
ces vaiſſeaux , les appellent ejaculatoires , mais
ils ne meritent pas ce nom , puiſqu'ils ne font que
conduire la ſemence goute à goute dans les véſſi-
cules ſeminaires.

La ſubſtance de ces vaiſſeaux eſt blanche &
nerveuſe : leur figure eſt ronde , leur groſſeur eſt
comme un tuyau de plume ; leur cavité eſt obſcu-
re dans leur commencement , plus ſenſible dans
leur milieu , & tres-apparente dans leur fin.

Leur ſituation eſt en partie dans le ſcrotum ,
& en partie dans l'abdomen ; car ils ont leurs racines dans le teſticule même d'où ils ſortent par
un bout , & montent en haut par la même production du peritoine qui envelope les vaiſſeaux
ſpermatiques : Lorſqu'ils ſont parvenus à la par-

tie superieure du penil, ils se recourbent par
dessus les ureteres, & vont en s'approchant l'un
de l'autre sous la partie superieure de la vessie,
où ils communiquent avec les vessicules semi-
naires.

Les deux extremitez des vaisseaux deferens
étant parvenuës entre la vessie & le rectum, se
dilatent & forment des petites cellules, que l'on
nomme vessicules seminaires: ce sont ces extremitez que du Laurens appelle parastates; quoique
Bartholin ne donne ce nom qu'à leur commencement. On ne sçauroit mieux comparer ces
vessicules qu'à une grape de raisin, & leurs cellules qu'aux cavitez des grains de grenade, dont
ils imitent parfaitement l'ordre & la figure.

N N Vessicu-les semi-naires.

Il y en a qui les font ressembler à des intestins d'oiseaux, qui se dilatent en quelques
endroits de leur circonvolutions, & qui se re-
tressissent en d'autres; elles sont longues & plus
grosses dans un des côtez que dans l'autre: Leur
largeur est environ d'un poûce à l'endroit même
où elles sont le plus dilatées; leurs cavitez sont
inégales, car il y en a de plus grandes les unes
que les autres, & quoi qu'on les compare à une
grappe de raisin, elles ne sont pas pour cela separées chacune par une membrane, comme les
grains, ayant communication les unes avec les
autres: Celles du côté droit sont separées de celles du côté gauche; elles sont situées entre la
vessie & le rectum, proche les prostates; elles
servent de reservoir à la semence.

Figure des vessi-cules se-minaires.

Leur usage.

Il sort de ces vessicules deux petits conduits
qui n'ont pas plus d'un poûce de longueur: Ils

Deux petits con-duits que

l'on appelle ejaculatoires. font larges proche les veſſicules, & diminuent à meſure qu'ils approchent de l'uretre qu'ils percent enſemble ; ils forment en dedans de l'uretre, à l'endroit par où ils entrent, une petite caruncule, ou crête, que l'on appelle *verumontanum* : C'eſt une eſpece de petite valvule qui empêche que la ſemence ne ſorte involontairement, & que l'urine en paſſant par l'uretre, ne puiſſe entrer dans les ouvertures de ces deux petits conduits. Elle a encore un autre uſage, qui eſt de déterminer la ſemence quand elle ſort de ces conduits, à prendre le chemin de la verge, & non pas celui de la veſſie.

Il y a beaucoup de Chirurgiens qui ont pris cette caruncule pour une carnoſité, à cauſe de la reſiſtance qu'ils ont ſentie en introduiſant la ſonde dans l'uretre : C'eſt à quoi l'on doit prendre garde.

Uſages des vaiſſeaux ejaculatoires. Ce ſeroit avec juſte raiſon que l'on pourroit appeller ces deux conduits, vaiſſeaux ejaculatoires, puiſque ce ſont veritablement eux qui dans le tems de l'action ejaculent la ſemence des veſſicules dans l'uretre ; il faut qu'ils ayent un ſentiment exquis, parce que ce ſont eux principalement qui ſont ſenſibles au plaiſir que l'on reſſent dans l'ejaculation.

Ces vaiſſeaux ejaculatoires ont eſté inconnus aux Anciens, qui diſoient que la ſemence étoit portée des veſſicules dans deux glandes que l'on nomme proſtates ; que de ces glandes la ſemence paſſoit par pluſieurs petits trous imperceptibles dans l'uretre ; & que ce qui faiſoit le plaiſir, c'étoit la violence que la ſemence faiſoit pour paſſer par les poroſitez de ces glandes ; mais ces deux conduits dont je vous viens de parler, détruiſent cette opinion, & nous font connoître la verité.

Les proſtates ſont deux corps glanduleux, blanchâtres, ſpongieux, & plus durs que les autres glandes : Il y en a qui les appellent petits teſticules, parce qu'ils pretendent qu'ils ſeparent une ſemence qui eſt plus glaireuſe & plus griſe que l'autre : ils ſeparent à la verité une humeur, mais on ne peut pas dire que ce ſoit de la ſemence, puiſque les châtrez ont cette ſemence, & n'engendrent point.

Les proſtates.

Ils ſont placez à côté l'un de l'autre, & ſituez à la racine de la verge ſur le ſphincter de la veſſie au commencement de l'uretre, qui paſſe même entre-eux deux à l'endroit où il a cette petite caruncule, que nous avons appellée *verumontanum* : Ils ont dans toute leur ſubſtance beaucoup de veſſicules pleines d'une humeur glaireuſe, qu'ils déchargent dans la cavité de l'uretre par pluſieurs petits tuyaux qui vont s'y rendre.

Les proſtates ont des arteres qui leur viennent des honteuſes, & des vénes qui retournent à d'autres qui portent ce nom ; de ces vaiſſeaux les uns y portent le ſang, dont cette humeur eſt ſeparée ; & les autres, qui ſont les vénes, en reportent le ſuperflu. Ils ont auſſi de petits nerfs qui les rendent ſenſibles au plaiſir & à la douleur.

Vaiſſeaux des proſtates.

Les orifices de ces petits tuyaux qui apportent l'humeur glaireuſe de ces corps glanduleux dans

Trous des proſtates.

l'uretre, font à l'entour de cette petite caruncule.
Il n'y en a jamais dans l'homme moins de dix ou
douze. Ces orifices ont chacun une petite caruncule qui fert à les boucher, & qui empêche l'écoulement continuel de cette humeur, qui precede
toûjours celui de la femence : ces caruncules fervent auffi à faire couler l'urine par deffus ces
orifices, qui par ce moyen ne font point irritez
par fon acrimonie.

L'on pretend que le fiegé ordinaire des gonor-
rhées eft en cet endroit, à caufe que quelques
fels volatils s'y attachant, ils y caufent des ulceres qui ayant rongé ces caruncules, & les orifices de ces tuyaux qui verfent l'humeur glaireufe, en font un écoulement qui dure quelquefois
toute la vie.

L'ufage des proftates eft de feparer du fang
une humeur glaireufe & huileufe ; de la garder
quelque tems dans les veſſicules ; & de l'exprimer peu à peu dans l'uretre par ces dix ou douze
petits tuyaux qui y aboutiffent : & l'ufage de
cette humeur eft de graiffer, d'humecter, &
d'enduire l'uretre, afin qu'il ne fe deffeche point,
qu'il ne fe flétriffe pas, & qu'il demeure au contraire toûjours gliffant. Elle fait en cela deux
bons effets ; le premier, c'eſt qu'elle empêche
qu'il ne foit offenfé par l'acreté de l'urine qui y
paffe continuellement ; & l'autre, c'eſt qu'elle
fert de vehicule à la femence dans le tems de l'ejaculation ; car il eft certain que fi l'uretre n'étoit
pas humeckté par quelque liqueur, la femence
venant à fortir, il s'en arrêteroit quelque partie
à fes parois ; de maniere que n'étant pas portée

Le fiege des go-
norrhées eft dans les proftates.

Ufage des pro-
ftraes.

Ufage de l'humeur glaireufe.

dans la matrice en auſſi grande quantité qu'il
s'en eſt détaché des veſſicules ſeminaires , &
qu'il en faut pour former un enfant , la generation ne ſe pourroit faire.

La peine que la nature s'eſt donnée pour fai- La Verge
re une ſemence qui eût toutes les qualitez neceſſaires pour former un homme , auroit eſté inutile , ſi elle ne lui avoit donné quelque partie
pour la porter dans la matrice : c'eſt par le
moyen de la verge qu'elle eſt conduite & verſée
dans ce lieu , où la nature de quelques goutes de
ſemence en produit un homme. La verge eſt appellée aſſez communément le membre viril ,
parce que c'eſt elle qui diſtingue l'homme d'avec
la femme ; on lui donne encore pluſieurs autres
noms , que la bienſeance ne nous permet pas de
rapporter.

La verge eſt placée à la partie inferieure & ex- Situation
terne du bas ventre ; elle eſt adherente & atta- de la
chée aux racines de l'os pubis ; cette ſituation lui verge.
eſt d'autant plus avantageuſe qu'elle n'incommode pas les autres parties dans le coït.

La verge eſt en long , elle eſt ronde , non pas Figure &
exactement , étant plus large vers ſa partie ſu- grandeur
perieure que vers l'inferieure : ſa longueur eſt Verge.
ordinairement de huit ou neuf travers de doigts ,
& ſa groſſeur environ de trois , lorſqu'elle eſt
dans l'état que les femmes la demandent ; mais
on ne peut déterminer preciſément cette longueur , ni cette groſſeur ; car les uns l'ont plus
longue & plus groſſe , & les autres l'ont plus petite & plus courte ; On peut ſeulement vous faire
remarquer qu'il y a quelques Nations qui en ſont

favorifez de plus grande que les autres, comme les Éthiopiens.

La fubftance de la verge eft particuliere, elle

Subftance de la Verge. fe divife en parties contenantes, & en parties contenuës : les premieres, qui font l'epiderme, la peau, & la membrane charnuë lui fervent d'envelope. On remarque que la peau en eft plus fine qu'aux autres parties, ce qui contribuë à la rendre auffi fenfible qu'elle eft. Il y a des animaux qui ont la verge offeufe, comme les chiens, les loups, & les renards.

Pourquoi il n'y a point de graiffe à la Verge. On demande pourquoi il ne fe trouve point de graiffe à la verge, comme à tout le refte du corps ; les uns difent que c'eft à caufe qu'elle deviendroit trop groffe, fi elle s'engraiffoit comme les autres parties ; les autres qu'elle feroit trop lourde, & que l'erection auroit trop de peine à s'en faire ; d'autres qu'elle feroit trop molle, & que la graiffe empêcheroit qu'elle n'eût la dureté qu'il faut qu'elle ait dans l'erection : J'ajoûte à ces raifons que la graiffe étant onctueufe, elle émouffereoit le fentiment, & empêcheroit que la verge ne reffentît par la friction le chatoüillement & le plaifir dont elle eft fufceptible, & qu'il faut qu'elle ait pour déterminer l'Homme à cette action.

Les parties contenuës de la verge font les vaiffeaux, les mufcles, le gland, les deux corps caverneux, & l'uretre.

Q Q Vaiffeaux de la Verge. Elle a beaucoup de nerfs, d'arteres & de vénes, & même plus qu'il n'en faudroit, fi nous en jugions par fa groffeur ; mais par rapport à fon action, elle n'en a pas plus qu'il n'en faut ; Elle à deux nerfs qui la rendent tres-fenfible , ils viennent de la moëlle de l'épine, & fortant par les trous de l'os facrum , ils montent par le milieu de la bifurcation , & fe diftribuent à tout le corps de la verge , au gland , & aux mufcles , fes plus petites branches vont à la peau. Elle reçoit des arteres des hypogaftriques & des honteu-fes ; les deux qui viennent des hypogaftriques font les plus confiderables , elles s'inferent au commencement de l'endroit où fe fait l'union des deux corps caverneux ; leurs plus gros rameaux entrent dans ces corps , & les moindres fe diftri-buent le long de la verge : Celles des honteufes ne font que des rameaux qui fe perdent dans fa circonference. Les vénes font en auffi grand nombre que les arteres ; elles reçoivent le refte du fang qui a efté épanché dans la verge, tant pour la nourrir que pour l'enfler, & le repor-tent dans les vénes hypogaftriques & hon-teufes.

Quatre mufcles, fçavoir deux erecteurs , & deux ejaculateurs fervent à la verge à faire tous fes mouvemens ; les deux erecteurs prennent leur origine de la partie interne de la tuberofité de l'ifchion , & vont s'inferer lateralement dans les corps caverneux , & répandre leurs fibres dans leurs membranes ; les deux ejaculateurs font plus longs que les precedens, ils naiffent du fphincter de l'anus, ils s'avancent le long de l'uretre jufqu'à fon milieu, où ils s'inferent la-teralement.

Quatre mufcles à la verge.

R R Les deux erecteurs.

S S Les deux ejacula-teurs.

Ufage des qua-tre mufc.

Les noms que l'on a donnez à ces mufcles nous marquent leur action, les premiers aident

Q

à l'erection de la verge, & ceux-ci à l'ejaculation de la femence, parce qu'en fe gonflant dans leurs corps & fe racourciffant, comme font tous les mufcles, ils compriment les veſſicules feminaires, & obligent la femence d'entrer dans l'uretre, d'où elle fort enfuite avec impetuofité.

La verge a un ligament fort, qui l'attache aux os du penil, & qui prend fon origine du cartilage qui joint ces os enfemble, & va s'inferer à la partie fuperieure & moyenne de la verge ; ce ligament lui eft d'un grand fecours, non feulement dans le tems de l'érection, mais encore lorfqu'elle s'amollit & fe relâche, car il la fufpend & empêche qu'elle ne tombe trop fur les tefticules.

On confidere à la verge fon corps & fes extremitez; fon corps a quatre parties, une moyenne, qui n'eft pas tout-à-fait ronde, comme je vous l'ai déja dit ; une fuperieure, qui fe nomme le dos de la verge ; deux laterales, qui font faites des corps caverneux ; & une inferieure, de l'uretre. Ses extremitez font deux, l'une où eft le gland, que l'on appelle la tefte du membre viril, & l'autre qui tient au ventre, que l'on nomme la racine de la verge; cette extremité eft environnée de poils, principalement à fa partie fuperieure, que l'on nomme le penil.

Le balanus ou gland ainfi nommé, à caufe de fa reffemblance, eft ce que nous avons appellé la tefte du membre viril ; c'eft la feule partie qui foit charnuë dans la verge, elle eft polie & douce, afin de ne point bleffer la matrice ; Il fe termine un peu en pointe, afin d'y entrer plus facilement: il eft couvert d'un membrane fort

déliée & fort fine, qui le rend fenfible au chatoüillement caufé par la friction: Quand le fang & les
efprits y affluent, comme dans le tems de l'é-
rection, il s'enfle & devient vermeil, mais quand
ils fe retirent, il pâlit & fe ride; il eft environné
d'un cercle comme d'une couronne ; fon extremité eft percée pour laiffer fortir la femence &
l'urine. Quand les enfans viennent au monde, Trou du
fans y avoir d'ouverture , comme cela arrive gland.
quelquefois , il ne faut pas manquer d'y en
faire.

Le prepuce eft l'extremité de l'enveloppe qui V
couvre la verge, il eft fait de la peau même de Le Pré-
la verge, qui eft lâche afin de s'allonger pour puce.
couvrir le gland, ou de fe redoubler pour le découvrir. Il eft attaché fous le gland par un petit
ligament rond & fort délié , qu'on nomme le
frein, ou filet; lorfqu'il eft trop court, il tire en
bas l'ouverture du gland, & alors il le faut couper comme on fait celui de deffous la langue. Il
arrive quelquefois que l'extremité du prepuce
eft fi ferrée que l'on ne peut pas découvrir le
gland, alors on appelle cette incommodité *phi-*
mofis ; & quand on la coupe , ou par maladie,
ou par ordonnance de quelque loy, cette operation fe nomme circoncifion.

L'ufage du prepuce eft de fervir de chaperon Ufage du
& de couverture au gland, & d'augmenter le Prepuce.
plaifir dans l'action.

Les corps caverneux font deux , un de cha- X
que côté , ce font eux qui compofent la partie Les corps
la plus grande & la plus confiderable de la ver- caver-
ge ; ils naiffent des parties inferieures de l'os neux.

du penil & de l'ifchion, comme d'un fonde: ment ferme & inébranlable ; ils y font attachez par deux ligamens, l'un à la commiffure de l'os pubis , & l'autre s'étend d'une des tuberofitez de l'os ifchion à l'autre ; dans leur origine ils font feparez l'un de l'autre ; mais s'approchans peu à peu ils fe joignent , & font la figure de la lettre Y ; de forte que de ces deux corps & du conduit de l'urine qu'ils embraffent , il ne s'en fait plus qu'un feul proche le gland.

Subftan-
ce des
corps ca-
verneux.

Ces deux corps ou nerfs caverneux ont deux fubftances , l'une externe , qui eft épaiffe , dure, nerveufe , & femblable aux membranes des arteres ; & l'autre interne , qui eft fongueufe, rare, fpongieufe , & femblable à de la moëlle de fureau , excepté qu'elle eft d'un rouge tirant fur le brun , & que celle du fureau eft blan- che. Je vous ay dit que les deux principales branches des arteres hypogaftriques entroient dans ces corps , qu'elles alloient finir à leur extremité proche le gland , & qu'elles dimi- nuoient à mefure qu'elles avançoient , parce qu'elles jettent une infinité de branches à droi- te & à gauche , qui verfent le fang dans ces parties.

Ce qui
fait la
tenfion
de la ver-
ge.

Experien-
ces.

Lorfque la verge fe roidit , ce font ces corps caverneux qui s'enflent en s'empliffant , non pas d'efprits feulement , comme le vouloient les Anciens , mais de fang ; car en feringant quelque liqueur dans les arteres hipogaftri- ques , je l'ai fort bien fait entrer dans les corps caverneux ; ce qui m'a fait croire que c'étoit le fang arteriel qui y étoit épanché , qui en faifoit

la tenfion, & que la verge devenoit lâche &
molle, quand ce même fang fe vuidoit par les
vénes hypogaftriques.

J'ai encore fait plufieurs experiences qui
m'empefchent de douter que ce ne foit le fang
qui faffe cette tenfion; car ayant coupé la verge à des chiens, lorfqu'elle étoit tenduë, j'en
voyois fortir tout autant de fang qu'il en falloit pour faire la groffeur qu'elle avoit, lors
qu'elle étoit roide.

Autre experien-ce.

D'ailleurs la fubftance fpongieufe qui emplit les corps caverneux me confirme dans
cette opinion ; car s'il n'y avoit eu qu'une cavité fimple, le fang arteriel y étant porté, fe
feroit trop promptement vuidé par les vénes ;
mais cette fubftance l'y arrête quelque tems, &
fait que l'érection en eft plus forte.

Je ne pretends pas nier qu'il ne s'y porte
auffi des efprits, & qu'il ne foit même neceffaire qu'il y en foit verfé par les nerfs ; mais
je dis que ce qui fait principalement l'érection,
c'eft le fang, cet efprit étant en trop petite quantité pour la faire.

Ce qu'il faut donc avoüer ici, c'eft que l'imagination étant frapée par le reffentiment du plaifir, l'efprit animal s'excite, fe détache, & court
avec impetuofité par les nerfs aux parties de la
generation, qu'il gonfle en fe mêlant avec le fang
arteriel, qui y eft porté par les arteres, & que
par le mélange de ces deux liqueurs, il s'y fait
une fermentation, & comme une ébullition qui
caufe l'érection.

L'érection eft faite de fang & d'efprits.

L'uretre eft un canal nerveux, qui s'étend de-

L'uretre.

puis le col de la veſſie juſqu'au bout de la verge ;
Il eſt ſitué au deſſous & au milieu des corps
nerveux ; ſa ſubſtance eſt ſpongieuſe, afin de
ſe pouvoir étendre : Sa capacité eſt preſque égale depuis le commencement juſqu'à la fin.

Deux
membra-
nes à l'u-
retre.

L'uretre eſt compoſé de deux membranes,
dont l'exterieure eſt charnuë & tiſſuë de fibres
tranſverſes ; c'eſt pourquoi l'uretre étant ouvert
par quelque operation, il ſe cicatriſe. L'interne eſt déliée, nerveuſe, & enduite d'une humeur onctueuſe, dont je vous ay fait remarquer à
la page 238. les deux bons effets qu'elle produit.

Figure de
l'uretre.

La figure de ce conduit eſt comme une S ; car
il deſcend de la veſſie pour paſſer par deſſous les
os du penil, puis il remonte en haut pour accompagner la verge juſqu'à ſon extremité où il finit.
Les Chirurgiens doivent bien obſerver cette
figure, pour introduire la ſonde avec adreſſe dans
la veſſie.

Uſages
de l'ure-
tre.

L'uſage de l'uretre eſt de ſervir de conduit
commun à la ſemence & à l'urine, & non pas,
comme quelques-uns l'ont voulu, à l'humeur
glaireuſe, qui y vient des proſtates par ces petits
tuyaux dont je vous ay parlé, parce que l'uretre
n'eſt pas fait pour cette humeur, comme cette
humeur eſt faite pour l'uretre.

Voila, Meſſieurs, toutes les parties que nous
trouvons dans l'homme qui ſoient deſtinées à la
generation ; je vous ferai voir celles de la femme
dans la Démonſtration ſuivante.

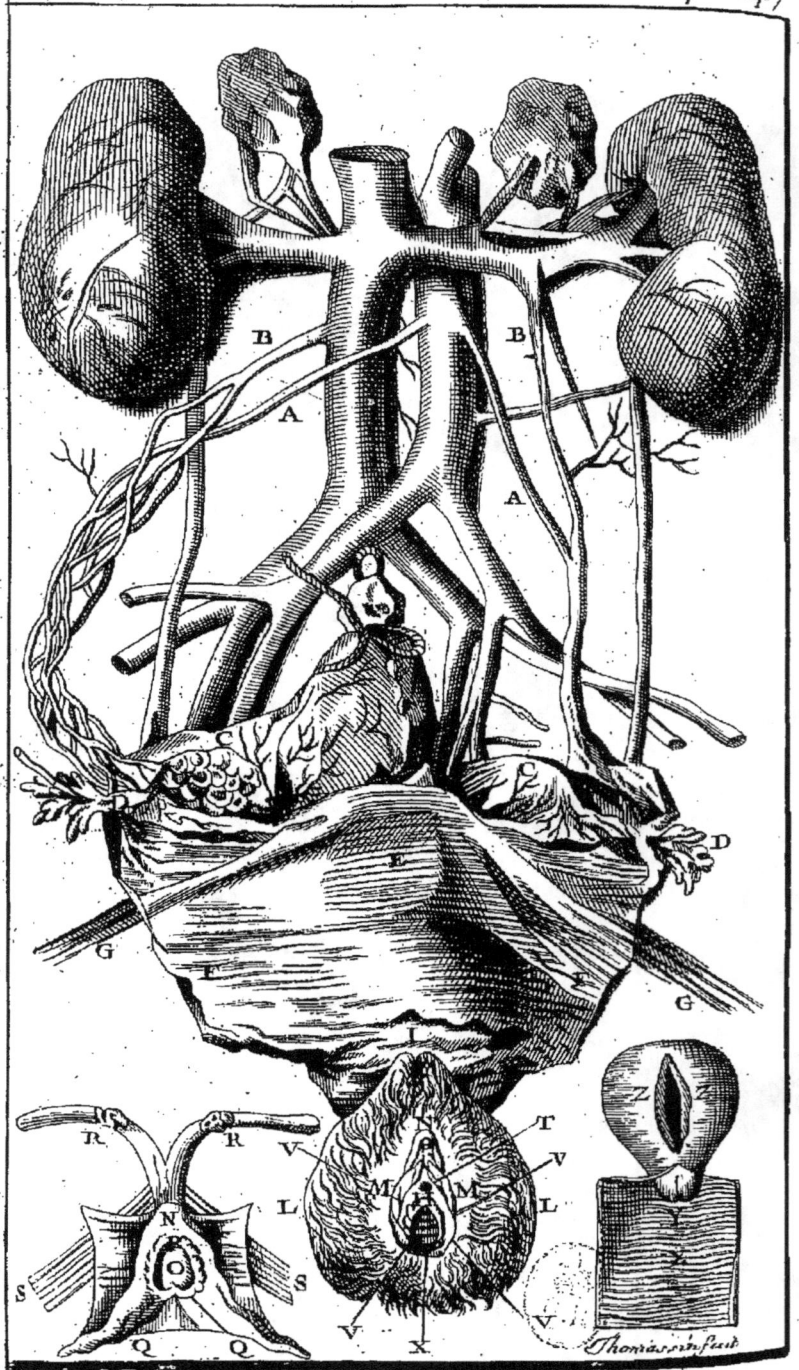

AUTRE QUATRIE'ME

DEMONSTRATION.

Des Parties de la Femme, qui servent à la generation.

QUOIQUE je vous aye amplement demontré, Messieurs, les parties de l'Homme qui servent à la generation : Je suis bien-aise de vous faire encore tout de suite une demonstration particuliere de celles de la Femme, non seulement parce qu'elles sont tres-curieuses à voir, & qu'il est naturel à l'Homme de sçavoir où, & comment il est formé ; mais aussi parce qu'elles sont tres-utiles, & que leur nombre n'est pas moins considerable que celui des parties de l'Homme.

Je commenceray par les vaisseaux spermatiques, afin de suivre le même ordre que j'ay observé dans la description que je vous ay faite des parties de l'Homme. Ils sont quatre, deux arteres, & deux vénes : Il y a, comme dans les Hommes, une artere & une véne de chaque côté.

Les arteres sortent de la partie anterieure de l'aorte à quelque distance l'une de l'autre ; leur

Quatre vaisseaux spermatiques.

A A Deux arteres.

Q iiij

origine eſt ſemblable à celle des hommes ; mais
leur inſertion eſt differente, car au milieu de leur
chemin, elles ſe diviſent en deux branches, dont
la plus groſſe va au teſticule aprés avoir fait
pluſieurs détours ; & la plus petite à la matrice,
où elle ſe diviſe en quantité de rameaux dont
les uns vont à ſes côtez, à ſes trompes, & à
ſon col, & les autres à la partie ſuperieure de
ſon fond.

Cette diſtribution d'arteres eſt accompagnée
d'autant de branches de vénes, qui remontant
de la matrice & du teſticule, ſe joignent enſemble, & font deux vénes conſiderables qui vont
ſe terminer ; ſçavoir celle du côté droit à la
véne cave, & celle du côte gauche à l'emulgente.

Les vaiſſeaux ſpermatiques des Femmes different de ceux des hommes en deux manieres ;
car premierement ils ne ſont pas ſi longs, à cauſe que les arteres & les vénes ont moins de chemin à faire dans les femmes que dans les hommes, depuis leur origine juſqu'à leur inſertion,
ſoit que les arteres deſcendent de l'aorte dans les
teſticules, ou que les vénes remontent des teſticules dans la véne cave, puiſque les femmes ont
leurs teſticules, que d'autres appellent ovaires,
comme nous l'expliquerons cy-aprés, dans la
capacité du bas ventre, & que les hommes les
ont dans le ſcrotum. En ſecond lieu ils different
encore en ce que les arteres ſpermatiques ne
deſcendent pas en droite ligne aux teſticules dans
les femmes comme dans les hommes ; mais en
ſerpentant & ſe refléchiſſant de côté & d'autre,

afin d'empêcher par ces circonvolutions , & par ce corps variqueux qu'elles forment avec les vénes qui remontent , que le fang arteriel ne fe porte avec trop de precipitation au tefticule.

Je vous ay déja dit que les Anciens appelloient ces vaiffeaux preparans ; j'ay même refuté les raifons qu'ils avoient de les appeller ainfi , lorf- que je vous ay entretenu des arteres & des vé- nes fpermatiques des hommes ; mais leur opi- nion me paroît encore plus mal fondée à l'égard de la femme ; car premierement s'il étoit vray que l'artere fpermatique, qui fe divife en deux ra- meaux , dont l'un va au tefticule , & l'autre à la matrice , preparât le fang , & commençât à le changer en femence , il s'enfuivroit non feule- ment qu'il n'y auroit qu'une partie de ce fang ainfi preparé qui fuft portée au tefticule ; mais encore que la matrice feroit nourrie , pour ainfi dire , de femence , puifque l'autre moitié y eft portée pour la nourrir. D'ailleurs , j'ay déja fait voir qu'il n'y a point d'anaftomofes entre les arteres & les vénes fpermatiques ; de forte que ce pretendu mélange du fang arteriel avec le ve- nal, auparavant que d'aller au tefticule, ne fe fait point ; & ainfi il faut remarquer que les vaif- feaux fpermatiques n'ont point d'autre ufage que celuy qu'ont toutes les arteres & les vé- nes du corps , fçavoir qu'une artere porte par une de fes branches du fang au tefticule pour en feparer la femence , & par l'autre du fang à la matrice pour fa nourriture ; & que le fang qui n'y a pas efté employé,eft reporté par deux bran- ches de vénes , dont l'une vient du tefticule , &

Les arte- res n'ont point d'anafto- mofes a- vec les vénes.

l'autre de la matrice ; ces deux branches se joignant ensemble font la véne spermatique.

CC Testicules.

Leur situation.

Les femmes ont deux testicules aussi bien que les hommes : c'est ce que les modernes appellent ovaires ; ils sont situez dans la capacité du bas ventre aux côtez du fond de la matrice, duquel ils ne sont éloignez que de deux travers de doigts.

On nous a voulu persuader que la nature ne les avoit placez ainsi, qu'à dessein d'échauffer la semence qu'ils contiennent, & de la mieux perfectionner que s'ils avoient esté dehors comme ceux des hommes : d'autres ont dit que c'étoit afin de rendre les femmes plus amoureuses ; mais sans trop penetrer dans les desseins de la nature, nous pouvons dire que la place qu'ils occupent, leur est plus commode qu'aucune autre, parce qu'ayant beaucoup de commerce & de rapport avec la matrice, ils n'en devoient pas estre éloignez.

Leur grandeur & figure.

Les testicules des femmes ne different pas seulement de ceux des hommes en situation, mais encore en grandeur, en figure, en substance, en connexion, & en tegumens. Leur grandeur est differente, selon la difference des âges, de maniere qu'on ne la peut marquer precisément ; elle n'excede neanmoins pas pour l'ordinaire la grosseur d'un tres-petit œuf de pigeon : Leur superficie externe est inégale ; leur figure n'est pas absolument ronde, mais large, & applatie dans leur partie anterieure & posterieure.

Leur connexion.

Ils sont attachez au peritoine vers la region de l'os *ileon*, par le moyen des vaisseaux sperma-

tiques, & des membranes qui les enveloppent;
à la matrice par les vaiſſeaux déferans ; & affer-
mis par les ligamens larges de la matrice ; de forte qu'ils ne ſont point ſuſpendus par aucun muſcle cremaſtere, comme le rapportent des Autheurs celebres.

Ils ont deux tuniques, une commune qui leur
vient du peritoine ; c'eſt la même qui enveloppe
les vaiſſeaux ſpermatiques : & une propre qui eſt
fort adherente à leur ſubſtance.

Leurs membra-nes.

Aprés qu'on a ſeparé ces membranes, on découvre la ſubſtance des teſticules, qui eſt toute
veſſiculaire, & par conſequent fort differente de
celle des teſticules de l'homme, qui n'eſt qu'un
tiſſu de vaiſſeaux ſeminaires ; celle-ci étant compoſée d'un grand nombre de veſſicules rondes,
& de petites glandes, qui ont chacune une petite
cavité où aboutiſſent les extremitez capillaires
des vaiſſeaux qui entrent dans le teſticule ; la
ſemence ayant eſté filtrée dans ces petites glandes, & ſeparée du ſang qui a eſté apporté par
les arteres, paſſe de ces glandes dans ces petites
veſſicules, que l'on peut appeller ſeminaires, auſſi
bien que celles des hommes, puiſqu'elles ont le
même uſage, qui eſt de ſervir de reſervoir à la
ſemence, en la gardant dans leurs cavitez pour
eſtre déchargée dans le tems de l'action par le
vaiſſeau déferant dans le fond de la matrice. Voila l'opinion qui a eſté la mieux receuë juſqu'à
preſent.

Subſtan-ce des teſticules.

L'opi-nion cô-mune & la mieux receuë.

Les Anatomiſtes modernes ont changé les
noms de teſticules & de veſſicules, appellans les
teſticules des ovaires, & les veſſicules des œufs.

Senti-ment des moder-nes.

Ils difent que ces œufs font remplis de liqueur par le moyen des nerfs & des vaiffeaux fpermatiques qui fe ramifient dans toute leur maffe, & qui fe perdent aprés en plufieurs capillaires dans leurs tuniques, & qu'ainfi ils enferment chacun une matiere avec toutes les particules propres à former un enfant, de maniere que la femence de l'homme venant à fraper cet œuf, l'efprit en penetre la membrane, & le rend fecond. Ils veulent que ces œufs foient de differente groffeur, & de different nombre dans les filles ou femmes capables d'engendrer, & qu'ils puiffent fe détacher de l'ovaire les uns aprés les autres.

Raifons des ovairiftes.　Les partifans de cette opinion la foûtiennent fortement; ils avancent même que les generations qui fe font dans l'Univers, fe font toutes par le moyen des œufs; & que celle des animaux terreftres fe fait comme celle des volatils, avec cette difference neanmoins, que les derniers couvent leurs œufs hors d'eux, & que les terreftres les couvent dans eux-mêmes; fur ce principe ils veulent que la generation de l'homme fe faffe auffi par le moyen d'un œuf, difant que cet œuf eft enveloppé de toutes parts par une membrane qui fait qu'il peut eftre feparé de l'ovaire, fans que la femence qu'il contient, s'en échape.

Raifons contre les ovairiftes.　Cette opinion jufques-là paroît vray-femblable; car elle ne differe de la premiere, qu'en ce qu'elle veut que la femence enveloppée de fa membrane, foit portée dans le fond de la matrice; & que la premiere veut qu'elle y foit verfée en liqueur par des vaiffeaux que l'on appelle défe-

rans. On voit bien les conduits qui la portent en
liqueur; mais on a de la peine à concevoir comment elle peut y estre conduite en œuf. Je vous
expliquerai les sentimens des uns & des autres à
la fin de cette Démonstration, aprés que je vous
auray fait voir toutes les parties.

Les vaisseaux déferans ou éjaculatoires sont Vaisseaux déferans.
deux, un de chaque côté; Ils vont du testicule
aux cornes de la matrice, en faisant quelques
anfractuositez: Ils sont gros & entortillez auprés des testicules; mais quand ils en sont un
peu éloignez, ils s'étrécissent & se divisent en
deux branches, dont la plus grosse & la plus
courte se termine au fond de la matrice, & la
plus déliée & la plus longue descend par les côtez de la matrice entre deux membranes, & va
finir à son col proche l'orifice interne.

C'est par ces vaisseaux que la semence est eja-
culée dans la matrice, selon ceux qui croyent Suite de l'opinion commu- ne.
qu'elle y est versée en liqueur; ce sont eux qui
font sentir du plaisir, lorsque la semence passe
par leurs cavitez, parce qu'ils sont d'un sentiment fort exquis; Celui qui va au fond de la
matrice, y porte la semence dans celles qui ne
sont pas grosses; mais dans celles qui le sont,
c'est l'autre conduit qui la porte dans son col;
d'où vient que les femmes grosses ont plus de
plaisir que celles qui ne le sont pas; car la semence faisant un plus long chemin, excite un
chatoüillement qui dure plus long-tems, &
leur cause ainsi plus de plaisir, suivant l'opinion
commune.

Il n'y a pas d'apparence de croire que la nature n'ait fait ce conduit qui va au col de la matrice, que pour augmenter le plaisir de la femme pendant qu'elle est grosse, n'étant pas même necessaire qu'elle use du coït dans ce tems-là; mais la nature prévoyant qu'elle ne s'en abstiendroit pas pendant la grossesse, elle a fait ce conduit, afin que la semence fût portée au col, & ne troublât pas la conception, comme elle auroit fait indubitablement, si elle avoit esté portée dans le fond de la matrice pendant la grossesse.

Ces parties que vous voyez à droite & à gauche de la matrice, se nomment les trompes, à cause qu'elles approchent de la figure des trompettes; elles naissent de son fond par une production fort petite, & se dilatent ensuite insensiblement jusqu'à leur extremité: Elles ont autour de leur orifice, qui est toûjours ouvert, de petites membranes déchirées ou déchiquetées à peu prés comme de la frange; c'est cet endroit que l'on appelle le morceau du diable.

Les trompes sont attachées au dessous des testicules par le moyen de ces extremitez de membranes déchirées. La grandeur de ces trompes n'est pas toûjours la même dans toutes ses parties; leur longueur est de quatre à cinq travers de doigts, & leur grosseur est d'un petit tuyau de plume; elles ont les mêmes vaisseaux que les testicules.

La substance des trompes est membraneuse, & non pas nerveuse, ou charnuë, comme quelques-uns l'ont décrite. Elle a deux membranes, dont l'une est interne, & l'autre externe; l'in-

terne prend naiſſance de celle qui tapiſſe la ſurface interne de la matrice ; elles different neanmoins l'une de l'autre , en ce que celle de la
matrice eſt liſſe , unie , & égale , & que celle qui
tapiſſe la cavité des trompes, eſt ridée & inégale,
mais beaucoup plus dans l'extremité de ces
trompes que dans leur milieu , d'où vient que
leur entrée dans la matrice eſt fort étroite. La
membrane externe eſt la même que celle de la
matrice ; elle n'eſt pas rude & inégale dans toutes ſes parties, étant quelquefois liſſe ; & polie
en quelques-unes.

Ceux qui transforment le teſticule en ovaire,
& qui en font détacher un œuf à chaque fois
qu'il ſe fait un enfant , diſent que c'eſt par cette
trompe que l'œuf eſt porté dans la matrice , &
voici comment ils pretendent que cela ſe fait ;
auſſi-tôt que la ſemence de l'homme a eſté receuë
dans le fond de la matrice , elle eſt embraſſée &
preſſée, de maniere que la partie la plus ſubtile,
que l'on appelle l'eſprit volatil de la ſemence, eſt
obligée de ſe porter par ces trompes à l'ovaire,
pour y donner la fecondité aux œufs : Ils diſent
que pendant l'action , ces membranes déchiquetées qui environnent les orifices des trompes,
embraſſent tellement les ovaires de toutes parts,
que cet eſprit ne peut eſtre diſſipé ; de ſorte que
l'œuf le plus proche de ſa maturité en étant rendu fecond, devient opaque ; & qu'étant ébran-
lé par la ſecouſſe que cet eſprit luy donne , en le
frapant pour le rendre fecond, il tombe dans l'o-
rifice des trompes , qui le conduiſent dans le
fond de la matrice ; ils diſent encore que quand

Sentiment des modernes ſur le chemin des œufs.

il fe fait deux enfans, c'eft lors qu'il fe détache deux de ces œufs en même tems.

Il fe trouve beaucoup de difficultez dans l'opinion des modernes, à l'égard de l'execution de ce que je viens de vous dire, puifqu'il paroît tout-à-fait impoffible que la membrane qui envelope tous ces œufs puiffe leur permettre de fe détacher; car étant forte comme elle eft, il faudroit qu'elle s'ouvrit ou fe rompit pour cet effet; d'ailleurs il eft difficile de comprendre comment cette extremité de la trompe peut eftre affez jufte pour aller recevoir cet œuf. Ils ont beau dire que la nature, cette fage mere, a difpofé l'extremité des trompes, d'une certaine maniere qu'elles peuvent recevoir les œufs quand ils tombent des ovaires: Voila un beau raifonnement, quelle apparence y a-t-il que la nature, s'il étoit vray qu'elle eût l'intention qu'ils veulent qu'elle ait, n'eût pas fait un conduit particulier qu'elle eût attaché à l'ovaire, plûtôt que de laiffer courir rifque à ces œufs de tomber dans la capacité de l'abdomen.

Les modernes pretendent encore confirmer leur opinion, en difant que l'on a trouvé des enfans dans ces trompes; je le croy bien, n'étant pas impoffible que la femence n'y ait efté portée pour les y engendrer; mais de dire que fi on les y a trouvez, ce n'eft que parce que quelque œuf s'y eft arrêté, n'ayant pû tomber dans la matrice, c'eft ce que je ne croy pas, non plus que les autres ufages qu'ils donnent à ces trompes, faute d'en connoître les veritables.

Il y a plufieurs bons Anatomiftes qui pretendent

dent qu'elles servent d'epididimes, & que comme
la semence dans l'homme, aprés avoir esté preparée dans les testicules, passe dans les epididimes : de même celle des femmes, aprés avoir esté
preparée aussi dans leurs testicules coule dans les
trompes.

Je vous prie de ne rien décider presentement
sur cette opinion, & de suspendre vos jugemens
jusqu'à ce que je vous aye démontré la matrice,
& expliqué les sentimens differens sur la generation, parce qu'il y a encore quelques difficultez que je vous rapporteray, aprés quoy vous
vous déterminerez avec connoissance de cause.

Le principal organe de la generation est la matrice, qui est appellée par quelques-uns *uterus.*
Elle est située au bas de l'hypogastre, entre le
rectum & la vessie, dans une cavité que l'on
nomme le bassin qui est plus ample aux femmes
qu'aux hommes, afin de donner à la matrice la
liberté de s'étendre dans les grossesses.

La grandeur de la matrice ne se peut pas bien
déterminer, étant differente selon les differens
états où se trouvent les femmes & les filles :
Quand elle est vuide, par exemple, elle n'est
pas plus grosse qu'une noix dans les filles, &
dans les femmes elle est comme la plus petite
courge ; au lieu que lorsqu'elle est pleine, elle
est d'une grandeur prodigieuse. Il faut pourtant
remarquer ici que le col ne suit pas la dilatation
de son fond, conservant toûjours son premier
état, sa forme & sa figure, non seulement dans
les femmes, mais même dans plusieurs especes
d'animaux. On ne peut pas non plus marquer

E
La matri-
ce.
Situation
de la ma-
trice.

Grandeur
de la ma-
trice.

R

precifément fa longueur ni fa largeur ; car étant membraneufe elle peut s'allonger ou s'étreffir felon la neceffité.

A l'égard de fon épaiffeur, elle eft auffi fort differente; dans les vierges elle eft mince, mais elle s'épaiffit dans celles qui ont des enfans à mefure *Epaiffeur* qu'elles en ont; elle eft fort épaiffe proche fon ori- *de la ma-* fice interne, qui eft fon endroit le plus étroit, ce *trice.* qui fait qu'il peut s'étendre & fe dilater tout autant qu'il le faut pour le paffage de l'enfant. L'épaiffeur de la matrice change encore, & devient tres-confiderable dans le tems des ordinaires, parce que le fang qui coule dans ce tems-là étant verfé dans toute fa fubftance, la tumefie ; mais elle diminuë à mefure qu'il s'écoule par les purgations.

Erreur La plûpart des Anciens nous ont rapporté, & *des An-* même quelques Modernes, que les membranes *ciens fur* de la matrice étoient d'une nature toute diffe- *l'épaif-* rente des autres ; que plus elles fe dilatoient, *feur de la* plus elles devenoient épaiffes ; & que dans le *matrice.* tems de l'accouchement, elles avoient deux doigts d'épaiffeur qui étoit caufée par une prodigieufe quantité d'efprits & de fang, qui en imbiboient les membranes ; & ils s'écrioient fur la fageffe de la nature, qui les avoit faites ainfi pour un bien, qui étoit afin de donner à l'enfant, pendant qu'il eft dans la matrice, par le moyen de ces efprits & de ce fang, tous les fecours dont il avoit befoin pour fa formation.

Mais j'ofe dire, contre l'opinion & l'autorité de ces Meffieurs, que les membranes de la matrice ne font point d'une autre nature que les

autres, & qu'elles subissent le même sort, puisqu'elles deviennent moins épaisses à mesure
qu'elles se dilatent, & qu'elles sont même plus
minces dans les derniers mois de la grossesse, que
dans les premiers.

La matrice est ronde & oblongue, car d'une Figure de la matrice.
base large qui est son fond, elle se termine peu à
peu en pointe vers son orifice interne, qui est
son endroit le plus étroit, ce qui l'a fait ressembler à une petite vantouse, ou bien à une poire.
Et si on y joint son col, elle a la figure d'une fiole
renversée; elle n'est pas exactement ronde, mais
un peu applatie par devant & par derriere; ce
qui la rend plus stable, & l'empêche de va-
ciller.

On void deux petites éminences aux parties Ce qu'on entend par les cornes de la matrice.
laterales & superieures de son fond, que l'on ap-
pelle les cornes de la matrice, parce qu'elles ressemblent à celles des veaux, lorsqu'elles commencent à pousser. Ces petites éminences ne
sont autre chose que les extremitez des trompes
qui s'inserent dans le fond de la matrice.

La substance de la matrice est membraneuse, Substance de la matrice.
afin qu'elle puisse s'ouvrir pour recevoir la se-
mence; se resserrer pour l'embrasser après l'avoir
receuë; se dilater & s'étendre pour l'accroissement de l'enfant; se resserrer pour l'aider à sortir
dans le tems de l'accouchement, & aprés luy
l'arrierefaix; & enfin se remettre aprés dans son
état naturel.

Les membranes de la matrice sont deux, une Membra-nes de la matrice.
commune, & une propre; la commune lui vient
du peritoine, elle est redoublée & inégale par

R ij

ſa partie interne, mais elle eſt fort polie & égale
par ſa partie externe : elle eſt tres-forte & tres-
épaiſſe, c'eſt elle qui couvre de tous côtez la
ſurface exterieure de la matrice. La membrane
propre eſt tiſſuë de trois ſortes de fibres, ſçavoir
de droites, de tranſverſes, & d'obliques ; par le
moyen deſquelles elle peut ſe dilater ſuffiſamment pour contenir pluſieurs enfans, & ſe reſſerrer par aprés : Cette membrane tapiſſe toute
la matrice, elle eſt liſſe & égale dans ſon fond ;
& s'il arrive qu'elle ſoit quelquefois ridée & inégale, ce n'eſt que dans le tems des menſtruës, à
cauſe des orifices des vaiſſeaux qui s'ouvrent dans
la matrice, & qui y forment de petites éminences. On la trouve toûjours ridée dans ſon col ;
elle a connexion avec la tunique interne du vagina & avec celle des trompes. Cette membrane ne procede pas du peritoine, comme la premiere, mais de la ſubſtance même de la matrice,
à laquelle elle eſt tellement unie, qu'elle paroît
une même choſe.

**Conne-
xion de la
matrice.** La matrice eſt attachée par ſon col & par ſon
fond ; le col eſt attaché par le moyen de la membrane exterieure qui luy vient du peritoine, à la
veſſie & aux os pubis par devant, & par derriere
au rectum & à l'os ſacrum. Le fond n'eſt pas ſi
fortement attaché que le col, parce qu'il doit
eſtre plus libre, afin de ſe mouvoir, de s'étendre, & de ſe reſſerrer ſelon les occaſions ; neanmoins pour empêcher qu'il ne change de ſituation, & qu'il ne ſoit pas agité par des mouvemens continuels, il a quatre ligamens, ſçavoir
deux ſuperieurs, & deux inferieurs qui le tiennent
ſuſpendu.

Les superieurs, que l'on appelle ligamens larges, à cause de leur structure membraneuse, ne
font autre chose que des productions du peritoine qui viennent des lombes, & vont s'inserer
aux parties laterales du fond de la matrice, pour
empêcher que le fond ne tombe sur le col, comme il arrive lorsque ces ligamens sont trop relâ-
chez: On les compare aux aîles de chauve-souris,
dont ils imitent la figure ; ils servent encore à
conduire les vaisseaux qui vont se rendre à la
matrice, & à affermir les testicules dans leur situation naturelle.

Les inferieurs, que l'on nomme ligamens
ronds, à cause de leur figure ronde, prennent
leur origine des côtez du fond de la matrice vers
ses cornes, & vont passer par les anneaux qui
font aux aponevroses des muscles de l'abdomen,
pour se rendre aux aînes, où étant arrivez, ils
se divisent en forme d'une pate d'oye en plusieurs
petites branches, dont les unes s'inserent aux os
pubis, & les autres aux cuisses, en se confondant avec les membranes qui couvrent la partie
anterieure & superieure de la cuisse ; c'est de là
que viennent les douleurs que les femmes gros-
fes ressentent dans les cuisses, & qu'elles sentent
augmenter à mesure que la matrice grossit &
monte en haut: c'est aussi la raison pourquoy
elles ne peuvent pas estre long-tems à genou,
parce que les jambes étans ployées, elles tirent
la peau de la cuisse en bas, & par consequent la
matrice, par le moyen de ses ligamens: il arrive
encore que les boyaux de l'epiploon se glissant
par les mêmes anneaux par où passent ces liga-

mens ronds, font les defcentes en tombant dans les aînes.

Structure
des li-
gamens
ronds.

Ces deux ligamens font longs, nerveux, ronds, & affez gros proche de la matrice, où l'on les trouve caves, auffi bien que dans leur chemin, jufqu'aux os pubis, auquel endroit ils devien-nent plus petits, & s'applatiffent pour s'inferer comme nous venons de dire ; l'on prétend que ce font eux qui empêchent que la matrice ne monte trop haut : Si c'étoit le feul ufage qu'ils euffent, ils ne feroient gueres neceffaires, car le fond de la matrice eft trop proche de fon col, pour croire qu'il s'en puiffe beaucoup éloigner : D'ailleurs, fi la nature ne s'étoit propofé que de retenir la matrice dans l'hypogaftre par leur moyen, elle feroit fort trompée, puifqu'ils luy permettent de monter jufques dans l'epi-gaftre pendant la groffeffe ; & ce n'eft pas feule-ment durant la groffeffe que ces ligamens ne

Ils ne
peuvent
pas affu-
jettir la
matrice.

peuvent pas l'affujettir dans un même lieu, mais encore dans les mouvemens qu'elle eft capable de faire, qui font quelquefois fi grands, qu'ils ont fait dire à Platon & à Ariftote, que la ma-trice étoit un animal enfermé dans un autre ani-mal ; car elle fe meut tantôt en haut, tantôt en bas, & fait des mouvemens fi extraordinaires dans les vapeurs & dans les maladies hifteriques, qu'il eft impoffible de ne pas s'appercevoir qu'alors ces ligamens ne font pas capables de la retenir, & qu'ainfi il faut qu'ils ayent un autre ufage, puifqu'une bonne ou méchante odeur peut la mettre même en mouvement, & la faire changer de place nonobftant ces ligamens.

Pour moy je croy qu'ils fervent à tirer le fond de la matrice en bas dans le tems de l'action, & à l'approcher de l'orifice externe pour recevoir la femence dans le moment de l'ejaculation ; Cette penſée s'accorde avec ce que nous voyons arriver tous les jours ; car un homme qui a la verge courte, ou qui ne l'introduit qu'à moitié dans le vagina, ne laiſſe pas de faire des enfans, parce que ces ligamens tirant la matrice en bas, l'amenent au devant de la femence pour la recevoir, & ils l'approchent quelquefois ſi prés de l'orifice externe, qu'il y a eu des filles qui ſont devenuës groſſes, quoyqu'il n'y ait point eu d'intromiſſion, & que l'ejaculation ne ſe fût faite qu'à l'entrée.

Les nerfs de la matrice luy viennent de deux endroits, les uns de la ſixiéme paire, & les autres de ceux qui ſortent par l'os ſacrum. Toús ces nerfs ſe vont répandre tant à ſon fond qu'à ſon col : Ils rendent la matrice fort ſenſible, & par conſequent ſuſceptible de plaiſir dans le coït, & de douleur dans les maladies, qui ne luy ſurviennent que trop ſouvent ; ce ſont eux qui la font ſimpathiſer avec toutes les parties du bas ventre, & avec beaucoup d'autres ; & qui font qu'elle leur communique juſqu'à ſes moindres incommoditez ; car quand elle ſouffre, tout le reſte du corps s'en reſſent, & c'eſt la raiſon pourquoy on appelle la matrice l'horloge qui marque la ſanté des femmes.

Nerfs de la matrice.

Les arteres qui vont à la matrice ſont de deux ſortes ; les unes ſont partie de l'artere ſpermatique, que je vous ay démontrée ; & les autres

Arteres de la matrice.

partent des arteres hypogaftriques; les premieres
fe perdent toutes dans le fond; & ces dernieres qui
font les plus groffes, fe diftribuent principalement dans fon col, & dans fes parties; de forte
que la matrice eft arrofée de toutes parts par le
fang qu'elle reçoit de ces arteres.

Pour-quoy tant d'arteres à la ma-trice.

Il n'eut pas fallu tant d'arteres à la matrice fi
elles n'euffent porté du fang que pour fa nouri-
ture; mais elles portent encore celuy qui eft neceffaire pour l'enfant qui eft dans la matrice;
elles le verfent par une infinité de petits rameaux
dans tout le corps du placenta, pour eftre conduit par la vêne umbilicale à l'enfant. Voyez
à la page 164. de quelle maniere j'ay expliqué
la nourriture du fœtus, en parlant des ufages
des vaiffeaux umbilicaux; & lorfque la femme
n'eft pas groffe, ce même fang s'échape par
plufieurs petits tuyaux qui s'ouvrent dans toute
la circonference de fon fond, & tombe dans fa
cavité, d'où il fort par le vagina; c'eft ce fang
qui coule tous les mois, que l'on appelle les
menftruës, ou les ordinaires. Ces tuyaux fe
voyent manifeftement en celles que l'on ouvre
peu de tems après qu'elles font accouchées, ou
dans le tems que coulent les menftruës.

Il y a des rameaux de ces arteres qui vont à
l'orifice interne y porter du fang pour fa nouri-
ture; Ils laiffent quelquefois échaper de ce fang
dans le tems de la groffeffe, particulierement
lorfque les femmes en ont plus qu'il n'en faut
pour la nourriture de l'enfant; C'eft pourquoy
il ne faut pas s'étonner s'il y a des femmes qui
out eu leurs ordinaires plufieurs fois durant leur

groſſeſſe, & qui ont porté leur enfant à terme;
parce qu'alors ces purgations viennent des vaiſſeaux qui ſont au col de la matrice, & non pas
de ceux de ſon fond, qui ſeroit obligé de s'ouvrir pour les laiſſer paſſer, ce qui cauſeroit l'a-
vortement.

Le nombre des vénes n'eſt pas moindre que
celuy des arteres, il y en a deux principales, qui
ſont une ſpermatique & une hypogaſtrique, qui
accompagnent les arteres du même nom. Elles
ſont faites d'une infinité de branches qui viennent de toutes les parties de la matrice, & qui
reportent le ſang dans le tronc de la véne cave;
ces vénes s'entr'ouvrent en pluſieurs endroits
les unes dans les autres, de maniere qu'elles
s'abouchent par un grand nombre d'anaſtomo-
ſes; ce qui eſt plus facile à voir que dans les arteres, car en ſouflant dans une ſeule véne de la
matrice, on voit enfler non ſeulement toutes
les autres, mais encore celles du col & des teſticules.

Vénes de la matrice.

L'on remarque encore à la matrice pluſieurs
vaiſſeaux limphatiques qui rampent ſur ſa partie exterieure, & qui vont ſe décharger dans le
reſervoir du chile, après s'eſtre réünis peu à peu
en de gros rameaux.

Ses vaiſſeaux limphatiques.

L'action propre de la matrice eſt la generation, elle travaille uniquement à cet ouvrage;
c'eſt elle qui reçoit & retient la ſemence, & qui,
comme une terre fertile, ayant reçû une graine,
en produit une plante de même eſpece; auſſi la
matrice ayant reçû une ſemence feconde & propre à engendrer un enfant, la retient, l'embraſ-

Action de la matrice.

se & la fomente , de maniere que la conception s'enfuit. Cette action est commune à la verité , mais la maniere dont elle se fait est tellement envelopée de tenebres , qu'il est tres-difficile que la raison en puisse penetrer le secret.

Examen de la matrice en particulier. Aprés vous avoir démontré tout ce qui regarde la matrice en general , il faut, pour en avoir une parfaite connoissance , entrer dans le détail des parties qui la composent ; puisque nous l'avons comparée à une fiole , il faut qu'elle ait comme elle un fond , un col , & deux orifices ; l'un interne , qui est celuy du fond , & l'autre externe , qui est celuy du col ; nous commencerons par l'orifice externe , tant parce qu'il se presente le premier , qu'à cause qu'il est le portique par lequel nous devons entrer dans l'appartement que nous allons visiter.

H L'orifice externe de la matrice. Je ne rapporteray point les differens noms que l'on a donnez à cette partie , je me contenteray de vous dire qu'elle se nomme ordinairement la partie honteuse ; je ne sçay si elle a ce nom parce qu'elle se cache d'elle-même , ou bien parce qu'on est honteux de la montrer : Elle est composée de plusieurs parties , dont les unes paroissent d'elles-mêmes à l'exterieur , comme le penil , la motte , les lévres , & la grande fente ; & les autres au contraire ne se peuvent voir qu'en écartant les lévres , comme les nimphes , le clitoris , le meat de l'urine , & les caruncules.

I Le penil. La premiere de toutes ces parties est le penil , qui est situé à la partie anterieure des os pubis , ce n'est autre chose que le dessus de la partie honteuse ; il est un peu élevé , parce qu'il est fait de graiffe, qui fert comme de petit couffin, pour empêcher que la dureté des os ne bleffe dans l'action.

La motte eft fituée un peu au deffous du penil ; c'eft ce qu'on appelle le mont de Venus ; elle eft élevée comme une petite colline au deffus des grandes lévres ; elle eft, auffi bien que le penil, couverte de petits poils qui commencent à y croître à l'âge de quatorze ans. On obferve que celuy des femmes eft plus frifé que celuy des filles ; ce poil empêche que les parties de l'homme ne fe froiffent contre celles de la femme dans le coït. — *K La motte.*

De la motte defcendent deux parties, l'une à droite, & l'autre à gauche, qui fe joignent au perinée ; ce font ces parties que l'on appelle les grandes lévres ; elles font faites de la peau redoublée, de chair fpongieufe, & de graiffe, ce qui les rend affez épaiffes : elles font plus fermes aux filles qu'aux femmes ; elles font molaffes & pendantes à celles qui ont eu beaucoup d'enfans ; elles font revêtuës de poils, qui font moins forts que ceux du penil & de la motte. — *L L Les grandes lévres.*

L'efpace qui eft entre ces deux lévres s'appelle la grande fente, parce qu'elle eft beaucoup plus grande que l'entrée du col de la matrice, que l'on nomme la petite fente. Elle va depuis la motte jufqu'au perinée. — *La grande fente.*

En écartant les cuiffes, & ouvrant les deux lévres, on découvre deux productions ou excroiffances charnuës, molles & fpongieufes, que l'on appelle les nimphes, parce qu'elles préfident aux eaux en conduifant l'urine de- — *M M Les nimphes.*

hors ; elles font deux, l'une à droite, & l'autre à gauche ; elles font fituées entre les deux
lévres.

Leur figure eft triangulaire, & femblable à
cette membrane qui pend au deffous du gofier des
poules ; leur couleur eft rouge comme la crête
d'un coq ; leur fubftance eft en partie charnuë, &
en partie membraneufe, étant faite de la peau redoublée & interne des grandes lévres. Leur grandeur n'eft pas toûjours égale, car il arrive quelquefois qu'une eft plus grande que l'autre : il y
a même des femmes qui les ont plus grandes les
unes que les autres ; elles croiffent à quelques-
unes de telle forte, qu'elles excedent les grandes lévres, & qu'on eft obligé de les couper.

Elles s'avancent vers la partie fuperieure de la
grande fente, où elles forment en joignant une
petite membrane qui fert de chaperon au clitoris:
Les filles ont les nimphes fi fermes & fi folides,
que lors qu'elles piffent, l'urine fort avec fiffle-
ment. Les femmes les ont molles & flafques,
& principalement aprés avoir eu des enfans.

On pretend que les ufages des nimphes font
de conduire l'urine comme entre deux parois,
& d'empêcher que l'air n'entre dans la matrice ;
mais je croy que leur ufage eft plûtôt de s'étendre, afin de permettre aux grandes lévres de
prêter tout autant qu'il le faut pour le paffage
de l'enfant dans le tems de l'accouchement : &
cela eft fi vray, qu'en ouvrant quelques femmes
mortes peu de tems aprés eftre accouchées, je
les ay trouvées prefque effacées ; parce qu'étans
faites de la peau redoublée & interne des gran-

des lévres , elles s'étoient tellement étenduës qu'elles ne paroiſſoient plus.

On voit à la partie interne de la grande fen- te, au deſſus des nimphes, un corps glanduleux rond, long , & un peu gros à ſon extremité , que l'on appelle le clitoris : Il eſt inutil de rapporter tous les noms que l'on a donnez à cette partie, que l'on dit eſtre le ſiege principal du plaiſir dans la copulation ; il eſt vray qu'elle eſt fort ſenſible , & il y a des femmes qui ſont d'un temperament ſi amoureux, que par la friction de cette partie, elles ſe procurent du plaiſir qui ſupplée au defaut des hommes ; c'eſt ce qui la fait appeller par quelques-uns , le mépris des hommes.

N N
Le clito-
ris.

Le clitoris eſt pour l'ordinaire aſſez petit, c'eſt ce qui fait qu'il ne pároît preſque point aux femmes mortes : Il commence à paroître aux filles à l'âge de quatorze ans ou environ, & groſſit à meſure qu'elles avancent en âge, & ſelon qu'elles ſont plus ou moins amoureu- ſes : Il enfle & devient dur dans l'ardeur du coït ; ce qui ſe fait par le moyen du ſang & des eſprits dont il ſe remplit dans cette action, de la même maniere que fait la verge de l'homme dans l'érection ; c'eſt pourquoy on l'appelle auſſi la verge de la femme, parce qu'elle luy reſſemble en beaucoup de choſes ; Il y a des femmes qui l'ont extrememeut gros, & à qui il ſort hors des lévres. Il y en a d'autres qui l'ont ſi long, qu'il a la grandeur de la verge d'un homme, & celles-là peuvent en abuſer avec d'autres femmes.

Gran-
deur du
clitoris.

Composition du clitoris.

Les mêmes parties qui entrent dans la composition de la verge de l'homme, entrent dans celle du clitoris ; son extremité ressemble au gland,

O
Le gland du clitoris.

excepté qu'elle n'est pas percée, quoyque l'on y voye le vestige d'un meat : Il a une membrane d'une même nature que celle qui tapisse la surface des côtez de la grande fente, cette membrane se joignant à angle aigu dans la partie superieure de la fente, forme une production membraneuse, & toute ridée, qu'on appelle le

P
Le prepuce du clitoris.

prepuce du clitoris, à cause qu'elle en recouvre l'extremité. Il a deux nerfs caverneux, un de chaque côté, qui viennent de l'os ischion ; ce sont ces nerfs qu'on appelle, avant que de se joindre, les jambes du clitoris, & qui se réunis-

Q Q
Les jambes du clitoris.

sant, en font le corps ; on les trouve pleins d'un sang noir & épais embarrassé dans leurs fibres.

Quatre muscles au clitoris.

Il y a quatre muscles qui vont s'attacher au clitoris, sçavoir deux erecteurs, & deux ejaculateurs ; les deux premiers prennent leur origine comme vous voyez, de l'éminence de l'ischion ; Ils sont couchez sur les nerfs caverneux, & vont s'inserer aux parties laterales du clito-

R R
Deux erecteurs.

ris ; les deux autres, que l'on appelle honteux, sont larges & plats ; ils sortent du sphincter de l'anus, & s'avançant lateralement le long des

S S
Deux ejaculateurs.

lévres, s'inserent à côté du clitoris, tout proche le conduit de l'urine.

Usage de ces muscles.

Quoyque ces quatre muscles finissent au clitoris, ils ne servent pas seulement à le relever & à le roidir, mais encore à resserrer & à retressir l'orifice du vagina, parce qu'en se gonflant ils obligent les lévres de se serrer l'une contre l'autre, de maniere qu'elles compriment extrémement la verge dans le tems du coït ; c'est aussi par le moyen de ces muscles que quelques femmes font mouvoir ces lévres selon leur volonté.

A la partie inferieure du clitoris, il y a un petit frein comme à la verge ; il reçoit un nerf assez considerable qui vient de la sixiéme paire ; les arteres honteuses luy fournissent du sang, & les vénes du même nom reportent ce même sang dans la véne cave : tous ces vaisseaux sont plus gros que ne le demande une partie aussi petite que le clitoris ; Ce qui persuade qu'y étant porté plus d'esprits & de sang qu'il n'en faut pour sa nourriture, le reste est employé à quelqu'autre usage que pour servir à son erection.

Vaisseaux du clitoris.

Le clitoris étant d'un sentiment aussi exquis qu'il est, ne peut avoir d'autre usage que d'estre le siege du plaisir que les femmes ressentent dans l'action.

Usages du clitoris.

Au dessous du clitoris on void un trou rond, qui est le meat du conduit de l'urine ; il est plus large & plus court que celuy des hommes ; c'est pourquoy les femmes ont plûtôt vuidé leur urine : Elles en reçoivent encore un autre avantage, qui est que l'urine sortant promptement entraîne avec soy les petites pierres, le sable & le gravier qui reste souvent au fonds de la vessie des hommes ; ce qui empêche qu'elles ne soient aussi sujettes à la pierre qu'eux. Ce conduit est environné d'un sphincter, qui est un muscle qui sert à retenir ou à lâcher l'urine quand on veut.

T Le meat urinaire.

Il y a entre les fibres charnuës de l'uretre & la
membrane qui la tapiſſe interieurement , un
corps blanchâtre & glanduleux, épais d'un travers de doigt, qui s'étend le long & autour du
col de la veſſie , & qui eſt ſemblable aux proftates des hommes ; car outre qu'il en a la figure , il en a auſſi l'uſage , ayant pluſieurs conduits qui ſont comme de petits vaiſſeaux appellez lacunes , qui percent de ce corps dans
l'uretre , & y verſent une humeur glaireuſe, qui
ſert à l'humecter , de crainte qu'elle ne ſoit of-
fenſée par l'acreté des ſels de l'urine.

Il y en a qui croyent que cette humeur excite la femme & la rend amoureuſe ; ce qui pou-
roit bien eſtre , puiſque dans le coït elle ſort en
quantité, & même par ejaculation ; ce qui arrive par le gonflement des parties voiſines qui
preſſent ce corps dans ce tems-là , en exprimant
l'humeur qui eſt ſouvent jettée juſques ſur le
penil de l'homme.

En deſcendant plus bas , & écartant les deux
lévres , on void une cavité oblongue, qu'on appelle la foſſe naviculaire, au milieu de laquelle
paroiſſent quatre caruncules , appellées mirtiformes , parce qu'elles reſſemblent aux graines
de mirte ; elles ſont ſituées de maniere que chacune occupe un angle , & qu'elles forment toutes
enſemble un quarré : Ce ſont quatre petites éminences charnuës qui environnent là petite fente;
la plus grande eſt au deſſous du conduit de l'urine , les deux moyennes aux parties laterales, &
la plus petite eſt placée poſterieurement à l'oppoſite de la premiere.

Ces caruncules sont rougeâtres, fermées & relevées aux vierges, dans lesquelles elles sont jointes l'une à l'autre par leurs parties laterales, par le moyen de quelques petites membranes, qui les tenant ainsi sujettes, leur font avoir la figure d'un bouton de rose à demy épanoüy; mais aux femmes elles sont separées les unes des autres, & particulierement à celles qui ont eu des enfans; parce que les membranes qui les unissent, étant une fois rompuës, ou par l'entrée de la verge, ou par la sortie de l'enfant, ne se rejoignent jamais.

Elles sont faites des rides charnuës du vagina, *Substance des caruncules mirtiformes.* ce qui en rend l'entrée plus étroite; elles ont deux usages, l'un d'embrasser & de serrer la verge, lorsqu'elle est entrée; ce qui augmente le plaisir mutuel dans l'action; & l'autre de pouvoir s'étendre facilement, afin de faciliter la sortie de l'enfant dans le tems de l'accouchement; l'on a même observé qu'elles ne paroissent plus dans les premiers mois de l'enfantement, à cause de la grande dilatation du vagina, & qu'on ne les revoit qu'aprés que cette partie est rétreffie, & revenuë dans son premier état.

Le col de la matrice est un canal rond & *x x Le col de la matrice.* long, qui est situé entre l'orifice interne & l'externe; il reçoit la verge & luy sert de fourreau; c'est pourquoy on l'appelle vagina, qui signifie une gaine.

Ce col est d'une substance dure, nerveuse, & *Substance du col de la matrice.* un peu spongieuse, afin de se pouvoir dilater ou s'étreffir; il est composé de deux membranes

S

l'une exterieure, qui eſt rouge & charnuë comme un ſphincter ; c'eſt elle qui attache la matrice avec la veſſie & le rectum : & l'autre interieure, qui eſt blanche, nerveuſe, & ridée orbicu-
lairement comme un palais de bœuf. Aux femmes
qui n'ont point eu d'enfans, ce col a environ
quatre poûces de longueur, & un poûce & demy de largeur ; mais à celles qui en ont eu, on
ne peut en limiter la grandeur ; les rides qui
ſont à la membrane interne de ce col ſervent à
le rendre capable de s'allonger ou de ſe racourcir, de ſe dilater ou de ſe reſſerrer, pour s'accommoder à la longueur & à la groſſeur de la
verge, & pour donner paſſage à l'enfant quand
il ſort de la matrice.

*Gran-
deur du
col de la
matrice.*

Quelques Anatomiſtes pretendent qu'il y a
une membrane qu'ils appellent hymen, ſituée
dans le vagina, proche les caruncules ; ils veulent qu'elle ſoit placée en travers, qu'elle ſoit
percée dans ſon milieu pour laiſſer couler les
mois ; qu'elle demeure ainſi tenduë juſqu'à ce
que par le coït, ou autrement, elle ſoit forcée
& déchirée ; & qu'enfin c'eſt cette hymen qui eſt
la marque du pucelage.

*Ce que
l'on ap-
pelle hy-
men.*

Quelque diligence que j'aye faite pour chercher cette membrane, je ne l'ay point encore
veuë, quoyque j'aye ouvert des filles de tous
âges ; c'eſt pourquoy je ne puis pas en convenir : on peut avoir trouvé le col de la matrice
fermé d'une membrane à quelques-unes, comme on l'a trouvé à l'endroit des caruncules à
quelques autres ; mais ce ſont des faits particuliers & extraordinaires, d'où il ne faut pas

*L'hymen
ne ſe
trouve
point.*

conclure que cela doive estre ainsi à toutes les filles.

Je ne prétens pas nier qu'il n'y ait quelque marque de la virginité ; que la premiere copulation ne donne souvent de la peine à l'un & à l'autre sexe ; qu'il ne s'y puisse répandre quelque goute de sang ; & que les filles vierges ne ressentent un peu de douleur dans la premiere copulation : mais je ne croy pas que cela arrive comme ils le pretendent, par la ruption & le déchirement de cette membrane imaginaire, y ayant bien plus lieu de croire que c'est par l'effort que la verge fait pour entrer en forçant ces caruncules mirtiformes, & en rompant & divisant les petites membranes qui les tiennent jointes ensemble ; ce qui rend cette ouverture fort étroite ; voilà en quoy consiste la veritable marque du pucelage. Il n'arrive pourtant pas toûjours que toutes les filles donnent ces foibles témoignages de leur vertu, y en ayant à qui la nature a épargné cette petite douleur, en disposant ces caruncules de maniere que la verge peut entrer sans faire effort, quoy qu'elles ayent toûjours esté fort sages ; & ainsi on ne doit pas estre si prompt à decider sur l'honneur des filles, puisque d'ailleurs ni l'étrécissement de l'orifice du vagina, ni le linge taché de sang ne sont pas des marques assurées de la défloration des filles.

Les veritables signes du pucelage.

L'orifice interne de la matrice est un petit trou semblable à celuy qui est au bout de la verge de l'homme ; c'est le commencement d'un conduit fort étroit, qui s'ouvre pour don-

L'orifice interne de la matrice.

S ij

ner entrée à ce qui doit eftre receu dans la matrice, ou pour laiffer paffer ce qui en doit fortir.

Subftance de l'orifice interne.

Cet orifice eft fort épais, parce qu'il eft compofé de membranes froncées & ridées, qui peuvent fe dilater & s'étendre beaucoup, quoyque cette ouverture vous paroiffe fort petite, neanmoins elle s'ouvre fuffifamment pour laiffer paffer un enfant : je croy que cela ne fe fait pas fans peine, puifque c'eft cette partie qui retarde le plus l'accouchement, en ne s'ouvrant que peu à peu par les efforts que l'enfant fait pour l'obliger à fe dilater : Quand les accoucheurs touchent cet orifice, ils trouvent qu'il ceint la tefte de l'enfant comme une couronne, ce qui le fait appeller pour lors le couronnement ; mais aprés que l'enfant eft paffé, cet orifice difparoît, & toute la matrice n'eft plus qu'une grande cavité depuis l'entrée du col jufqu'à fon fond, ce qui ne dure pas long-tems ; car immediatement aprés l'accouchement, ces parties fe retréciffent comme une bourfe vuide, & reprennent leur état naturel.

L'orifice interne eft fermé pendant toute la groffeffe.

L'orifice interne s'avance dans le tems du coït au devant de la verge par le moyen des ligamens ronds, & s'entr'ouvre pour recevoir la femence dans le moment de l'ejaculation ; il fe referme enfuite fi exactement aprés l'avoir receuë, que la fonde la plus petite n'y pourroit entrer : Il demeure en cet état jufques vers les derniers mois de la groffeffe, qu'il s'abbreuve d'une humeur vifqueufe & glaireufe, qui tranfudant des porofitez internes de la matrice, découle par cet orifice ; ce qui fert à l'amollir & à l'humecter, afin qu'il puisse s'étendre plus facilement pour laisser fortir l'enfant.

L'action de l'orifice interne eft purement naturelle, puis qu'il agit neceffairement fans qu'il dépende de nous de le faire agir autrement ; au lieu que fi fon mouvement étoit volontaire, il fe pourroit trouver des femmes qui luy en feroient faire de tout-à-fait oppofez à ceux qu'il fait.

Action de l'orifice interne.

La derniere partie que j'ay à vous démontrer eft le fond de la matrice, qui eft fon propre corps & la partie principale, pour laquelle toutes les autres font faites ; elle eft plus ample, plus large, & plus élevée que les autres ; Je l'ay ouverte de fa longueur, afin que vous voyez fa capacité, qui eft l'endroit où fe paffe ce qu'il y a de plus furprenant & de plus admirable dans la nature.

Z Z Le fonds de la matrice.

Le conduit qui eft depuis l'orifice interne jufqu'à la principale cavité de la matrice eft appellé le col court, pour le diftinguer du veritable col, qui eft le vagina ; Il eft de la longueur d'un pouce ou environ ; il eft affez large pour laiffer entrer une plume d'oye ; fa cavité eft inégale & ridée ; ce qui eft neceffaire pour retenir la femence, felon ceux qui croyent qu'une des caufes de la fterilité eft d'avoir cette partie trop gliffante, à caufe des mauvaifes humeurs qui y paffent. Ce col auffi bien que l'orifice interne, fe ferme aprés avoir receu la femence, & demeure fermé pendant tout le tems de la groffeffe.

Le col court de la matrice.

La subſtance de ce fond eſt membraneuſe &
épaiſſe d'un travers de doigt, ce qui fait qu'il peut
s'étandre commodement ; ſa ſuperficie externe eſt
polie & égale, excepté ſes deux coſtez, où l'on voit
deux éminences que l'on nomme les cornes, où
s'attachent les ligamens ronds, & où vont abou-
les vaiſſeaux déferans : L'interne eſt parſemée de
beaucoup de petits pores, & de petits vaiſſeaux
qui diſtillent tous les mois le ſang qui doit eſtre
évacué, c'eſt ce qu'on appelle menſtruës, & qui
dans la groſſeſſe s'abouchent avec l'arrierefaix,
pour y porter le ſang neceſſaire pour la nourriture du fœtus pendant tout le tems qu'il ſejourne
dans la matrice.

Il n'y a qu'une ſeule cavité à la matrice des
femmes, à la difference de celles des beſtes qui
en ont pluſieurs. Il y en a qui la diviſent en partie droite, & en partie gauche, & qui veulent
que les mâles ſoient formez dans la droite, & les
femelles dans la gauche ; mais l'un & l'autre ſont
placez également dans le milieu de cette cavité :
on y voit ſeulement une ligne tres-legere, ſemblable à celle de deſſous le ſcrotum. Il n'y a point
de ces petites éminences appellées cotiledons, qui
ſont ordinairement dans les matrices des beſtes à
corne.

Cette cavité eſt ſi petite, qu'on a de la peine
à comprendre qu'un enfant, & quelquefois
même pluſieurs, puiſſent eſtre formez dans
un ſi petit eſpace ; mais il ne faloit pas qu'elle
fût plus grande pour pouvoir embraſſer étroite-
me, & toucher de toutes parts la ſemence ſur laquelle elle travaille à en produire un homme.

Subſtan-
ce du
fond de
la matri-
ce.

La cavité
de la ma-
trice eſt
unique.

La cavité
de la ma-
trice eſt
fort pe-
tite.

Voila, Meſſieurs, toutes les parties de la Femme qui ſervent à la generation. Je vous ay fait voir le commerce & le rapport qu'elles ont les unes avec les autres, & de quelle maniere chacune contribuë en particulier à produire ce chef-d'œuvre de la nature. Il ne me reſte donc plus rien à faire preſentement pour finir cette Démonſtration qu'à vous rapporter, comme je m'y ſuis engagé, les trois differentes opinions que l'on a ſur le fait de la generation.

Trois opinions ſur le fait de la generation.

La premiere opinion, qui eſt la plus ancienne, & qui a eſté ſuivie des premiers Philoſophes, étoit que l'homme fourniſſoit toute la ſemence neceſſaire pour former l'enfant, & que la femme prêtoit ſeulement le lieu où il étoit formé.

La premiere eſt des Anciens.

La ſeconde opinion eſt que le fœtus eſt formé du mélange des ſemences de l'homme & de la femme, & ainſi on pretend que l'un & l'autre en fourniſſent chacun leur part; que ces ſemences étant receuës dans la matrice, elle ſe ferme exactement, & que travaillant deſſus, elle en engendre un enfant par l'arrangement des particules qu'elles renferment; cette opinion a le plus grand nombre de ſectateurs.

La ſeconde & la mieux receuë.

La troiſiéme opinion, qui eſt la plus nouvelle ayant priſe ſon origine dans ce ſiecle, eſt que la femme fournit toute la ſemence dont l'enfant eſt formé; que cette ſemence eſt contenuë dans une veſſicule, à qui on a donné le nom d'œuf; & que la ſemence de l'homme venant à fraper cet œuf, l'eſprit en penetre la membrane, & le rend fecond; de maniere que l'homme, ſelon ces modernes, ne contribuë de

La troiſiéme eſt de ce ſiecle.

S iiij

fa part qu'à rendre cet œuf fecond.

Ceux qui foûtiennent la premiere difent que l'homme fournit toute la matiere, & que la femme eft comme une terre fertile qui produit de bon grain, lorfqu'elle a efté bien enfemencée; car ils pretendent que fi on examine de prés la femence de l'homme, on verra qu'elle eft compofée de toutes les particules capables de former un corps, & que celle de la femme au contraire n'eft qu'une ferofité acre & jaunâtre, qui ne peut contribuer en rien à fa formation, n'ayant point d'autre ufage que de donner du plaifir à la femme par fa fortie.

Les partifans de la feconde opinion difent, que l'homme & la femme font également parfaits dans leur efpece; que la nature ayant donné des tefticules à l'un & à l'autre fexe, ne les a pas faits inutilement à la femme, puifqu'on y trouve de la femence auffi bien que dans ceux des hommes. Ils pretendent que les premiers fignes de la groffeffe font lors que l'homme & la femme ejaculent leur femence en même tems, & qu'aprés l'action la femme trouve fes parties feches; d'où ils inferent que ce font ces deux femences ejaculées dans le même moment, qui ayans efté retenuës dans le fond de la matrice, fe mêlent enfemble, & qu'il s'en forme un enfant: Ils foûtiennent encore qu'il y a dans la femence de la femelle, auffi bien que dans celle du mâle, des particules propres à former un corps, & un efprit capable de tous les mouvemens, & de toutes les fonctions que produit celuy dont il eft forti; & que la raifon feule nous en doit convaincre fans le fecours des fens, puis qu'autrement il eft impoffible d'expliquer la reffemblance de la mere à l'enfant. Ils rapportent auffi l'exemple des mulets, qui font faits par l'accouplement de deux animaux de differente efpece, & qui tiennent également du mâle & de la femelle ; ce qui prouve , difent-ils, que la generation fe fait par le mêlange des deux femences.

Les Autheurs de la troifiéme opinion établiffent pour principe, comme je vous l'ay déja fait remarquer, que toutes les generations qui fe font dans l'Univers, fe font par le moyen des œufs ; ils n'exceptent pas l'homme de cette regle generale ; ils veulent que toutes les particules capables de former un homme, foient feparées de la maffe du fang, & renfermées dans une petite membrane de la groffeur d'un pois, qu'ils appellent un œuf ; que plufieurs de ces œufs font enfemble un ovaire, qui eft ce qu'on nommoit autrefois le tefticule ; qu'un de ces œufs venant à tomber par la trompe dans le fond de la matrice , il s'en forme un enfant , aprés qu'il a efté rendu fecond par la femence de l'homme, dont les parties les plus fubtiles penetrent la membrane pour le vivifier ; ils veulent encore que la membrane qui forme l'œuf, & qui contient cette femence foit la même qui enveloppe l'enfant pendant tout le rems qu'il eft dans la matrice, & que c'eft celle qu'il rompt pour en fortir, de maniere que c'eft la femme, felon ces Modernes, qui fournit la femence dont l'enfant eft fait, le lieu où il eft formé, & le fang dont il eft nourri; & que l'homme ne contribuë à la generation que

Raifons de la troifiéme.

de quelques efprits qui vivifient la femence de la femme, & la rendent feconde.

Chacune de ces trois opinions peut eftre refutée.

Si ces trois opinions, quoyque differentes, ont chacune leurs approbateurs & leurs défenfeurs, elles trouvent en même tems chacune des cenfeurs qui les combattent ; je ne m'arrêteray pas à les refuter, cela nous meneroit trop loin : voyez neanmoins ce que j'en ay dit en parlant des trompes de la matrice, page 256. Je vous feray feulement remarquer ici que la premiere donne tout l'avantage à l'homme ; que la feconde le partage entre l'homme & la femme ; & que la troifiéme en prive l'homme pour le donner tout entier à la femme.

Liberté de fuivre celle que l'on trouve la meilleure.

Je finis, Meffieurs, en vous laiffant la liberté de fuivre de ces trois opinions celle que vous jugerez la meilleure ; Pour moy je fçay qu'un Anatomifte doit eftre refervé dans fes fentimens ; qu'il ne doit rien croire qui ne foit confirmé par des experiences, & qu'il doit avoir beaucoup de moderation, principalement fur ce qui eft au deffus de fes connoiffances, tel qu'eft ce qui fe paffe dans la generation ; c'eft pourquoy je ne decideray point en faveur d'aucune de ces opinions jufqu'à ce que j'en fois mieux éclaircy.

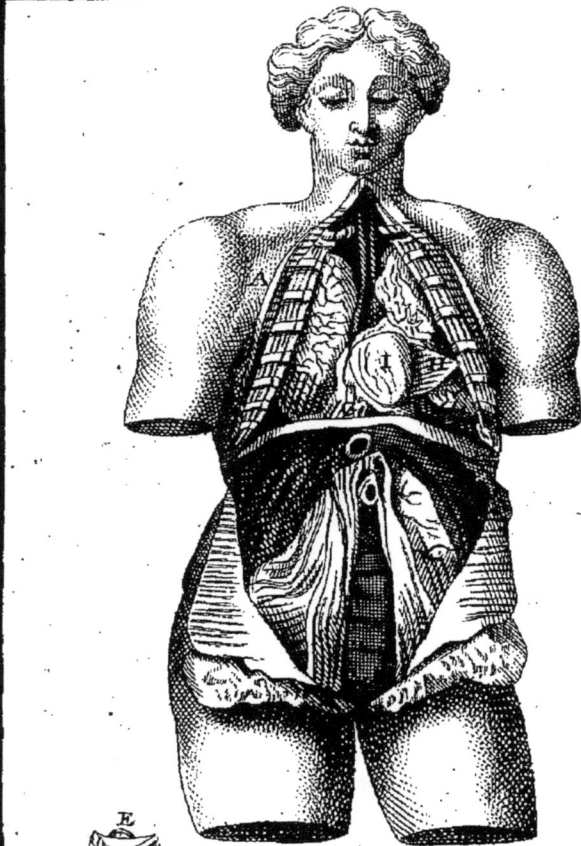

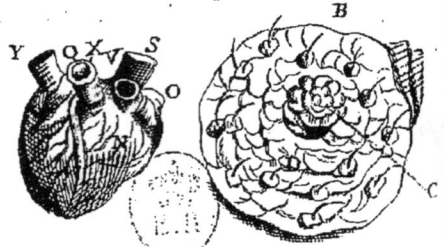

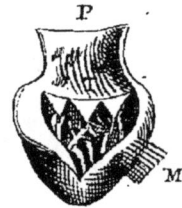

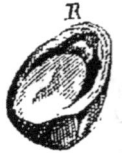

Thomassin fecit

CINQUIE'ME
DEMONSTRATION:
Des Parties de la Poitrine.

POUR faire l'éloge de la Poitrine je n'aurois, Messieurs, qu'à vous parler d'abord du cœur qu'elle renferme ; mais comme ce seroit vous mener trop loin, si j'entreprenois seulement d'ébaucher une si belle matiere, j'aime mieux me restraindre à vous faire voir dans cette Démonstration, & dans la suivante, toutes les parties de la poitrine avec le même ordre & la même exactitude, que je vous ay fait voir celles du bas ventre dans les quatre dernieres Démonstrations.

La poitrine, ou thorax, est toute cette cavité qui s'étend depuis les clavicules jusqu'au diaphragme ; on l'appelle ventre moyen, non seulement à cause de sa situation qui se trouve entre le ventre superieur, qui est la teste, & l'inferieur, qui est le bas ventre ; mais encore par rapport à sa grandeur, la poitrine étant une cavité plus grande que celle de la teste, & plus petite que celle du bas ventre. Elle est bornée en haut par

Description de la poitrine.

les clavicules, en bas par le diaphragme, par devant du sternum, à côté par les côtes, & par derriere des vertebres du dos. La partie anterieure se nomme la poitrine, & la posterieure le dos.

Sa figure & grandeur. La figure de la poitrine est presque ovale, elle doit estre platte par derriere, & large & voûtée par devant, car autrement elle est défectueuse, & cause beaucoup de grandes incommoditez. Sa grandeur est fort differente, mais generalement parlant, elle doit estre plus grande que petite, car lorsqu'elle est étroite & serrée, le cœur & & les poûmons n'ont pas la liberté de se mouvoir.

Substance de la poitrine. Sa substance est en partie osseuse, & en partie charnuë; ce qui peut bien avoir autant contribué à luy faire donner le nom de ventre moyen, que sa grandeur & sa situation, puisqu'elle n'est pas toute osseuse comme la teste, ni toute charnuë comme le ventre, mais composée de l'un & de l'autre.

Son usage. L'usage de la poitrine est de renfermer & de défendre le cœur & les poûmons.

Division de la poitrine en parties contenantes, & en parties contenuës. Les parties qui composent la poitrine se divisent comme celles du bas ventre en contenantes & en contenuës; il y a de deux sortes de contenantes, les unes sont communes, & les autres propres; les communes, que l'on appelle les tegumens, sont cinq, sçavoir l'épiderme, la peau, la graisse, le pannicule charnu, & la membrane commune des muscles: je ne les rapporteray point ici, les ayant suffisamment expliquez en parlant du ventre inferieur à la page 139. Je feray feulement remarquer ici deux particularitez, l'une que la peau de la poitrine eft fouvent couverte de poils dans quelques perfonnes, & qu'elle en eft toûjours garnie dans tous fous les aiffelles. L'autre eft que la graiffe qui eft à la poitrine paroît toûjours plus jaune qu'ailleurs, & que fi elle y eft en petite quantité, excepté aux mammelles, ce n'eft pas parce qu'elle auroit empêché la refpiration par fa pefanteur, mais parce qu'y ayant peu de chairs & beaucoup d'os, cette graiffe n'y pouvoit eftre en grande quantité, l'experience nous faifant voir que le ventre inferieur n'eft fort gras, que parce qu'il eft tout charnu ; que la poitrine l'eft mediocrement, parce qu'elle eft en partie charnuë, & en partie offeufe ; & que ce qui fait que la tefte ne l'eft point du tout, c'eft parce qu'elle eft toute offeufe.

Les parties contenantes propres font de quatre fortes, elles font ou glanduleufes, comme les mammelles de l'un & l'autre fexe; cartilagineufes ou offeufes, comme le fternum, les côtes, les clavicules, les omoplates, & les vertebres du dos: ou charnuës, comme les mufcles pectoraux, intercoftaux, & autres ; ou enfin membraneufes, comme la plevre & le mediaftin. *Des parties contenantes propres.*

Les parties contenuës dans la poitrine font les vifceres & les vaiffeaux ; les vifceres font le cœur avec fon pericarde, & les poûmons avec une partie de la trachée artere, & de l'œfophage ; les vaiffeaux font plufieurs nerfs, la groffe artere, la véne cave, & le canal thorachique. Nous démontrerons toutes ces parties *Parties contenuës dans la poitrine.*

chacune dans leur ordre , aprés vous avoir fait voir les parties contenantes propres , en commençant par les mammelles.

A
Des mammelles des hommes.

Les hommes ont des mammelles auſſi bien que les femmes, mais elles ſont bien differentes, celles des hommes étant plus petites & plus plattes , & n'ayant preſque point de glandes, mais beaucoup de graiſſe; ce qui les rend plus groſſes & plus élevées, quand l'homme eſt gras : on ne leur donne qu'un ſeul uſage, qui eſt de défendre le cœur. Toutes ces circonſtances les diſtinguent beaucoup de celles des femmes , qui ſont celles que nous allons examiner comme les plus parfaites & les plus neceſſaires.

B
Des mammelles des femmes.

Les mammelles bien proportionnées ſont un des principaux ornemens des femmes, particulierement lorſqu'elles ſont accompagnées d'une gorge bien taillée , & recouvertes d'une peau fine : Il faut auſſi qu'elles ſoient blanches, rondes , & mediocrement ſeparées dans leur milieu ; qu'elles ayent un mammelon vermeil & point trop gros ; qu'elles ne ſoient point placées ni trop haut, ni trop proche les aiſſelles, & enfin qu'elles ne ſoient ni trop groſſes, ni pendantes ; voila les conditions qu'elles doivent avoir pour eſtre belles , & pour eſtre propres à inſpirer de l'amour; mais ce ne ſont pas les meilleures ni les plus capables de contenir le lait.

Les mammelles ſont deux pour l'ordinaire.

Chaque perſonne a deux mammelles , il eſt rare d'en trouver qui en ayent trois ou quatre qui rendent toutes du lait. Il y a beaucoup de perſonnes qui croyent que la nature n'a donné deux mammelles à la femme qu'à cause des gemeaux qu'elle a assez ordinairement à la fois. D'autres pretendent que c'est afin que si l'une est offensée, l'autre puisse suppléer à son défaut ; pour moy je croy que c'est parce que le lait d'une seule ne pourroit suffire pour nourir un enfant, puisque l'experience nous fait voir, qu'après qu'un enfant a vuidé une mammelle, il va aussi-tôt à l'autre, & ainsi nous concluons que les femmes ont deux mammelles, parce qu'elles sont toutes deux ordinairement necessaires pour donner tout autant de lait qu'il en faut pour nourrir l'enfant.

Les mammelles sont situées au milieu de la poitrine, l'une à droite, & l'autre à gauche, directement sur les muscles pectoraux. On pretend que dans cette situation la nature a eu égard à la bonne grace ; je ne veux pas contester ce sentiment : mais comme elle les a plûtôt formées pour donner du lait que pour inspirer de l'amour, je croy que son dessein, en les plaçant ainsi, a esté afin que la mere en donnant à taiter à son enfant, pût le voir & le contempler plus commodément que si elles avoient esté placées au ventre, comme celles des autres animaux. *Situation des mammelles.*

La figure des belles mammelles est ronde, & represente un demi globe, mais les bonnes au contraire sont pendantes, & ne peuvent se soûtenir, à cause de leur pesanteur. *Figure des mammelles.*

On ne peut pas bien déterminer leur grandeur, elle est differente suivant les païs : les Indiennes & les Siamoises, par exemple, les *Grandeur des mammelles.*

ont ſi longues qu'elles peuvent les jetter par deſſus leurs épaules ; elles different encore ſuivant les ſujets, y ayant des femmes qui les ont naturellement petites ; & d'autres groſſes ; ce ſont ces dernieres qui ſont meilleures nourrices, pourvû qu'elles ne les ayent pas trop charnuës. Leur groſſeur dépend auſſi des differens âges, car les jeunes filles n'en ont point du tout, il ne leur paroît même que le mammellon ; mais elles leur croiſſent inſenſiblement, de maniere qu'à l'âge de quatorze ans elles ont la figure d'un demy globe ; elles ſont alors dures & fermes ; elles groſſiſſent à meſure qu'elles avancent en âge : Elles ſe flétriſſent aux femmes qui approchent de cinquante ans ; & plus une femme vieillit, plus elle les a molles & flaſques ; n'y reſtant plus à la fin que des peaux. Il y a encore des tems où elles ſont plus groſſes que dans d'autres, car elles augmentent dans la groſſeſſe à proportion que la femme approche de ſon terme, & quand elle eſt nourrice, elles s'enflent encore davantage.

Diviſion de la mammelle.

On conſidere à la mammelle le mammellon, & la mammelle même ; le mammelon eſt une petite éminence que l'on voit au milieu de la mammelle ; c'eſt l'endroit où aboutiſſent les extremitez des nerfs qui viennent aux mammelles.

C Le mammelon.

Il eſt d'une ſubſtance fongueuſe & ſpongieuſe, aſſez ſemblable à celle du gland de la verge ; d'où vient qu'il peut ſe flétrir ou ſe relever en le ſucçant, ou en le maniant : Il eſt d'un ſentiment vif, afin que l'enfant y cauſe en le ſucçant un doux chatoüillement, & que la femme

y

y reſſentant une eſpece de plaiſir, ſe porte vo-
lontiers à donner à taiter à ſon enfant auſſi ſouvent qu'il en a de beſoin.

Il eſt rouge & petit aux vierges, livide &
gros aux nourrices, & noir à celles qui ne ſont
plus d'enfans. Il eſt percé de pluſieurs petits
trous qui ſont les extremitez des tuyaux qui
viennent du reſervoir ; ces petits trous ſont faits
pour laiſſer ſortir le lait qui doit ſervir de nourriture à l'enfant ; celles qui ont ces trous plus
ouverts, & en plus grande quantité paſſent pour
meilleures nourrices, parce qu'elles peuvent facilement faire rayer leur laict, & que l'enfant
a moins de peine à le tirer en ſuççant le mammelon.

Quant au choix d'une nourrice l'on prefere celle
qui a le plus petit mammelon, parce qu'étant
gros il remplit trop la bouche de l'enfant, &
l'empêche de bien taiter, & non pas comme
veulent quelques-uns, parce qu'il agrandit trop
la bouche de l'enfant ; il eſt environné d'un cercle que l'on appelle areole, qui eſt pâle aux pu-
celles, obſcur aux femmes groſſes & aux nourrices, & noir aux vieilles.

Le mam-
melon
doit eſtre
petit.

La mammelle eſt compoſée de beaucoup de
graiſſe, & d'une tres-grande quantité de glandes d'inégale groſſeur, & de figure ovale,
circulairement arrangées autour d'une cavité
qui eſt dans le milieu de la mammelle : Ces
glandes ont des arteres, des véìnes, & un conduit excretoire ; il eſt inutile de vous redire l'uſage de ces vaiſſeaux.

D
La mam-
melle eſt
un corps
glandu-
leux.

L'action de ces glandes eſt de ſeparer les par-

T

Action des glandes de la mammelle.

ties laiteuses de la masse du sang, & de les verser par le conduit excretoire que chacune de ces glandes a dans cette cavité, où le lait sejourne jusqu'à ce que par le succement de l'enfant il soit obligé de sortir par plusieurs petits tuyaux qui aboutissent au mammelon.

Nerfs de la mammelle.

Les nerfs des mammelles viennent des vertebres, & principalement de la cinquiéme paire, aprés qu'ils se sont dispersez par toute la substance des mammelles: Ils se terminent au mammelon, qu'ils rendent d'un sentiment tres-exquis.

Arteres de la mammelle.

Les mammelles ont des arteres de deux sortes, d'exterieures & d'interieures, parce que les unes arrosent la partie exterieure des mammelles, & les autres l'interieure; les premieres sont les thorachiques superieures, qui viennent des axillaires; & les autres sont les mammaires qui viennent des souclavieres, & qui donnent un rameau à chacune de ces glandes ovales qui forment la mammelle.

Vénes de la mammelle.

Il sort de ces mêmes glandes plusieurs rameaux de vénes qui forment les vénes mammaires, lesquelles vont se rendre aux souclavieres: Il en sort aussi plusieurs de la partie exterieure de la mammelle, qui sont les troncs des vénes thorachiques superieures qui vont aux axillaires; les arteres externes apportent le sang pour la nourriture, & les internes celui qui va à toutes les glandes où elles aboutissent. Ce sang passe ensuite dans les vénes qui le reportent, sçavoir les mammaires aux souclavieres, & les thorachiques superieures aux axillaires.

Vous voyez bien que le mouvement circulaire du fang fe fait parfaitement bien par deux arteres qui apportent le fang, & par deux vénes qui le reportent de chaque mammelle, fans le fecours de ces pretenduës Anaſtomofes des mammaires avec les epigaſtriques, qui ne font que dans l'idée de ceux qui les ont imaginées.

L'opinion commune étoit que les mammelles fervoient à la generation du lait pour la nourriture de l'enfant, aprés qu'il étoit né, afin que l'enfant, qui s'étoit nourri de fang dans la matrice, fe nourriſt enfuite de lait, qui n'étoit, felon eux, qu'un fang blanchi. L'on vouloit, fuivant cette opinion, que le fang fe convertiſt en lait par une vertu particuliere & concoctrice des glandes des mammelles, & que ces glandes lui communicaſſent leur blancheur par une faculté aſſimilatrice.

Opinion fur la generation du lait.

Pour peu que l'on foit éclairé dans l'Anatomie, on ne peut pas convenir de cette tranſmutation de fang en lait; elle eſt encore détruite par l'experience journaliere, qui nous fait voir que quand une nourrice a mangé, le lait en eſt auſſi-tôt porté aux mammelles; ce qui ne fe pourroit faire qu'aprés un tems confiderable, fi cette tranſmutation avoit lieu; car il faudroit que l'aliment fût fait chile dans l'eſtomac; que ce chile fût perfectionné & feparé dans les inteſtins; qu'il devint fang dans le cœur, & qu'il fût converti en lait dans les mammelles. D'ailleurs il faudroit que le fang fejournât dans les mammelles; or il eſt certain que fi une nourrice

Cette opinion eſt refutée.

T ij

donne à taiter à son enfant, dés le moment qu'elle sent ses mammelles s'emplir, il en succe un lait fort blanc & bien conditionné, quoyqu'il n'y ait pas sejourné ; & ce qui fait encore contre ces pretenduës coctions, c'est que le lait de plusieurs animaux a l'odeur des alimens qu'ils ont mangé les derniers.

On a crû que le chile, alloit aux mammelles.

D'autres ont crû mieux rencontrer en s'imaginant que le lait étoit veritablement du chile, & qu'il falloit qu'il y eût quelque conduit qui le portât de ses reservoirs droit aux mammelles, pour pouvoir y aller aussi promptement qu'il y va aprés la digestion. Les raisons que je viens de vous dire, avec les observations qu'ils faisoient, sembloient les fortifier dans cette opinion ; il ne falloit, pour achever de les convaincre, que trouver ce conduit qu'ils ont cherché long-tems fort inutilement : Je l'ay cherché aussi sans avoir eu un plus heureux succés qu'eux; j'ay ouvert des chiennes dans le tems qu'elles nourrissoient, & des femmes même peu de tems aprés leur accouchement, sans avoir jamais pû découvrir cette route, quoyque leurs mammelles fussent encore tous pleines de lait.

Tous les soins que j'ay pris pour trouver ce conduit, m'ont convaincu qu'il n'y en avoir point ; & les reflexions que j'ay faites dans la suite, m'ont persuadé qu'il n'y en devoit point avoir ; car si le chile eût esté porté des reservoirs droit dans les mammelles, ce n'auroit esté qu'un lait sereux & imparfait par le mélange de la salive, de l'acide, de la bile, du suc pancreatique, & de la limphe qui y auroient été portées avec lui; mais

il éroit à propos que le chile allât au cœur , afin
d'y recevoir les premieres impreſſions de la chaleur , en paſſant par ſes ventricules ; & qu'étant
meſlé avec le ſang , toutes les liqueurs qu'il avoit
amenées avec lui , en fuſſent ſeparées ; & qu'il
fût enſuite porté par les arteres mammaires aux
mammelles ; voici comment le lait ſe fait.

Le chile ayant eſté porté par le canal thora- Commēt le laiꞓ eſt. fait.
chique dans la ſoûclaviere , proche l'axillaire ,
coule dans la véne cave , d'où il eſt verſé dans
le ventricule droit du cœur , où étant mêlangé
avec le ſang , il paſſe avec lui dans la groſſe
artere qui en fait une diſtribution dans toutes
les autres arteres du corps. Et de même que le
plus ſereux eſt porté par les arteres émulgentes
aux reins , ce qu'il y a de plus laꞓé va aux mammelles par les arteres mammaires , qui le conduiſent & le diſtribuent par pluſieurs petites
branches à toutes les glandes des mammelles ,
qui le filtrent de même que les corps papillaires qui ſont dans les reins filtrent l'urine. Toutes les particules laꞓées étant ainſi réunies enſemble font le corps du lait , qui eſt enſuite verſé par les conduits de ces glandes dans le reſervoir où il ſejourne , comme je vous l'ay déja
dit à la page 290. juſqu'à ce que par le ſucce-
ment de l'enfant il ſorte par de petits canaux qui
viennent de ce reſervoir au mammelon.

Le laiꞓ eſt une ſubſtance moyenne entre le
ſang & le chile , n'étant pas ſi épais que le ſang,
ni ſi ſereux que le chile : Il n'eſt pas fait de ſang,
comme pluſieurs Anciens l'ont crû , mais plûtôt
de chile qui circule quelque tems avec le ſang.

fans y eftre intimement meflé. Il eft compofé de trois parties, de butireufes, de cafeufes, & de fereufes.

Trois liqueurs compofent le laict.

Les butireufes font la creme & ce qu'il y a d'onctueux qui s'éleve au deffus du lait ; les cafeufes font les plus groffieres, ce font celles qui fe coagulent, & dont on fait les fromages ; & les fereufes font proprement la limphe, & ce qu'il y a de plus liquide, que nous appellons le lait clair : Toutes ces differentes fubftances font propres à nourrir les differentes parties du corps.

Autres ufages des mammelles.

Les ufages que l'on donne aux mammelles ne font pas feulement de filtrer le laict, mais encore de défendre le cœur, & de fervir d'ornement aux femmes.

Parties mufculeufes de la poitrine.

Les parties qui fuivent, font les mufculeufes que nous avons mifes au nombre des contenantes propres de la poitrine ; mais comme elles ne font pas toutes pour fon ufage, & qu'il y en a qui fervent à faire les mouvemens des bras, & de l'omoplate, je ne vous les feray voir que lorfque je vous feray la Démonftration des mufcles en general.

Parties offeufes de la poitrine.

Auffi-tôt que les mufcles font levez, on void les parties offeufes & cartilagineufes, qui font le fternum, & les côtes que l'on met au rang des parties contenantes propres ; je ne vous en parleray point ici, vous les ayant fuffifamment fait connoître, lorfque je vous ay fait la Démonftration du fquelete. Je vous montreray feulement ici la maniere dont on fait l'ouverture de la poitrine ; l'on coupe avec un fcalpel tous les cartilages

qui joignent les extremitez des côtes avec le sternum ; on separe auffi les bouts des clavicules qui
s'uniffent au premier os du fternum , & enfuite
on leve tout ce qui a efté coupé entre les deux
incifions ; les uns levent le fternum en haut , les
autres en bas , & moi je croy qu'il vaut mieux
le feparer tout-à-fait du fujet , parce que tenant
ou en haut ou en bas il incommode tant dans les
préparations que dans les démonftrations.

La quatriéme forte de parties contenantes propres font les membraneufes, au nombre defquelles nous avons mis la plévre & le mediaftin ; ce
font ces membranes que l'on découvre lorfque
fternum eft levé : nous les allons examiner.

Parties
membra-
neufes de
la poitri-
ne.

La plévre eft une membrane dure & épaiffe
qui reveft toute la capacité de la poitrine ; elle
eft appellée par quelques-uns foufcôtal , parce
qu'elle eft tenduë fous les côtes ; elle contient &
renferme toutes les parties qui font dans la poitrine , de même que le peritoine renferme toutes
celles de l'abdomen , & la dure mere celles du
cerveau.

F
La plé-
vre.

Il y a des Anatomiftes tres-celebres qui ont
écrit que de même que les parties externes du
corps font couvertes d'une membrane qui eft la
peau ; de méme auffi les parties internes font reveftuës d'une membrane qui reçoit differens
noms fuivant les differens endroits qu'elle reveft.
On la nomme meninge à la tefte, peritoine au
ventre inferieur , & plévre à la poitrine : Ces
Auteurs ne s'accordent pas entr'eux fur l'origine
de cette membrane ; les uns veulent qu'elle commence à la tête ; qu'elle fe continuë à la poitrine,

& qu'elle finiſſe au ventre inferieur ; & d'autres
pretendent qu'elle prend ſon origine au bas ventre, & qu'elle ſe continuë juſqu'à la teſte. Il ſeroit tres-difficile, pour ne pas dire impoſſible, de
faire voir cette continuité, puiſque les membranes qui tapiſſent interieurement ces trois ventres,
ſont tellement ſeparées, que l'on ne peut pas ſoûtenir qu'elles prennent leur origine l'une de l'autre ; ce qu'on peut dire de certain, c'eſt que ce
ſont trois membranes differentes qui trouvent
leur principe dans la ſemence comme les autres
parties.

Figure de la plévre. La figure & la grandeur de la plévre répon-
dent à celles de la poitrine. Sa ſubſtance eſt ſemblable à celle du peritoine, c'eſt à dire membraneuſe & capable de dilatation : ſa partie interne
eſt unie & polie pour ne pas bleſſer les parties
contenües ; & l'externe eſt rude & inégale, afin de
ſe mieux attacher au perioſte des coſtes, & aux
autres parties qu'elle touche : elle eſt double, ce
n'eſt pas ſeulement entre la plévre & les muſcles
que le ſang extravaſé fait la pleureſie, mais fort
ſouvent entre les deux tuniques de cette membrane, à cauſe de la quantité d'arteres, de vénes,
& de nerfs qui y rampent ; ce qui fait pour lors
que la fiévre, & les douleurs en ſont plus aiguës.

Attaches & trous de la plé- vre. Elle eſt fort adherente aux vertebres du dos,
où elle prend ſon origine ; elle s'attache au pe-
rioſte des côtes, & aux muſcles intercoſtaux internes, & vient s'inſerer à la partie anterieure
& interne du ſternum : Elle a pluſieurs trous
dont les uns ſont ſuperieurs, par où paſſent la

groſſe artere, la véne cave, l'œſophage, la trachée artere, & les nerfs de la ſixiéme conjugai-
ſon: Et les autres inferieurs, qui laiſſent paſſer la
véne cave & l'œſophage.

La plévre reçoit pluſieurs nerfs des vertebres
du dos & de la ſixiéme paire ; ce qui rend les
playes de cette partie dangereuſes & douloureu-
reuſes ; elle a des arteres de l'intercoſtale, & de
la groſſe artere ; ſes vénes vont à la véne intercoſtale ſuperieure, & à l'azigos.

Vaiſſeaux de la plé-vre.

Les uſages de la plévre ſont de reveſtir interieurement le thorax; de donner à toutes les parties
une tunique particuliere, de même que le peritoine le fait à toutes celles du bas ventre ; & de
diviſer la poitrine en deux, en formant une membrane, que l'on nomme le mediaſtin.

Uſages de la plé-vre.

Le mediaſtin eſt une membrane double,
qui ſepare la poitrine en deux parties : Il
prend ſon origine de la plévre redoublée vers
le ſternum, auquel il eſt fort adherant ; Il eſt attaché par en haut aux clavicules, & par en bas
au diaphagme dans leur milieu.

G.
Le me-diaſtin.

L'origine & les attaches du me-diaſtin.

La ſubſtance du mediaſtin eſt plus déliée &
plus molle que celle de la plévre ; on y trouve
un peu de graiſſe qui environne ſes vaiſſeaux,
qui ſont de quatre ſortes; Ses nerfs ſont des rameaux que lui jettent les nerfs ſtomachiques; ſes
arteres lui viennent des mammaires ; ſes vénes
vont aux mammaires & à l'azigos ; il a outre
cela une véne particuliere, appellée mediaſtine,
qui va à la véne cave, on la trouve quelquefois double ; enfin il a des vaiſſeaux limphatiques, qui vont au canal thorachique.

Ses vaiſ-ſeaux.

Cavité
du me-
diaſtin.

Les membranes du mediaſtin ſont ſeparées l'une de l'autre directement ſous le ſternum ; cette ſeparation fait une cavité dans laquelle il s'a_maſſe ſouvent des ſeroſitez & des humeurs pituiteuſes qui s'y pourriſſent, & y cauſent l'hydropiſie de poitrine. J'ay veu dans des playes de cette partie du ſang épanché dans cette cavité, que j'ay tiré en faiſant le trépan à la partie anterieure & moyenne du ſternum.

Il y en a qui croyent avoir trouvé l'uſage de cette cavité, en diſant qu'elle ſert à la formation de la voix, & qu'elle eſt comme un écho qui la fait retentir ; mais il eſt impoſſible que cela ſoit, puiſque cette cavité n'a aucune communication avec la trachée artere.

Uſages
du me-
diaſtin.

Les uſages du mediaſtin ſont de ſeparer la poitrine en deux cavitez ; ce qui ſe fait ſi exactement, que les humeurs épanchées dans l'une, comme du ſang ou de l'eau, ne peuvent paſſer dans l'autre ; de ſuſpendre le cœur avec le pericarde, qui lui eſt attaché ; & de ſoûtenir les vaiſſeaux & le diaphragme dans l'homme, de crainte que les viſceres qui y ſont attachez, comme le ventricule & le foye, ne le tirent trop en bas.

Uſage de
l'humeur
qui ſe
trouve
dans la
poitrine.

Il ſe trouve ordinairement dans les deux cavitez de la poitrine une humeur qui reſſemble à de l'eau teinte de ſang ; cette ſeroſité n'y eſt pas inutilement, car elle ſert à humecter les parties de la poitrine, qui ſont dans un mouvement perpetuel, & qui ſans ce petit rafraîchiſſement, ne manqueroient pas de s'échauffer.

H
Le peri.
carde.

Le pericarde eſt une membrane épaiſſe qui

renferme le cœur dans sa cavité ; c'est proprement l'enveloppe & la boëte du cœur, parce qu'elle l'environne de toutes parts : elle a la même figure que luy, car d'une base large, elle se termine en pointe ; elle a aussi sa grandeur à peu prés, n'étant éloignée de luy qu'autant qu'il est necessaire pour ne le pas incommoder dans ses mouvemens.

Sa figure & grandeur.

Sa substance est plus dure que celle de la plévre ; elle est composée de deux tuniques, dont l'extremité est une production du mediastin, & l'interieure est la membrane propre du pericarde, que l'on veut n'estre qu'une continuité des membranes des quatre gros vaisseaux qui sont à la base du cœur.

Substance de pericarde.

Il est attaché circulairement au mediastin par plusieurs fibres ; à l'épine du dos par sa base, & par sa pointe au centre nerveux du diaphragme. Il est percé en cinq endroits pour donner passage aux vaisseaux qui entrent & qui sortent du cœur ; il a sa superficie externe fibreuse & dure, & l'interne glissante, l'une & l'autre sont sans graisse. Il a de fort petits nerfs qui viennent du recurrent gauche, & des rameaux de la sixiéme paire. Ses arteres sont si petites qu'on a de la peine à les voir ; elles viennent des phreniques ; ces vénes reportent le sang aux phreniques & aux axillaires : Il a une véne particuliere, que l'on nomme capsulaire : Il a aussi quelques limphatiques, qui vont se rendre dans le canal thorachique.

Connexion & vaisseaux du pericarde.

Le pericarde a deux usages, l'un de servir d'enveloppe au cœur, afin qu'il ne touche point

Usages du pericarde &

les parties voifines , & qu'il n'en foit point incommodé ; & l'autre de contenir une liqueur qui
humecte & rafraîchit le cœur dans fes mouvemens continuels ; & qui empêche par ce moyen
qu'il ne fe deffeche.

Quoyque les avantages que l'on tire du pericarde foient confiderables , neanmoins on a écrit
qu'il n'étoit point neceffaire , & que le cœur
pouvoit s'en paffer ; ceux qui étoient de cette
opinion la foûtenoient par l'exemple d'un chien
qui n'en avoit point, & par l'autorité de Co-
lumbus , qui dit n'en avoir point trouvé à un de
fes écoliers qu'il a ouvert ; mais ces deux exem-
ples ne fuffifent pas pour nous faire regarder cette partie comme inutile : D'ailleurs ce qui arrive
rarement dans la nature ne fait point de regle ;
c'eft pourquoy nous devons conclure, puifqu'on
le trouve ordinairement à tous les hommes, qu'il
eft neceffaire au cœur , qui feroit incommodé
dans fes mouvemens, fans le fecours qu'il en reçoit, & fans celui de l'eau qu'il contient.

Cette humeur fereufe , dans laquelle nage le
cœur eft femblable à de l'urine , neanmoins elle
n'eft ni acre, ni falée ; en quelques-uns elle reffemble à de la laveure de chair ; on la trouve en
toutes fortes d'animaux morts ou vivans, les uns
en ont plus & les autres moins. On prétend que
les femmes & les vieillards en ont une plus grande quantité que les jeunes, à caufe de la foibleffe
de la chaleur.

Il y a de cette eau dans le pericarde du fœtus ;
ce qui nous fait voir qu'elle eft dés la premiere
conformation , & qu'ainfi elle y eft neceffaire

dés le moment que le cœur commence à se mouvoir. Lorsqu'elle est en trop grande quantité elle cause des palpitations de cœur qui le suffoquant, peuvent causer la mort.

Si nous en croyons Veslingius, cette serosité se peut rengendrer en ceux qui l'ont perduë par quelque playe au pericarde ; car il rapporte l'exemple d'un homme qu'il a gueri d'un coup de poignard receu dans cette partie, quoy qu'à chaque pulsation du cœur cette serosité s'écoulàt par la playe ; Cette autorité fait assez voir que cette humeur sereuse se rengendre pour remplacer ce qui s'en consume tous les jours ; ce qui me confirme dans ce sentiment, outre les raisons que je vous apporteray ci-après, c'est qu'ayant ouvert des personnes, j'en ay trouvé jusqu'à la quantité d'un demi-septier, quoyqu'il n'y en ait pour l'ordinaire que deux cueillerées ou environ ; d'où je concluë qu'il faut admettre de necessité cette regeneration, puisqu'il n'y a pas d'apparance que cette quantité y fût dés le premier instant de la vie : Voici donc quelle est ma pensée sur son origine.

L'eau du pericarde se rengendre.

Je croy que cette liqueur est separée par les glandes qui sont à la base du cœur ; qu'elle tombe goute à goute dans la cavité du pericarde, à mesure qu'elle est filtrée par ces glandes ; & qu'elle y est entretenuë dans une quantité mediocre, parce que ces glandes sont disposées de maniere qu'elles n'en peuvent separer qu'une certaine quantité proportionnée à leur grosseur & à leur porosité, qui est à peu prés celle qui se consume tous les jours par les mouvemens & par la chaleur du cœur.

Origine de cette eau.

Le cœur.

A l'ouverture du pericarde on voit le cœur, qui est la partie la plus noble & la plus confiderable qui soit dans l'homme ; c'est un muscle qui est composé de parties charnuës, de fibres, de vénes, d'arteres, de nerfs, & d'une membrane qui tient toutes ces parties serrées & compactes.

Figure du cœur.

La figure du cœur est piramidale, & semblable à celle d'une pomme de pin ; car d'une base large il se termine en pointe : la base du cœur, qui est sa partie superieure, est large ; la pointe, qui est sa partie inferieure est étroite, & son corps est rond, & relevé par devant, & applati par derriere ; mais il change un peu de figure dans ses mouvemens de diastole & de sistole, comme je vous l'expliqueray ci-aprés.

Situation du cœur.

La base du cœur est située au milieu de la poitrine entre les poûmons, dont elle est tellement environnée de toutes parts, qu'elle est comme cachée entre leurs lobes : sa pointe au contraire tourne un peu du côté gauche, ce qui fait que l'on sent son battement de ce côté-là en mettant la main dessus. La raison pourquoy cette pointe ne tourne pas aussi-tôt du côté droit que du gauche, c'est que la véne cave y étant, la pointe du cœur auroit interrompu, par son mouvement continuel, le cours du sang dans cette véne, & l'auroit empêché de monter dans le ventricule droit du cœur.

Raisons de la situation du cœur.

Ceux qui regardent le cœur comme la partie la plus noble, disent que sa situation répond à son rang, & qu'il n'en pouvoit avoir une plus digne de lui, étant placé au milieu de tous les visceres , & même au milieu de tout le corps , si on en excepte les extremitez ; mais selon mon avis, la veritable raison de cette situation dépend de sa fonction; car comme il falloit qu'il envoyât du sang par les arteres à toutes les parties du corps, il falloit aussi qu'il fût dans un lieu éminent; autrement s'il eût esté placé plus bas , il lui eût fallu une impulsion trop forte pour le pousser par toute la teste ; & quoy qu'il soit fort éloigné des pieds , il ne lui en faut qu'une mediocre pour l'y faire aller, parce que le sang descend assez par son propre poids , & ainsi cette situation est la plus commode qu'il pouvoit avoir pour la distribution du sang dont il arrose toute la machine.

L'homme a le cœur plus grand à proportion que les autres animaux ; on n'en peut pas bien marquer precisément la grandeur, parce qu'elle est differente selon les âges & les temperamens: sa longueur est pour l'ordinaire de six travers de doigts dans les adultes , & sa largeur de quatre. Ceux qui ont un grand cœur ont moins de courage que ceux qui l'ont petit , parce que les grands cœurs étant mols & flasques, & ayant les ventricules plus grands , ont moins de chaleur, & par consequent en communiquent moins au sang. Au contraire un petit cœur étant ferme, solide , dur, & ayant les ventricules petits , renferme mieux ce feu sans lumiere dont il est le centre ; & mettant en mouvement par cette chaleur les esprits du sang, rend l'homme plus entreprenant & plus courageux. Grandeur du cœur.

Le cœur est fortement attaché par sa base au Attaches du cœur.

mediaſtin : Il eſt encore ſuſpendu & affermi dans
ſa place par quatre gros vaiſſeaux qui s'inſerent
à cette même baſe, dont deux entrent dans ſes
ventricules, & deux en ſortent ; le reſte de ſon
corps n'eſt adherent à aucune partie, afin de
pouvoir s'étendre & ſe reſſerrer dans les mouvemens du diaſtole & ſiſtole.

Subſtance du cœur. La ſubſtance du cœur eſt charnuë, & pareille
à celle des autres muſcles, excepté qu'elle eſt
plus dure principalement à ſa pointe, & que ſes
mouvemens ne dépendent point de nôtre volonté:
pour bien connoître la ſubſtance du cœur il faut
faire cuire celui d'un bœuf, & en ſeparer enſuite à loiſir toutes les fibres, vous verrez alors que
le cœur eſt fait de deux ſortes de fibres charnuës,
dont les unes ſont exterieures, & les autres interieures. Les unes & les autres ont leur origine
& leur inſertion à la baſe du cœur.

Les fibres demi circulaires. Les fibres exterieures ſont celles qui deſcendent
de la baſe en ligne ſpirale de droite à gauche vers
la pointe, où faiſant un demi cercle, elles remontent en même ligne ſpirale de gauche à droite vers
la baſe. Les fibres interieures ſont droites, elles
deſcendent de la baſe à la pointe, & remontent de
la pointe à la baſe, où elles finiſſent. Ce ſont ces
fibres internes qui forment ces petites colomnes
charnuës, qui ſont dans les ventricules ; c'eſt
dans le milieu de ces fibres que ſont les deux ventricules dont les orifices & les valvules ſont faites
par la dilatation de leurs tendons. C'eſt par la
connoiſſance que j'ay de la ſtructure du cœur que
je vous expliqueray dans un moment de quelle
maniere il fait tous ſes mouvemens.

Le

Le cœur eft revêtu d'une membrane, de même que tous les autres mufcles du corps, elle eft fi adherente à fa chair qu'il eft fort difficile de l'en feparer. L'on trouve beaucoup de graiffe fous cette membrane, mais plus à la bafe que vers la pointe. Les ufages de cette graiffe font d'humecter le cœur, de peur qu'il ne fe deffeche par trop dans fes mouvemens ; & comme la pointe eft plus humectée par l'eau du pericarde que la bafe, c'eft peut-eftre la raifon pourquoy elle a moins de graiffe.

M
Membrane du cœur.

L'on a quelquefois trouvé au cœur de l'homme, vers le haut du *feptum medium* les tendons des fibres charnuës offifiez ; on y a trouvé auffi des lopins de graiffe dans les ventricules, & des caruncules qui en fortent, & des poils qui le rendent tout velu ; mais ce font des faits particuliers qui arrivent fi rarement qu'ils ne doivent pas nous arrêter.

Le cœur a toutes fortes de vaiffeaux, il a des nerfs qui luy viennent de la fixiéme paire ; ces nerfs font fi petits qu'on a de la peine à les trouver, ce qui a fait dire à quantité de bons Anatomiftes, qu'il n'y en avoit point au cœur : la raifon pour laquelle ces nerfs font fi petits, eft que le cœur n'a pas befoin de beaucoup d'efprits animaux pour fon mouvement, parce qu'il eft difpofé de maniere que le fang qui y entre l'oblige affez de fe dilater & de fe refferrer. Il ne luy en faut pas non plus davantage pour le fentiment, n'étant pas neceffaire qu'il l'ait exquis, à caufe fon agitation continuelle.

Nerfs du cœur.

Le cœur a deux arteres que l'on appelle coro-

V

naires, parce qu'elles l'environnent par sa base comme une couronne ; elles partent de la grosse artere immediatement en sortant du cœur, avant même qu'elle soit hors du pericarde, si bien qu'il se partage le premier de ce sang, qu'il a eu la peine de perfectionner dans ses ventricules. Il a une véne nommée aussi coronaire, qui rampe sur sa partie exterieure : Elle est faite de plusieurs branches qui viennent de toutes les parties du cœur : Elle va se rendre à la véne cave où elle reporte le superflu du sang qui a esté apporté par les arteres coronaires. Il a encore des limphatiques qui se vont décharger dans le canal.

Parmi la graisse qui est à la base du cœur, il y a plusieurs petites glandes conglobées qui reçoivent des rameaux des arteres coronaires ; L'usage de ces glandes est de separer quelque liqueur, comme le font toutes les autres du corps ; ce sont elles qui filtrent l'eau que l'on trouve dans la capacité du pericarde.

L'usage du cœur est de recevoir le sang des vénes dans ses ventricules, sçavoir celuy de la véne cave dans le ventricule droit, & celuy de la véne du poûmon dans le gauche, pour le perfectionner & le subtiliser ; & de le distribuer ensuite par les arteres dans toutes les parties du corps ; ce qui se fait par ses mouvemens de dilatation & de contraction, qui sont appellez diastole & sistole.

Le diastole est un allongement du cœur : ce mouvement, qu'on appelle de dilatation, se fait lorsque le sang poussant les parois des ventricu-

ies pour y entrer, force les fibres charnuës de
s'allonger, & alors la pointe s'éloignant de la
bafe, le cœur en devient plus long, & fes cavitez plus amples.

Le fiftole eft le racourciffement du cœur:
ce mouvement de contraction fe fait lorfque
ces mêmes fibres qui ont efté allongées par le
fang qui eft entré dans les ventricules, fe racour-
ciffent & contraignent le fang de s'élancer dans
les arteres qu'il dilate en y entrant, & alors la
pointe du cœur fe raprochant de la bafe, il en
devient plus court, & fes cavitez plus étroites.

Il faut remarquer que la dilatation fe fait en
même tems dans les deux ventricules, & la contraction de même, & qu'il y a entre ces mouvemens des repos auffi bien dans les arteres que
dans le cœur. Lorfque le cœur fe refferre il ne
faut pas croire que fa pointe approche de fa bafe en ligne droite, comme on le croyoit; ce qui
rendroit fes cavitez plus grandes, mais obliquement & en maniere de vis; car les fibres exterieures du cœur defcendant de la bafe vers la
pointe en forme de limaçon, & remontant de
même à la bafe où ils finiffent, font de neceffité
faire au cœur un demi tour qui le racourcit, &
qui approche les parois des ventricules les uns
des autres, & contraignent le fang qui y eft entré, de s'élancer dehors.

Vous voyez que pour concevoir les mouvemens du cœur, il n'eft pas befoin d'avoir recours
à des facultez pulfifiques, & qu'il ne faut que
confiderer fa ftructure pour croire qu'il eft ca-

Ce que c'eft que fiftole.

Les mou-vemens du cœur fe font obliquement.

pable de dilatation & de contraction, comme tous les autres muscles.

Si vous examinez la construction d'un moulin à eau, vous trouverez ses parties tellement agencées les unes avec les autres, que l'eau venant à fraper contre la roüe, elle la fait tourner, & en même tems mouvoir toutes les parties du moulin : Or le sang est à l'égard du cœur, ce que l'eau est à l'égard du moulin, qui va plus ou moins viste selon qu'il y a plus ou moins d'eau dans le ruisseau qui le fait aller ; aussi le cœur se meut avec d'autant plus de vitesse, & ses battemens sont d'autant plus frequents, que le sang est en plus grande quantité, ou qu'ayant plus de chaleur il coule plus promptement. On peut rapporter encore cette chaleur à la pente qui est au ruisseau, car étant plus ou moins forte, elle fait le même effet que le plus ou le moins de pente du ruisseau ; & pour continuer nôtre comparaison, nous voyons qu'aussitôt que l'eau cesse d'estre conduite au moulin, il demeure immobile ; de même aussi le sang cessant d'estre porté au cœur par quelque cause que ce soit, il devient immobile & meurt.

Il est donc certain que le cœur est fait pour se mouvoir, & qu'il en a l'obligation au sang. Tout ce que nous voyons arriver tous les jours nous le confirme ; car si vous mettez la main sur la region du cœur à une personne qui aura couru, ou fait quelque action violente, vous sentez ses battemens plus frequens qu'auparavant ; parce que l'agitation précipitant alors le cours du sang, le fait entrer & sortir du cœur avec plus de

[marginalia gauche, haut] C'est le sang qui fait mouvoir le cœur.

[marginalia gauche, bas] Experience que c'est le sang qui meut le cœur.

vîteſſe. Si vous touchez le poulx d'une perſonne qui a eſté long-tems ſans manger, vous trouvez ſes battemens foibles & éloignez les uns des autres, parce qu'alors le ſang étant épais, il va lentement vers le cœur; mais aprés que cette perſonne a bû & mangé, ſon poulx va plus viſte, parce que les mouvemens du cœur augmentent en élevation & en vîteſſe, à proportion du ſang, qui pour lors eſt en plus grande quantité par l'addition du chile.

On ne peut pas diſconvenir de ces faits, & vous en ſerez entierement perſuadez, aprés que je vous auray démontré les parties internes du cœur, qui ſont les oreilles, les ventricules, le *ſeptum medium*, les vaiſſeaux, & les valvules; leur connoiſſance étant neceſſaire pour venir à celle de la circulation, dont je pretends auſſi vous convaincre aujourd'hui, aprés que je vous auray fait voir ces parties.

La méca-
nique du
cœur en
eſt la
preuve.

A la baſe du cœur il y a deux petites bourſes, que l'on appelle les oreilles du cœur, à cauſe de la reſſemblance qu'elles ont avec les oreilles; elles reſſemblent pourtant mieux au capuchon d'un Moine, car d'une longue baſe elles ſe terminent en un pointe émouſſée.

o o
Les oreil-
les du
cœur.

Ce ſont des productions ou appendices membraneuſes faites du redoublement des membranes des vaiſſeaux où elles ſont placées; la droite eſt l'extremité de la véne cave, & la gauche l'extremité de la véne des poûmons; de maniere que l'une & l'autre ſemblent ne faire qu'un même corps avec ces vaiſſeaux: leur ſubſtance eſt membraneuſe de même que celle de ces vénes,

Elles ſont
deux.

afin de pouvoir s'emplir & fe vuider librement.

Grandeur des oreilles du cœur.

Les oreilles font proportionnées aux vaiſſeaux
ſur leſquels elles ſont fituées, & aux ventricules
du cœur ; car la droite eſt plus grande que la
gauche, à cauſe que la véne cave eſt plus groſſe
que celle des poûmons, & que le ventricule
droit eſt auſſi plus grand que le gauche. Et comme la véne des poûmons & le ventricule gauche ſont plus petits, leur oreille eſt auſſi plus
petite, mais elle eſt plus ferme & plus ſolide que
l'autre, parce que le ventricule gauche eſt plus
ferme & plus compacte que le droit.

Si on obſerve bien la ſtructure de ces oreilles,
on connoîtra que leur action dépend des mouvemens du cœur, car en même tems qu'il ſe
contracte, elles s'ouvrent, & lorſqu'il ſe dilate
elles ſe reſſerrent, de maniere qu'elles font leur
diaſtole quand le cœur fait ſon ſiſtole, ainſi leurs
mouvemens ſont alternatifs.

L'uſage des oreilles du cœur.

L'uſage des oreilles du cœur eſt en recevant des
vénes le ſang dans leurs cavitez, de luy ſervir
de meſure, & d'empêcher qu'il ne tombe en
trop grande quantité à la fois, & avec trop de
precipitation dans les ventricules, & qu'il ne ſuf-
foque l'animal.

Les ventricules du cœur.

Ces deux inciſions que j'ay faites au cœur ſelon ſa longueur, l'une à droite, & l'autre à gauche, vous découvrent ſes deux cavitez, dont
l'une eſt appellée le ventricule droit, & l'autre
le gauche : leur ſurface interne eſt rude, inégale,
& remplie de petites fibres, & de productions
charnuës de differente groſſeur, qui facilitent la

dilatation & la contraction du cœur & des valvules : Il y a encore aux parois de ces ventricules plusieurs petites fentes qui servent à retenir,
à mélanger & à subtiliser le sang ; car si la partie
interne des ventricules eût esté unie & égale,
ce sang en seroit sorti facilement, & presque
dans le même état qu'il y seroit entré ; mais ces
inégalitez l'y arrêtent, & font que la violence
qu'il reçoit pour en estre chassé par la contraction de ces fibres, le subtilise & luy donne
une impression de chaleur en le rendant plus
mousseux, plus vif, & plus écumeux lorsqu'il
en sort, que quand il y est entré. L'eau qui fait
moudre un moulin, nous fournit une preuve de
ce qui se passe dans le cœur ; car nous la trouvons plus blanche, plus mousseuse, & plus chaude au dessous du moulin, qu'elle n'étoit au dessus, parce que l'agitation qu'elle reçoit en frapant la roüe, & la resistence que les inégalitez
qui y sont, font à son passage, sont capables de
faire ce changement.

Il faut remarquer que les ouvertures qui sont
à ces ventricules, tant pour l'entrée que pour
la sortie du sang, sont toutes à leur partie superieure, parce qu'il faloit que celuy qui y entre, y
entrât avec facilité, & n'eût qu'à estre versé
dans ces cavitez ; & que celuy qui en sort en fût
chassé avec violence, & qu'il en fust jetté dehors avec impetuosité ; car si l'entrée du sang
eût esté par en haut, & la sortie par en bas,
comme il sembloit que la mécanique le demandoit, il auroit passé au travers du cœur comme
par un conduit, sans y estre ni mélangé, ni sub-

Pourquoi les ouver-tures des ventricu-les sont à la base du cœur.

V iiij

tilifé autant qu'il le falloit, au lieu que les efforts que le cœur fait pour le faire fortir par les deux ouvertures qui font à la partie fuperieure, font deux effets abfolument neceffaires, l'un d'échauffer & de fubtilifer le fang; & l'autre de l'envoyer par l'impulfion qu'ils font à toutes les parties du corps, & principalement à la tefte, fans quoy il feroit impoffible au fang d'y monter.

P
Le ventricule droit eft plus grand.

Les deux ventricules du cœur ne font pas égaux en grandeur, le droit, que quelques-uns appellent le fanguin, étant beaucoup plus large que le gauche, mais moins long, car il ne defcend pas comme le gauche, jufqu'à fa pointe; les parois du droit font auffi plus minces, & il a la figure d'un croiffant, n'étant pas exactement rond.

Ufages du ventricule droit.

L'ufage du ventricule droit eft de recevoir le fang qui y eft verfé de la véne cave, & de le pouffer enfuite par la contraction de fes fibres dans l'artere des poûmons.

Q
Le ventricule gauche eft plus petit.

Le ventricule gauche, que d'autres ont nommé le noble & le fpiritueux, eft plus étroit & plus long que le droit; fa cavité s'étend jufqu'à la pointe du cœur; fa chair eft trois fois plus épaiffe, plus dure, & plus ferme que celle du droit, & l'on prétend, mais mal à propos, comme je le ferai voir ci-aprés, que c'eft parce que le fang qu'il reçoit étant plus vif & plus fubtil, il falloit qu'il fût plus folide, pour empêcher que l'efprit ne fe diffipât.

Ufages du ventricule gauche.

L'ufage du ventricule gauche eft de recevoir le fang qui luy eft apporté par la véne des poûmons, aprés avoir déja paſſé par le ventricule droit; & de le verſer avec impetuoſité dans la groſſe artere en ſe contractant, afin qu'elle en faſſe la diſtribution à toutes les parties du corps.

Je fais peu de difference entre les deux ventricules du cœur , parce que je ſuis perſuadé qu'ils ſervent tous deux à ſubtiliſer le ſang, en le recevant par leur dilatation, & en le chaſſant dehors par leur contraction ; que l'un n'eſt pas plus noble que l'autre; & que s'il y en a deux , c'eſt parce que le ſang n'auroit pas eſté ſuffiſamment vivifié par un ſeul, & qu'il eſt plus échauffé & mieux perfectionné à deux repriſes, qu'il ne l'auroit eſté par une ſeule.

Deux ventricules étoient neceſſaires.

R Un cœur coupé qui fait voir une partie des deux ventricules.

Je ne ſuis pas du ſentiment de ceux qui croyent que l'épaiſſeur du ventricule gauche ſoit pour empêcher que les eſprits & la chaleur du ſang qui y eſt porté, ne ſe diſſipent, il y ſejourne trop peu de tems pour croire que ce ſoit là la raiſon : d'ailleurs je ſuis perſuadé qu'il n'eſt pas plus ſubtil lorſqu'il entre dans le ventricule gauche, que lorſqu'il eſt ſorti du ventricule droit, dont la même épaiſſeur ſeroit plus que ſuffiſante pour remedier à cette diſſipation. Il y a bien plus lieu de croire que l'épaiſſeur du ventricule gauche ſert à augmenter la chaleur du ſang ; car il eſt certain que plus il eſt épais, plus il eſt capable de mouvement violent, & a plus de force pour preſſer le ſang & pour luy imprimer plus de chaleur, que ne peut faire le ventricule droit, qui eſt plus foible & plus mince.

Pourquoi le ventricule gauche eſt plus épais.

Outre cela le ventricule droit n'ayant qu'à

'Autre
raifon de
cette é-
paiffeur.

pouffer le fang dans l'artere des poûmons, qui n'eſt pas longue, il n'étoit pas neceſſaire qu'il fût ſi épais, ni qu'il eût tant de force que le gauche, qui a beſoin d'une forte impulſion, non ſeulement pour envoyer le fang qui ſort de chez lui dans toutes les arteres du corps, & juſqu'au haut de la teſte, mais encore pour forcer ce fang à paſſer par les extremitez des arteres dans toutes les parties, afin de les nourrir, & pour pouſſer ce fang extravaſé dans les orifices des vénes capillaires, & de ces venules dans de plus groſſes, & enfin dans la véne cave pour retourner au cœur, étant conſtant que le mouvement circulaire du fang ne ſe fait, & ne ſe continuë que par la force de ce ventricule.

Le feptû
medium.

Les deux ventricules du cœur ſont ſeparez par une cloiſon mitoyenne, que l'on appelle ſeptum medium ; cette ſeparation eſt épaiſſe d'un travers de doigt, ayant la même épaiſſeur que les parois du ventricule gauche ; elle eſt charnuë & de même ſubſtance que le reſte du cœur, étant compoſée de fibres muſculeuſes qui luy aident à faire ſes mouvemens. Cette cloiſon eſt ſolide, & n'eſt point percée de pluſieurs petits trous qui ayent leur entrée du côté du ventricule droit, & leur ſortie du côté du gauche, comme pluſieurs Anatomiſtes ſe le ſont perſuadé mal à propos.

Le feptû
medium
n'eſt pas
percé.

Ceux qui ont crû cette ſeparation percée, pretendoient que ces trous donnoient paſſage à quelque partie du fang du ventricule droit au gauche pour la generation de l'eſprit vital ; qu'il ſe faiſoit un mélange de ce fang avec l'air qui

étoit apporté par l'artere véneuse, qu'on appelle aujourd'hui la véne des poûmons, dans ce
même ventricule ; & qu'il étoit ensuite distribué
par les arteres à tout le corps, pour y conserver
la vie & la chaleur naturelle. Cette opinion
étoit établie sur de faux principes, ils ne con-
noissoient pas le mouvement circulaire du sang,
qui nous apprend qu'il ne passe point de sang
par le septum medium, qui est trop solide &
trop épais pour permettre ce passage ; & ainsi il
ne faut pas chercher des chemins imaginaires
au sang, lorsque la circulation nous en découvre de veritables.

Il y a à la base du cœur quatre gros vaisseaux, Quatre gros vais-seaux à la base du cœur.
sçavoir la véne cave, l'artere des poûmons, la
véne des poûmons, & l'aorte : le ventricule droit
reçoit la véne cave & l'artere des poûmons, & le
gauche la véne des poûmons & l'aorte ; de maniere que chaque ventricule a une artere & une
veine, contre l'opinion ancienne, qui vouloit
que les deux vaisseaux du ventricule droit fussent des vénes, & que ceux du gauche fussent
des arteres.

Les Anciens étoient tellement prévenus en Chaque ventricu-le a une artere & une véne.
faveur de cette fausse doctrine, que quoy qu'ils
connussent que c'étoit une artere qui sortoit du
ventricule droit, cependant ils vouloient que ce
fût une véne, & la nommoient par entestement
véne arterieuse, au lieu de l'appeller comme
nous l'appellons aujourd'hui, artere des poûmons : Ils vouloient encore que la véne des
poûmons, qui va au ventricule gauche, fût une
artere, quoy qu'on ne lui trouvât qu'une simple

membrane comme à une véne, & qu'elle ne battît pas comme une artere ; cependant ils l'appelloient artere véneuse, au lieu de l'appeller véne des poûmons.

La véne cave est le plus grand & le plus gros de ces quatre vaisseaux ; elle finit au ventricule droit du cœur, où elle est si fortement attachée qu'on ne peut l'en separer : elle s'ouvre dans ce ventricule par une large embouchure, pour y verser le sang qu'elle a reçû de plusieurs rameaux de vénes ; elle est comme une riviere, qui durant tout son cours reçoit l'eau de plusieurs ruisseaux pour la porter dans la mer. Sa membrane, qui est mince par tout ailleurs, est fort épaisse en cet endroit, & remplie de fibres charnuës, ce qui empêche qu'elle ne puisse estre déchirée par le mouvement continuel du cœur ; & qu'elle ne s'élargisse trop par le concours du sang qui luy vient de toutes parts en abondance ; c'est aussi cette quantité de fibres charnuës qui rend cette véne capable de quelque contraction pour pousser le sang qu'elle apporte dans ce ventricule.

A l'entrée de la véne cave, dans le ventricule droit, il y a trois valvules membraneuses qu'on nomme triglochines, ou tricuspides, à cause de leur figure triangulaire. Elles sont faites, comme je l'ay déja dit, de la dilatation des tendons des fibres qui composent le cœur : Elles sont ouvertes de dehors en dedans, & disposées de maniere qu'elles permettent l'entrée du sang de la véne cave dans le cœur, & en empêchent le retour dans la véne cave.

L'usage de la véne cave est de recevoir le sang

qui luy eſt apporté de toutes les parties du corps par les rameaux des vénes, & de le verſer dans la cavité de l'oreille, d'où il tombe enſuite comme par meſure dans le ventricule droit du cœur.

L'artere des poûmons que l'on trouve décrite dans les Auteurs, ſous le nom de véne arterieu- ſe, eſt effectivement une artere, étant compo- ſée de pluſieurs tuniques; elle ſort du ventricu- le droit du cœur, mais ſon embouchure eſt bien moindre que celle de la véne cave: Cette arte- re ſe diviſe en deux gros rameaux, qui ſe divi- ſant encore en pluſieurs petites branches, vont ſe répandre à droite & à gauche dans toute la ſubſtance des poûmons.

A l'orifice de l'artere des poûmons il y a trois valvules qu'on appelle ſigmoïdes, parce qu'elles reſſemblent à un ſigma Grec: Ce ſont de petites membranes ſituées à côté les unes des autres, & autrement diſpoſées que celles de la véne cave; car elles ſont ouvertes de dedans en dehors pour laiſſer ſortir le ſang du ventricule droit dans l'artere, & pour en empêcher le retour de l'ar- tere dans le ventricule.

L'uſage de l'artere des poûmons eſt de rece- voir le ſang qui ſort du ventricule droit du cœur, & de le diſtribuer par toute la ſubſtance des poû- mons

La véne des poûmons qui a eſté connuë de tout tems ſous le nom d'artere véneuſe, n'a qu'une ſimple tunique comme les autres vénes. Elle commence dans les poûmons par une infi- nité de petits rameaux qui ſe réuniſſent en un ſeul tronc pour la former; elle ſort de la ſubſtance des poûmons, & vient fe rendre au ventricule gauche du cœur.

Deux
valvules
à la vene
des poû-
mons.
Elle a à fon orifice des valvules femblables à celles de la véne cave, excepté que celles-ci font plus grandes, & qu'elles ont leurs filamens plus longs, & plus d'apophifes charnuës que celles de la véne cave; on les appelle mitrales, parce qu'elles reffemblent à la mître d'un Evê-que: Ces valvules ne font que deux, parce que l'ouverture de cette véne étant ovale, à caufe du lieu où elle fe rencontre, elle peut eftre auffi exactement fermée avec ces deux, que les orifi-ces des autres vaiffeaux étant ronds le peuvent eftre avec trois. Leur fituation eft femblable à celles des tricufpides, s'ouvrant de dehors en de-dans pour donner paffage au fang qui vient du poûmon dans le ventricule gauche, & pour en empêcher le retour dans la véne.

Ufages
de la ve-
ne des
poû-
mons.
La véne des poûmons ayant repris par les ex-tremitez de ces rameaux capillaires, qui font répandus dans toute la fubftance des poûmons, le fang qui n'a pas efté employé à leur nourri-ture, le rapporte dans l'oreille gauche du cœur: C'eft, comme je vous l'ay déja dit, l'extremité de cette véne d'où il tombe enfuite, comme par mefure, dans le ventricule gauche du cœur. Elle y rapporte auffi avec ce fang les parties les plus fubtiles de l'air qui paffent des extremitez de la trachée artere dans fon tronc, comme je vous le feray voir en vous démontrant les par-ties qui fervent à la refpiration.

Y
L'aorte.
La grande artere appellée aorte, eft la four-ce & le tronc d'où naiffent toutes les autres

arteres du corps, excepté celles du poûmon, qui font les branches de l'artere du ventricule droit : elle eft forte, ayant plufieurs tuniques dures & épaiffes ; elle fort du ventricule gauche du cœur , auquel endroit elle paroît cartilagineufe ; afin d'eftre toûjours ouverte & en état de recevoir le fang qui fort avec impetuofité de ce ventricule.

La groffe artere a à fon orifice trois valvules ou epiphifes membraneufes, qui font femblables aux trois figmoïdes qui font à l'entrée de l'artere des poûmons ; elles regardent de dedans en dehors pour permettre le cours du fang du ventricule gauche dans l'aorte, & pour empêcher fon retour de l'aorte dans ce ventricule.

Z
Trois valvules à l'aorte.

L'ufage de l'aorte eft de diftribuer & de communiquer à toutes les parties du corps le fang & l'efprit vital qu'elle a reçû du cœur.

Ufage de l'aorte.

Voila, Meffieurs, toutes les parties que j'avois à vous faire voir dans cette Démonftration , & comme ce font ces mêmes parties qui contribuent principalement au mouvement circulaire du fang , (car le cœur eft le principe qui met en mouvement tous les refforts de la machine , & d'où dépendent toutes les filtrations qui s'y font,) il faut que je vous explique, avant que de la finir, ce que c'eft que la circulation du fang, & de quelle maniere elle fe fait.

La circulation du fang eft un mouvement du fang du cœur aux extremitez, & un retour de ce fang des extremitez au cœur : Elle fe fait ainfi :

Ce que c'eft que la circulation du fang.

Le sang sortant avec impetuosité du ventricule gauche, est poussé par la contraction du cœur dans la grande artere ; la portion la plus subtile de ce sang monte en haut par le tronc superieur de l'aorte, & se distribuë aux bras par les arteres axillaires, & à la teste par les arteres carotides & cervicales. Au contraire la portion la plus grossiere descend en bas par le rameau inferieur de cette même artere, & se distribuë à toutes les parties qui sont au dessous du cœur par les arteres cœliaques, mesenteriques, émulgentes, spermatiques, iliaques, & par une infinité d'autres rameaux.

Il est bon de vous faire remarquer ici que ce qu'il y a de liqueurs differentes dans la masse du sang, en est separé en divers endroits par la configuration des pores des parties par où ces liqueurs passent ; par exemple, le suc animal est separé dans le cerveau ; la salive dans les glandes parotides & maxillaires ; la liqueur acide dans le pancreas ; la bile dans le foye ; l'urine dans les reins ; la semence dans les testicules ; le lait dans les mammelles, & plusieurs autres liqueurs dans une infinité d'autres parties.

Le sang étant donc porté & distribué tant en haut qu'en bas par les deux troncs de l'aorte à toutes les parties du corps, il sort par les extremitez des petites arteres, & s'extravase pour nourrir toutes ces parties ; & comme tout ce qui s'extravase de ce sang, ne se consomme pas entierement, ce qui reste rentre dans les orifices des vénes capillaires par l'impulsion du nouveau sang, qui sortant continuellement de ces arterioles,

fioles, oblige celui qui le precede de retourner
par des vénes tres-petites dans de plus grosses;
de maniere que le sang qui a esté distribué à la
teste, revient au cœur par les vénes jugulaires,
& celui des bras par les axillaires dans les soûclavieres; & de là dans le tronc superieur de
la véne cave. Il en est de même aussi à l'égard
du sang qui a esté distribué aux parties inferieures; il retourne au cœur par les iliaques, &
par toutes les vénes du bas ventre, qui aboutissent au tronc inferieur & ascendant de la véne
cave; & ainsi tout le sang tant des parties superieures, que des inferieures se rencontre & se
joint ensemble dans la véne cave, & va se dé-
gorger dans l'oreille droite du cœur, & de là dans
le ventricule droit, d'où il ressort aussi-tôt par
la contraction du cœur, qui l'oblige d'entrer
dans l'artére du poûmon, ne pouvant retourner
dans la véne cave, à cause de la disposition de
ses valvules triglochines.

L'artere des poûmons ayant reçû ce sang, le
porte aux poûmons, & le distribuë dans toute leur
substance, d'où il passe ensuite avec la partie la
plus subtile de l'air qui y a esté apportée par les
extremitez de la trachée artere, dans les rameaux
de la véne des poûmons, qui le conduit dans
l'oreille gauche du cœur, & de là dans le ventricule du même côté; Et comme ce sang ne
peut ressortir par où il est entré, à cause de la
disposition des valvules de cette véne, il sort
avec impetuosité de ce ventricule par la contraction du cœur, & entre dans la grande artere,
qui le distribuë derechef à toutes les parties du

X

corps ; d'où il eſt encore rapporté à ſa ſource
par de tres-petites vénes dans de plus groſſes,
& de ces plus groſſes enfin dans le tronc ſuperieur & inferieur de la véne cave, pour recommencer ſans ceſſe cette circulation, qui ne finit

qu'avec la vie de l'animal, ou pour mieux dire
avec laquelle la vie de l'animal finiroit, ſi elle
ceſſoit un moment, puiſqu'elle ſert non ſeulement à rafraîchir la maſſe du ſang, qui ſans cette
agitation continuelle croupiroit & ſe corromperoit, mais encore à la ſubtiliſer en la purifiant
de ſes excremens, & enfin à la rendre plus propre à nourrir toutes les parties du corps.

Mais comme cette maſſe diminuë conſidera-
blement par la perte de ſes eſprits, qui ſont employez à la nourriture de toutes les parties du
corps, ou qui ſe diſſipent continuellement par
les pores de la peau ; elle s'épuiſeroit enfin, s'il
ne ſe faiſoit tous les jours, par le moyen du
chile, de nouveau ſang & de nouveaux eſprits
capables de la reparer.

Il ſemble qu'il ſeroit à propos de parler ici du
chile, qui eſt la veritable matiere du ſang ; mais
comme je ne ſçaurois rien ajoûter à ce que j'en
ay dit à la page 188. en faiſant voir la route qu'il
prend pour aller au cœur, & à la page 191. en
expliquant de quelle maniere il ſe convertit en
ſang, j'aime mieux qu'on y ait recours, que de redire inutilement trois fois la même choſe.

Comme je ſuis perſuadé qu'on ne doute plus
preſentement de la circulation du ſang, je ne
m'amuſerai point à vous la prouver par la ligature que l'on fait au bras dans la ſaignée ; cette

preuve à la verité eſt infaillible ; mais je ne la rapporteray pas parce qu'elle eſt commune, & qu'elle a eſté rapportée preſque par tout ce qu'il y a d'Anatomiſtes qui ont écrit juſqu'à preſent ; je veux ſeulement vous faire part d'une experience que j'ay faite pluſieurs fois, & je ſuis ſeur que ſi vous la faites, vous ſerez convaincus comme moy de la circulation du ſang ; c'eſt de prendre un chien vivant, l'attacher ſur une table, lui faire une inciſion dans l'aine pour découvrir l'artere & la véne crurale qu'on liera toutes deux ſeparément, & enſuite faire une ouverture à l'une & à l'autre au deſſus de la ligature ; alors vous verrez ſortir par la ponction de l'artere quantité de ſang, & pas une goutte par celle de la véne ; au contraire, ſi vous piquez l'artere & la véne au deſſous de la même ligature, vous verrez qu'il ne ſortira point de ſang par la piquûre de l'artere, & qu'il en ſortira beaucoup par celle de la véne. Cette experience, que vous pouvez faire ſur toutes ſortes d'animaux, vous confirmera que ce ſont les arteres qui portent le ſang du cœur aux extremitez du corps, & que les vénes le reportent des extremitez au cœur.

Cette circulation, Meſſieurs, eſt d'autant plus admirable, qu'il étoit de la prévoyance de la Nature d'inventer quelque artifice par lequel les eſprits du ſang fuſſent continuellement agitez ; car outre que la maſſe du ſang ſe ſeroit corrompuë, il eſt encore certain que le ſang qui eſt groſſier & peſant, les auroit étouffez par ſon poids, ſans le mouvement du cœur & des ar-

X ij

teres, qui les excite & les réveille à tout moment ; & s'ils y étoient demeurez toûjours enfermez dans un même vaisseau sans retourner au
cœur, comme le croyoient les Anciens.

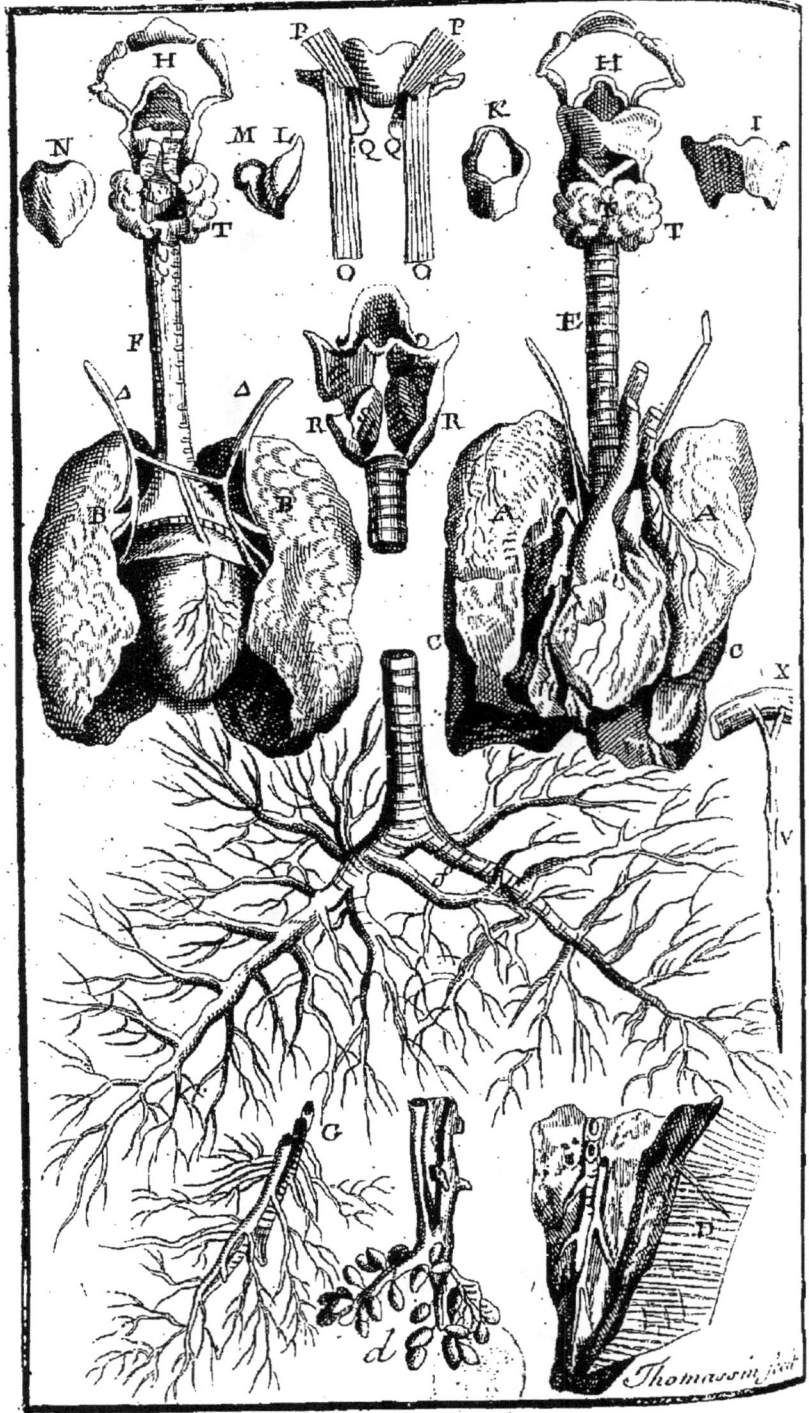

Thomassin fecit

SIXIE'ME

DEMONSTRATION.

Des Parties de la Poitrine.

UOYQUE la respiration, Messieurs, soit absolument necessaire pour vivre, ce n'est pas cette seule necessité qui nous doit porter à connoître les parties qui y servent : l'artifice merveilleux avec lequel les poûmons, dont je vous entretiendray dans cette Demonstration , sont fabriquez, doit estre encore un motif assez puissant pour nous y engager, n'y ayant gueres de parties dont la structure soit plus surprenante & plus digne d'admiration.

Les poûmons ne sont autre chose qu'un amas de petites vessies membraneuses entassées les unes sur les autres, & entre-lassées de rameaux, d'arteres, & de vénes, qui se forment des extremitez de la tunique interne de la trachée artere, & qui se terminent toutes à la membrane qui les enveloppe ; de maniere que le poûmon est à peu prés comme une grappe de raisin qui seroit enveloppée dans une toile.

Ils sont situez dans la cavité de la poitrine, qu'ils remplissent toute entiere avec le cœur,

A A. Les poûmons vûs par devant.

B B. Les poûmons vûs par derriere.

Grandeur & situa-

X iij

quand ils font enflez ; parce que leur mouvement dépendant de celui du thorax, il ne faut
pas qu'il y ait du vuide, afin qu'ils fe puiffent
dilater & fe refferrer en même tems que lui ; ils
s'affaiffent au contraire dans les corps morts,
parce qu'ils font alors vuides de fang, d'air &
d'efprits.

La figure des poûmons, fi on les regarde par
leur partie pofterieure, reffemble à un pied de
bœuf, ils font convexes & élevez par dehors du
côté qu'ils touchent aux côtes, & caves par dedans, afin de mieux embraffer le cœur.

Le poûmon eft divifé en partie droite, & en
partie gauche par le mediaftin, & chacune de
ces parties eft encore divifée en plufieurs autres

lobes ou lobules, attachez de part & d'autre
aux plus gros rameaux de la trachée artere : chaque lobule eft compofé de plufieurs petites vefficules rondes, qui ont toutes communication
les unes avec les autres ; c'eft dans ces veffigules

que l'air entre par la trachée artere dans le tems
de l'infpiration, & d'où il fort par l'expiration.

Le poûmon eft attaché au fternum & au dos

par le mediaftin, au col par la trachée artere,
au cœur par l'artere & la véne des poûmons, &
quelquefois à la plévre & au diaphragme par
des ligamens fibreux.

La caufe de cette derniere adherence a embarraffé les Anatomiftes ; les uns veulent qu'elle
ne puiffe venir qu'aprés la naiffance par quelque playe mal guerie, ou par fuppuration ; d'autres par une pituite vifqueufe & gluante qui les

colle aux côtes ; & d'autres que cela ne se fasse
que dans le tems de l'agonie ; de sorte qu'ils ne
regardent tous cette adherence que comme un
accident, qui cause une longue difficulté de respirer. Pour moy je croy que quand les poûmons
sont adherens à la plévre, cela vient dés la premiere conformation ; car je les ay trouvé de
cette maniere à des personnes blessées à la poitrine, en dilatant leur playe, ou faisant la con-
tre-ouverture ; & j'ay observé que bien loin que
ces personnes là eussent de la difficulté à respirer, elles avoient au contraire plus de facilité
que les autres ; & ainsi cette adherence est plus
utile que nuisible, non seulement parce que les
poûmons étans obligez de suivre la dilatation
du thorax, le font plus aisément lorsqu'ils sont
attachez ; mais encore parce que le cœur en est
moins pressé.

On ne peut absolument marquer la couleur
des poûmons dans les adultes ; elle tire pour
l'ordinaire sur le jaune, & quelquefois elle est
cendrée ou marbrée ; elle est noirâtre à ceux qui
sont morts d'une longue maladie : J'en ay vû
qui en avoient une partie d'une couleur, & une
partie de l'autre : mais au fœtus elle est rouge
comme le foye, parce que l'air n'y entre point
pendant qu'il est enfermé dans la matrice.

Couleur des poû-mons.

La substance des poûmons est tellement épaisse au fœtus, que si vous en coupez un morceau,
& que vous le jettiez dans de l'eau, il va au fond,
au lieu que celui des adultes nage dessus ; les
Chirurgiens ne doivent pas negliger cette ob-
servation, afin qu'étant obligez de faire leur

Substance des poû-mons.

rapport fur un enfant trouvé mort, ils puiffent
dire s'il étoit mort avant que de naître, ou s'il
n'a perdu la vie qu'aprés la naiffance ; ce qui fe
peut reconnoître en mettant un morceau du
poûmon de l'enfant dans de l'eau ; s'il va au
fond, c'eft une marque qu'il eft venu mort au
monde ; mais s'il nage deffus, il a refpiré, &
par confequent il a vêcu ; car l'air auffi-tôt
aprés l'enfantement, trouvant par la dilatation
du thorax un chemin ouvert, il entre dans les
poûmons, s'infinuë jufqu'aux extremitez de la
trachée artere, & emplit toutes les petites cavitez qu'il y trouve ; cet air ne fort pas tout par
l'expiration, il en demeure toûjours affez pour
faire nager les poûmons de ceux qui ont refpiré. C'eft cet air qui rend leur fubftance rare,
lâche, & fpongieufe, & qui fait que leur chair
en devient plus molle & plus legere.

　　Tout le corps des poûmons eft revêtu de deux
membranes, une exterieure qui eft polie, deliée,
tiffuë de fibres nerveufes ; & une interieure, qui
eft plus épaiffe, ridée & faite des extremitez des
vaiffeaux qui font diftribuez dans toute fa fubftance, & des parois des veffies qui s'y terminent ; car lorfqu'on la fepare des poûmons, on
voit tous les veftiges des veficules qui reffemblent affez bien aux petites cellules de cire des
Abeilles ; Cette membrane eft fi poreufe qu'elle ne retient pas l'air, principalement quand on
l'introduit de force dans les poûmons : Il y en
a qui pretendent que ces porofitez peuvent recevoir le pus & les autres impuretez épanchées
dans la poitrine, pour les vuider par la trachée
artere.

L'on trouve dans les poûmons une grande quantité de vaisseaux ; car outre les trois principaux, qui sont l'artere qui leur vient du cœur, la véne qui retourne au ventricule gauche, & la trachée artere qui leur apporte l'air, ils ont encore des nerfs, des arteres, des vénes, & des vaisseaux limphatiques.

Vaisseaux des poûmons.

Ils reçoivent plusieurs rameaux de nerfs de la paire vague, qui se distribuent par toute leur substance ; ces rameaux accompagnent par tout les bronches avec les autres petits vaisseaux, & dilatans leurs extremitez, ils forment en partie les membranes qui enveloppent les petites vessies ; ils portent les esprits animaux aux fibres musculeuses des tuniques de la trachée artere & de ses bronches, pour servir aux mouvemens de la respiration.

D D. Nerfs des poûmons.

Les poûmons ont une artere particuliere, que l'on appelle bronchiale ; elle leur vient du tronc descendant de l'aorte par un ou deux rameaux, qui se glissant sous ceux de la véne du poûmon, accompagnent toutes les divisions de la trachée artere, jusqu'à ce qu'ils se perdent en rameaux capillaires. Elle porte aux poûmons & à la trachée artere le sang qui leur est necessaire pour les nourrir.

Artere bronchiale.

Le superflu de ce sang est reçû par autant de venules qu'il y a de rameaux capillaires de l'artere bronchiale ; elles le portent dans la véne du même nom, qui va se rendre immediatement dans la véne cave : Cette artere & cette véne, que l'on a découvertes depuis peu, nous apprennent que les poûmons aussi bien que le cœur, se

Véne bronchiale.

nourriffent de la même maniere que toutes les autres parties du corps, & qu'ils ne confomment point de ce fang qui paffe continuellement dans leur fubftance, parce qu'ils ont des vaiffeaux particuliers pour leur nourriture.

Vaiffeaux limphatiques des poûmons. Il y a plufieurs vaiffeaux limphatiques qui environnent les rameaux de l'artere & de la véne pulmonaire, & qui vont rampant fur la membrane exterieure des lobes des poûmons, où ils fe divifent en plufieurs branches qui fe joignant enfemble, en forment de plus groffes qui vont fe rendre dans le canal thorachique, pour y porter la limphe.

Avant que de vous parler de l'ufage des poûmons, & de vous faire voir comment fe fait la refpiration, il faut vous entretenir de la trachée artere, de l'artere, & de la véne pulmonaire.

E La trachée artere. La trachée artere eft un conduit qui va de la bouche aux poûmons ; elle eft fituée fur l'œfophage qu'elle accompagne jufqu'à la quatriéme vertebre de la poitrine, où elle fe fepare en deux **F Divifion de la trachée artere.** branches qui entrent dans les poûmons chacune de leur côté. Ces branches fe divifent enfuite en autant de rameaux qu'il y a de lobes, & ces rameaux fe redivifent encore en autant d'autres qu'il y a de lobules en chaque lobe, afin de donner des branches à toutes les petites veſſicules qui font à chaque petit lobule.

G Les branches de la trachée artere, de l'artere, Les rameaux des arteres & vénes des poûmons accompagnent par tout ceux de la trachée artere, & vont enfemble fe terminer dans ces lobes & lobules ; de maniere qu'on peut dire que chaque lobule étant compofé, comme je vous l'ay dit, de plufieurs petites veficules rondes, eft un petit poûmon ; comme il eft vray de dire que chaque grappillon d'un raifin eft une petite grappe.

Les parties qui entrent dans la compofition de la trachée artere font plufieurs cartilages, des ligamens, & deux membranes.

Quoyque les cartilages de la trachée artere paroiffent ronds & annulaires, ils ne le font pourtant pas exactement, n'étant que demi circulaires: Ils font durs, & quelquefois offifiez par devant & aux côtez, mais membraneux par derriere ; ce qui leur donne la figure d'un croiffant, ou de la lettre C. La raifon pourquoy ils ne font pas exactement ronds, c'eft qu'étant pofez fur l'œfophage, ils auroient empêché la deglutition.

Ces cartilages font arrangez les uns deffus les autres; plus ils approchent des poûmons, plus ils font petits. Quand la trachée artere fe divife en deux rameaux, fes anneaux font alors entierement cartilagineux, parce qu'ils ne touchent plus à l'œfophage. Ils font formez de maniere que le fecond étant plus petit que le premier, entre un peu dans fa cavité, comme les écailles de la queuë d'une écreviffe ; ce qui permet aux bronches de s'alonger dans l'infpiration, & de fe racourcir dans l'expiration, & dans l'expulfion des crachats.

Tous ces cartilages font attachez les uns aux autres par des ligamens qui font entre-deux ; ils font plus charnus à l'homme, & plus membraneux aux animaux; c'est la raison pourquoy il y en a qui ont crû que c'étoit de petits muscles.

La membrane extérieure. La trachée artere a deux membranes, l'une exterieure, & l'autre interieure; la premiere est tres-forte; elle vient de la plévre; elle tient les cartilages attachez les uns aux autres, & empêche leur trop grande dilatation.

La membrane intérieure. La membrane interieure est celle qui tapisse en dedans toute la trachée artere, elle vient de celle qui couvre le palais, n'étant que la même continuité : Cette tunique est fort épaisse au larinx; elle l'est mediocrement dans le milieu de la trachée artere, & fort mince aux rameaux qui sont dans les poûmons. Elle est d'un sentiment si exquis qu'elle ne peut rien souffrir; car lorsque quelque portion de l'aliment ou de la boisson tombe dans sa cavité, on ne cesse point de tousser, que ce qui y étoit entré n'en soit sorti. Elle est enduite d'une humeur grasse, qui la tient souple pour mieux former la voix, & pour empêcher qu'elle ne se desseche, & qu'elle soit offensée par les excremens acres & fuligineux, qui passent par la trachée artere; l'abondance de cette humeur cause l'enroüement; mais lorsqu'elle est excessive, elle cause la perte de la voix, qui revient aussi-tôt après que cette humeur est consumée.

Il y en a qui pretendent que cette tunique est composée de trois membranes; que la premiere est tissuë de deux rangs de fibres musculeuses, sçavoir de droites & de circulaires; que la seconde est toute glanduleuse, & qu'elle exprime une humidité dans la cavité des bronches;

& que la troifiéme n'eft qu'un tiffu de rameaux de nerfs, d'arteres, & de vénes.

La trachée artere reçoit des rameaux de nerfs qui luy viennent des recurrens de la fixiéme paire; ils font répandus par toute la membrane interne qu'ils rendent d'un fentiment tres-exquis: Ses arteres viennent des carotides, & fes vénes vont fe rendre dans les jugulaires externes.

Vaiffeaux de la trachée artere.

Les ufages de la trachée artere & de fes bronches font de fervir de conduit à l'air, afin qu'il puiffe entrer dans toutes les petites vefficules des lobules dans le tems de l'infpiration, & en fortir dans l'expiration; d'où vient que la trachée artere eft cartilagineufe, & non pas membraneufe, afin d'eftre toûjours ouverte, & de faciliter par ce moyen l'entrée & la fortie de l'air qui eft neceffaire, tant pour rafraîchir le fang, que pour former la voix. L'ufage des poûmons eft d'eftre l'organe de la refpiration.

Ufages de la trachée artere, de fes bronches, & des poûmons.

Je vous ay fait voir dans la derniere Demonftration cette artere qui fortoit du ventricule droit du cœur; aujourd'huy je vous fais obferver qu'auffi-tôt qu'elle en eft fortie, elle s'incline vers la trachée artere, & qu'elle fe divife en deux rameaux, l'un à droite, & l'autre à gauche, qui s'infinuant fous les bronches, les accompagnent par tous les lobes & lobules. Cette artere porte le fang du ventricule droit du cœur dans les poûmons.

Arteres des poûmons.

Les extremitez des rameaux de cette artere fe mêlent avec les extremitez de ceux de la véne du poûmon, & font enfemble un tiffu en

Vénes des poûmons.

forme de rets qui environne & lie toutes les
veſſicules qui ſont au bout des bronches ; ces
extremitez de la véne reçoivent, à la faveur de
ces veſſicules qui luy en permettent le paſſage,
le ſang qui y a eſté apporté par les arteres ; enſuite elles ſe joignent pluſieurs enſemble pour
en former de plus groſſes ; qui s'uniſſant encore font une groſſe véne, que l'on appelle la véne
des poûmons, qui va reporter ce ſang dans le
ventricule gauche du cœur.

L'air en-
tre dans
les pou-
mons
quand la
poitrine
ſe dilate.

Il eſt certain que dans la reſpiration, la poitri-
ue & les poûmons ſe dilatent & s'ouvrent ; mais
la difficulté eſt de ſçavoir ſi c'eſt la poitrine qui
ſe dilate, parce que les poûmons s'enflent, ou
s'il s'enflent parce que la poitrine ſe dilate. Il
eſt aiſé de comprendre que l'air n'entre dans les
poûmons que parce que la poitrine ſe dilate par
le moyen de ſes muſcles, les poûmons n'étant
d'eux-mêmes capables d'aucun mouvement ;
que dans cette dilatation l'air y entre, ce qui les
enfle & les gonfle ; & qu'il en ſort par la com-
preſſion qu'elle fait aux poûmons lorſqu'elle ſe
reſſerre. Je ne puis mieux vous repreſenter la
maniere dont cela ſe fait qu'en prenant une
éponge entre mes deux mains, je compare l'é-
ponge aux poûmons, & mes mains à la poitrine ; lorſque j'éloigne mes mains l'une de l'autre, l'air entre dans les petites cavitez de l'éponge, qui s'élargit en même tems que mes mains ;
mais lorſque je les approche, & que je les ſerre,
l'air eſt chaſſé des cavitez de l'éponge, qui ſuit
le mouvement de mes mains, & voila comment
ſe fait la reſpiration.

On confidere deux chofes dans la refpira-tion, fçavoir l'infpiration & l'expiration : l'infpiration eft un apport d'air au dedans, qui fe fait par la dilatation du thorax & des poûmons : & l'expiration eft un tranfport de fumées au dehors ; ce qui fe fait par la contraction de ces mêmes parties.

Ces deux mouvemens oppofez des poûmons ont chacun leur ufage ; j'en remarque deux dans l'infpiration, l'un de donner paffage au fang pour aller de l'artere des poûmons dans la véne pulmonaire, & l'autre de condenfer les efprits, & de temperer la chaleur du cœur.

L'expiration en a deux auffi, l'un de faire fortir les vapeurs & les excremens fuligineux du fang, & l'autre de fournir l'air, qui eft la matiere de la voix ; ce font ces quatre ufages qu'il nous faut examiner.

L'on convient que le fang paffe à travers les poûmons pour aller d'un ventricule à l'autre : on voit bien le conduit qui le porte dans les poûmons, & celuy qui le reporte au cœur ; mais la difficulté eft de fçavoir comment de l'un il entre dans l'autre : Pour moy je fuis perfuadé que c'eft par le moyen de l'air que cela fe fait ; car comme les rameaux de l'artere & de la véne pulmonaire accompagnent & embraffent ceux de la trachée artere jufqu'à leur extremité, où ils fe terminent en vefficules, il eft certain que l'air entrant dans le tems de l'infpiration dans la trachée artere, paffe dans les bronches, & des bronches s'introduit dans les vefficules qu'il dilate, à la faveur defquelles le fang s'échape des rameaux de l'artere dans ceux de la vêne des poûmons ; de maniere qu'à chaque inspiration il en passe une quantité suffisante pour estre portée dans le ventricule gauche du cœur, & pour fournir ce qu'il en faut pour faire ses mouvemens de diastole & de sistole.

La preuve de ce que je vous dis est convaincante, par les experiences que j'en ay faites en prenant un chien vivant, & l'attachant sur une table ; luy ouvrant la poitrine & le pericarde, je voyois le cœur faire ses mouvemens en forme de vis, de la maniere que je vous l'ay expliqué ; je luy mettois le bout d'un soufflet dans la trachée artere, & j'attendois que le cœur eût cessé de se mouvoir, (ce qui arrivoit par l'affaissement des poûmons ;) alors en soufflant, les poûmons se dilatoient, & je voyois recommencer les mouvemens du cœur, qui duroient pendant tout le tems que je continuois à souffler, & qui cessoient dés que je ne soufflois plus. Cette experience prouve que le sang fait mouvoir le cœur, & que c'est l'air qui par l'inspiration le fait passer par les poûmons.

Il est même necessaire que cela soit ainsi, car le sang passant par tant de petits rameaux au travers des poûmons, se mêle avec un nitre que nous inspirons avec l'air, qui conjointement avec les parties sulphurées que les alimens luy fournissent tous les jours sert à entretenir la chaleur qui se nourrit avec le sang.

Ces parties de nitre s'insinuent par la trachée artere, & par les bronches dans les petites vessies, d'où elles sont reprises par les rameaux de la
vêne

véne des poûmons qui les reporte au cœur ; on ne peut pas douter qu'il n'y ait une communication des bronches au cœur, si l'on fait reflexion que les pendus, où les noyez, ne meurent que parce que la respiration étant interceptée, le sang ne peut pas passer par les poûmons pour aller au cœur.

Le second usage que l'on tire de l'inspiration, c'est qu'elle sert à former les esprits vitaux en *Reflexion sur le second usage de l'inspiration.* temperant la chaleur naturelle. Souvenez-vous que je vous ay dit que le sang qui est dans la véne cave entre dans le ventricule droit du cœur; où il s'échauffe par la chaleur, & par le mouvement de cette partie, qui est la plus chaude de tout le corps : Ce qui fait que le sang en sort tout boüillant & tout fumeux, &, que rencontrant dans les poûmons où il entre, l'air frais qui y a esté inspiré, cette fraîcheur épaissit les fumées qui en exhalent de toutes parts. Ces fumées ne sont autre chose que les parties spiritueuses dont le sang est rempli, & que la moindre chaleur feroit évaporer ; de sorte que la nature fait ici ce que l'on fait dans les distillations de l'eau de vie, où l'on met de l'eau froide à l'entour du recipient pour ramasser & donner corps aux esprits du vin ; car si ces parties du sang, qui sont ainsi reduites en fumées, ne s'épaississoient & ne reprenoient corps, elles se dissiperoient incontinent ; & comme elles doivent estre considerées comme la matiere des esprits, étant la portion la plus subtile & la plus pure qui soit dans le sang, il ne s'en feroit aucune nouvelle generation, si la nature n'eût condensé ces va-

peurs par la fraîcheur de l'air, qui eſt reçû conɪ
tinuellement par les poûmons : C'eſt une des
raiſons pourquoy on ne peut eſtre guere de
tems ſans reſpirer, parce que toutes les parties
du corps ayant beſoin de l'influence des eſprits,
il faut que le cœur les repare à tous momens
par le moyen de l'inſpiration. Après que le ſang
eſt ſorti du ventricule droit, & qu'il a traverſé
les poûmons, il ſe décharge dans le gauche, où
l'on peut dire qu'il eſt remis à la fournaiſe, où
il eſt remué & agité de nouveau, & où ſes parties les plus ſubtiles ſe rafinent de telle ſorte,
qu'elles acquierent toutes les diſpoſitions qui
ſont neceſſaires aux eſprits pour les rendre vitaux, & alors ils en reçoivent la forme & la
vertu, & prennent la place de ceux qui ont eſté
diſtribuez aux parties.

Utilitez
que nous
tirons
par la
ſortie de
l'air de
nôtre
corps.

L'Auteur de la Nature ne s'eſt pas contenté
des avantages que nous tirons de l'air en le recevant, il a voulu encore qu'il nous fuſt utile
lorſque nous le rendons. Nous avons déja vû
les deux utilitez que l'inſpiration nous apporte,
voyons maintenant celles que nous tirons de
l'expiration qui ſont auſſi au nombre de deux.

Reflex-
xion ſur
le pre-
mier uſa-
ge de
l'expira-
tion.

La premiere, c'eſt que l'air en ſortant par
l'expiration, entraîne avec luy les vapeurs &
les excremens ſuligineux du ſang, qui en ſont
comme la ſuie : Cela eſt aiſé à remarquer, il ne
faut pour cela que faire fraper pendant quelque
tems l'air qui ſort de la poitrine contre quelque
choſe de blanc, comme du papier, il eſt ſeur
qu'il deviendra noir à la fin comme un tuyau
de cheminée ; & cela ſuffit pour prouver que

que l'air ne fort pas de la poitrine avec la même pureté qu'il y eſt entré.

La ſeconde utilité que nous recevons de la ſortie de l'air, c'eſt de ſervir de matiere pour former la voix; une orgue ne produiroit aucun ſon, ſi le vent qui en eſt, à proprement parler, la matiere, ne paſſoit par ſes tuyaux : de même l'homme feroit ſans voix, ſi les poûmons n'expiroient un air pour la produire.

Refléxion ſur le ſecond uſage de l'expiration.

L'on peut faire ici une objection, & dire que la reſpiration n'eſt pas neceſſaire pour entretenir le mouvement circulaire du ſang, puiſque le fœtus dans la matrice ne reſpire point, & que neanmoins le ſang circule non ſeulement de la mere à luy, & de luy à la mere, mais encore de ſon cœur à toutes les parties de ſon corps.

Objection.

Je réponds à cette objection, qu'il eſt vray que dans le fœtus la circulation ſe fait ſans le ſecours de la reſpiration, puiſqu'il ne reſpire point pendant qu'il eſt enfermé dans la matrice; mais qu'alors elle ſe fait par deux ouvertures qui ſont aux quatre gros vaiſſeaux du cœur, par leſquelles le ſang a la liberté de paſſer d'un vaiſſeau dans l'autre, ſans entrer dans les poûmons.

Réponſe.

Ces deux ouvertures ſont differentes, l'une eſt un trou qui eſt de figure ovale, & qu'on appelle trou Botal, du nom de celuy qui l'a découvert le premier; & l'autre eſt un canal qui par ſa conſtruction paroît arterieux : Ce trou eſt à l'embouchure de la véne cave, dans le ventricule droit du cœur, au deſſus de l'oreille droite; c'eſt par ſon moyen que cette véne s'entr'ouvre, &

Deux ouvertures au deſſus du cœur du fœtus.

Y ij

s'abouche avec la véne des poûmons, du côté
de laquelle il y a une valvule qui permet l'écoulement d'une bonne partie du sang de la véne
cave dans celle des poûmons, & qui empêche
qu'il ne retourne de la véne des poûmons dans
la cave. Il y a de même une communication entre l'artere du poûmon & l'aorte, par le moyen
de ce canal qui est éloigné de deux doigts de la
base du cœur, & qui sort de l'artere du poûmon,
& va s'inserer obliquement dans la grosse artere, pour y porter le sang qui est sorti du ventricule droit ; de maniere que le sang ne passe
point dans le fœtus à travers les poûmons, &
n'entre point dans le ventricule gauche du
cœur.

*Utilitez
que le
fœtus ti-
re de ces
deux ou-
vertures.*

　　Le sang circule à la faveur de ces deux passa-
ges, pendant que le fœtus est enfermé dans la
matrice, quoyqu'il ne respire point ; mais si-tôt
qu'il est né, l'air se faisant un chemin dans les
poûmons, les dilate, & ouvre par ce moyen
au sang une autre route qui luy est plus commode que la premiere, & qu'il continuë le reste
de sa vie. Alors ce trou ovale & ce canal ne faisant plus de fonction, se dessechent & se bouchent, de telle maniere qu'on n'en voit plus
aucun vestige aux adultes. Il faut remarquer que
c'est de ceux qui ont vû le jour dont je voulois
parler, quand j'ay dit que la respiration étoit absolument necessaire pour vivre.

　　Lorsqu'il se trouve des personnes à qui ces
ouvertures ne sont pas bien fermées, comme il est
arrivé quelquefois, elles restent sans incommodité dans l'eau pendant quelques heures, com-

me font les pecheurs de perles dans les Indes Orientales, & ces celebres plongeurs qui y demeurent des heures entieres. Il y a eu de ces gens là qu'il étoit impoſſible d'étrangler, quoy qu'on les tinſt long-tems attachez à la potence. Entre les Anatomiſtes les uns ont eſtimé que cette difficulté venoit du larinx, qu'ils croyoient oſſeux ; les autres ont crû qu'il y avoit des cauſes ſurnaturelles, & ſe ſont imaginez de faux miracles : mais ce n'étoit ni l'une ni l'autre de ces raiſons, l'experience nous ayant appris que ces deux conduits ne s'étans pas bien bouchez, le ſang y paſſoit d'un ventricule à l'autre, & que le mouvement n'étant point interrompu, l'homme vivoit toûjours malgré tous les efforts qu'on faiſoit pour le faire mourir.

Les deux conduits qui ſont au fœtus découvrent l'erreur des Anciens, qui croyoient que le ſang paſſoit du ventricule droit du cœur dans le gauche par le ſeptum medium. Ils nous apprennent encore par leur ſtructure que le ſang du fœtus ne paſſe point par les deux ventricules de ſon cœur, & qu'il ſuffit qu'il paſſe par un des deux, comme il fait, parce que le ſang qu'il reçoit, eſt déja purifié & vivifié par le cœur de la mére, & que le fœtus dans la matrice n'a pas beſoin des avantages que nous tirons de la reſpiration. Il y a encore beaucoup d'autres circonſtances que je ne vous explique pas, parce qu'elles nous meneroient trop loin ; je vous en parleray dans une autre occaſion, maintenant il faut que je vous démontre le col.

Le ſang ne paſſe que pas un des ventricules du cœur du fœtus.

Il ne faut pas vous étonner ſi je paſſe au col &

aux parties qu'il renferme, je ne fors point pour cela de mon fujet, puifque par la divifion que nous avons faite du corps en trois ventres, nous avons compris le col avec le ventre moyen, parce qu'il n'eft proprement qu'un allongement du thorax, & que les principales parties qu'il contient, dépendent de la poitrine.

Le col eft ainfi appellé ou parce que la tefte eft pofée deffus comme fur un colline, & il eft dérivé de *collis*; ou parce que l'on a accoûtumé de parer cette partie, & alors il vient de *colo*, qui fignifie orner: Il eft fitué entre la tefte & la poitrine; il commence à l'atlas, qui eft la premiere vertebre proche la tefte, & finit à la premier du thorax qu'on appelle l'éminente.

Il eft plus long qu'il n'eft large, ayant fept vertebres qui en font la longueur; il ne doit eftre ni trop court, ni trop long, ces deux extremitez étant pour l'ordinaire fuivies de beaucoup de maladies. Sa partie anterieure eft appellée le gofier, & fa pofterieure la nuque. On divife encore le col en parties contenantes, qui font les mêmes que celles de tout le corps, & en contenuës, dont les trois principales font la trachée artere, le larinx, & l'œfophage.

Je vous ay déja démontré la trachée artere, je n'ay plus prefentément qu'à vous faire voir le larinx, qui n'eft autre chofe que la partie fuperieure, ou le commencement de la trachée artere.

Il eft fitué à la partie anterieure du col, directement au milieu, parce qu'il eft unique, & qu'il eft le principal organe de la voix. Sa figure est ronde & circulaire, à cause qu'il falloit qu'il fust cave pour le passage de l'air ; Il avance par devant, & est un peu applati par derriere, pour ne point incommoder l'œsophage, sur lequel il est placé : c'est ce que le vulgaire appelle le morceau d'Adam, dans l'opinion où il est que le morceau de la pomme défenduë luy demeura au gosier, & y fit cette grosseur.

Le larinx est de differente grandeur, suivant les âges ; les jeunes l'ont étroit, d'où vient que leur voix est aiguë ; ceux qui sont plus avancez en âge l'ont ample ; c'est pourquoy ils ont la voix plus forte. Les hommes l'ont plus gros que les femmes, ils ont aussi la voix plus grave qu'elles : S'il paroît moins aux femmes qu'aux hommes, c'est que les glandes qui sont placées au bas du larinx aux femmes sont plus grosses que celles des hommes ; ce qui leur rend le col plus rond, & la gorge plus pleine. Il se meut dans le moment de la deglutition ; car dans le tems que l'œsophage s'abbaisse pour recevoir l'aliment, ou la boisson, le larinx s'éleve pour le comprimer, & en faciliter la descente.

Grandeur du larinx.

Nous trouvons cinq sortes de parties qui entrent dans la composition du larinx, sçavoir des cartilages, des muscles, des membranes, des vaisseaux & des glandes. Nous allons les examiner les unes aprés les autres.

Composition du larinx.

Ses cartilages sont cinq, ils forment tout son corps ; ils se dessechent & s'endurcissent à mesure qu'on vieillit ; ce qui a fait croire quelquefois qu'il étoit osseux.

Cinq cartilages au larinx.

Le premier des cartilages se nomme tiroide,

I
Le Tiroïde.

Y iiij

ou fcutiforme, à caufe qu'il a la figure d'un bouclier ; il eft cave en dedans , & convexe & boffu
en dehors ; mais plus aux hommes qu'aux femmes. Il a une ligne qui le fepare dans fon milieu ; d'où vient que quelques-uns en ont fait
deux , quoyqu'on ne le trouve double que fort
rarement. Il eft quarré , & fes quatre angles
ont chacun une production ; les deux productions d'en-haut font les plus longues , elles le
joignent aux côtez de l'os hyoïde par le moyen
d'un ligament; & par les deux d'en-bas, il eft uni
au cartilage cricoïde.

K
Le Cri-
coïde.

Le fecond des cartilages eft le cricoïde , ou
annulaire , ainfi appellé , parce qu'il eft rond
comme un anneau ; & qu'il environne tout le
larinx : Il eft étroit par devant , & large & épais
par derriere ; il fert de bafe à tous les autres
cartilages , & eft comme enchaffé dans le tiroïde ; c'eft par fon moyen que les autres cartilages font joints à la trachée artere , c'eft pourquoy il eft immobile.

L
L'Arite-
noïde.

Le troifiéme des cartilages eft l'aritenoïde, qui
eft ainfi appellé , parce qu'il reffemble au bec
d'une aiguere ; il eft placé dans le tiroïde, & eft
foûtenu par l'annulaire : Il forme la partie pofterieure du larinx.

M
La Glot-
te.

Le quatriéme des cartilages eft la glotte , ou
languette ; quelques-uns le confondent avec
l'aritenoïde ; mais lorfqu'on le dépoüille de fa
membrane, l'on voit qu'il en eft feparé ; c'eft
luy qui fait la partie pofterieure & fuperieure
du larinx, qui eft l'endroit où il eft le plus étroit;
c'eft luy qui fuivant qu'il fe refferre ou qu'il fe

dilate, forme la voix ou plus gresse, ou plus grosse. Il y a à côté de la glotte une cavité formée des membranes qui lient les cartilages; & s'il arrive par hazard qu'en riant ou en parlant, il tombe quelque petite partie de l'aliment dans cette cavité, l'on tousse jusqu'à ce que ce qui y étoit tombé, en soit sorti.

Le cinquième des cartilages est l'epiglote, ainsi appellé parce qu'il sert de couvercle à la glotte, qui est la fente & l'ouverture du larinx : il a la figure d'une feüille de lierre ; sa substance est plus molle que celle des autres cartilages, afin qu'il puisse se baisser & se relever commodement ; il est attaché à la partie concave & superieure du tiroïde. L'orifice du larinx est toûjours ouvert pour la respiration, si ce n'est que l'epiglote le ferme ; elle est abbaissée par la pesanteur de l'aliment, afin que rien ne tombe dans la trachée artere ; mais aussi-tôt que l'aliment est passé pour aller dans l'œsophage, l'epiglote se releve par une action de ressort qui luy est naturelle, pour laisser entrer l'air dans la trachée artere : Elle se rebaisse tout autant de fois que nous avalons quelque chose par un mouvement pareil à celuy de ces petites trapes qui sont aux comptoirs des Marchands, que la pesanteur de l'argent fait baisser ; mais qui se relevent aussi-tôt qu'il est passé.

Le larinx a plusieurs muscles qui servent à mouvoir ses cartilages selon nôtre volonté, attendu que son mouvement est volontaire, & que nous formons la voix, quand il nous plaît : Ses muscles sont quatorze, sept de chaque côté,

(marginal notes:)

N
L'Epiglote.

Quatorze muscles au larinx.

qui le dilatent & le resserrent dans le besoin. De ces quatorze muscles il y en a quatre communs, & dix propres ; les communs sont ceux qui ne prennent pas leur origine au larinx, mais qui s'y viennent inserer : & les propres au contraire y ont leur origine & leur insertion.

O O
Sternoti-
roïdiens.

Les deux premiers des communs sont les sternotiroïdiens, ou bronchiques ; ils prennent leur origine de la partie superieure & inferieure du premier os du sternum ; ils montent le long des cartilages de la trachée artere, & se vont inserer à la partie laterale du tiroïde ; ils tirent le larinx en bas.

P P
Hyoti-
roïdiens.

Les deux autres communs sont les hyotiroïdiens, ils naissent de la partie anterieure de l'os hyoïde, & s'inserent à la partie externe & inferieure du tiroïde : Ils servent à relever le larinx, en resserrant le haut & en dilatant le bas du tiroïde.

Q Q
Cricoti-
roïdiens.

La premiere paire des propres est située à la partie anterieure & laterale du larinx : Ces muscles se nomment cricotiroïdiens anterieurs, parce qu'ils prennent leur origine de la partie laterale & anterieure du cricoïde, & vont s'inserer à la partie inferieure de l'aisle du tiroïde.

Les quatre autres paires de muscles appartiennent à l'aritenoïde, deux servent à le dilater, & deux à le fermer.

R R
Cricoari-
tenoï-
diens po-
sterieurs.

La premiere paire des ouvreurs sont le cricoaritenoïdiens posterieurs, qui prennent leur origine de la partie posterieure & inferieure du du cartilage cricoïde, & s'inserent à la partie superieure & posterieure de l'aritenoïde.

La seconde paire des ouvreurs sont les cricoaritenoïdiens lateraux ; ils prennent leur origine du
bord de la partie laterale & superieure du cricoïde, & s'inserent à la partie laterale & superieure de l'aritenoïde.

La premiere paire des fermeurs sont les petits
aritenoïdiens , nommez ariaritenoïdiens, à cause
qu'ils prennent leur origine de la partie posterieure & inférieure de l'aritenoïde , & s'inserent obliquement au même cartilage pour le
resserrer.

La seconde paire des fermeurs sont les tiroari-
tenoïdiens ; ils prennent leur origine de la partie concave & interne du tiroïde , & s'inserent
à la partie anterieure de l'aritenoïde.

Le larinx a deux membranes, l'une exterieure , qui est la continuité de celle qui couvre
exterieurement la trachée artere ; & l'autre interieure , qui est la même qui tapisse toute la
bouche, & qui en descendant revest interieurement le pharinx, le larinx, & la trachée artere.

Il a deux branches de nerfs qui luy viennent
des recurrens , on les nomme ainsi, parce qu'ils
remontent sur leur pas aprés estre descendus
jusqu'à la grosse artere , qu'ils embrassent d'un
côté, & l'artere axillaire de l'autre ; ces nerfs finissent dans les muscles du larinx pour les faire
mouvoir, & pour servir à la voix ; ce qui est si
vray, que si l'on lie ou que l'on coupe ces nerfs
à quelque animal , il perd la voix sur le champ ;
il reçoit des arteres du plus grand rameau de la
carotide, & ses vénes vont se rendre dans les jugulaires externes.

Quatre glandes au larinx. Quatre groffes glandes fervent à humecter le larinx, deux fituées au deffus, & deux au def-fous.

Les deux fuperieures font appellées tonfiles; leur fubftance eft fpongieufe ; elles font pla-cées à chaque côté de la luette, proche la racine de la langue; elles font reveftuës de la tunique commune de la bouche ; elles ont des nerfs de la quatriéme paire ; des arteres des carotides; & des vénes qui vont aux jugulaires. Il fe fait fouvent dans ces glandes des abfcés qui fe meu-riffent aifément, à caufe de la chaleur de la bouche.

L'ufage des amyg-dales ou tonfiles. Les amygdales filtrent le fang qui leur eft por-té par les rameaux des carotides ; elles en fepa-rent les ferofitez, & les déchargent dans le fond de la bouche pour humecter le larinx, de peur qu'il ne foit trop deffeché par l'air qui y paffe continuellement : le larinx étant toûjours ou-vert, il coule quelque partie de ces ferofitez dans la trachée artere.

T T Les glan-des tiroï-des. Les deux glandes inferieures font appellées tiroïdes, elles font fituées au deffous du larinx, à côté du cartilage annulaire, & du premier an-neau de la trachée artere, une de chaque côté; elles ont la figure d'une petite poire ; leur cou-leur eft un peu plus rouge, & leur fubftance plus folide, plus vifqueufe, & tirant plus fur la chair des mufcles que les autres glandes : Elles ont des nerfs des recurrens ; des arteres des caro-tides ; des vénes qui vont aux jugulaires; & des limphatiques qui fe rendent au canal thora-chique.

Ces glandes separent une humidité visqueuse qui sert à enduire le larinx, pour faciliter les mouvemens de ses cartilages ; à adoucir l'acrimonie de l'humeur salivale, & à rendre la voix plus douce

Usage des glandes tiroïdes.

L'usage du larinx est de former la voix; ce qui se fait par une suite frequente des battemens de l'air que nous poussons pour exprimer nos pensées. Il y a trois sortes de parties qui y contribuent differemment, sçavoir les poûmons, la trachée artere, & la bouche. Le poûmon pousse l'air qui sort sans bruit par la bouche & par le nez, sans autre effet que la simple respiration, ou les soûpirs, pourvû qu'il trouve les conduits libres & ouverts : Mais quand la fente qui est au haut du larinx, comme celle qui est aux flutes, s'étressit, & s'oppose à la sortie de l'air, alors l'air qui la repousse pour passer, & l'effort que fait la glotte pour rétressir ce passage, causent ce tremblement, & ces secousses pressées qui forment les sons. Ce bruit est plus ou moins fort, selon la violence avec laquelle l'air est poussé ; & il est plus ou moins aigu, selon que les battemens sont plus ou moins pressez ; cet effet dépend de la structure du larinx, que chaque personne modifie pour prendre differens tons par le moyen des muscles qui le resserrent ou qui le dilatent selon nôtre volonté. La netteté de la voix & les autres agréemens dépendent de la disposition du larinx, ou de la glotte qui est à son ouverture ; mais la configuration de la bouche, & les mouvemens de la langue & des lévres produisent la diversité qui rend la voix articulée &

Usages du larinx.

diſtincte par la prononciation des lettres, des ſilabes, & des paroles dont le diſcours eſt compoſé.

Si vous examinez une orgue, vous verrez qu'elle imite admirablement bien l'induſtrie, dont la nature s'eſt ſervie pour former la voix. Les ſoufflets, comme les poûmons, pouſſent l'air dans les tuyaux ; la ſtructure de ces tuyaux eſt pareille à celle de la trachée artere ; & enfin l'adreſſe & les mouvemens des doigts de l'Organiſte produiſent cette diverſité de tons qui rendent une harmonie parfaite ; de même que la diſpoſition de la bouche avec les mouvemens de la langue & des lévres articulent les mots qui forment un diſcours.

Derriere le larinx il y a une cavité fort ample, que l'on nomme pharinx, qui n'eſt autre choſe que l'orifice de l'œſophage fort dilaté, c'eſt ce que d'autres appellent la gueule ; il eſt fait comme un entonnoir. Voyez-le à la dixiéme planche, chiffre 2. où ſont auſſi les muſcles ſuivans.

Il eſt ſitué au fond de la bouche pour recevoir ce qui doit eſtre avalé : Il a les mêmes membranes que l'œſophage & la bouche ; il a des nerfs de la paire vague ; des arteres des carotides ; & ſes vénes vont aux jugulaires ; Et comme ſa principale action eſt la déglutition ; il a ſept muſcles qui luy font faire ſes mouvemens de dilatation & de contraction.

Le premier de ces muſcles eſt l'œſophagien, ou pharingotiroïdien ; il prend ſon origine de la partie laterale du cartilage tiroïde ; & paſſant par derriere le pharinx, il vient s'inſerer à l'autre côté du même cartilage : Ce muſcle n'a point

---

Marginal notes:

Le larinx eſt fait comme un tuyau d'orgues.

2. Le pharinx.

Situation du pharinx.

Sept muſcles au larinx.

3 L'œſophagien.

de compagnon ; il fert à pouffer l'aliment en bas, en refferrant le pharinx, comme un fphincter ; il y en a qui l'appellent le degluriteur.

Les fix autres mufcles fervent à dilater le pharinx, en le tenant tendu comme un voile; les deux premiers le tirent en haut, ce font les cephalopharingiens ; ils prennent leur origine de l'articulation de la tefte avec la premiere vertebre, & viennent en defcendant s'attacher à la partie fuperieure du pharinx, pour le tirer en haut & en arriere.

4 4
Cephalopharingiens,

Deux autres le tirent encore en haut, mais vers les côtez, que l'on appelle pterigopharingiens; ils prennent leur origine des apophifes pterigoïdes de l'os fphenoïde, & s'inferent à la partie fuperieure du pharinx, & non pas à fa partie laterale.

5 5
Pterigopharingiens,

Les deux autres fe tirent vers les côtez, que l'on appelle ftilopharingiens ; ils prennent leur origine des apophifes ftiloïdes, & fe vont inferer aux parties laterales du pharinx.

6 6
Stilopharingiens,

L'ufage du pharinx eft de recevoir l'aliment par fa partie la plus ample, & de l'introduire par celle qui eft la plus étroite dans l'œfophage, qui le conduit dans le ventricule; ce qui fe fait lorfque les fix mufcles que je vous ay montrez, ont dilaté le pharinx, & qu'il a reçû l'aliment qui y eft tombé de là bouche par la compreffion de la langue contre le palais; alors le mufcle œfophagien fe refferrant, fait relever le larinx, & abbaiffer le pharinx, qui embraffe l'aliment de toutes parts, & l'oblige de defcendre par l'œfophage dans le ventricule.

Ufages du pharinx,

7
L'œso-
phage.

L'œſophage eſt un canal qui du pharinx porte le boire & le manger au ventricule ; il commence où finit le pharinx , & finit à l'orifice ſuperieur de l'eſtomac , étant auſſi long qu'il y a d'eſpace entre l'une & l'autre de ces parties : Sa figure eſt ronde, ce qui fait qu'il conduit mieux l'aliment, & qu'il ne bleſſe pas les parties qu'il touche.

Situation
de l'œſo-
phage.

Il eſt ſitué ſous la trachée artere , & ſous les poûmons ; il eſt couché ſur les vertebres du col , & du dos & ſur deux glandes vers la quatriéme vertebre du dos, où il ſe range un peu à droite, y étant pouſſé par la groſſe artere, puis il ſe recourbe un peu à gauche à la neuviéme vertebre ; & ayant enfin percé le diaphragme , environ à l'endroit de la onziéme vertebre du dos , il ſe termine à l'orifice ſuperieur du ventricule.

Trois
membra-
nes à l'œ-
ſophage.

Il eſt compoſé de trois membranes ; ce qui fait qu'il ſe peut dilater aiſément lors qu'on avale quelque os , ou quelque morceau mal mâché : De ces trois membranes il y en a une commune

La com-
mune.

& deux propres ; la commune, qui eſt l'exterieure , eſt une continuité de celle qui couvre le ventricule , elle luy vient du peritoine.

La pre-
miere des
propres.

La premiere des propres, qui eſt celle du milieu , eſt charnuë , épaiſſe & molle , comme ſi elle étoit un muſcle ; elle a des fibres rondes & obliques , par le moyen deſquelles ſe font les mouvemens de l'œſophage.

La ſecon-
de des
propres.

La ſeconde des propres eſt nerveuſe & continuë à celle de la bouche & des lévres, ce qui fait que les lévres tremblent lors qu'on eſt ſur le point de vomir : Elles a des fibres longues & droites ;

droites ; elle eſt ſemblable à celle du ventricule, étant parſemée d'une infinité de glandules qui ſeparent une humeur acide qu'elles verſent dans l'œſophage ; cette humeur tombant dans le fond de l'eſtomac, y cauſe le ſentiment de la faim.

Vaiſſeaux de l'œſophage.

L'œſophage reçoit des nerfs de la paire vague ; deux ſortes d'arteres y apportent le ſang, l'une d'en haut, qui vient du tronc de l'aorte ; & l'autre d'en bas, qui lui eſt envoyée de la cœliaque : Elle a auſſi deux ſortes de vénes, l'une ſuperieure, qui va à l'azigos ; & l'autre inferieure, qui ſe termine à la coronaire ſtomachique.

Glandes attachées à l'œſophage.

Si les glandes qui ſont à la partie poſterieure de l'œſophage ne lui ſervoient que de couſſin, comme on le diſoit autrefois, pour empêcher qu'il ne fût bleſſé par la dureté des vertebres, la nature lui en auroit mis dans toute ſa longueur ; mais elles ont bien un autre uſage, puiſqu'elles ſervent à ſeparer une humeur viſqueuſe qui enduit ſa cavité & l'humecte, afin de faciliter la deſcente des alimens, en rendant le conduit plus gliſſant.

Action de l'œſophage.

L'action de l'œſophage eſt animale, & non pas naturelle, puiſqu'elle ſe fait par le moyen des muſcles, & que la deglutition dépend de nôtre volonté.

Uſage de l'œſophage.

Son uſage eſt de ſervir de canal pour porter le boire & le manger dans l'eſtomac ; ſon mouvement eſt vermiculaire, comme celui des inteſtins : Il ſe fait par les fibres obliques & circulaires de ſa membrane charnuë ; lorſque ce mouvement ſe fait de haut en bas, on l'appelle pe-

Z

riftaltique ; mais lorfqu'il fe fait de bas en haut, on l'appelle antiperiftaltique.

L'œfophage eft le fiege du baaillement. M. Duncan remarque que la membrane nerveufe de l'œfophage eft le fiege du baaillement, qui ne manque jamais d'arriver, quand quelque irritation determine les efprits à y venir en grande abondance. La caufe de cette irritation eft une humidité incommode qui arrofe la membrane interieure de l'œfophage ; cette humidité vient ou des glandes dont la membrane interne eft parfemée, ou des vapeurs acides qui s'élevent de l'eftomac comme d'un pot boüillant, & qui fe condenfent contre les parois de l'œfophage, comme contre un couvercle ; alors les fibres nerveufes de la membrane interne en étant irritées, le gonflent & nous font baailler, en dilatant l'œfophage ; la bouche eft obligée de fuivre ce mouvement, parce qu'elle eft tapiffée de la même membrane.

Le nerf vague. Tous les nerfs que je vous ay fait voir, & qui fe diftribuent à toutes les parties du bas ventre & de la poitrine, ne viennent pas de la moëlle de l'épine, comme ceux qui vont aux mufcles, mais de la paire vague qui fort directement du cerveau ; parce que les vifceres qui font renfermez dans ces cavitez ont befoin d'un fuc animal plus fubtil, que celui qui fait les mouvemens des bras & des jambes. Je vous démontreray demain fon origine, qui eft à la bafe du cerveau, & aujourd'huy vous allez voir la diftribution qui s'en fait auffi-tôt que ce nerf en eft forti.

Nous la comprons pour la Il faut vous avertir que cette paire de nerfs que vous trouvez décrite dans les Auteurs fous le nom de la sixiéme paire, (parce qu'ils ne neuvié-me paire nous en ont marqué que sept, (est selon nous, la neuviéme, parce que nous y en remarquons douze : Je vais vous faire la démonstration du nerf du côté droit ; après je feray celle du côté gauche, & ce à cause de quelques differences qu'il y a entre l'un & l'autre.

On appelle ce nerf le vague, parce qu'il Pour-quoi ap-pellé va-gue. pourvoit deçà & delà à plusieurs parties, & même à toutes celles qui sont enfermées dans la poitrine, & dans le bas ventre, ausquels il donne des rameaux ; il est revêtu de membranes fortes, parce qu'il fait un long chemin, mar-chant toûjours attaché aux parties voisines. Il sort par le trou de l'occiput conjointement avec la véne jugulaire interne : Il jette proche de sa sortie des branches aux muscles qui sont à la nuque du col ; & plus bas il envoye transversa-lement des rejettons à la membrane & aux mus-cles internes du larinx, & à ceux de l'os hyoïde & de la gorge ; & puis descendant entre la caro-tide & la jugulaire, au côté de la trachée arte-re, il se divise sur le gosier en deux rameaux, dont l'un est externe, & l'autre interne.

Le rameau externe incontinent après la divi- Son ra-meau ex-terne. sion, donne des branches aux muscles attachez au sternum & à la clavicule ; il fait ensuite le re-current qui descend & vient embrasser l'artere axillaire, comme une corde fait une poulie, & remonte en haut jusqu'aux muscles externes du larinx, à qui il donne plusieurs rameaux ; & c'est là où il finit.

Ce rameau externe continuë son chemin

obliquement sous le gosier, & en passant il produit des rameaux pour la tunique des poûmons, la plévre, le pericarde & le cœur ; il fait ensuite un nerf appellé stomachique droit, qui se joint avec le gauche sous l'œsophage, & qui ayant passé le diaphragme, change de côté, & s'en va finir à l'orifice gauche du ventricule.

Son rameau interne.

Le rameau interne est appellé intercostal, parce qu'il donne une branche aux racines de châque côté ; puis passant par le diaphragme avec la grande artere, il distribuë des nerfs à tout le ventre inferieur par trois rameaux, dont le premier en donne à l'epiploon, au côté droit du fond de l'estomac, au colon, à la tunique du foye, & à la vessicule de fiel ; Le second va au rein droit, d'où viennent les vomissemens dans les douleurs nephretiques ; & le troisiéme, qui est le plus grand de tous, va au mesentere, aux intestins, & à la vessie où il finit.

Le vague du côté gauche.

Le vague gauche se divise, comme le droit, en rameau externe & interne, l'un & l'autre font la même distribution que le droit, à trois circonstances prés ; la premiere, que le recurrent descend plus bas que le droit ; car il vient embrasser le tronc de la grosse artere, & puis il remonte aux muscles gauches du larinx ; la seconde est que le stomachique gauche va au côté droit de l'orifice superieur de l'estomac, de maniere qu'avec le stomachique droit, qui va au côté gauche, il embrasse cet orifice comme un rets dont le reste va au pilore ; & la troisiéme circonstance est, qu'une partie du rameau interne gauche va à la ratte, au lieu que celle du

côté droit va au foye , & souvent ces deux rameaux internes envoyent des rejettons à la matrice.

Aprés vous avoir fait voir les quatre gros
vaisseaux qui sont attachez à la base du cœur ,
& vous avoir démontré la distribution des deux
plus petits , qui sont l'artere & la véne des poûmons ; il est juste que je vous fasse voir presentement celle des deux plus gros , qui sont la
grosse artere , & la véne cave.

L'aorte est la mere de toutes les autres arteres , elle n'est pas plûtôt sortie du ventricule
gauche du cœur par un orifice fort ample,
qu'elle produit l'artere coronaire , qui est quelquefois double , & qui va distribuer du sang par
tout le cœur pour sa nourriture ; ensuite étant
sortie du pericarde , elle se divise en deux gros
troncs, dont l'un qui est le moindre, monte aux
clavicules , & l'autre qui est le plus gros descend
en bas; le premier a soin de nourrir toutes les
parties qui sont au dessus du cœur ; & le second
toutes celles qui sont au dessous.

L'aorte & sa distribution.

Le tronc superieur, que l'on appelle artere
ascendante se divise bien-tôt en deux autres
troncs, qui sont nommez soûclaviers , parce
qu'ils sont placez sous les clavicules , l'un va
droite , & l'autre à gauche ; le droit produit cinq
arteres considerables ; la premiere est l'interco-
stale superieure qui se distribuë dans les quatre
espaces des côtes superieures ; les secondes sont
les carotides , qui sortent toutes deux de la
soûclaviere droite. Elles se divisent chacune en
externe & en interne. L'externe nourrit les par-

L'aorte ascendante.

ries du visage, & l'interne entre par le trou qui
lui est particulier à la selle du sphenoïde, où
perçant la dure-mere, elle se joint à la base du
cerveau avec la cervicale, pour se distibuer ensemble par toute la substance du cerveau : la
troisième est la cervicale qui monte par les trous
qui sont aux apophises transverses des vertebres
du col, & qui étant entrée dans le crane, perce la
dure-mere ; & s'unissant avec sa compagne, va
se joindre aux carotides pour se répandre toutes
diversement dans la pie & la dure-mere, &
delà dans les ventricules superieurs où elles
font le plexus choroïde. La quatriéme est la
mammaire, qui passe à la partie interne du sternum, & envoye une infinité de branches aux
mammelles : Et la cinquiéme est la musculaire, qui se distribuë aux muscles posterieurs du col.

L'artere sousclaviere continuant son chemin
distribuë encore cinq autres arteres, avant qu'elle change de nom ; la premiere est la scapulaire
interne ; la seconde, la scapulaire externe ; la
troisiéme, la thorachique superieure ; la quatriéme, la thorachique inferieure ; & la cinquiéme l'humerale. Ces arteres se distribuent toutes
aux parties qui leur sont les plus voisines ; le
reste de ce tronc étant parvenu à l'aisselle, change de nom & s'appelle axillaire ; il se répand par
tout le bras : nous en verrons la distribution, en
vous démontrant cette partie.

La distribution de l'artere sousclaviere gauche
est semblable à celle de la droite, excepté qu'elle
ne produit point de carotide, qui de ce côté-là
vient du tronc.

Distribu-
bution de
l'artere
souscla-
viere.

Le tronc inferieur de la groſſe artere, qu'on appelle deſcendante, avant que de ſortir de la poitrine produit les intercoſtales inferieures, qui ſe répandent dans les eſpaces des huit côtes inferieures, & dans les muſcles voiſins ; elle jette encore l'artere phrenique qui ſe diſtribuë au diaphragme & au pericarde ; elle perce enſuite le diaphragme, où nous en demeurerons, vous ayant fait voir à la page 220. de quelle maniere ſe fait la diſtribution de cette artere dans le bas ventre.

L'aorte deſcendante.

Voila toutes les arteres qui ſe rencontrent dans le thorax ; il s'agit à preſent de vous faire voir toutes les vénes qui s'y trouvent, dont le nombre n'eſt pas moindre que celui des arteres.

L'on trouve aux aiſſelles deux troncs de vénes que l'on appelle en ces endroits axillaires ; elles reçoivent le ſang qui leur eſt apporté des bras : Il y a cinq vénes qui ſe joignent à chacune de ces axillaires : la premiere eſt une muſculaire qui vient du muſcle deltoïde ; la ſeconde eſt la thorachique inferieure ; la troiſiéme, la thorachique ſuperieure ; la quatriéme, la ſcapulaire externe ; & la cinquiéme, la ſcapulaire interne : Ces deux troncs enſuite s'avancent ſous les clavicules, où ils ſe nomment ſoûclaviers, auſquels ſe terminent huit vénes qui viennent de la teſte. Les deux premieres ſont les muſculaires ſuperieures, qui viennent de la peau & des muſcles poſterieurs du col ; les deux ſecondes ſont les jugulaires externes qui reçoivent le ſang de toute la face, & des parties externes de la teſte. Les

La véne axillaire, & les vénes qu'elle reçoit.

troifiémes font les jugulaires internes, qui fortent du crane & apportent des finus de la dure-mere tout le fang fuperflu du cerveau : Les quatriémes & dernieres font les cervicales, qui defcendent par les trous des apophifes tranfverfes des verte- bres du col, aufquelles fe joignent les branches des mufcles voifins ; elles viennent finir aux deux troncs foûclaviers, qui s'uniffant enfemble font un tres-gros tronc, que l'on appelle la véne cave.

La véne foûcla- viere, & les autres qui la joignent.

Les vénes foûclavieres fe joignant enfemble reçoivent quatre vénes : La premiere eft la mam- maire, qui vient des mammelles ; la feconde la mediaftine, qui vient du mediaftin ; la troifiéme l'intercoftale fuperieure, qui vient des quatre efpaces des quatre coftes fuperieures ; & la qua- triéme eft l'azigos, ou fans paire, ainfi nommée, parce qu'elle n'a point de compagne ; elle reçoit feule feize rameaux, fçavoir huit qui lui vien- nent des huit efpaces des huit coftes inferieures du côté droit, & autant du gauche.

La véne caue fait l'office d'une ri- viere.

De la même maniere que les ruiffeaux ap- portent l'eau dans une riviere, de même ces vénes apportent le fang dans la cave. Il y a un gros tronc qui vient des parties inferieures fe joindre à cette véne proche du cœur ; ce tronc eft celui de la véne cave, que nous appellons afcendante, à caufe de fa fonction, & non pas defcendante, comme on le vouloit autrefois : Auffi-tôt qu'elle a percé le diaphragme en mon- tant, elle reçoit deux vénes, qui font les phre- niques ; & plus haut deux autres, qui font les coronaires ; & enfuite elle fe termine au cœur,

auſſi bien que la véne cave deſcendante, où elles
verſent toutes deux dans le ventricule droit le
ſang qu'elles rapportent de toutes les parties du
corps. Je ne vous parle point ici de la diſtribution de cette véne au deſſous du diaphragme,
l'ayant ſuffiſamment démontrée à la page 221.
en parlant des vaiſſeaux du bas ventre.

La fagoüe eſt une glande conglomerée, un peu *La fa-*
goüe.
plus molle que le pancreas, ſituée à la partie ſuperieure du thorax ſous les clavicules, à l'endroit où la groſſe artere ſe diviſe en rameaux
ſoûclaviers ; on la nomme thimus, parce qu'elle
reſſemble à la feüille de thim ; c'eſt elle que l'on
trouve ſi délicate dans les ragoûts, & que l'on
mange ſous le nom de ris de veau.

Elle reçoit des nerfs de la paire vague, & des *Vaiſſeaux*
de la fa-
arteres dés carotides ; elle a une véne particulie- *goüe.*
re appellée thimique, qui va ſe rendre dans les
jugulaires ; elle a auſſi quelques vaiſſeaux limphatiques, qui vont ſe décharger dans la véne
ſoûclaviere : On remarque qu'elle a dans ſa
partie moyenne une cavité qui eſt pleine de
lymphe.

Cette glande eſt groſſe dans les perſonnes qui *Groſſeur*
de la fa-
ſont d'un temperament humide ; elle eſt plus *goüe.*
grande dans les enfans que dans les adultes, à
cauſe qu'elle ſe deſſeiche dans ceux-ci à meſure
qu'ils avancent en âge ; ce qui me fait croire
qu'elle n'eſt pas faite pour ſervir de petit couſſin à la diviſion dés gros vaiſſeaux, pour les défendre contre la dureté des vertebres, comme
l'ont remarqué preſque tous les Auteurs : ſi elle
eût eu cet uſage, elle auroit augmenté avec

l'âge, & à proportion que les vaiſſeaux qu'elle devoit ſoûtenir, auroient groſſi.

Veritable uſage de la fagoüe. Si nous nous en tenions aux ſentimens des Anciens, nous ne ferions jamais aucun progrés dans l'Anatomie ; c'eſt pourquoy j'oſe dire, dans l'incertitude où on a eſté juſqu'à preſent ſur l'uſage de cette glande, qu'elle ſert au fœtus à ſeparer une humeur chileuſe & lactée, pour la verſer enſuite dans la véne ſoûclaviere ; & que cette humeur dans l'enfant qui eſt encore enfermé dans la matrice, tient lieu du chile qui eſt apporté par le canal thorachique dans la ſoûclaviere auſſi-tôt qu'il eſt né ; & comme cette glande ne ſert qu'au fœtus, je la mets au nombre des vaiſſeaux umbilicaux, & du trou Botal, qui n'ont plus d'uſage quand l'enfant eſt une fois ſorti de la matrice.

Obſervations qui confirment cet uſage. Quoyque cette opinion ſoit nouvelle, elle ne doit pas eſtre rejettée, parce que tout ſemble la confirmer ; la groſſeur de cette glande, qui diminuë à meſure que l'âge augmente ; la cavité qu'on y trouve ; les vaiſſeaux qu'elle reçoit ; la communication qu'elle a avec la ſoûclaviere ; & la neceſſité qu'il y a que quelque liqueur ſoit mêlangée avec le ſang avant qu'il entre dans le cœur du fœtus pour le détremper, comme font la limphe & le chile, qui y ſont portez par le canal thorachique, le détrempent aux adultes, nous perſuadent aſſez qu'elle a l'uſage que je viens de vous dire.

V Le canal thorachique. Je finis, Meſſieurs, la Démonſtration d'aujourd'huy par celle d'une partie que vous ne trouverez point décrite dans les Anciens : c'eſt

le canal thorachique, qui a efté découvert de
nos jours ; on l'appelle thorachique, pàrce qu'il
monte tout le long du thorax : Il eft auffi nommé
canal de Pequet, du nom du Medecin qui l'a
découvert le premier.

C'eft un petit conduit qui commence aux refervoirs du chile qui font entre les deux racines
du diaphragme. Il monte le long des vertebres du
dos, entre les côtes & la plévre, & étant parvenu à la feptiéme ou huitiéme vertebre, il
s'incline vers le côté gauche de la poitrine, &
va, comme je l'ay déja dit, aboutir par deux ou
trois rameaux à la véne foûclaviere gauche.

Defcri-
ption de
ce canal.

Ce canal n'eft compofé que d'une membrane
affez mince, qui eft fortifié par la plévre, qui la
couvre pendant tout le chemin qu'il fait par la
poitrine ; il n'eft pas plus gros qu'une petite plume d'oye ; il a des valvules d'efpace en efpace,
qui fervent d'échelons au chile pour monter, &
qui empêchent qu'il ne puiffe tomber en bas, &
retourner fur fes pas : Il reçoit de toutes parts
des vaiffeaux lymphatiques qui luy apportent
fans ceffe la limphe qu'il dégorge avec le chile
dans la foûclaviere.

Il n'eft
compofé
que d'u-
ne mem-
brane.

Au côté gauche de l'ouverture que le canal
thorachique fait dans la véne foûclaviere pour y
entrer, il y a une valvule qui empêche que le
chile ne foit porté vers le bras, & qui le détermine à prendre le chemin de la véne cave, où il
va conjointement avec le fang pour eftre verfé
dans le ventricule droit du cœur. On pourroit
encore croire que cette valvule s'abbaiffant fur
le trou du canal par où paffe le chile, empêche

X.
Ce canal
entre
dans la
véne foû-
claviere.

que le fang paffant dans la foûclaviere, ne tombe dans la cavité de ce canal.

Moyens de trouver le canal thorachique.

Le canal thorachique n'eft point aifé à trouver; c'eft pourquoy il ne faut pas s'étonner s'il a efté fi long-tems inconnu. Pour le découvrir, il faut faire une petite incifion à la plévre au côté droit des vertebres du dos, & feparer la graiffe qui eft deffous la plévre. On le trouve fort petit quand il eft vuide, & fe rompt facilement, fi l'on n'y prend garde. Mais pour le bien voir, il faut ouvrir un chien quatre heures aprés l'avoir bien fait manger, & faire à la partie fuperieure de ce canal une ligature qui arrête le cours du chile; alors on le verra fort bien, & fuffifamment gros pour porter tout le chile & toute la limphe dans la foûclaviere.

Ufages du canal thorachique.

L'ufage du canal thorachique eft de fervir de conduit au chile & à limphe, & de les porter des refervoirs dans la véne foûclaviere, où il décharge fans ceffe quelqu'une de ces liqueurs dans la maffe du fang, pour la détremper & la rendre plus liquide qu'elle n'eft, lors qu'elle revient des parties où le plus fubtil a efté employé pour leur nourriture; ce qui étoit neceffaire pour rendre le fang fufceptible des impreffions qu'il devoit recevoir en paffant par les ventricules du cœur.

Experience qui fait voir que le chile va droit au cœur par ce canal.

C'eft un fait conftant que le chile eft porté au cœur par le canal thorachique; Si vous ouvrez un chien vivant dans le tems que la diftribution s'en fait, vos yeux en feront les témoins; & ceux qui croiront que cette diftribution ne fe fait pas dans l'homme comme dans les animaux, n'ont pour s'en convaincre qu'à ouvrir le ventricule droit du cœur d'un homme mort, à nettoyer avec une éponge tout le fang qui y fera, & à feringuer enfuite du lait dans le canal thorachique ; ce qui fe fait en introduifant le bout de la feringue dans le canal qu'il faut lier fur le bout de cette feringue ; alors ils verront tomber le lait par la véne cave dans le ventricule droit. Cette experience que j'ay faite plufieurs fois, démontre manifeftement qu'il eft vray que dans l'homme, auffi bien que dans les animaux, tout le chile eft porté par le canal thorachique dans le cœur.

Voila, Meffieurs, quelles font les parties renfermées dans le ventre moyen ; elles nous ont à la verité occupez l'efpace de deux Démonftrations ; mais on ne peut y employer moins de tems, particulierement lorfqu'on veut faire une recherche auffi exacte que celle que nous avons faite de leur ftructure & de leurs fonctions : nous commencerons demain à examiner avec la même application les parties contenuës dans le ventre fuperieur, qui eft la tefte.

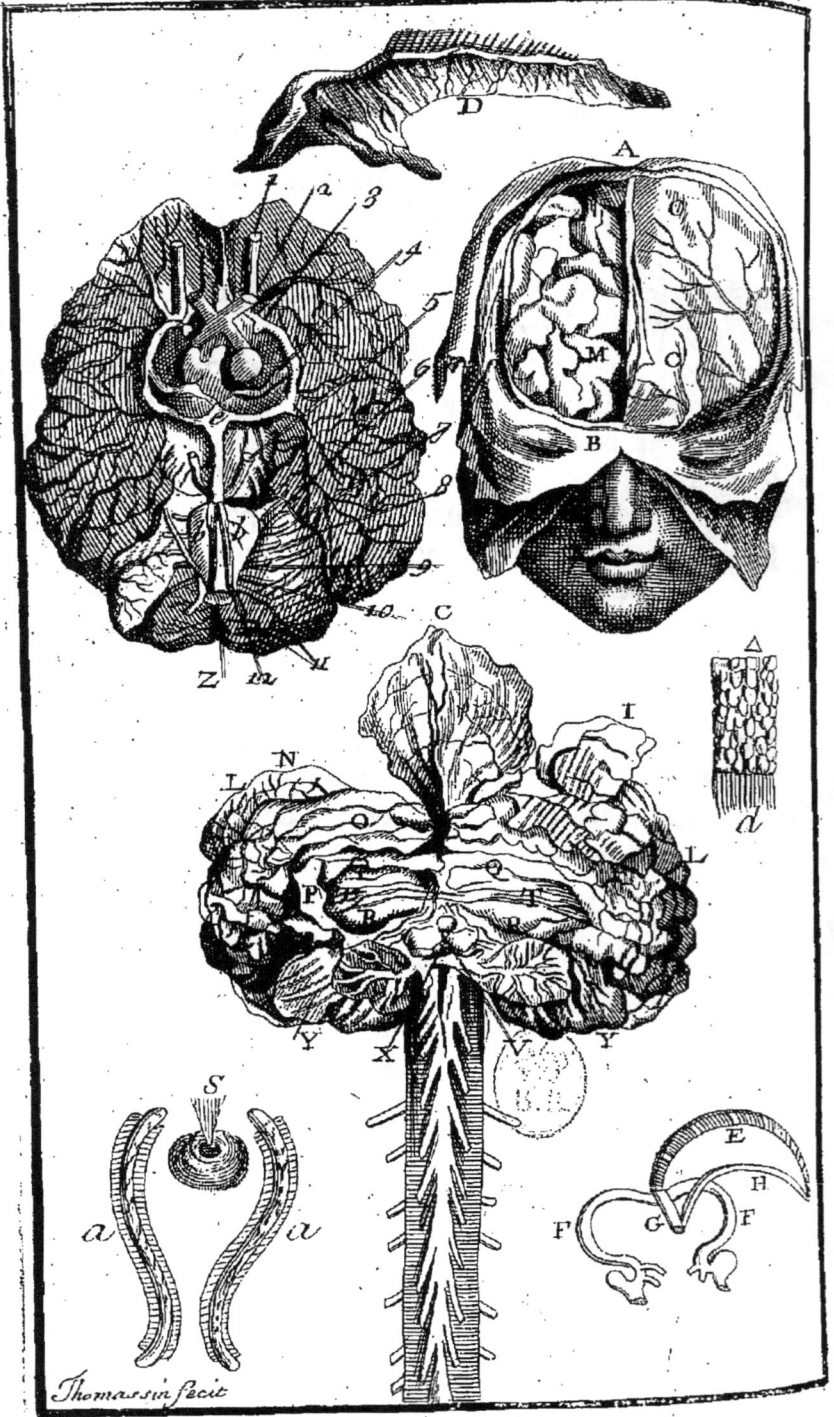

Thomassin fecit

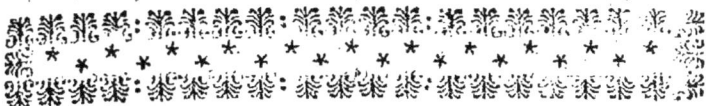

SEPTIE'ME

DEMONSTRATION.

Du Cerveau, & de ses parties.

SI vous avez admiré jusqu'ici, Messieurs, dans les Démonstrations que j'ay faites du bas ventre, & de la poitrine, la structure des parties qui y sont renfermées ; j'espere que vous serez encore bien plus surpris en voyant celle de la tête & du cerveau, que j'ay à vous démontrer aujourd'huy : Je ne m'amuseray point à vous parler de l'ame, ni à refuter les differens sentimens que les Philosophes ont sur sa nature, parce que cela nous meneroit trop loin ; les uns ayant crû que c'étoit une harmonie de toutes les parties du corps ; les autres un air tres-subtil ; d'autres une vertu divine ; d'autres un estre détaché du corps & capable de subsister par soy-même ; & d'autres au contraire ont dit, que c'étoit une qualité ou quelque chose d'inseparablement attaché au corps ; de maniere que cette diversité d'opinions nous feroit douter de son essence, plûtôt qu'elle ne l'établiroit, si la Foi ne nous apprenoit d'ailleurs, qu'elle est une étincelle de la Divinité. Mais je vous entretiendray du cerveau, qui eſt la partie la plus noble & la plus éminente du corps, où elle habite principale-ment, où elle exerce ſes plus nobles fonctions, & d'où elle envoye, comme de ſon trône, ſes ordres ſouverains à toutes les autres parties du corps; C'eſt ce viſcere ſi precieux & ſi neceſſaire que je vais vous démontrer, aprés que je vous auray fait voir les parties qui l'environnent.

A La Tête. La tête eſt toute cette cavité qui eſt compriſe depuis le vertex juſqu'à la premiere vertebre du col.

Figure de la tête. Sa figure naturelle eſt longue & oblongue, ayant deux éminences, l'une pardevant, & l'au-tre par derriere; elle eſt un peu applatie par les côtez; toutes les autres figures en ſont vicieu-ſes, & troublent ſouvent le cerveau dans ſes fonctions.

Grandeur de la tête. La grandeur de la tête de l'homme ſurpaſſe celle des autres animaux à proportion de ſon corps, parce que ſon cerveau eſt beaucoup plus grand: celle qui eſt d'une grandeur mediocre paſſe pour la mieux conformée; cependant s'il y avoit à choiſir d'une groſſe tête ou d'une petite, la groſſe ſeroit preferée, pourvû que les autres par-ties y correſpondiſſent.

Situation de la tête. La tête eſt ſituée au lieu le plus élevé du corps, afin que le cerveau qui doit envoyer un ſuc ani-mal à toutes les parties par le moyen des nerfs, le puiſſe faire commodement de haut en bas,

Raiſon de cette ſituation. parce qu'étant d'une ſubſtance peu ſolide, & nullement capable de forte impulſion, il luy auroit eſté impoſſible de le faire autrement; en quoy il differe du cœur, qui pouſſe ſans peine

le

le fang arteriel jufqu'au fommet de la tête, parce
qu'il eft au contraire d'une fubftance folide &
ferme, & qu'il a des fibres tres-fortes.

La raifon que les Galeniftes, & plufieurs autres Anatomiftes, même des Modernes, rendent
de cette fituation eft tres-méchante, lorfqu'ils
difent que c'eft afin que les yeux, qui font comme les fentinelles de l'ame, foient au lieu le
plus élevé du corps, & que le cerveau fuft placé
auprés d'eux, parce qu'ils n'en pouvoient eftre
éloignez, à caufe de la molleffe de leurs nerfs :
Voilà un beau raifonnement! comme fi la tête
& le cerveau n'étoient faits que pour les yeux.

On confidere deux parties à la tête, une cou- Deux
parties à
la tête.
verte de cheveux, que l'on appelle le crane; &
l'autre fans cheveux, que l'on nomme la face :
Toutes les parties dont le crane & la face font
compofées font en affez grand nombre pour
nous occuper pendant deux Demonftrations. Je
vous feray voir dans celle d'aujourd'huy les parties qui font contenuës dans le crane; & dans
la fuivante celles qui font comprifes dans la
face.

La partie de la tête dont nous entreprenons Divifion
du crane.
aujourd'huy la Démonftration, fe divife en cinq
parties, dont trois font au milieu, & deux aux
côtez : La premiere eft le devant de la tête, appellé *finciput.* La feconde eft le fommet de la
tête, que l'on nomme *vertex.* La troifiéme eft
le derriere de la tête, qu'on appelle *occiput.* Celles des côtez s'appellent les *tempes,* parce que
l'on pretend que ce font ces endroits qui marquent les tems & les âges, à caufe que les

A a

cheveux y blanchissent plûtôt qu'ailleurs.

Division de la tête. La tête en general se divise en parties contenantes, & en parties contenuës; les premieres sont de deux sortes, communes & propres: les communes sont les mêmes qu'aux autres parties, excepté qu'on y ajoûte les cheveux: les propres sont le pericrane, le perioste, le crane, la dure-mere, & la pie-mere. Les internes ou contenuës sont le cerveau & le cervelet.

Les cheveux. La premiere des parties contenantes sont les cheveux, qui sont des corps longs & déliez, froids & secs. L'on veut qu'ils ne meritent pas le nom de parties, parce qu'ils n'ont point une vie commune avec le tout, & qu'ils peuvent en estre retranchez sans luy porter aucun préjudice. L'on dit qu'ils ne sont que des excremens formez des vapeurs fuligineuses du sang, qui poussées par la chaleur vers la superficie du corps, se condensent en passant par les pores de la peau.

Trois choses forment les cheveux. L'on remarque qu'il y a trois choses qui concourent à la formation des cheveux & des poils, qui ne different entre-eux que dans la longueur; c'est pourquoy ils sont compris sous le même genre. La premiere est la matiere; la seconde la chaleur; & la troisiéme le lieu convenable. La matiere des cheveux & des poils sont les vapeurs fuligineuses & excrementeuses, crasses & terrestres, & qui sont un peu visqueuses. La chaleur est necessaire pour former de cette matiere des poils & des cheveux; mais il faut qu'elle soit moderée; car lorsqu'elle est trop violente, elle brûle les racines, & les fait

tomber, ou les empêche de croître, ce que nous
obſervons aux Ethiopiens ; lorſqu'elle eſt trop
foible, elle ne pouſſe pas aſſez les excremens à
la ſuperficie, & ne deſſeche pas ſuffiſamment la
matiere pour en former des poils. Il faut outre
cela un lieu convenable comme la peau qui eſt
poreuſe par tout, afin que le poil puiſſe en ſortir. Auſſi voyons-nous dans chaque pore un
poil, excepté à la paulme de la main, & à la
plante du pied, où ils ne peuvent venir, à cauſe
que les pores de ces parties ſont trop ſerrez :
mais il y a des endroits de la peau, où ils croiſſent plus aux uns qu'aux autres ; ce qui dépend
de ce qui ſe trouve ſous elle. Par exemple, au
ſinciput les cheveux ne croiſſent pas tant qu'à
l'occiput, parce qu'il n'y a pas tant d'humiditez, ni de graiſſe qu'à l'occiput : C'eſt auſſi la
raiſon pourquoy le devant de la tête ſe dégarni
de cheveux, & devient plûtôt chauve qu'aucune
autre partie de la tête.

La grandeur des cheveux n'eſt pas égale en
toutes ſortes de perſonnes ; il y en a qui les ont
fort longs, & d'autres fort courts ; ce qui dépend
du ſuc propre à les nourrir, qui ſe trouve plus
ou moins abondant aux uns qu'aux autres : Les
uns les ont gros, & les autres fins & déliez, ſelon que les pores par où ils ſont ſortis ſont plus
ou moins larges. Il y en a qui les ont droits, les
autres friſez ; ce qui provient de la conformation des pores de la peau ; lors qu'ils ſont droits,
les cheveux le ſont auſſi ; mais quand ils ſont
courbes ou obliques, les cheveux qui en ſortent
ſont friſez : L'on remarque que ceux qui ſont

Gran-
deur des
cheveux.

d'un témperament humide , ont le poil plus doux ; & que ceux au contraire qui sont plus secs , l'ont plus dure.

Figure des cheveux. La figure des cheveux nous paroît ronde , mais le microscope nous fait voir qu'il y en a de triangulaires & de quarrez, aussi bien que de ronds ; ils empruntent leur figure de la configuration des pores par où ils ont passé. Les cheveux se peuvent separer en deux ou trois parties ; ce qui se voit à leurs extremitez , lorsqu'ils se fourchent : Le Microscope nous découvre encore qu'ils sont creux , comme de petits tuyaux ; ce qui est confirmé par une maladie appellée *plica* , à laquelle les Polonois sont sujets , & dans laquelle il sort du sang par l'extremité des cheveux.

Couleur des cheveux. La couleur des cheveux est differente , suivant les païs, les temperamens , les âges & la qualité de l'humeur qui les nourrit. Ceux qui habitent les païs chauds , comme les Maures , les ont noirs, rudes & frisez. Ceux qui demeurent dans les païs temperez , les ont de differentes couleurs, & souvent basanez & cendrez. Ceux qui sont dans les païs froids , comme les Danois, les ont blonds , mols & droits : les temperamens changent aussi la couleur des cheveux ; car l'humeur dominante leur donne la teinture ; c'est pourquoy les pituiteux , les ont blonds ; les bilieux, roux ; & les mélancoliques , noirs. La couleur des cheveux dépend encore de l'âge, on voit tous les jours que ceux qui ont esté d'une couleur dans la jeunesse, deviennent d'une autre dans un autre tems ; & que quelque diverſité que l'on remarque dans la couleur des cheveux, ſoit qu'elle ſoit cauſée ou par les païs, ou par les temperamens, ou par les âges, la vieilleſſe ordinairement change toutes ces couleurs en une qui eſt blanche ; ce qui arrive alors aux vieillards par le peu d'humeur qui leur reſte.

Les poils ſont de deux ſortes, ou ils naiſſent avec l'enfant, comme ceux de la tête, des ſourcils & des paupieres ; ou ils viennent aprés que l'enfant eſt né, comme ceux du menton, des aiſſelles & du penil. Ces derniers ne viennent aprés la naiſſance que dans le tems environ que la ſemence commence à venir aux garçons, & les purgations aux filles. Il ne vient point de ces poils au menton des filles, parce que les menſtruës en évacuent la matiere.

Diviſion des poils.

Les uſages des cheveux ſont de couvrir la tête, de la défendre des injures exterieures, de luy ſervir d'ornement, & de rendre l'homme venerable.

Uſages des cheveux.

Il y a peu de difference entre les tegumens communs de la tête & ceux du reſte du corps ; l'epiderme y eſt un peu plus épais, auſſi bien que la peau dans laquelle tous les cheveux ſont plantez bien avant. L'on y trouve auſſi une infinité de glandules qui ont chacune un petit conduit qui aboutit à chaque pore ; c'eſt de là que viennent les ſueurs, qui ſont ſouvent abondantes en cette partie, & qui ſe deſſechant auſſitôt qu'elles ſont ſorties, font la craſſe de la tête : ce ſont ces mêmes glandules qui forment encore les loupes qui viennent ſi ſouvent à la

Structure du cuir chevelu.

tête, lors qu'elles font engorgées & tumefiées ; la peau n'a pas le fentiment fi vif à la tête qu'aux autres parties, ce qui eft facile à remarquer en fe peignant. On attribuoit autrefois le mouve-ment du front & de l'occiput, au pannicule charnu, parce qu'on le croyoit plus épais à la tête qu'ailleurs, mais on fe trompoit, puifqu'il eft femblable à celuy de tout le corps ; & fi l'on ment quelquefois la peau de la tête ; c'eft par le moyen des mufcles frontaux & occipitaux, com-me je vous le feray voir demain.

B
Le peri-
crane.

Le pericrane eft la premiere des parties conte-nantes propres ; c'eft une membrane d'un fenti-ment tres-exquis, déliée, folide & molle, qui environne le crane de toutes parts ; c'eft pour-quoy elle eft appellée pericrane ; l'on veut qu'el-le prenne fon origine de la dure mere, & qu'el-le ne foit qu'une continuité de fes fibres, qui fortant par les futures fe dilatent & couvrent le crane : Cette opinion n'eft pas vraye, quoy-qu'elle paroiffe vray-femblable, puifque c'eft une membrane tout-à-fait feparée de la dure-mere, qui a fon principe dans la femence, com-me toutes les autres ; & qui reveft exterieure-ment le crane, excepté à l'endroit des mufcles crotaphites, par deffus lefquels elle paffe pour aller s'attacher à l'apophife Zigomatique.

Vaiffeaux
du peri-
crane.

Le pericrane reçoit des nerfs de la feptiéme paire du cerveau, & de la feconde paire du col, ce qui le rend fi fenfible & fi douloureux dans les playes de tête : Il a des arteres qui luy vien-viennent des carotides ; & fes vénes vont fe ren-dre dans les jugulaires.

Le periofte eft une membrane nerveufe fort déliée & fort fenfible, qui eft fous le pericrane, & qui couvre immediatement le crane & tous les autres os, excepté les dents; la plûpart des Auteurs ont confondu cette membrane avec le pericrane, & n'en faifoient qu'une des deux: Elle eft tellement adherante au crane, que l'on a de la peine à l'en feparer; elle a les mêmes vaiffeaux & le même ufage que le pericrane.

Le pe-
riofte.

Je ne m'arrêteray point à vous parler ici du crane, nous l'avons fuffifamment examiné dans l'Ofteologie; je vous feray feulement obferver que pour bien voir toutes les parties du cerveau, il faut le fcier le plus bas que l'on peut, & qu'il faut le lever doucement, de peur de déchirer la dure-mere, qui y eft attachée aux endroits des futures.

Maniere
de bien
fcier le
crane.

La premiere chofe que je vous prie de remarquer aprés avoir levé le crane, c'eft une infinité de petites ouvertures qui font à la dure-mere aux endroits des futures, & d'où on voit fortir de nouveau fang à mefure qu'on l'effuye: Ce qui fait voir qu'il y a des vaiffeaux qui vont de la dure-mere au crane, & qui entrent par les futures dans le diploé: Ces filamens font de petites arteres qui portent le fang dans la partie moyenne du crane pour fa nourriture; & des vénules qui reportent le fuperflu de ce fang dans les finus de la dure-mere.

Plufieurs
vaiffeaux
qui vont
de la du-
re-mere
au crane.

Les membranes qui font enfermées dans le crane font la dure-mere & la pie-mere: on leur a donné ce nom de mere, parce que l'on pretendoit qu'elles étoient les meres de toutes les

Deux
membra
nes dan
le crane.

membranes du corps ; on a ajoûté ce mot de dure à l'externe , à cause de sa force & de son épaisseur ; & celuy de pie à l'interne , à cause de sa délicatesse.

CCC
La dure-mere.

La premiere des deux que l'on voit , est la dure-mere , qui revest interieurement tout le crane , à qui elle rend le même office que la plévre à la poitrine , & le peritoine au bas ventre : Cette membrane est épaisse & solide ; elle envelope toute la masse du cerveau, laissant neanmoins une distance entre-elle & le cerveau, afin que les vaisseaux qui rampent dans sa duplicature ne soient point pressez ; que le cours du sang ne soit point interrompu ; & qu'elle puisse se mouvoir facilement.

Figure & connexion de la dure-mere.

Elle a la même figure & la même grandeur que le cerveau, ne pouvant estre ni plus grande, ni plus petite ; elle est fort adherante à la base du cerveau, & suspenduë au crane par ces petits vaisseaux qui vont aux sutures , & que je vous ay démontrez ; Elle est attachée à la pie-mere par les nerfs , & par les arteres , & enfin elle s'accommode aux cavitez du crane, n'y ayant pas une fosse qu'elle ne tapisse.

Mouvement de la dure-mere.

Le mouvement de la dure-mere est si manifeste que l'on ne peut pas en douter ; on le voit aux personnes que l'on trépane , aprés que la piece de l'os est levée ; & on le sent aux enfans nouveau nez à la fontaine de la tête, qui est un endroit qui s'ossifie le dernier. Il ne faut point chercher la cause de ces mouvemens dans la substance du cerveau, qui est trop molle ; mais dans le grand nombre des arteres dont elle est parfemée, lefquelles luy donnent un mouvement continuel de diaftole & de fiftole, qui répond à celuy du cœur & des arteres.

Cette membrane eft double comme les autres tuniques ; fa partie exterieure, je veux dire celle qui regarde le crane, eft plus rude, plus ridée, & moins fenfible que l'interne, ce qui l'empê- che d'eftre bleffée par la dureté des os qu'elle touche ; L'interieure, qui eft du côté de la pie- mere, eft blanche, luifante, polie, & enduite d'une humeur aqueufe : Elle eft doüée d'un fen- timent tres-exquis, d'où vient qu'étant picotée par quelque humeur acre, elle caufe des convul- fions & des douleurs fâcheufes. La dure- mere eft double.

La dure-mere ne fepare pas feulement le cer- veau d'avec le cervelet, mais elle fe replie au fommet de la tête, & le fepare encore en partie droite & en partie gauche : C'eft en cet endroit qu'elle reffemble à une faulx, parce que ce re- doublement eft large du côté de l'occiput, & s'étreffit peu à peu en allant vers le devant de la tête, où il s'attache par fa pointe à une apophi- fe qu'on appelle *crifta galli* : c'eft ce redouble- ment qu'on appelle la faulx. Le cer- veau eft feparé en deux par la du- re-mere.

D
La faulx.

Les quatre finus que quelques-us appellent les ventricules de la dure-mere, font encore formez par la dilatation de cette membrane. Quatre finus à la dure- mere.

Le premier, qui eft le plus grand & le plus long de tous, eft appellé longitudinal ; il va du devant au derriere de la tête ; il commence à la racine du nez, & faifant le même chemin que la future fagittalle, il va finir à l'endroit de la poin- te de la future lambdoïde. E
Le longi- tudinal.

F F Les deux lateraux. Le second & le troisiéme sont nommez lateraux, parce qu'ils vont aux côtez du cervelet: Ils commencent où finit le premier, & vont sous la suture lamdoïde, l'un à droite & l'autre à gauche finir à la base du crane, où commencent les vénes jugulaires internes.

G Le pressoir. Le quatriéme, que l'on appelle pressoir, est plus petit & plus court que les autres; il commence à la glande pineale, à laquelle il est adherant, & vient entre le grand & le petit cerveau finir au concours des trois premiers. On met ordinairement quatre sondes dans les cavitez de ces quatre sinus, pour faire voir les ouvertures de toutes les vénes qui viennent aboutir dans leurs cavitez.

Trois autres sinus. Outre ces quatre sinus, on en a trouvé encore trois autres qui sont fort apparens, quoyqu'ils soient plus petits que les precedens. Le premier **H Le sinus inferieur.** est placé le long de la partie inferieure de la faulx, & va aboutir au quatriéme. Les deux autres sont placez entre le grand & le petit cerveau, & vont se rendre dans les lateraux, dont ils ne sont gueres éloignez que de la largeur d'un poûce ou environ.

Usages des sinus. L'usage des sinus est de recevoir tout le sang qui n'a pû estre employé dans le cerveau; ce sang est apporté de toutes les parties par plusieurs vénes qui sont autant de ruisseaux qui se viennent décharger dans ces quatre rivieres, d'où il est ensuite conduit & versé dans les vénes jugulaires, qui le reportent au cœur, afin de circuler derechef.

Quelques-uns pretendent que l'usage de ces

finus foit de former comme un bain-marie, dont
la chaleur douce & humide fert à la diftilla-
tion des efprits dans la fubftance cendrée du
cerveau.

Vvillis a découvert dans ces finus de petites fibres qui les traverfent ; il croit que ces fibres
font comme de petites cordes, qui en fe dilatant
retardent le cours du fang, & qui en fe refler-
rant le font couler plus vifte.

La dure-mere fert à enveloper le grand & le
petit cerveau ; à empêcher qu'ils ne foient of-
fenfez par la dureté de l'os ; à divifer le cerveau
en deux parties ; & à le feparer d'avec le cervelet, qui eft le petit cerveau.

Ufage de la dure-mere.

Ayant levé la dure-mere, l'on découvre la pie-
mere, qui eft une membrane tres-fine & tres-
déliée qu'on a peine à feparer de la fubftance du
cerveau, dans les plis & replis de laquelle elle
s'enfonce & defcend jufques dans les anfractuofitez les plus profondes, où elle conduit les vénes
& les arteres ; ce qui fait qu'elle eft beaucoup
plus grande que la dure-mere.

I La pie-mere.

Elle eft parfemée d'un grand nombre d'arteres
qui viennent des carotides & des cervicales ; &
d'autant de vénes qui forment plufieurs labirin-
thes, & qui vont fe décharger dans les finus.
Vvillis remarque qu'elle eft remplie de quantité
de petites glandes qui fervent à feparer une liqueur aqueufe qui humecte ces deux membranes : L'on pretend que cette pie-mere eft fort
fenfible, & que c'eft dans cette membrane
que les douleurs de tête ont leur fiege principal.

Vaiffeaux de la pie-mere.

Usage de la pie-mere. L'usage de la pie-mere est d'enveloper immediatement le cerveau jusques dans ses circonvolutions, & de conduire tous les vaisseaux qui entrent dans sa substance, ou qui en sortent.

LL Le cerveau. Les meninges étant levées, on voit une grosse masse que l'on divise en partie anterieure, qui est proprement le cerveau, & en posterieure, qui est le cervelet. Ils sont tous deux separez l'un de l'autre par la reduplication de la dure-mere, qui outre cela separe, comme je l'ay déja dit, le cerveau en partie droite & en partie gauche.

Situation du cerveau, Le cerveau est situé au lieu le plus élevé du corps, non pas à cause de sa noblesse seulement, comme quelques-uns l'ont pretendu ; mais pour la commodité des fonctions animales dont il est le principal organe. Il est enfermé de toutes parts dans le crane, comme dans une boëte osseuse, afin que rien ne puisse nuire à sa substance qui est molle.

Grandeur du cerveau. Le cerveau de l'homme est non seulement plus grand que celuy d'un bœuf ; mais il l'est encore plus que celuy d'un elephant, j'entends à proportion de tout son corps : la raison qu'on apporte de sa grandeur si considerable dans l'homme, c'est qu'étant le principe des fonctions de l'ame, ses actions en sont d'autant plus parfaites qu'il est grand

Figure du cerveau. La figure du cerveau est semblable à celle du crane, c'est à dire qu'elle est ronde & oblongue, ayant comme luy une éminence pardevant, & une par derriere, & étant applati par les côtez.

M Circonvolutions On voit à la surface exterieure du cerveau plusieurs anfractuositez & circonvolutions.

femblables à celles des inteftins grefles ; elles fervent à introduire les vaiffeaux dans le
cerveau par le moyen de la pie - mere, qui
defcend jufqu'au fond de ces fillons, qui font
autant de pores par où la matiere des efprits
entre dans le cerveau ; de forte que ceux qui
ont plus de ces anfractuofitez, doivent former
beaucoup plus d'efprits, & par confequent eftre
plus vifs & plus capables de concevoir facilement toutes chofes que ceux qui en ont moins.

du cer-
veau.

Le cerveau a un mouvement de diaftole &
de fiftole, de même que le cœur : quand il fe dilate, il reçoit l'efprit vital des arteres ; & lors
qu'il fe refferre, il pouffe l'efprit animal dans
les nerfs.

Mouve-
ment du
cerveau.

Les ufages du cerveau font d'eftre l'organe
principal des fonctions de l'ame, & de filtrer
l'efprit animal conjointement avec le fuc nerveux qu'il diftribuë à toutes les parties du corps
par le moyen des nerfs.

Ufages
du cer-
veau.

Le cerveau eft compofé de trois fubftances differentes ; la premiere eft la fubftance corticale,
autrement dite corps cendré ; la feconde eft la
moëlleufe, ou corps medullaire ; & la troifiéme
eft la fubftance calleufe, ou corps calleux.

Trois
fubftan-
ces au
cerveau.

Il faut obferver que ces trois fubftances ne
different pas feulement en couleur, mais encore
en confiftance : par exemple, la fubftance corticale eft grisâtre & fort molle ; la moëlleufe eft
blanchâtre & moins molle ; & la calleufe eft
tout-à-fait blanche & affez ferme : cette obfervation eft neceffaire pour les confequences que
nous en tirerons cy-après.

En quoy
different
ces trois
fubftan-
ces.

N
Le corps
cendré.

Le corps cendré eſt ainſi appellé, parce qu'il eſt grisâtre comme de la cendre ; on le nomme auſſi ſubſtance corticale , à cauſe qu'il eſt comme l'écorce du cerveau qu'il environne de toutes parts : cette ſubſtance n'eſt autre choſe que l'aſſemblage d'une infinité de petites glandes rangées les unes auprés des autres.

A
Les glandules qui
font la
partie
corticale
du cerveau.

Il faut vous faire remarquer ici que la ſubſtance corticale a ſes parties plus écartées , & ſes pores plus ouverts que les autres ſubſtances du cerveau ; & que quand on y ſeringue quelque liqueur par les arteres , elle ne penetre que dans la partie corticale , & ne paſſe point dans la ſubſtance medullaire.

D
Les
tuyaux
qui font
le corps
medullaire. ſ

Ces glandes ont chacune un tuyau particulier, par lequel coule l'eſprit animal qu'elles ont filtré du ſang qui y eſt porté par les arteres carotides & vertebrales. Vvillis pretend qu'elles ſervent auſſi à en filtrer le ſuc nerveux, qui eſt une liqueur huileuſe & tres-ſubtile qui ſert de vehicule aux eſprits animaux, & avec le ſang de nourriture aux parties ; ce que l'on peut obſerver aux bras & aux jambes paralitiques, qui ne recevant plus de ce ſuc deviennent maigres.

O
Le corps
medullaire.

Le corps medullaire eſt ainſi appellé, parce qu'il eſt d'une ſubſtance molle comme de la moëlle : elle l'eſt cependant moins que le corps cendré. Il eſt ſitué directement ſous le cendré, de ſorte que la pie-mere ne le touche point. Tous les tuyaux qui partent des glandes , qui compoſent la partie cendrée, forment tous enſemble en ſe réuniſſant, ce corps ou cette ſubſtance medullaire.

Le corps calleux est ainsi appellé, parce qu'il est d'une substance plus ferme & plus solide que les deux autres ; c'est à proprement parler un assemblage de la substance medullaire & une approche des petits tuyaux qui la forment ; sa couleur est tout-à-fait blanche : Il est situé sous le medullaire, auquel il est continu. On n'y voit point d'arteres, ni de vénes, du moins qui soient apparentes, quoyqu'il en ait effectivement ; puisque quand on coupe quelque partie de ce corps, l'on voit de petites goutes de sang pointiller en plusieurs endroits.

P
Le corps calleux.

En coupant cette partie, que l'on nomme le corps calleux, on découvre deux grandes cavitez, que l'on appelle les ventricules superieurs, ou anterieurs ; d'autres les appellent lateraux, parce qu'il y en a un au côté droit, & l'autre au côté gauche : ils ont tous deux la même grandeur & la même figure ; leur situation & leurs usages sont aussi les mêmes.

QQ
Les ventricules superieurs.

Leur figure, si vous les considerez en particulier est pareille à celle d'un croissant : c'est peut-estre ce qui a fait croire à quelques Anciens que la Lune dominoit beaucoup sur le cerveau : mais si vous les examinez tous deux ensemble, ils ont la figure d'un fer à moulin : Leur pointe, qui est vers la racine du nez où ils commencent, est tres-étroite, mais ils s'élargissent peu à peu, & forment chacun une grande cavité vers leur fin ; ce qui fait qu'ils sont plus amples vers la partie inferieure du cerveau, que vers la superieure : ce sont les deux plus grands ventricules du cerveau.

Figure de ces ventricules.

Leur situation. Leur veritable situation est dans la partie moyenne du cerveau ; car ils sont également distans de l'os coronal que de l'occipital, & à peu prés autant de la base du crane que du sommet de la tête.

Le septū lucidum. Ces deux ventricules sont separez l'un de l'autre par une cloison mitoyenne, que l'on nomme pour cet effet *septum medium*, ou *septum lucidum*, à cause qu'elle est transparente ; il y en a qui ont crû que cette separation étoit une membrane, mais elle est faite d'une portion tres-deliée de la substance calleuse enfermée entre deux membranes, lesquelles sont des continuitez de la pie-mere, qui tapisse interieurement ces deux ventricules : L'on voit dans le milieu de ce *septum lucidum* une petite cavité : ce qui a fait dire à quelques-uns qu'il étoit le siege de l'ame.

R R Les corps cannelez. Les corps cannelez sont deux éminences considerables, qui sont d'une couleur plus brune que le reste : il y en a une à chaque ventricule. On les appelle corps cannelez, parce qu'on pretend qu'il y a une infinité de cannelures en forme de vis qui y font beaucoup de sillons ; c'est dans ces parties que Vvillis a établi le siege de l'ame, étant persuadé que les cannelures sont faites par les impressions des objets que l'ame reçoit.

S L'entonnoir. Il y a dans la partie moyenne de ces ventricules une cavité ronde en forme de bassin, qui descend à la base du cerveau, en se terminant en pointe, & qui va finir sur la glande pituitaire, qui est dans la scelle de l'os sphenoïde ; c'est cette cavité que l'on appelle l'entonnoir ; elle est

formée

formée de la pie-mere. Elle eſt toûjours pleine de pituite, qu'elle décharge dans la glande pituitaire.

Comme les deux uſages que l'on donne à ces ventricules ſont fort differens & fort oppoſez, je vous les rapporteray l'un aprés l'autre, afin que vous puiſſiez juger lequel des deux eſt le veritable.

Le premier eſt des Anciens, qui pretendoient que l'eſprit animal y étoit perfectionné, & que de même que le cœur avoit des ventricules, dans leſquels les eſprits vitaux ſe ſubtiliſoient ; de même auſſi le cerveau en avoit pour la perfection des eſprits animaux ; qu'ils en étoient les reſervoirs ; & que de ces cavitez ils étoient envoyez par les nerfs à toutes les parties du corps, comme les eſprits vitaux y ſont envoyez par les arteres.

Uſages de ces ventricules ſelon les Anciens.

Le ſecond eſt des modernes, qui ſoûtiennent au contraire que l'eſprit animal n'y eſt point formé : la raiſon qu'ils en apportent eſt, qu'il eſt trop ſubtil pour ne pas s'échaper par le trou qui répond à l'apophiſe *criſta galli*, ou par les arcades de la voûte qui va au troiſiéme ventricule : D'ailleurs les ſeroſitez dont ces ventricules ſe trouvent ordinairement remplis ; la ſituation de l'entonnoir qui eſt dans leur milieu, & qui leur ſert comme d'égoût ; & celle de la glande pituitaire, qui ſe trouve encore directement au deſſous pour en recevoir les ſeroſitez, font connoître qu'ils ſont plûtôt les reſervoirs des humiditez ſuperfluës du cerveau, que le lieu de la naiſſance des eſprits animaux.

Leurs uſages ſelon les modernes.

B b

TT
Le plexus
choroïd.

Ce qu'il y a de rougeâtre dans l'un & l'autre de ces ventricules est une partie du lacis choroïde; mais comme sa plus grande partie occupe le troisiéme ventricule, je ne vous le feray voir qu'aprés avoir levé la voûte triangulaire qui le forme.

Le corps
voûté.

Le corps voûté, qu'on nomme ainsi à cause qu'il ressemble à une voûte, est une partie blanchâtre où se joignent les ventricules; il est porté sur trois colomnes, dont la premiere le soûtient par devant, & les deux autres par derriere; tellement que le dessous represente un triangle: Il rend le même office au troisiéme ventricule que font les voûtes aux édifices; car il porte & soûtient la lourde masse du cerveau, de peur qu'elle ne s'affaisse trop sur cette partie; le bord qui est plus mince que le reste s'appelle la corniche de la voûte.

V
Le troi-
siéme
ventricu-
le.

Aprés avoir levé les deux piliers posterieurs de la voûte, & les avoir renversé sur le devant du cerveau, vous découvrez le troisiéme ventricule, dont toute la cavité nous paroît remplie du lacis choroïde.

Structure
du ple-
xus cho-
roïde.

Le plexus ou lacis choroïde est un tissu qui est fait d'une infinité d'arteres fort déliées, qui viennent des carotides; & de vénules qui vont se rendre dans le quatriéme sinus de la dure-mere: Il est aussi composé de quantité de vaisseaux lymphatiques, & de beaucoup de glandes fort petites, qui seroient imperceptibles sans le secours du Microscope; d'où vient que Stenon croit qu'il se fait là une filtration d'une partie de la serosité qui coule dans les ventricules.

Ufages du plexus choroïde.

Ce lacis eft fi artiftement fait que l'on a fujet
de croire qu'il a des ufages confiderables, c'eft
pourquoy plufieurs fe font efforcé de les découvrir ; en voici deux qu'on lui attribuë, l'un de
fervir comme de Bain-Marie, dont la chaleur
douce conferve le mouvement des efprits dans
le corps calleux qui eft immediatement au deffus de luy, & qui autrement feroit trop froid,
n'ayant que tres-peu de vaiffeaux qui le réchauf-
fent ; & l'autre que la chaleur de ce lacis entretient la liquidité de la ferofité dans ces ventricules qui la pourroient épaiffir par leur froideur,
s'ils n'étoient échauffez par ce grand nombre
de vaiffeaux ; ce qui empêche que ces humeurs
ne croupiffent, & ne faffent des obftructions
dans l'entonnoir.

La glande pineale eft ainfi appellée, à caufe
qu'elle a la figure d'une pomme de pin ; elle eft
pofée à l'entrée du canal qui va du troifiéme
ventricule au quatriéme : Elle eft compofée d'une
fubftance dure, jaunâtre, & couverte d'une
membrane déliée. Sa groffeur n'excede pas celle
d'un petit poix ; cependant j'ay trouvé une petite
pierre dedans ; & Silvius rapporte qu'il y a fort
fouvent trouvé de petits grains de fable ; & une
fois entr'autres une petite pierre ronde qui occupoit plus de la moitié de cette glande : Elle eft
attachée de chaque côté à la partie pofterieure
du lacis choroïde par un petit cordon. Quelques-uns veulent que ce petit cordon foit un
nerf qui accompagne le nerf pathetique, qui va
au mufcle des yeux.

La glande pineale.

O a donné des ufages bien differens à cette

glande. Monfieur Defcartes prétend qu'elle eft le fiege de l'ame ; je ne m'amuferay point ici à refuter fon opinion, qui l'a efté, ce me femble, affez par Monfieur Duncan dans le Traité qu'il a fait des Actions animales, où il dit, aprés Ariftote, que l'ame n'eft point bornée dans pas une partie, & qu'elle eft par tout où elle agit, à la maniere des efprits ; ainfi il eft ridicule de la mettre dans le cœur comme Empedocle ; dans la ratte ou dans l'eftomac comme Vanhelmont; ou dans le cerveau comme la plûpart des Philofophes, qui font encore partagez quand il s'agit fçavoir fi elle occupe tout le cerveau, ou feulement quelqu'une de fes parties.

D'autres ajoûtent que plus on a cette glande petite, plus on a l'efprit vif, parce qu'un petit corps eft plus aifé à rémüer qu'un gros ; & qu'étant le tamis par où paffe l'efprit animal, les pores étant fort étroits, il n'en paffe que le plus fubtil : Il en eft de même, difent-ils, des trous d'un tamis avec lequel on faffe la farine, plus ils font petits & plus elle eft fine ; c'eft pourquoy on voit que l'homme qui a les autres parties du cerveau plus grandes que les bêtes, à proportion du refte de fon corps, a la glande pineale plus petite.

L'ufage de la glande pineale eft de feparer & de filtrer, comme les autres glandes, quelque liqueur pour la verfer dans les ventricules du cerveau.

Pour découuvrir toutes les parties qui forment le troifiéme ventricule, il faut lever le lacis choroïde, lequel étant rejetté vers la partie poftetieure où il est attaché au quatriéme sinus de la dure-mere, fait voir le fond de ce ventricule, qui n'est autre chose que l'aboutissement des deux ventricules superieurs qui s'y terminent par leur partie inferieure. On l'appelle aussi ventricule moyen, tant parce qu'il est situé entre les deux superieurs, & le quatriéme, que parce qu'il occupe le centre du cerveau, étant également éloigné de l'os frontal que de l'occipital.

Il est appellé aussi ventricule moyen.

Ce ventricule a deux conduits, l'un anterieur, par lequel il a communication avec la glande pituitaire, dans laquelle il décharge par ce moyen les excremens du cerveau ; & l'autre posterieur, qui va au quatriéme ventricule.

Conduits de ce ventricule.

En dilatant doucement ce ventricule l'on apperçoit quatre éminences, deux superieures & plus grandes, qu'on appelle protuberances orbiculaires ; & deux autres inferieures & plus petites, nommées Epiphises des protuberances orbiculaires : ces quatre éminences sont presque d'une même grosseur, qui n'est pas considerable dans les hommes, mais elles se distinguent mieux dans les bêtes.

Plusieurs parties qui se trouvent dans ce ventricule.

Les parties qui se rencontrent dans ce ventricule sont connuës sous d'autres noms, que l'on leur a donnez à cause de la ressemblance que l'on a pretendu qu'elles avoient avec les parties honteuses : On a nommé la glande pineale *virga* ; l'ouverture du conduit qui va à l'entonnoir, *vulva* ; l'entrée qui va au quatriéme ventricule, *anus* ; les protuberances orbiculaires, *nates* ; & les Epiphises des protuberances orbiculaires, *testes*.

Differens noms de ces parties.

Une apophise vermiforme.

Dans le fond du conduit qui va au quatriéme ventricule vers sa partie posterieure, l'on voit une éminence faite comme de plusieurs pieces, avec des lignes transversales ; on l'appelle apophise vermiforme, à cause de la ressemblance qu'elle a avec un gros ver à soye ; c'est elle qui ferme & ouvre ce passage selon qu'elle s'allonge ou se racourcit : Elle est située dans le cervelet, dont je vais vous faire la Démonstration.

Y Y Le cervelet.

Le cervelet est un corps moëlleux & anfractueux que nous trouvons sous le cerveau dans la partie inferieure & posterieure de la tête ; il est conjoint & continu au cerveau par en bas ; mais par en haut il en est separé par la reduplication de la dure-mere.

Composition du cervelet.

Duncan remarque qu'il est formé par deux branches, qui partant des côtez du tronc de la moëlle allongée, font une espece de berceau en se rencontrant au milieu, & laissent entre-deux une cavité que l'on appelle le quatriéme ventricule, dont je vous parleray ci-aprés.

Figure & grandeur du cervelet.

La figure du cervelet est plus large que longue ; il represente une boule large & plate ; il est six fois plus petit, & sa substance est plus dure & plus solide que celle du cerveau ; on a coûtume de l'ouvrir tant pour faire voir sa substance interne, que pour démontrer le quatriéme ventricule qu'il enferme tout entier.

Substance du cervelet.

La substance du cervelet dans les hommes est grise & traversée d'une autre substance blanche, qui est semblable à celle du cervelet des bêtes ; aussi les actions vitales & naturelles qui en dépendent, se font de la même maniere dans les hommes que dans les animaux, au lieu qu'il y a une différence confiderable entre le cerveau de l'homme & celuy de la bête, parce que les fonctions font tres-différentes dans l'un & dans l'autre.

Vvillis remarque quatre fortes d'apophifes qui aboutiffent au cervelet ; premierement deux laterales ; en fecond lieu une moyenne ; puis deux piramidales ; & enfin deux annulaires.

Quatre apophifes au cervelet.

Les apophifes laterales font couchées le long de la moëlle allongée fur les bords ; elles fervent à entretenir le commerce du cerveau avec le cervelet, en conduifant les ondulations des efprits de l'un à l'autre.

Apophifes laterales.

L'apophife moyenne fert à joindre les laterales ; elle communique aux nerfs pathetiques qui en tirent leur origine, les ondulations que les paffions impriment aux efprits, & qui paffent du cerveau au cervelet par les apophifes laterales ; ces ondulations d'efprits étant portées aux mufcles des yeux, leur font faire certains mouvemens qui font propres à fignifier la paffion qui les a caufées ; ce font les nerfs de la quatriéme paire, qui portent ordinairement ces ondulations aux yeux ; c'eft à caufe de cela qu'on les a nommez pathetiques.

Apophife moyenne.

Les apophifes piramidales font ainfi nommées à caufe de leur figure ; elles font le refervoir des efprits qui doivent couler dans la neuviéme paire de nerfs, qui font les vagues, lefquels ne faifant que des mouvemens continuels, comme font ceux du cœur, des poûmons, du diaphragme, & des inteftins, ont befoin de la grande quan-

Apophifes piramidales.

B b iiij

tité d'efprits qui font gardez dans ces apophifes.

Les apophifes annulaires font ainfi appellées,
parce qu'étans placées à côté de la moëlle allongée, elles l'embraffent comme un anneau;
elles fervent de refervoir aux efprits qui doivent
eftre diftribuez par la cinquiéme, fixiéme, &
feptiéme paire de nerfs qui en fortent immedia-
ment.

Comme je viens de vous expliquer, en parlant de la compofition du cervelet, de quelle
maniere étoit formé le quatriéme ventricule
qu'il renferme, je n'ay maintenant qu'à vous dire ce que c'eft.

Le quatriéme ventricule eft une cavité plus
petite que les trois autres, qui eft fituée dans le
cervelet, & qui fe termine du côté de l'épine,
en façon de plume à écrire; d'où vient qu'on a
nommé fon extremité *calamus*; Il eft environné par devant & par derriere des apophifes ver-
miformes, qui font deux; l'une anterieure, placée au commencement de ce ventricule, laquelle en s'allongeant ou fe racourciffant en ferme
l'entrée, ou la tient ouverte; & l'autre pofterieure, qui eft couchée fur la moëlle de l'épine,
à l'extremité de cette cavité.

Le pont de Varole eft le deffus d'un conduit
qui fe trouve dans ce ventricule, lequel va à
l'entonnoir pour y porter les excremens pituiteux.

Ceux qui ont crû que les efprits animaux
étoient formez dans les ventricules du cerveau,
ont appellé celui-ci le noble, parce qu'ils s'ima-

ginoient que c'étoit luy qui leur donnoit la dernière perfection, & qu'il en faisoit la distribution à toutes les parties du corps par le moyen de la moëlle de l'épine.

Aprés avoir examiné tout ce que le cerveau contient en luy-même, il nous faut voir ce qui sort de luy : nous trouverons outre la moëlle de l'épine douze paires de nerfs qui partent de sa pase ; je vais vous les démontrer les uns aprés les autres. Douze paires de nerfs sortent de la base du cerveau.

La première des douze paires de nerfs est appellée olfactoire, elle sert à l'odorat : elle naît de l'extrémité anterieure de la moëlle allongée, ou de ses deux premieres éminences qui portent le nom de corps cannelez. 1 L'olfactoire.

Deux productions appellées mammillaires se joignent à ces nerfs ; elles sont situées à la partie anterieure du cerveau, auprés de l'os cribleux ; elles sont blanches, molles, larges & longues ; elles sont petites à l'homme, & grandes aux chiens, & aux autres animaux qui ont l'odorat exquis. Deux productions mammillaires.

Vvillis remarque que ces nerfs sont toûjours pleins d'eau, pour empêcher qu'ils ne soient blessez par une odeur trop forte & trop violente ; comme on voit par la même raison qu'il y a une humeur dans les yeux, de crainte que les nerfs optiques ne soient blessez par le rencontre d'un objet trop igné. Pourquoi pleins d'eau.

Les nerfs qui font la seconde paire, sont les optiques ; ce sont les plus gros & les plus mols de tous ; ils naissent de ces deux éminences qui se trouvent dans les ventricules superieurs entre 2 Les nerfs optiques.

les corps cannelez & les *nates* , & qu'on appell
pour cette raison couches optiques , ou le li
des nerfs optiques. Avant que d'arriver au
yeux ils s'uniffent de telle forte à moitié che
min , environ proche la felle fphenoïde , qu
l'un ne peut en aucune maniere eftre feparé d
l'autre : ils fe divifent enfuite & vont fe rendr
au centre de l'œil, chacun de leur côté par le
trous qui font au fond de l'orbite.

Subftan-ce des nerfs op-tiques. Leur fubftance interne, qui eft molle , fe dur-
cit à mefure qu'elle s'éloigne du cerveau ; &
étant parvenuë au corps de l'œil , fe dilate &
fait la tunique reticulaire qui embraffe les humeurs ; c'eft d'où vient la grande fimpathie qu'il
y a entre les yeux & le cerveau.

L'enton-noir & les deux arteres carotides. Proche ces deux nerfs il y a trois conduits ;
celuy du milieu eft l'extremité de l'entonnoir,
qui finit dans la glande pituitaire ; & les deux
lateraux font les arteres carotides , qui par deux
trous qui font aux côtez de la felle du fphenoïde
entrent dans le crane ; on eft obligé de les couper , pour continuer la Démonftration des
nerfs.

3 Les mo-teurs des yeux. ·Ceux de la troifiéme paire font les moteurs
des yeux ; ils font plus petits & plus durs que
les precedens ; ils naiffent de la bafe de la moëlle
allongée ; ils font continus dans leur origine ; de
forte qu'ils femblent ne faire qu'un cordon ; d'où
vient qu'on ne fçauroit tourner un œil d'un côté,
que l'autre ne fuive neceffairement fon mouvement. Ils fortent du crane par un trou qui eft
plus bas que celuy des optiques , & fe divifent
en plufieurs rameaux qui vont aux mufcles des

yeux & des paupieres , & qui fe perdent dans les
membranes ; ils envoyent même quelquefois un
petit rameau au mufcle crotaphite.

Les nerfs de la quatriéme paire font les pathetiques , ainfi appellez , parce qu'ils marquent
dans les yeux les differentes paffions de l'ame ;
ils font fort petits , & naiffent de la partie fuperieure de la moëlle allongée derriere les protuberances orbiculaires ; ils fortent par des trous
qui leur font communs avec les optiques ; &
donnent des rameaux aux yeux : il y a quelques
branches qui fe répandent jufqu'aux lévres.

La cinquiéme paire eft deftinée pour le goût ,
elle naît des deux côtez de l'éminence annulaire derriere les pathetiques : Elle a des fibres molles qui fe répandent dans la tunique de la langue ; mais avant que de s'y rendre , elle produit
plufieurs fcions , dont les uns vont aux mufcles
du front , des tempes , & de la face ; & les autres à la tunique des narines , & aux racines
des dents*, qui n'ont de fentiment que par ce
moyen.

La fixiéme paire fert encore au goût ; elle
naît auprés de la precedente , de la partie inferieure de l'éminence annulaire : Elle fort du
crane par le même trou que la troifiéme & la
quatriéme paire , & va prefque toute fe perdre
dans le palais.

La feptiéme paire prend fon origine de la bafe
de l'éminence annulaire ; elle fort par le même
trou que la troifiéme & la quatriéme paire , &
ne va pas feulement fe perdre dans les mufcles
du pharinx , du larinx & du col ; mais elle envoye

4
Les pa-
thetiques.

5
Les gu-
ftatifs.

6
Les au-
tres gufta-
tifs.

7
Les deux
qui vont
vers le
devant
du col.

encore des rameaux aux parties exterieures de la poitrine.

Ceux de la huitiéme paire font les auditifs, qui naiſſent du même endroit que les precedens: Ils entrent dans la cavité des os petreux où ils ſe diviſent chacun en deux rameaux ; le plus grand ſe dilatant fait le tambour, où il ſe perd preſque tout, excepté un rameau qu'il envoye à l'oreille exterieure; ce qui fait que la plûpart des animaux dreſſent les oreilles quand ils entendent du bruit; & le plus petit ayant envoyé quelque rameau à la paupiere ſuperieure, deſcend au pharinx par le trou qui eſt entre les apophiſes ſtiloïdes & maſtoïdes ; il donne en paſſant des branches aux narines & aux joües ; mais la plus grande partie ſe diſtribuë aux gencives, à la langue, & au larinx; d'où vient que ceux qui ſont ſourds, entendent quelquefois quand on leur parle dans la bouche ; & que ceux à qui l'on touche le tambour avec un cure-oreille, touſſent auſſi-tôt.

Les nerfs de la neuviéme paire ſont les vagues; ils ſont ainſi appellez, parce qu'ils vont à toutes les parties de la poitrine & du bas ventre ; ils naiſſent de l'extremité de la moëlle allongée au delà du cervelet, & étant ſortis du crane, ils ſe diviſent en trois rameaux, qui ſont les intercoſtaux, les recurrens, & les ſtomachiques qui vont à la poitrine & au ventre inferieur.

La dixiéme paire eſt la ſpinale, ainſi nommée, parce qu'elle vient de la moëlle de l'épine; elle en prend ſon origine vers la ſixiéme ou ſeptiéme vertebre du col, & montant tout du long elle

vient fortir par les mêmes trous que les vagues ;
elle les accompagne dans leur diftribution fans
fe confondre avec eux, & va fe perdre dans les
organes de la voix.

La onziéme paire eft celle de la langue, parce
qu'elle va quafi toute fe perdre dans fa bafe ;
elle eft la plus dure de toutes ; elle prend fon
origine proche la moëlle de l'épine : En fortant
du crane elle fe divife en deux rameaux, dont le
plus gros va à tous les mufcles de la langue pour
leur mouvement, & le moindre aux mufcles du
larinx.

11.
Ceux de
la langue.

Enfin ceux de la douziéme & derniere paire
font les occipitaux ; ils peuvent eftre confide-
rez ou comme les derniers de la tête, ou comme
les premiers du col, parce qu'ils fortent entre le
crane & la premiere vertebre, & fe perdent entierement dans les mufcles de la tête & du col.

12.
Les occi-
pitaux.

Duncan remarque que bien que tous les nerfs
partent du cerveau, on peut neanmoins dire
qu'il n'en a aucun, puifque pas-un ne s'y infere, & qu'ainfi fa propre fubftance eft privée du
fentiment qu'il donne à tout le corps.

Il faut couper la moëlle de l'épine afin de retourner le cerveau, & afin qu'aprés avoir vû
tout ce qu'il y a dans fa partie fuperieure, &
dans fon corps, nous puiffions examiner ce qu'il
y a de particulier dans fa bafe.

La mé-
dulle fpi-
nale.

Le cerveau n'eft pas moins curieux à voir par
fa bafe que par fes autres parties : il fait fix groffes éminences qui entrent dans les fix grandes
foffes qui font au crane ; les quatre premieres &
anterieures font faites du cerveau ; il y en a deux

Le cer-
veau re-
tourné.

qui occupent les cavitez de l'os frontal, & deux autres celles des os petreux; les deux dernieres & posterieures sont formées par le cervelet, & sont situées dans les cavitez de l'os occipital.

a a
Deux arteres carotides.

b b
Deux arteres cervicales.

Il y a quatre vaisseaux qui sont les quatre arteres qui portent le sang dans tout le cerveau; les deux anterieurs sont les arteres carotides, & les posterieurs sont les cervicales; les premieres entrent aux côtez de la glande pituitaire, & les autres proche de la medulle spinale : aussi tôt qu'elles sont entrées elles se joignent ensemble, de sorte que de ces quatre arteres il s'en forme un gros tronc à la base du cerveau, d'où il part une infinité d'arteres qui se répandent par toute sa substance.

C
Union de ces quatre arteres.

L'union de ces arteres sert à faire un mélange du sang arteriel, qui est apporté par ces quatre vaisseaux, avant qu'il soit distribué au cerveau, & à en arrêter l'impetuosité, parce qu'il seroit monté avec trop de précipitation par tout le cerveau; ce qui auroit nui à la filtration des esprits; à cause que les parties qui la font, sont si molles & si tendres, qu'elles ne peuvent souffrir aucune violence; & qu'un mouvement trop précipité y auroit causé des apoplexies de sang, qui ne laissent pas d'arriver quelquefois, malgré les précautions que la nature a prises pour les éviter.

La moëlle de l'épine, ainsi appellée, parce qu'elle est emboëtée dans le tuyau de l'épine du dos, n'est qu'une production ou allongement du cerveau; C'est d'elle que sortent tous les nerfs, sans en excepter même les optiques.

On la divise en deux, dont l'une est contenuë dans le cerveau, que l'on appelle moëlle allongée ; & l'autre est enfermée dans les vertebres, que l'on nomme medulle spinale. La premiere commence à la partie anterieure du cerveau, où les nerfs optiques prennent leur origine, & va finir au grand trou occipital, où commence celle de l'épine, qui se continuant par les cavitez des vertebres va finir à l'extremité de l'os sacrum.

La substance de la moëlle allongée est plus dure que celle du cerveau ; elle est formée par quatre racines dont les deux plus grandes sortent du cerveau, & les deux moindres du cervelet : ces parties s'unissant ensuite en forment deux qui sont separées par la pie-mere ; c'est ce qui fait qu'un côté peut estre paralitique sans que l'autre le soit.

La moëlle de l'épine est encore plus solide que la moëlle allongée, étant comme un gros cordon de fibres nerveuses qui se distribuent dans toutes les parties du corps, & qui leur donnent un sentiment exquis, & un mouvement vigoureux. Elle est enveloppée de trois tuniques ; la premiere vient des ligamens qui sont à l'endroit auquel l'os occipital est joint avec la premiere vertebre ; la seconde vient de la dure-mere ; & la troisiéme de la pie-mere.

La figure de la moëlle spinale est ronde & oblongue : il y en a qui pretendent qu'elle commence à se diviser en une infinité de petites cordes vers la sixiéme ou septiéme vertebre du thorax, afin de mieux resister aux frequens mouve-

mens de l'épine qui se font en cet endroit ; cependant elle n'est pas plus divisée là qu'ailleurs.

L'usage de la moëlle allongée, aussi bien que
de la spinale, est de donner naissance à tous les
nerfs ; car des quarante-deux paires de nerfs qui
vont par toute la machine, il y en a douze qui
prennent leur origine de la moëlle allongée ; &
trente de la spinale, qui sortent le long de son
chemin par soixante trous, qui sont entre chaque vertebre ; vous les verrez dans leur lieu.

L'on sçait que le cerveau est le principal organe de l'ame, & qu'elle se sert de luy pour exercer ses fonctions ; mais on ne sçait point ce qu'elle est, ni où elle reside particulierement. Ce
que l'Anatomie nous apprend à son égard, c'est

que le cerveau est composé d'une infinité de
petites glandes & de petits tuyaux ; que ces petites glandes sont figurées & disposées de telle
maniere qu'elles ne peuvent se dispenser de filtrer une liqueur qui ne peut estre que tres-subti-
le ; & qu'il y a autant de millions de petits
tuyaux ou fibres creuses qui formant des nerfs,
distribuent cette liqueur subtile par tout le
corps.

La connoissance de ces choses nous fait tirer
deux consequences infaillibles ; l'une que ces parties ne sont pas capables d'agir par elles-mêmes ;
& l'autre qu'il faut necessairement qu'il y ait
quelque chose d'immateriel qui mette en mouvement tous les ressorts de la machine, & c'est
ce qu'on appelle l'ame.

Plusieurs Auteurs se sont efforcez de nous
donner

donner quelque idée de l'ame, & pour cet effet ils ont voulu nous la faire connoître par l'imagination, la raison, & la memoire, qu'ils nomment des facultez princesses, parce qu'ils pretendent que toutes les autres, comme la sensitive, la motive, & beaucoup d'autres dépendent de ces premieres : Ils placent l'imagination dans la partie anterieure du cerveau ; la raison dans la moyenne ; & la memoire dans la posterieure : Ils authorisent ces situations, en disant que quand nous voulons penser ou imaginer quelque chose, nous mettons nôtre main sur le front, laquelle appuyant la partie anterieure du cerveau, fait que nous imaginons plus promptement ce que nous cherchons ; ils disent, en faveur de la raison, que puisque c'est elle qui decide souverainement de toutes choses, il étoit juste qu'elle occupât le milieu du cerveau comme la place d'honneur; & enfin que la memoire est placée dans le cervelet, parce qu'ayant une substance plus dure, il conserve mieux ce qui y est une fois imprimé ; & ils remarquent qu'on se gratte le derriere de la tête, quand on veut se souvenir de quelque chose.

Senti-
ment des
Anciens.

Je croy que cette opinion est plûtôt fondée sur l'apparence que sur la verité ; mais celle des modernes me paroît plus vray-semblable : ils placent le sens commun dans la partie inferieure du cerveau, qui est faite des corps canelez ; l'imagination dans la partie moyenne, qui est la substance medullaire ; & la memoire dans la superieure, qui est la substance corticale.

Senti-
ment des
moder-
nes.

Quoyque je vous aye rapporté les raisons dont

les Anciens se servent pour appuyer leur sentiment, je ne prétens pas pour cela vous rapporter celles des Modernes, parce qu'elles ont leur
difficultez, & qu'elles me paroissent non seulement trop physiques, mais même tres-abstrai-
tes. On les peut voir toutes dans Duncan, qui
en a traité fort amplement, & dans tous les
autres Anatomistes modernes, qui les ont rap-
portées comme d'eux-mêmes, après les avoir pil-
lées dans ses écrits.

Le rets admirable, ou lacis retiforme est décrit par Galien, qui l'ayant trouvé dans plusieurs animaux qu'il a dissequez, a crû qu'il étoit
aussi dans l'homme : Tous les Anatomistes qui
l'ont crû incapable de se méprendre, l'ont suivy
aveuglement ; mais les Modernes qui n'ont voulu en croire que leurs yeux, l'ont cherché sans
l'avoir jamais pû trouver, parce qu'effectivement l'homme n'en a point ; il est bien vray
qu'aux côtez de la glande pituitaire, où ils disent qu'il est, on observe que les arteres carotides y font une double flexion en forme de ∽,
avant que de percer la dure-mere.

Les Anciens se sont encore trompez sur les
usages qu'ils ont donnez au rets admirable; (car
ils luy en ont attribué plusieurs qu'il n'a pas,
& que je ne vous rapporteray point, afin d'abre-
ger,) & ont obmis le veritable, qui est d'arrêter
l'impetuosité du sang qui est porté du cœur dans
le cerveau par les arteres carotides.

Les animaux qui ont la tête au niveau de la
poitrine, & qui souvent l'ont plus basse en mangeant, ou en paissant, avoient besoin de ce rets,

Le rets
admira-
ble.

Usages
du rets
admira-
ble.

qui empêchât le fang d'eftre pouffé avec trop de viteffe dans le cerveau, parce qu'il les auroit fuffoqué ; mais l'homme qui a par fa figure droite la tête au deffus de la poitrine, n'eft pas expofé à cet inconvenient ; c'eft pourquoy la nature ne luy en a pas donné ; elle a feulement fait faire cette flexion que je viens de vous marquer aux deux arteres carotides, non pas pour empêcher le fang d'entrer dans le cerveau, mais pour faire retarder fon cours, de crainte qu'il n'y fuft porté avec trop de précipitation.

Il eft difficile de bien voir la glande pituitaire, à moins qu'on ne l'ofte de fa place, comme je viens de faire ; elle eft de la groffeur d'un tres-gros poix ; elle eft fituée dans la felle de l'os fphenoïde, au deffous de l'entonnoir.

Sa fubftance eft plus dure que celle des autres glandes ; elle eft revêtuë d'une membrane qui vient de la pie-mere ; elle eft convexe en fa partie inferieure, & cave en fa fuperieure, qui eft l'endroit par où l'extremité de l'entonnoir entre dans fa cavité, que l'on trouve toûjours enduite de quelque mucofité.

L'ufage de la glande pituitaire eft de recevoir les ferofitez qui coulent des ventriccles du cerveau dans fa cavité par l'entonnoir ; & de les verfer peu à peu dans le palais par deux petits canaux.

Voilà, Meffieurs, toutes les parties qui font renfermées dans le crane, il ne me refte plus prefentement qu'à vous faire voir celles de la face, que je referve pour la Démonftration de demain, dans laquelle j'efpere finir tout ce qui regarde la tête.

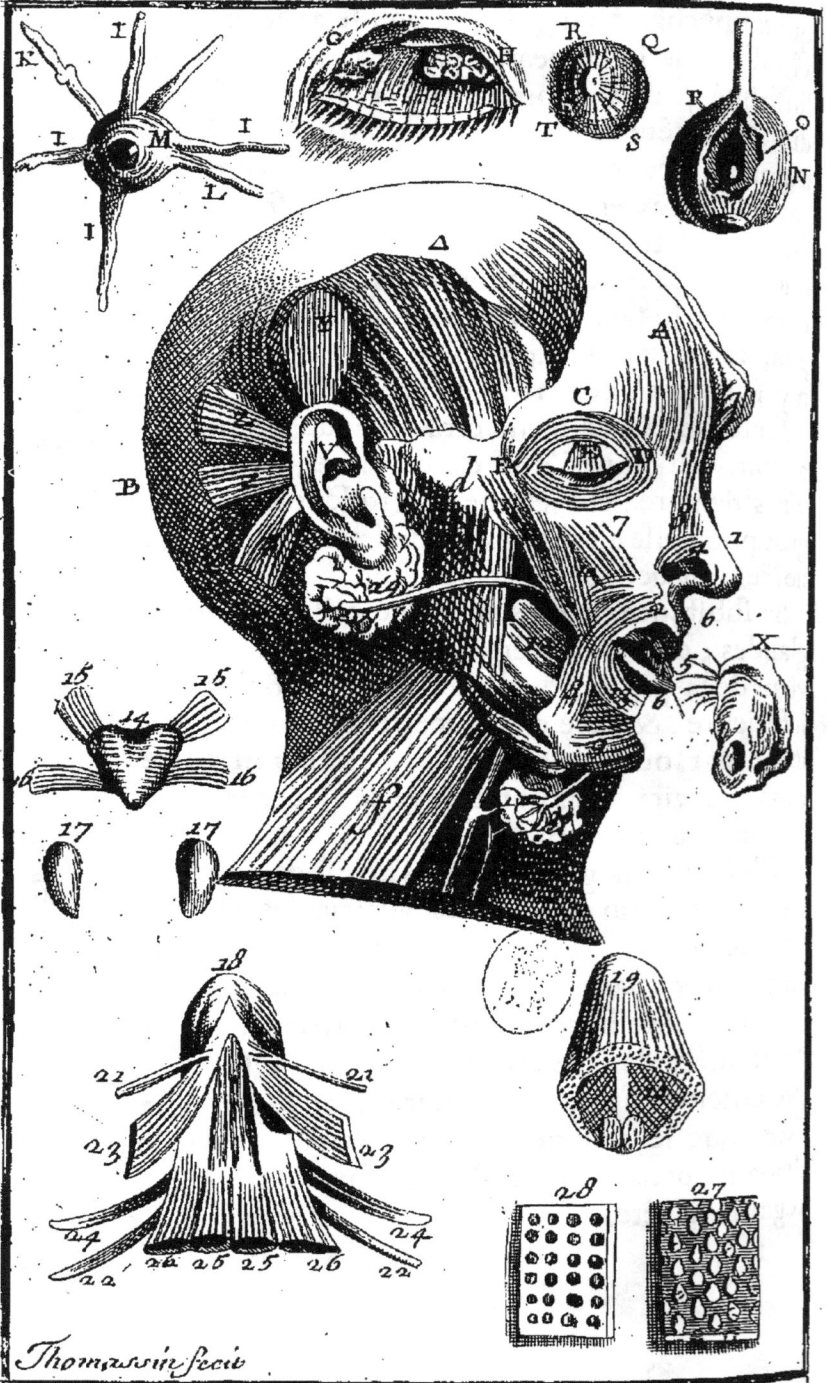

HUITIE'ME
DEMONSTRATION.

De la Face, & des organes des cinq sens.

A Face, que j'entreprends de vous faire
voir aujourd'huy, Messieurs, est de
toutes les parties de l'Homme celle
qui merite le plus d'éloges ; c'est elle
où sont imprimez les veritables caracteres de
la Divinité, & qui étant l'image de l'ame, represente au dehors toutes les passions qui re-
gnent au dedans ; je laisse aux Panegyristes à
luy donner les loüanges qui luy sont deües, voulant me renfermer seulement dans le devoir
d'un Anatomiste, qui est de vous faire connoître seulement les parties qui la composent ; &
peut-estre que ce moyen n'est pas moins propre
pour vous convaincre de son excellence, que si
j'empruntois le secours de l'éloquence pour vous
faire quelque discours à son avantage ; puisque
je n'ay qu'à vous montrer les organes des sens
qu'elle contient, pour vous faire demeurer d'accord qu'elle est au dessus de tous les éloges que
je pourrois luy donner.

C'est par le moyen des cinq sens, qui sont la
veuë, l'ouïe, l'odorat, le goût, & le toucher,

La Face est l'image de l'a-me.

Pourquoi les cinq sens sont

Cc iij

placez la Face.
que le cerveau est averti de tout ce qui se passe au dehors ; c'est pourquoy ils sont tous placez à la face comme à la partie la plus voisine du cerveau ; car de même que les Ministres d'un Prince sont toûjours prêts de sa personne, pour l'avertir plus promptement de ce qui vient à leur connoissance, & pour veiller conjointement avec luy aux affaires de l'Etat ; de même aussi ces sens étant comme les premiers ministres du cerveau, devoient en estre proche pour l'avertir de ce qui est bon, afin qu'il le cherchât ; & de ce qui est mauvais, afin qu'il l'évitât.

Quatre de ces sens sont encore à examiner.
Les parties qui servent d'organes aux cinq sens sont l'œil, l'oreille, le nez, la langue, & la peau ; A l'égard de la peau, qui est l'organe de l'attouchement, je vous l'ay fait voir dans la première Démonstration de cette Anatomie ; de sorte qu'il ne me reste plus à vous démontrer que les quatre autres ; c'est ce que je vay faire aujourd'huy en commençant par les parties de la face.

Division de la Face.
La face ou le visage se divise en deux parties, dont l'une est superieure, que l'on appelle le front ; & l'autre inferieure, laquelle comprend toutes les parties qui sont depuis les sourcils jusqu'au menton.

Le Front.
Le front est ainsi nommé du mot Latin *fero*, qui signifie porter, parce qu'il porte devant luy les marques de l'esprit ; de sorte que ceux qui ont le front petit, ont ordinairement peu d'esprit ; & au contraire ceux qui l'ont grand, en ont beaucoup ; à cause que le cerveau n'étant pas pressé par un petit front, peut faire ses fonctions commodement ; & que l'esprit animal qu'il se-

pare, peut se mouvoir avec liberté.

Le front est borné en haut par l'endroit où finissent les cheveux; en bas par les sourcils; & aux côtez par les tempes.

Les mouvemens du front se font par le moyen de deux muscles, que l'on appelle frontaux; ils prennent leur origine de la partie superieure de la tête, proche le vertex, & descendant par des fibres droites, ils viennent s'inserer à la peau du front proche les sourcils; lorsqu'ils agissent, ils tirent la peau du front en haut, & la font mouvoir avec eux, parce qu'ils y sont fort adherens. Ils sont un peu separez l'un de l'autre dans le milieu du front; ce qui fait que la peau se ride & se fronce en cet endroit; en sorte que les sourcils s'entre-touchent quelquefois, quand on est saisi de crainte ou d'admiration.

A Les muscles frontaux.

Deux autres muscles, que l'on nomme occipitaux, prennent leur origine du même endroit que les precedens; mais ils font un chemin tout opposé, allant de devant en derriere s'inserer à la partie inferieure de la peau de l'occiput, qu'ils tirent en haut, lorsqu'ils agissent. Ces muscles sont plats & minces, & n'ont pas leur mouvement si manifeste que celuy des frontaux.

B Les muscles occipitaux.

La face se divise comme la poitrine & le bas ventre, en parties contenantes & en contenuës; les contenantes sont communes ou propres; les communes sont les cinq tegumens, qui sont les mêmes qu'au reste du corps; & les propres sont les muscles & les os; les parties contenuës sont les organes des quatre sens, sçavoir de la veuë, de l'ouïe, de l'odorat, & du goût; car pour

Division de la face en parties contenantes & en contenuës.

C c iij

celuy du toucher, il est répandu par tout le corps.

La peau de la face.

La peau de la face est semblable à celle des autres parties, excepté qu'elle est percée en quatre endroits, aux yeux, aux oreilles, au nez, & à la bouche; elle est unie & déliée aux enfans & aux femmes; mais aux hommes elle se couvre de poils vers le menton, lorsqu'ils ont atteint l'âge de puberté; de sorte que si les femmes ont pour leur partage une peau fine & blanche, & des traits délicats & reguliers, on peut dire que celle des hommes est dédommagée de ce petit avantage par une majesté & une fierté qui le mettent au dessus de la mollesse des femmes.

L'œil.

Je ne dis point ici ce que c'est que l'œil, parce qu'il n'y a personne qui ne le sçache, & qui ne soit persuadé que c'est la plus belle partie de l'homme, & la plus digne d'admiration.

L'œil est situé au dessus du front dans une caverne toute osseuse, que l'on nomme l'orbite.

Raisons de sa situation.

Entre les Anatomistes qui ont cherché la raison pourquoy il estoit placé dans le lieu le plus élevé du corps, les uns ont dit que c'étoit, afin de découvrir de plus loin ce qui nous est plus avantageux ou nuisible; parce qu'il est comme une sentinelle qui veille sans cesse pour nôtre conservation; & d'autres ont pretendu que c'étoit, afin de communiquer plus promptement au cerveau l'impression des objets qui le frapent.

Figure de l'œil.

La figure de l'œil, si l'on regarde seulement son globe, est ronde; mais si l'on le considere enveloppé de ses muscles, elle est oblongue &

piramidale, ayant fa bafe en dehors, & fa pointe
en dedans.

La grandeur de l'œil eſt differente & inégale Grandeur
de l'œil.
en differentes perſonnes, mais telle quelle ſoit,
elle eſt toûjours ſuffiſante pour la reception des
objets ; un gros œil à fleur de tête eſt à la verité
le plus beau ; mais il n'eſt pas ſi bon que le petit,
ni que celui qui eſt enfoncé , parce qu'il n'apperçoit pas ſi ſubtilement , & qu'il eſt plus ſujet a
eſtre offenſé par les fluxions & les injures de
dehors.

L'homme a deux yeux pour la neceſſité de Pour-
quoy
deux
yeux.
leur action, qui n'auroit pas eſté ſi bien faite
avec un ſeul : Il y a peu de diſtance entre-eux,
afin que l'eſprit viſuel puiſſe facilement ſe communiquer à l'un & à l'autre.

Il n'y a que l'homme entre tous les animaux Couleur
des yeux.
qui ait les yeux de diverſes couleurs, étant tan-
tôt gris , tantôt noirs , & tantôt bleus , & cette
diverſité dépend des differentes couleurs qui paroiſſent dans l'iris.

Les yeux ſont aiſément offenſez par des cauſes
ou trop chaudes , ou trop froides ; & ce qui leur
convient le mieux, eſt un air temperé, & tout
ce qui eſt moderément chaud.

Tout le monde ſçait que les yeux ſont les veri- L'œil eſt
l'organe
de la
veuë.
tables organes de la veuë, & que c'eſt par leur
moyen que l'on apperçoit, & que l'on découvre
toutes choſes ; mais la difficulté eſt de ſçavoir
comment cela ſe fait : c'eſt ce que je n'expliqueray
point ici, voulant vous faire voir preſentement
toutes les parties qui les compoſent.

Les yeux ſe diviſent en parties externes & en Diviſion
de l'œil.

internes ; les premieres sont celles qui les défendent & les couvrent, comme les sourcils & les
paupieres ; & les autres sont celles qui sont enfermées dans l'orbite, & qui composent le globe de
l'œil.

Les sourcils sont appellez par les Latins *super-
cilia*, à cause qu'ils sont au dessus des cils. Ce
sont des poils arrangez obliquement, & en forme de croissant, dont la pointe qui est proche
le nez, s'appelle la tête des sourcils, & celle
qui va vers les tempes, la queuë : ils sont deux,
un au dessus de chaque œil. C'est chez eux que
les Anciens ont pretendu que le faste & l'orgueil
étoient placez.

Il y a quatre sortes de parties qui entrent dans
la composition des sourcils : premierement une
peau épaisse & dure ; elle est épaisse pour en
former l'éminence, & dure afin que les poils y
tiennent mieux : secondement, des parties musculeuses, qui sont les extremitez des muscles
frontaux qui servent à les lever : en troisiéme
lieu, des poils à qui l'on donne pour usage de
détourner les sueurs qui coulent de la tête & du
front, afin qu'ils n'entrent pas dans les yeux : &
enfin la graisse qui sert de nourriture à ces poils,
lesquels croissent quelquefois tellement, qu'on
est obligé de les couper, de peur qu'ils n'incommodent les yeux.

On remarque que les éminences que font les
sourcils, servent à rabattre la trop grande clar-
té ; & que quand elles ne suffisent pas, on est
souvent obligé de baisser les sourcils, & de
mettre la main au dessus des yeux, pour dimi-

nuer l'excés d'une trop grande lumiere.

Les yeux seroient mal défendus, s'ils ne l'é-
toient que par les sourcils, & s'ils n'avoient
outre cela des paupieres pour les couvrir. Elles
sont deux, l'une superieure qui se meut dans
l'homme, & même si vîte, que l'on compare
toute sorte de mouvement prompt à un clin
d'œil ; & l'autre inferieure, qui est immobile,
ou du moins qui a un mouvement fort petit. Je
dis dans l'homme, parce que dans les oiseaux au
contraire, c'est l'inferieure qui se meut, & non
pas la superieure.

D
Les pau-
pieres.

Les paupieres sont couvertes exterieurement
par la peau, qui est en cet endroit mince & lâche, pour pouvoir s'étendre ou se froncer dans
leurs mouvemens ; elles sont revêtuës par leur
partie interne d'une tunique qui est fort déliée,
afin de ne pas offenser le corps de l'œil qu'elle
touche ; cette tunique est une continuité du pericrane.

Composi-
tion des
paupie-
res.

Les muscles qui font mouvoir la paupiere superieure sont deux, l'un s'appelle le releveur,
& l'autre l'abbaisseur.

[Les mus-
cles des
paupie-
res.

Le releveur prend son origine du fond de
l'orbite au dessus du trou par où sort le nerf
optique, & vient s'attacher par une large aponévrose au bord de la paupiere superieure ; en se
racourcissant il la tire en haut, & par ce moyen
découvre l'œil.

E
Le rele-
veur.

Le fermeur ou abbaisseur prend son origine au
grand angle de l'œil, & passant par dessus la
paupiere superieure va s'inserer au petit angle ;
lorsqu'il agit il tire la paupiere supieure en bas

F
Le femur.

& couvre l'œil ; & afin qu'il fuſt fermé plus
exactement, une partie de ce muſcle paſſe par la
paupiere inferieure, & va finir au petit angle ;
de ſorte que les deux parties de ce muſcle ferment parfaitement bien l'œil.

Les angles ou coins des yeux ſont les endroits
où la paupiere de deſſus s'aſſemble avec celle de
deſſous : ils ſont deux, l'un auprés du nez, nommé le grand angle ou l'interne ; & l'autre vers
les tempes, appellé le petit angle ou l'externe.

La glande lacrimale eſt ſituée au deſſus de
l'œil proche le petit angle ; elle peut paſſer pour
conglomerée, parce qu'elle eſt comme diviſée en
pluſieurs petits lobes.

Elle a des arteres qui viennent des carotides ;
des vénes qui ſe déchargent dans les jugulaires ;
des nerfs qui viennent de la cinquiéme & ſixiéme paire ; & des vaiſſeaux excretoires qui percent la tunique interieure des paupieres prés les
cils. Cette glande filtre une ſeroſité viſqueuſe,
qu'elle verſe entre le corps de l'œil & les paupieres, pour en faciliter les mouvemens.

Quelques Anatomiſtes ajoûtent une ſeconde
glande lacrimale, ſituée au grand angle de l'œil,
mais ils ſe trompent ; car il n'y en a point dans
l'homme, & ils prennent cette petite éminence
en maniere de caroncule que l'on voit au grand
coin de l'œil, pour une glande lacrimale: Ce n'eſt
cependant autre choſe que la réunion de la membrane interieure des paupieres.

Il y a aux côtez de cette éminence deux petits trous, que l'on nomme points lacrimaux,
qui ſont les ouvertures d'un petit ſac membra-

*Les an-
gles des
yeux.*

*G
La glan-
de lacri-
male.*

*H
Points
lacri-
maux.*

neux qu'ils appellent fac lacrimal ; ce fac eft proprement l'entrée du canal par où paſſe la liqueur
qui vient de la glande lacrimale pour ſe décharger dans la cavité du nez : c'eſt l'ulceration de ce
fac qui cauſe la fiſtule lacrimale ; & qui empêche
le paſſage des larmes dans le nez.

Les cartilages qui terminent les paupieres, reçoivent le nom de tarſe & de peigne ; ils ſont
minces & déliez , ce qui les rend plus legers :
leur figure eſt demi-circulaire ; ils ſont deux , celui de la paupiere ſuperieure eſt plus long que celui de l'inferieure. Ils ſervent également à fermer
l'œil.

Deux cartilages aux paupieres.

Les cartilages ont dans leur bord pluſieurs
petits trous d'où ſortent les poils des paupieres,
qu'on appelle des cils ; ce ſont de petits poils
courbez en arc; ils gardent toûjours la même
grandeur qu'ils avoient dans la naiſſance ; ils
ſervent à redreſſer la veuë, & à empêcher que
les choſes legeres ne tombent dans l'œil.

Les cils

Outre ces trous dans leſquels ſont plantez les
cils, il y a une autre rangée de petits pores au
bord de chaque paupiere , d'où ſort une petite
humeur gluante, qui ſert à humecter les cartilages , & à les rendre plus ſouples & plus obeïſ-
fans dans leurs mouvemens; quand cette humeur
a de l'acrimonie , elle fait de petits ulceres au
bord des paupieres; ce qui leur cauſe une rougeur qui dure tant que ces ulceres ſubſiſtent.

Pluſieurs petits points aux bords des paupieres.

L'ordre que j'ay toûjours obſervé dans le
cours de ces Démonſtrations, demande qu'après
vous avoir fait voir les parties externes de l'œil, je
vous en démontre preſentement les parties inter-

Les parties qui font le corps de l'œil.

nes : Le globe de l'œil eſt compoſé de graiſſe, de muſcles, de vaiſſeaux, de membranes, & d'humeurs.

La graiſſe.

Il y a beaucoup de graiſſe dans la cavité de l'orbite, le corps de l'œil en eſt environné de même que s'il étoit dans du coton ; elle le défend du froid, & contre la dureté des os. Cette graiſſe ſert encore à enduire les muſcles, afin de rendre leurs mouvemens plus faciles ; car l'œil qui eſt dans un mouvement continuel s'échaufferoit & ſe deſſecheroit, s'il n'étoit oint par la graiſſe qui le couvre de toutes parts.

Six muſcles aux yeux.

Les yeux font tous leurs mouvemens par le moyen de ſix muſcles, quatre droits, & deux obliques.

IIII. Quatre muſcles droits.

Le premier des droits eſt appellé le releveur, ou le ſuperbe, il leve l'œil en haut, & fait regarder le Ciel : le ſecond eſt l'abaiſſeur, ou l'humble, il tire l'œil en bas, & fait regarder la terre : le troiſiéme eſt l'adducteur ou beuveur, parce qu'il ameine l'œil vers le nez, & fait regarder dans le verre en bûvant : & le quatriéme eſt l'abducteur ou dédaigneur, parce qu'il retire l'œil vers le petit angle, & fait regarder par deſſus l'épaule.

Ces quatre muſcles naiſſent de la circonference du trou de l'orbite, par où ſort le nerf optique ; ils vont ſe terminer chacun par un tendon large & délié à la cornée ; par exemple, le ſuperbe vient de la partie ſuperieure de ce trou, & eſt attaché par ſon autre extremité à la partie ſuperieure de la cornée : l'humble vient de la partie inferieure de ce trou, & s'inſere à inferieure de la cornée : le bûveur vient de la partie laterale du trou de l'orbite, & est attaché à la cornée proche le grand angle ; & enfin le dédaigneur est situé à l'opposite du bûveur, & fait aussi une action toute opposée, puisqu'il tire l'œil du côté du petit angle. Quand ces muscles agissent tous quatre ensemble, ils tirent l'œil au fond de l'orbite.

Le premier des muscles obliques, qui est le cinquiéme de l'œil, est appellé le grand oblique; il est plus grefle que les precedens, & son tendon est plus long que celuy des autres muscles. Il prend son origine de la partie interieure de l'orbite, & monte le long de l'os à la partie superieure du grand angle, où son tendon passe par un petit cartilage annulaire fait en forme de poulie, que l'on appelle troclée, & va aboutir ensuite avec le petit oblique vers le petit angle, quelques-uns l'on nommé trocleateur.

K
Le grand oblique.

Le second des obliques, qui est le dernier de l'œil, est appellé le petit oblique ; il sort de la partie inferieure & exterieure de l'orbite, au dessus de l'union des deux os de la mâchoire superieure, & va s'inserer vers le petit angle à la partie inferieure de la cornée ; il tire l'œil obliquement vers le nez.

L'
Le petit oblique.

Ces deux muscles obliques sont encore nommez circulaires, ou amoureux, parce qu'ils font mouvoir les yeux obliquement & en rond : Ce font les mouvemens ordinaires des yeux des Amans, lorsqu'ils regardent leur Maîtresse.

Quand les muscles des yeux n'ont pas pris l'habitude d'agir ensemble, comme il arrive souvent

Ce qui rend bigle ou louche.

aux enfans, ils les rendent bigles & louches.

Vaisseaux des yeux. Les vaisseaux des yeux sont de trois sortes, des nerfs, des arteres, & des vénes ; les nerfs qui y viennent sont de cinq sortes : le premier est l'optique qui entre par la partie posterieure, & vient se rendre à la cornée : le second est le moteur, qui se va perdre dans les muscles : le troisième est le pathetique, qui se distribuë dans toutes les parties de l'œil : le quatriéme est quelque rameau de la cinquiéme paire qui va aux glandes ; & le cinquiéme est quelque branche de la septiéme paire, qui se distribuë aux paupieres. Il ne faut pas s'étonner si les yeux ont un sentiment si vif, puisqu'ils ont une si grande quantité de nerfs.

Ils ont leurs arteres, des carotides ; & leurs vénes vont se rendre dans les jugulaires.

Il faut tirer l'œil de l'orbite. On a accoûtumé de prendre un œil de bœuf à cause qu'il est gros, ou de tirer l'œil du sujet que l'on a, hors de l'orbite, afin de mieux démontrer les membranes & les humeurs, qui sont les deux parties qui restent encore à vous faire voir ; mais je trouve plus à propos de démontrer celuy de l'homme, quoyqu'il soit petit, parce que c'est luy que vous devez connoître preferablement à tout autre.

Six membranes aux yeux Les membranes de l'œil sont six, quatre communes & deux propres ; les communes sont le conjonctive, la cornée, l'uvée, & la retine ; & les propres sont la vitrée qui enferme l'humeur vitrée ; & l'arachnoïde qui contient le cristallin.

M 'La conjonctive. La conjonctive est ainsi appellée, parce qu'elle joint ensemble toutes les parties de l'œil : c'est elle que l'on nomme encore le blanc de l'œil, à cause caufe de fa couleur ; c'eft une membrane qui eft faite des extremitez du pericrane, ce qui attache & affermit l'œil dans fa cavité ; elle ne couvre gueres que la moitié du bulbe de l'œil : d'ailleurs étant troüée dans le milieu, elle laiffe toute la prunelle circulairement découverte ; elle eft polie & déliée, & d'un fentiment exquis ; ce que l'on ne remarque que trop quand quelque ordure eft entrée dans l'œil.

Lorfque les arterioles & les vénules dont elle eft toute parfemée font plus remplies de fang qu'à l'ordinaire, elles caufent cette maladie appellée Ophthalmie.

La feconde tunique eft la cornée ainfi nommée, parce qu'elle eft claire & dure comme de la corne ; elle naît de la partie de la dure-mere, qui envelope le nerf optique, & paffant par deffous la conjonctive, elle paroît dans l'ouverture qu'elle laiffe au devant de l'œil, & s'y éleve par une petite éminence qui excede la ligne circulaire ; cette membrane eft tranfparente dans fa partie anterieure, ce qui la fait appeller cornée en cet endroit ; mais elle eft épaiffe & opaque dans le fond, où la conjonctive la couvre ; c'eft pourquoy on nomme cette partie la felerotide, c'eft à dire dure. Il y a des Auteurs qui en font deux membranes, quoy qu'elle ne puiffe paffer que pour une feule, étant la même continuité.

Nous avons dit que les paupieres fervoient à ouvrir & à fermer l'œil, nous pouvons encore ajoûter à cet ufage des paupieres, celuy de nettoyer ce qui pourroit s'amaffer fur fes tuniques;

N
La cornée.

D d

& principalement de polir la cornée par leur mouvement.

L'uvée. La troisiéme tunique est l'uvée, ainsi appellée parce qu'elle ressemble à un grain de raisin noir; elle est aussi nommée choroïde, à cause qu'elle est faite comme le chorion : elle prend son origine de la pie-mere, qui envelope le nerf optique : C'est elle qui fait le trou de la prunelle qui paroît au milieu d'un cercle, qui, à cause de ses couleurs, est appellé Iris; elle est attachée par derriere au nerf optique, à la tunique reticulaire, & à la cornée jusqu'à l'iris; mais par devant elle est libre, de maniere qu'elle peut se dilater & s'ouvrir dans un lieu sombre, & se resserrer dans un lieu fort éclairé ; ce mouvement de la tunique uvée est sensible dans nos yeux, mais beaucoup plus encore dans ceux des chats.

La reti-ne. La quatriéme est la retine, ou reticulaire, ainsi appellée, parce qu'elle est tenduë en forme de rets derriere les humeurs : Elle est faite de la dilatation des fibres du nerf optique ; c'est dans cette tunique que se fait l'impression des objets, parce qu'il n'y a qu'elle de toutes les tuniques de l'œil, qui n'est pas transparente.

La vitrée. La cinquiéme, qui est la premiere des propres, est la vitrée, ainsi appellée à cause qu'elle renferme une humeur vitrée ; elle répand par toute la substance de cette humeur de petits filets qui empêchent qu'elle ne s'écoule : Cette tunique est fort délicate, & lorsqu'elle est rompuë, l'humeur se fond & se tourne toute en eau.

La fixiéme & feconde des propres eft l'arachnoïde, ainfi nommée, parce qu'elle eft déliée
comme une toile d'araignée; elle eft auffi appellée criftalloïde, à caufe qu'elle envelope immediatement l'humeur criftalline; Elle eft diapha-
ne, afin que les images des objets y paroiffent,
comme dans un miroir.

R
L'ara-
chnoïde.

Les humeurs de l'œil font enfermées dans
ces fix tuniques que vous venez de voir; elles
font trois, fçavoir l'aqueufe, la vitrée, & la
criftalline.

Trois hu-
meurs
aux yeux.

L'humeur aqueufe eft ainfi nommée, parce
qu'elle eft fluide comme de l'eau; elle eft placée
à la partie antérieure de l'œil qu'elle remplit;
elle fait avancer la cornée un peu hors de l'orbite, pour recevoir les rayons qui viennent directement & obliquement; elle eft rare & liquide
pour faire la refraction des rayons, & pour y
laiffer nager l'uvée qui fe doit dilater & refler-
rer. Cette humeur couvre la criftalline par
devant, & environne la vitrée de toutes parts;
elle fe repare aifément, lorfqu'elle eft confu-
mée par quelque maladie, ou évacuée par quelque bleffure.

L'aqueu-
fe.

Elle fert à empêcher que les parties de l'œil
ne tombent dans une trop grande fechereffe, &
que les fplendeurs trop vives & trop abondantes
ne bleffent les parties de l'œil.

L'humeur vitrée eft ainfi appellée, parce
qu'elle reffemble à du verre fondu; elle remplit
la partie pofterieure de l'œil, étant fituée derriere la criftalline; C'eft elle qui donne la figure
fpherique à l'œil, & qui tient la retine dans une

S
La vitrée,

proportion requise pour recevoir l'impreſſion des objets ; elle eſt d'une conſiſtence plus ſolide que l'aqueuſe, & plus rare que la criſtalline, pour faire la refraction des rayons : elle eſt en plus grande abondance que l'aqueuſe.

La criſtaline.

L'humeur criſtalline eſt ainſi nommée, parce qu'elle eſt ſolide & tranſparente, comme du criſtal ; d'autres luy donnent le nom de glaciale, à cauſe qu'elle reſſemble aſſez bien à de la glace; elle eſt placée entre l'aqueuſe & la vitrée vis-à-vis de la prunelle : elle n'occupe pas tout-à-fait le centre de l'œil ; car elle eſt plus en devant afin de mieux voir. C'eſt la plus petite des trois humeurs ; elle eſt mediocrement dure, afin que les images s'y puiſſent attacher ; elle n'eſt pas exactement ronde, mais aplatie par devant, pour mieux recevoir les eſpeces des objets; & un peu convexe par derriere, pour ne point changer de place dans les mouvemens de l'œil : Elle eſt plongée dans l'humeur vitrée, où elle eſt affermie par le ligament ciliaire : C'eſt cette humeur qui eſt le principal organe de la veuë ; & ſi l'on met l'humeur criſtalline ſur du papier qui ſoit écrit, elle en fera voir les lettres plus grandes, de même que ſi on les regardoit avec des lunettes.

Uſages des tuniques & des humeurs.

La diſpoſition naturelle des tuniques & des humeurs de l'œil nous en apprend les uſages; celuy des tuniques eſt de contenir les humeurs, & celuy des humeurs de rompre les rayons plus ou moins, à proportion de leur conſiſtence, afin que par ces refractions differentes, les rayons partant de l'objet aillent directement ſe terminer au point, que l'optique demande pour les repreſenter.

Le sens le plus noble & le plus excellent après la veuë, est celui de l'ouïe, tant par la délicatesse avec laquelle il se fait, que par la structure admirable des parties qui le composent; c'est aussi la raison pourquoy nous allons examiner les parties qui luy servent d'organes, avant que de voir celles de l'odorat & du goût.

V.
L'oreille.

L'oreille se divise en externe & en interne; l'externe est cette partie que vous voyez au dehors; & l'interne est faite de plusieurs particules & cavitez renfermées dans les os petreux.

Division de l'oreille.

L'oreille externe est toute cartilagineuse, sa figure est demi-circulaire, & assez semblable à un van, étant convexe par dehors, & cave par dedans: elle a plusieurs anfractuositez qui en rendent l'Echo plus raisonnant.

L'oreille externe separée & renversée.

Elle se divise en deux parties, dont l'une est superieure, & l'autre inferieure: la premiere, qui est la plus large, se nomme l'aîle; & la seconde, qui est étroite, molle & pendante, s'appelle le lobe de l'oreille: c'est cet endroit que les Dames font percer pour y attacher des perles ou des diamans.

Les parties de l'oreille externe.

Le circuit exterieur de l'oreille se nomme *helix*; l'interieur qui luy est opposé, *anthelix*; la cavité qui est entre ces deux circuits se nomme la *nasselle*; c'est la plus grande cavité de l'oreille externe; celle qui est au commencement du meat auditoire, où il s'amasse des ordures jaunes & ameres, s'appelle *la Ruche*; & enfin cette éminence, qui est proche les tempes, a le nom d'*hircus*.

Les differés noms des parties de l'oreille externe.

L'oreille externe est composée de peau, de

cartilage , de ligament , de nerfs , d'arteres, de
vénes , & de mufcles. La peau qui la couvre eft
fort déliée & adherente au cartilage par le moyen
d'une membrane nerveufe qui la rend fenfible;
le cartilage eft continu , n'étant pas divifé à
l'homme comme aux animaux ; le ligament qui
attache l'oreille fur l'os petreux autour du meat
auditoire eft fort, & vient du pericrane; les nerfs
fortent de la feconde paire des vertebres du col;
les arteres viennent des carotides ; & les vénes
vont aux jugulaires.

Quoyque l'oreille n'ait point de mouvement
manifefte, neanmoins on luy donne quatre mufcles ; fçavoir un fuperieur, & trois pofterieurs.
Le premier prend fon origine du mufcle frontal
dont il fait une partie, & va fe terminer à l'o-
reille qu'il tire en haut ; & les trois autres ne font
qu'une maffe de chair, qui prend fon origine de
l'os occipital, & de l'apophife mammillaire, &
va fe terminer par derriere à la racine de l'oreille : la raifon pour laquelle on divife cette chair
en trois mufcles, c'eft à caufe qu'elle a differentes fortes de fibres ; elle tire l'oreille en derriere
& en bas.

L'ufage de l'oreille externe eft de recevoir les
fons & de les introduire dans le conduit de l'o-
reille interne ; de forte qu'elle n'eft pas le principal organe de l'ouïe, mais elle contribuë beaucoup à fa perfection; car ceux qui ont les oreilles coupées entendent confufément, & font obligez de former avec leur mains une cavité autour
de l'oreille, ou de fe fervir d'un cornet dont le
bout entre dans la cavité interne de l'oreille,

pour y recevoir l'air agité : On remarque aussi que ceux qui les ont avancées en dehors, entendent mieux que ceux qui les ont applaties ; & que les cercles & inégalitez appellées *helix* & *anthelix* servent à moderer la violence de l'air, avant qu'il entre dans le conduit de l'oreille.

Au dessous des oreilles il y a de grosses glandes conglomerées, appellées parotides ; on vouloit autrefois qu'elles ne fussent que des émonctoires du cerveau ; mais on a découvert leur veritable usage, qui est de separer la salive, comme je vous le montreray tantôt.

Glandes de l'oreille.

L'oreille interne est composée de plusieurs parties, sçavoir de quatre conduits principaux, trois membranes, trois osselets, une espece de fil ou corde, deux muscles, & des nerfs.

L'oreille interne.

Le premier conduit est celuy qui a son entrée au fond de l'oreille externe. Il y a dans la peau qui le tapisse de petites glandes qui expriment une humeur jaune, que l'on est obligé de curer de tems en tems, parce que s'y amassant en quantité, & s'y dessechant, elle pourroit le boucher : Ce conduit est tortueux, oblique & étroit, ce qui empêche que la masse de l'air agité ne porte sa violence directement contre la membrane qui le termine ; ainsi il reçoit d'une maniere plus pure les sons portez par les parties les plus subtiles de l'air.

Le conduit tortueux.

Ce son même est fortifié par la longueur de ce canal, qui seroit trop court s'il étoit droit ; d'ailleurs étant rond, cette espece d'agitation qui fait le son est mieux conservée, que si elle rencontroit des angles capables de la briser, & de luy faire changer sa détermination.

La situation de ce conduit, dont l'embouchu-re est plus basse que son fond, fait que ce qui y entre, en peut retomber naturellement.

L'extremité interieure de ce conduit est termi-née par une petite peau mince, seiche, transpa-rente & tenduë comme un tambour, d'où vient qu'on luy a donné le nom de *merinx*, timpan, ou tambour; c'est cette peau qui separe l'oreille externe d'avec l'interieure.

Derriere cette membrane il y a une seconde cavité que l'on appelle la quaisse du tambour; elle a trois ou quatre lignes de profondeur, & cinq ou six de largeur: elle est remplie d'une espece d'air naturel, qui par l'agitation de cette membrane reçoit les impressions & les mouve-mens de l'air qui est au dehors; cette cavité est tapissée en dedans d'une membrane adherente à l'os, de maniere pourtant qu'on l'en peut se-parer facilement: elle est transparente & claire comme celle du tambour; ce qui fait croire qu'elle en est une continuité.

Il y a dans cette cavité trois petits os que leur figure a fait nommer le marteau, l'enclume, & & l'êtrier. Je vous en ay fait la Démonstration dans l'Osteologie; ils sont attachez au timpan par une corde fort déliée, qui leur communique les agitations qu'elle reçoit du tambour.

Le muscle qui remuë ces osselets est placé dans la quaisse du tambour; il est adherent à sa par-tie superieure, & presque logé tout entier dans un creux; il produit un tendon assez court qui s'attache à l'apophise, que le manche du marteau approche de fa tête.

L'action de ce mufcle eft en tirant le manche du marteau en dedans, de tendre la membrane du tambour, laquelle fe relâche enfuite, lors que le mufcle cefse de tirer, parce que les offe-lets articulez comme ils font, & attachez enfemble par des ligamens, font une efpece de ref-fort, qui avec celuy du tambour, tient lieu d'antagonifte au mufcle.

Les Anatomiftes ne s'accordent pas fur l'ufage de la petite corde qui eft couchée fur la membrane du tambour; les uns veulent qu'elle ferve à donner quelque fon à cette membrane, comme fait celle qu'on met fur la peau des tambours: & les autres pretendent que cette corde n'eft autre chofe qu'une branche de la portion dure du nerf de l'ouïe, qui fe diftribuë à l'oreille interne.

Ufage de la corde du tambour.

On trouve un conduit long & étroit, qui paffe obliquement de cette cavité jufques dans le palais; on luy a donné le nom d'aqueduc: c'eft un canal en partie cartilagineux, & en partie membraneux; il fe termine dans la bouche par une ouverture affez grande à côté de la luette, & proche les trous qui vont aux narines; la communication du palais à cette cavité eft fenfible, en ce que ceux qui prennent du tabac en fumée, le rendent quelquefois par les oreilles; & que ceux qui font fourds, entendent quand on leur parle dans la bouche.

L'aqueduc.

On vouloit que cette aqueduc eût une valvule qui empêchât le retour des humeurs qu'on croyoit s'écouler par le palais; mais il y a plus d'apparence que cette valvule faifant un office tout contraire, empêche la fortie de l'air contenu dans cette cavité, puifque cet air n'y eft produit & entretenu que par celuy que nous infpirons; qu'il y eft porté du palais comme la fumée du tabac, & le fon de la parole; & qu'il n'en peut revenir par l'obftacle que cette valvule y apporte.

Les deux fenêtres rondes & ovales.   Il y a deux ouvertures qui font comme deux petites feneftres, dont l'une eft ronde & l'autre ovale; celle-ci eft plus grande que l'autre; c'eft par ces deux ouvertures que les impreffions de l'air paffent dans la cavité qui fuit.

Le Labyrinthe.   La troifiéme cavité dont ces deux feneftres font l'entrée, eft compofée de plufieurs conduits qui la font appeller labyrinthe, à caufe des tours & détours qui y font; On a donné des noms differens aux canaux qui s'y trouvent.

On appelle le commencement de cette cavité, veftibule: c'eft une cavité de l'os petreux, qui eft derriere la feneftre ovale, & qui eft tapiffée d'une membrane parfemée de vaiffeaux: fa figure approche de la fpherique. Il en part trois canaux demy-circulaires, qui y retournent par un autre endroit; ils embraffent tous trois la voûte du veftibule, l'un s'appelle horifontal, & les deux autres verticaux. Le fon paffe par le labyrinthe, pour arriver à la quatriéme cavité.

La coquille.   La derniere cavité eft appellée la coquille, le limaçon, ou la trompe, à caufe de fa figure. Le conduit qui entre dans cette cavité eft étroit. Il monte en ligne fpirale, & va en diminuant & en s'étreffiffant à mefure qu'il monte. Il a dans le milieu une efpece de noyau comme il s'en voit dans les coquilles de limaçons ; ce noyau eſt cave dans ſon milieu, faiſant comme un canal pour donner paſſage aux filets du nerf auditif : Il ſort de ce noyau une lame offeuſe & fort mince, qui tournant en ligne ſpirale comme le conduit, le partage tout du long comme en deux ; en ſorte que cette lame n'étant attachée qu'au noyau, elle ne fait point le conduit double, & n'empêche point que la partie qui eſt au deſſus, n'ait communication avec celle qui eſt au deſſous. On appelle cette lame, membrane ſpirale, parce qu'elle eſt mince & flexible comme une membrane.

Le nerf de la huitiéme paire, qui eſt l'auditif, ſe diviſe en deux parties, dont l'une eſt dure, & l'autre molle ; la dure aprés eſtre ſortie de l'oreille, ſe diviſe en trois branches, dont la ſuperieure va au front, aux paupieres, & aux muſcles du front ; la moyenne va à la jouë, au nez, & aux lévres ; & l'inferieure à la langue, au larinx, & aux muſcles de l'os hyoïde. La partie molle du nerf auditif demeure & ſe perd toute dans cette derniere cavité, où elle fait le même office que le nerf optique dans l'œil.

Diviſion du nerf auditif.

Avant que de finir la deſcription de l'oreille, il faut vous dire en deux mots comment ſe fait l'ouïe : L'air exterieur étant agité par des ſecouſſes tres-promptes, entre dans le premier conduit & va fraper le timpan ; cette membrane ainſi agitée, ébranle la petite corde qui eſt derriere & les trois petits os qui y ſont attachez ; & fait paſſer dans l'air interieur l'eſpece de

Commẽt ſe fait l'ouïe.

mouvement qu'il a receu de dehors ; cet air se subtilisant ensuite dans les détours du labyrinthe, & en entrant dans cette coquille spirale, il se communique au nerf qui le porte au sens commun ; si bien que ces differentes modifications de l'air font former à nôtre ame cette sensation, qu'on appelle son : car ouïr n'est pas faire quelque chose, mais seulement recevoir dans les nerfs qui vont à l'oreille, l'impression de l'air agité.

I
Le nez.

Le troisiéme sens que j'ay à vous démontrer, est celui de l'odorat, qui a pour organe le nez ; je le diviseray comme l'œil & l'oreille, en nez externe, & en interne.

Parties du nez externe.

Le nez externe est tout ce que vous voyez au dehors, on le distingue en plusieurs parties qui ont chacune leur nom : la superieure qui est entre les deux yeux se nomme la racine du nez ; celle de dessous, qui est osseuse & immobile s'appelle le dos du nez ; la partie la plus pointuë qui est plus bas, se nomme l'épine ; & l'extremité qui est cartilagineuse & mobile est appellée le petit globe du nez ; les parties laterales se nomment les aîles ; & la charnuë qui avance au milieu, & qui separe les deux narines, s'appelle la colomne du nez.

Situation du nez.

Le nez est dans un lieu éminent pour recevoir les odeurs qui montent toûjours en haut : Il est placé dans le milieu du visage, parce qu'il est unique ; & il est unique parce qu'un seul suffit pour son action : la raison pour laquelle il est au dessus de la bouche, c'est qu'étant l'endroit par où l'homme prend sa nourriture, la

bonne ou mauvaise odeur des alimens le détermine à les prendre ou à les rejetter.

Je ne puis pas vous prescrire au juste la figure Figure &
grandeur
du nez.
& la grandeur du nez, parce que les uns l'ont
grand, & les autres petit ; il vaut mieux l'avoir
grand & aquilin, qu'écrasé & camus ; car outre
qu'un grand nez ne gâte jamais un visage, c'est
que les narines bien ouvertes font preferables
aux petites, & à celles qui sont serrées, non
seulement pour la beauté, mais encore pour la
commodité de la respiration.

Le nez est composé de peau, de muscles, de Composition du
nez.
cartilages, d'os, de vaisseaux, de cavitez, & de
tuniques ; Nous avons trop parlé des os du nez
dans nôtre Osteologie pour les repeter ici.

La peau du nez est déliée & fine, elle est sans La peau
du nez.
graisse, de peur qu'il ne devienne trop gros ;
ce defaut de graisse est cause aussi qu'il est fort
exposé au froid qui le rend d'un rouge brun, ou
violet, principalement en Hyver; cette peau est
adherente aux muscles des aîles du nez ; elle est
fongueuse en sa partie, qu'on nomme la colomne, où elle se replie pour la couvrir & faire les
bords des narines.

La peau étant levée, l'on découvre les mus- Sept muscles au
nez.
cles du nez, qui sont au nombre de sept, sçavoir
un commun & six propres ; de ces derniers, il y
en a quatre qui le dilatent, & deux qui le resserrent ; tous ces muscles sont fort petits, parce que
les mouvemens du nez ne sont pas considerables ; il ne falloit pas aussi qu'ils le fussent étant
obligé d'estre toûjours ouvert pour la facilité de
la respiration.

Le muscle commun est une portion du muscle orbiculaire des lévres; il abaisse le nez en bas, lors qu'il approche la lévre superieure de l'infe. rieure.

Les deux premiers des propres sont pirami. daux, ou triangulaires. Ils viennent de la suture du front, & s'inserent par une fin large aux aîles du nez qu'ils dilatent.

Les deux autres ressemblent à une feüille de mirthe, on les appelle dilatateurs, à cause qu'ils servent à la dilatation du nez : Ils naissent de l'os du nez proche l'aîle, & se vont terminer à la ro-tondité de la même aîle.

Les deux derniers sont internes & cachez sous la tunique qui revêt les narines ; ils sont petits & membraneux ; ils naissent de la partie interne de l'os du nez, & s'inserent à l'aîle interne de la narine pour la resserrer.

Vous remarquerez que les quatre dilatateurs sont placez exterieurement, & que les deux constricteurs le sont interieurement.

Au dessous de ces muscles il y a cinq carti-lages qui forment la partie inferieure du nez; car la superieure, à laquelle ces cartilages sont unis, est osseuse. Les deux superieurs sont adhe-rens aux deux os du nez ; ils sont larges par en haut, mais ils s'étressissent & s'amollissent à mesure qu'ils descendent en bas; les deux au-tres, qui sont ceux qui forment les aîles du nez, sont attachez aux extremitez de ceux-ci par des ligamens membraneux; & le cinquiéme est placé dans le milieu ; c'est celuy qui fait l'entre-deux des narines.

Les vaiſſeaux du nez ſont des nerfs, des arte- Vaiſſeaux du nez.
res, & des vénes; les nerfs principaux viennent de
la cinquiéme paire; qui eſt la premiere & la plus
groſſe de ceux du goût; ce qui cauſe une grande ſimpathie entre le goût & l'odorat, & qui
fait que le defaut de l'un accompagne ſouvent
l'autre: Il reçoit encore quelques branches de
celuy des yeux, qui va à la tunique du nez; d'où
vient que l'odeur des choſes qui ont de l'acrimonie fait ſortir des larmes: les arteres luy
viennent des carotides; & les vénes vont ſe ren-
dres dans les jugulaires.

Les deux ouvertures que l'on voit à la baſe Les nari-nes.
du nez ſont les narines, qui ſont les commence-
mencemens des deux cavitez, par où l'air entre
& ſort continuellement. Chacune de ces cavitez
ſe diviſe enſuite en deux autres, dont l'une monte en haut vers l'os ſpongieux, & l'autre va au
deſſus du palais ſe rendre dans le fond de la bouche & de la gorge; c'eſt par là que le breuvage
ſort quelquefois par les narines, & que le tabac
pris en poudre par le nez tombe dans la bouche.

On a découvert deux autres conduits qui viennent des narines ſe rendre dans la bouche; ils ont
leur commencement dans le fond de chaque narine, & paſſant par deſſus le palais, ils la percent au deſſous des dents inciſives ſuperieures,
où ils finiſſent.

Toute la capacité interieure des narines eſt Tunique du nez.
tapiſſée d'une tunique aſſez épaiſſe, qui eſt percée de pluſieurs petits trous à l'endroit de l'os
cribleux; c'eſt une continuation de la dure-
mere, d'où on veut qu'il ſorte des fibres par ces

trous, lefquelles fe dilatant enfuite forment non feulement cette tunique, mais encore celles de la bouche, de la langue & du larinx. Il naît dans la partie inferieure de cette tunique des poils qui font ceux que vous voyez à l'entrée du nez, dont on auroit de la peine à dire les ufages.

Ufages du nez.

Il n'y a gueres de parties qui ayent plus d'ufages que le nez, nous luy en voyons quatre ou cinq que l'on ne peut pas luy contefter : le premier eft de conduire jufqu'au cerveau l'air qui y eft neceffaire pour la formation des efprits animaux ; le fecond de donner paffage à l'air qui entre & fort fans ceffe des poûmons ; ce qui eft d'une fi grande importance à l'homme, qu'il meurt auffi-tôt que l'air ne peut plus y entrer. Le troifiéme, de porter les odeurs aux productions mammillaires, ce qui fait l'odorat. Le quatriéme, de fervir d'égoût au cerveau par où les excremens coulent & fortent comme par un canal ; & le cinquiéme, de contribuer à la beauté.

Le nez interne.

Le nez interne eft rempli de plufieurs lames cartilagineufes feparées les unes des autres : chaque lame fe partage en plufieurs autres, qui font prefque toutes roulées en ligne fpirale ; les extremitez de ces lames aboutiffent à la racine du nez ; & les trous dont l'os cribleux eft percé, ne font que les intervalles qui les feparent.

Ufages des cavitez du nez.

Ces lames font particulierement deftinées à foûtenir la tunique interieure du nez, laquelle étant l'organe immediat de l'odorat, a de même que les autres organes des fens une tres-longue étenduë ; ce qui fait que cette tunique eft pliffée dans les petites cavitez du nez en plufieurs endroits,

droits, afin d'employer toute sa longueur dans un petit espace ; & qu'elle est roulée tout autour de ces lames, dont elle couvre exactement la superficie.

Raison de l'étenduë de cette tunique.

Quoyque cette tunique soit d'un sentiment tres-exquis, étant parsemée d'un nombre infini de rayes, qui sont autant de branches de nerfs ; cependant les parties des corps odorans sont si délicates, qu'elles ne pourroient ébranler l'organe que foiblement, si la nature n'y avoit pourvû par la grande étenduë qu'elle a donnée à cette tunique ; ce qui donne lieu à un tres-grand nombre de petits corps de la fraper en même tems en plusieurs endroits ; & de rendre par ce moyen leur impression plus forte & plus vive.

Autre raison de son étenduë.

L'air qui passe par le nez pour entrer dans la poitrine, chariant ces petits atomes, il est certain que s'il n'y avoit eu autant de détours & de sinuositez formées par les intervales de ces petites lames, la plus grande partie de ces petits corps auroit passé immediatement avec l'air dans la poitrine, sans causer aucun ébranlement dans l'organe.

Elle est garnie de glandes.

C'est encore pour cela que cette tunique est garnie de plusieurs petites glandes, qui ont des tuyaux qui s'ouvrent au dedans du nez, & qui l'humectent d'une humeur épaisse & gluante, qui sert à arrêter les exhalaisons seches des corps odorans.

Ce qui fait la delicatesse de l'odorat.

On ne peut pas douter que la longueur & le développement de cette tunique ne servent aussi à la délicatesse de l'odorat ; puisque l'on voit que plus les animaux ont de ces lames, plus ils ont

E e

le nez fin ; qu'entre tous les animaux le nez des chiens de chasse en est plus garni que celuy de tous les autres ; & que l'homme en a moins qu'aucun autre animal.

Mecanique admirable du nez interne. Ce qui donne la perfection à cette mecanique industrieuse du nez interne, ce sont les productions mammillaires qui accompagnent le nerf olfactoire que vous vîtes hier. Je vous ay fait remarquer qu'elles s'avancent jusques dessus les cavitez qui sont à l'os etmoïde, & qu'elles sont pleines d'une humidité dont elles déchargent le cerveau. C'est cette humidité qui sert à arrêter les corpuscules qui sont portez avec l'air.

Comment se fait l'odorat. Ce qu'il faut encore remarquer ici, c'est que les nerfs olfactoires jettent par les trous de l'os etmoïde plusieurs petites branches, comme des tuyaux qui se perdent dans la tunique interieure du nez ; si bien que par la connoissance des parties du nez, il est aisé de venir à celle de l'odorat, qui en est une suite necessaire ; & voicy en trois mots comment il se fait.

Les petits atomes qui s'exhalent d'un corps odorant sont portez avec l'air dans le nez, où frapant sa membrane interieure, ils ébranlent les petits tuyaux des nerfs olfactoires ; la matiere subtile, dont ils sont remplis, participe d'abord à cet ébranlement, qui s'étend en un moment par le moyen de la continuité, jusqu'aux éminences canelées, où ces nerfs prennent leur origine, & où nôtre ame, qui connoît les differentes ondulations que chaque objet est capable de produire dans les esprits, juge que c'est l'im-

preſſion d'un corps odorant, d'où naît la ſenſa-
tion qu'on appelle odeur; de ſorte que flairer,
n'eſt pas faire quelque choſe, mais ſeulement
ſouffrir ſur les nerfs de l'odorat, l'impreſſion que
les corps odoriferans font par le moyen des fumées qui en exhalent.

Nous avons encore un quatriéme ſens à examiner, c'eſt celuy du goût, qui n'eſt pas moins
curieux que les autres, puiſqu'il eſt fait de
la même main que ceux que vous venez de
voir.

Le goût.

C'eſt la bouche qui eſt l'organe dont l'ame ſe
ſert pour goûter; par le mot de bouche, je n'entends pas ſeulement cette ouverture que vous
connoiſſez tous, mais toutes les parties renfermées dans ſa cavité; c'eſt pourquoy je la diviſe-
ray comme les yeux, les oreilles & le nez, en parties externes & internes.

5
La bou-
che.

Les parties que nous voyons au dehors ſont
lévres qui ſont deux, l'une ſuperieure, & l'autre inferieure; elles ſont compoſées d'une chair
fongueuſe, & couvertes d'une tunique fort déliée,
qui eſt continuë avec celle de la bouche. Avant
que de voir les muſcles qui les font mouvoir,
examinons les parties externes qui les environnent.

6 6
Les lé-
vres.

L'élevation ronde qui eſt au deſſous des yeux
entre le nez & l'oreille, s'appelle la pomette;
cet endroit eſt ordinairement vermeil; & parce
qu'il rougit davantage dans la honte, on le nomme le ſiege de la pudeur; le deſſous de cet endroit, qui eſt lâche, s'appelle la joüe, ou *bucca,*
parce qu'il s'enfle en ſonnant de la trompette;

Les joües.

le deſſus de la lévre ſuperieure s'appelle la mouſtache ; la fente qui eſt entre les deux lévres, s'appelle la bouche ; les deux extremitez de la fente ſe nomment les coins de la bouche ; les parties avancées des lévres s'appellent *prolabia*; le deſſous de la lévre inferieure le menton ; & la partie charnuë ſous le menton, *buccula*, oû petite gorge.

Quelques Auteurs ont donné deux muſcles aux joücs, ſçavoir le peaucier & le buccinateur ; mais nous ne leur en donnons point, car nous mettons le premier au nombre de ceux de la mâchoire inferieure, & le ſecond nous le donnons aux lévres.

Treize muſcles aux lévres. Les muſcles des lévres ſont treize, huit propres & cinq communs; des propres, il y en a quatre pour la lévre inferieure, & quatre pour la ſuperieure : & des communs, il y en a deux à chaque lévre ; ſi bien que ſix muſcles d'un côté, & autant de l'autre, font avec l'impair le nombre de treize muſcles, qui ſervent aux mouvemens des lévres.

7 L'inciſif. Le premier des propres qui appartient à la lévre ſuperieure eſt l'inciſif, ainſi nommé, parce qu'il prend ſon origine de l'os de la machoire ſuperieure à l'endroit des dents inciſives; Il va s'inſerer à la lévre ſuperieure qu'il tire en haut.

8 Le triangulaire. Le ſecond eſt le triangulaire, qui eſt l'antagoniſte de celui-ci : il prend ſon origine de la partie laterale & externe de la baſe de l'os de la mâchoire inferieure, & va s'inſerer proche l'angle de la bouche, à la lévre ſuperieure qu'il abaiſſe.

Le troiſiéme appartient à la lévre inferieure;

c'eſt le *montanus*, ou quarré ; il prend ſon origi-
gine de la partie anterieure & inferieure du menton, & de la racine des dents inciſives de la mâchoire inferieure, & va s'inſerer au bord de la
lévre inferieure, qu'il tire en bas.

9.
Le mon-
tanus.

Le quatriéme eſt ſon antagoniſte, on l'appelle
le canin, parce qu'il prend ſon origine de l'os de
la mâchoire ſuperieure au deſſus de la dent canine, & va s'inſerer à la lévre inferieure proche
l'angle de la bouche, pour tirer cette lévre
en haut.

10
Le canin

Le cinquiéme & premier des communs eſt le
zigomatique, ainſi nommé, parce qu'il prend
ſon origine du zigoma, & va s'inſerer au coin
de la bouche pour la tirer vers les oreilles ; on le
nomme auſſi le rieur, parce que c'eſt luy qui
agit dans le tems du ris.

11.
Le zigo-
matique.

Le ſixiéme & ſecond des communs eſt le buccinateur ou trompeteur, ainſi nommé, parce
que c'eſt luy qui s'enfle & fait la jouë groſſe en
ſoufflant ou ſonnant de la trompette. Il prend
ſon origine des racines des dents molaires de l'une
& de l'autre mâchoire, & va s'inſerer à la circonference des lévres.

12.
Le Bucci-
nateur.

Le dernier, qui eſt le treiziéme & impair eſt
l'orbiculaire ; c'eſt cette chair qui environne les
deux lévres comme un ſphincter : il ferme la bouche en les approchant l'une de l'autre ; c'eſt luy
auſſi qui fait faire la mouë, lorſqu'on avance
les lévres en dehors.

13
L'orbicu-
laire.

Les lévres ont pluſieurs glandes que l'on ſent
aiſément avec le bout de la langue, parce qu'elles
ſont ſous la tunique qui tapiſſe la bouche ; ces

Glandes
des lé-
vres. 14.

glandes ont des arterioles & des vénules; elles separent des serositez qu'elles versent dans la bouche par plusieurs petits tuyaux qu'elles ont; ces serositez humectent la langue, & aident à la dissolution des alimens.

La bouche contribuë beaucoup à la beauté, lorsqu'elle est bien faite, & que les lévres sont vermeilles; la plus petite bouche est la plus belle, à la difference des yeux, dont les plus grands sont toûjours les plus beaux.

Les parties renfermées dans la bouche sont, les gencives, les dents, le palais, la luette, les amigdales, & la langue; je vay vous les faire voir toutes, excepté les dents, dont j'ay suffisamment parlé dans l'Osteologie.

Les gencives sont faites d'une chair dure & solide, qui occupe les espaces qui sont entre les cellules osseuses, dans lesquelles les dents sont plantées; lorsqu'il en manque quelqu'une, cette chair remplit sa place, & se durcissant, sert à rompre & à briser les viandes, principalement quand il y en a beaucoup qui manquent, comme aux vieilles personnes : à ceux qui ont des dents gâtées, il arrive aux gencives de petits abcés que l'on est obligé d'ouvrir avec la pointe de la lancette : les gencives servent à affermir les dents dans leurs alveoles; elles tiennent fortement aux dents : c'est pourquoy lorsqu'on veut en arracher quelqu'une, il faut la déchausser, c'est à dire separer la gencive qui y est attachée, de peur de la déchirer, & d'en emporter une partie avec la dent.

Le palais est la partie superieure de la bouche;

il est un peu concave, ce qui le fait appeller le
ciel, ou la voûte de la bouche ; il est formé par
l'os sphenoïde & par un autre petit os que l'on
nomme l'os du palais : Il est revêtu comme le
dedans des joües & la bouche d'une tunique
épaisse, qui est une continuité de la dure-mere :
cette membrane à l'endroit du palais est pleine
de canelures, ou rugositez formées par les plis
qu'elle fait, ayant plus de longueur que n'en a
le palais.

Ces rugositez ont leur usage, car cette membrane contribuë au goût, aussi bien que la tunique de la langue, ayant l'une & l'autre des
corps papillaires, que l'on démontre bien mieux
dans la tunique de la langue que dans celle-ci.

La substance de cette tunique est toute parsemée de glandes conglomérées, qui se continuent
jusqu'aux tonsiles, ou amigdales. Ces glandes
separent une serosité qu'elles déchargent dans la
bouche par une infinité de petits tuyaux qui la
percent comme un crible.

La luette, que l'on nomme aussi gargareon, n'est
autre chose que le redoublement de la tunique
du palais ; elle est suspenduë dans la bouche, au
fond du palais, au milieu des deux amigdales,
& tout auprés du conduit qui vient du nez : On
donne à la luette quatre muscles pour faire ses
mouvemens.

Les deux premiers sont les peristaphilins externes ; ils naissent de la mâchoire superieure au
dessous de la derniere dent molaire, & s'insé-
rent par un tendon grelle, aux côtez de la
luette.

*La tuni-
que du
palais
pleine de
glandes.*

*14
La luëtte
a quatre
muscles.*

*15. 15.
Deux pe-
ristaphi-
lins ex-
ternes.*

Les deux autres ſont les periſtaphilins internes ; ils prennent leur origine de l'aîle interieure
de l'apophiſe pterigoïde, où il y a un petit cartilage mobile qui ſert à ſon mouvement ; ils montent le long de l'aîle de l'apophiſe pterigoïde, &
s'inſerent à la luëtte ; ces quatre muſcles qui
ſont tres-petits, & plûtôt fibres muſculeuſes que
muſcles veritables, font avancer & reculer la
luëtte, lors qu'on avale les alimens.

La luëtte a deux ligamens en forme d'aîles, qui
l'attachent par les côtez ; elle ſe gonfle & s'en-
flâme ſouvent, & quand elle eſt abbreuvée de
quelque pituite, elle s'allonge quelquefois tellement, que l'on eſt obligé d'en couper l'extremité.

Les uſages de la luëtte ſont deux ; le premier
eſt de temperer l'air, avant qu'il entre dans les
poûmons, parce qu'il frape d'abord contre cette
partie ; & le ſecond, d'empêcher que ce que
l'on prend par la bouche, ne ſorte par le nez.

Aux côtez de la luëtte, entre le larinx & les
muſcles de l'os hyoïde, il y a deux glandes conglomerées que je vous ay montrées en faiſant
voir le larinx ; on les appelle tonſiles ou amigdales, parce qu'elles reſſemblent à des amandes
pelées : elles ont toutes ſortes de vaiſſeaux ; elles
ſeparent & filtrent les ſeroſitez qui ſervent à humecter la langue, le larinx, & l'œſophage.

La langue eſt la derniere partie qui nous reſte
à examiner dans la bouche ; elle eſt ainſi appellée du verbe Latin *lingere*, qui ſignifie lécher :
les Anciens ont reconnu ſon excellence, quand
ils l'ont nommée l'inſtrument de la raiſon, le

truchement & l'interprete des penfées & de la volonté ; on peut dire auſſi que les Anatomiſtes d'aujourd'huy ne l'ont pas moins admirée que les Anciens, aprés qu'ils ont découvert ſa veritable ſtructure, qui eſt tout-à-fait ſurprenante, par le nombre infini de corps papillaires dont elle eſt compoſée.

Elle eſt ſituée dans la bouche ſous la voûte du palais ; ſa figure eſt de maniere qu'elle peut balayer toutes les parties de la bouche ; car d'une baſe large elle ſe termine preſque en pointe.

Situation & figure de la langue.

Elle eſt d'une grandeur mediocre & proportionnée à celle de la bouche. Quand elle eſt trop courte, elle ne peut s'allonger ; lorſqu'elle eſt trop groſſe, elle fait begayer, & ſi elle eſt molle & humide, comme aux enfans, on ne peut pas bien articuler les paroles.

Grandeur de la langue.

Plusieurs ſortes de parties entrent dans la compoſition de la langue ; ſçavoir des membranes, des chairs, des vaiſſeaux, des glandes, des ligamens, & des muſcles.

Compoſition de la langue.

La langue eſt recouverte d'une membrane aſſez forte, qui luy eſt commune avec la bouche & le palais ; c'eſt une continuité de la dure-mere ; elle eſt poreuſe, afin que la ſaveur puiſſe toucher aux petites extremitez des nerfs qui s'y répandent. Sous cette membrane il y a une ſubſtance viſqueuſe mediocrement épaiſſe, & percée comme un crible ; elle eſt blanche du côté qu'elle touche à cette membrane exterieure, & noire de l'autre côté.

19 Tunique de la langue.

La chair de la langue eſt particuliere, il ne s'en trouve point de ſemblable dans le reſte du corps ;

20 Chair de la langue.

elle est toute fibreuse, & plûtôt musculeuse que glanduleuse ; elle est entourée de fibres en droite ligne, qui de sa base s'étendent jusqu'à sa pointe, & qui la retirent en dedans & la racourcissent.

Elle a dans son milieu differentes sortes de fibres, les unes sont droites, les autres obliques & transverses, & d'autres sont en forme de tissu de nattes, qui descendent de haut en bas ; C'est par le moyen de toutes ces fibres que la langue se meut, & qu'elle tourne dans la bouche comme une anguille. Ces fibres sont entre-meslées de graisse & de petites glandes vers sa base : ce qui la rend souple, & qui fait que les langues des animaux sont délicates & de bon goût.

Vaisseaux de la langue.

2. 21. Nerfs de la langue.

22. 21. Autres nerfs de la langue.

La langue a beaucoup de nerfs qui luy viennent de la cinquiéme & de l'onziéme paire ; ils se perdent presque tous dans sa substance, & principalement dans ses tuniques : Ses arteres sont des branches des carotides, & ses vénes vont se rendre dans les jugulaires ; on les nomme ranules : ce sont elles que l'on ouvre avec succés dans les squinancies : elles sont placées aux deux côtez du filet.

Glandes de la langue.

L'on trouve quatre grosses glandes à la langue, deux que l'on nomme hypoglotides situées proche les vénes ranulaires ; & deux autres appellées sublinguales, placées aux deux côtez de la langue. Elles filtrent toutes quatre une sérosité, comme une espece de salive qu'elles déchargent par de petits rameaux dans la bouche vers les gencives.

Ligamens de la langue.

L'on voit deux ligamens à la langue, un qui l'attache par sa base à l'os hyoïde, & l'autre

plus large, qui s'infere à fa partie moyenne & inferieure : ce dernier eſt appellé le frein de la langue. On en trouve ſouvent aux enfans qui naiſſent un troiſiême qui eſt ſurnumeraire, & qui
les empêche de taiter, parce qu'il s'étend quelquefois juſqu'au bout de la langue ; alors on le
coupe avec la pointe des ciſeaux.

Quoyque la langue ſoit toute d'une ſubſtance
fibreuſe & muſculeuſe, comme vous avez vû,
& qu'elle puiſſe par ce moyen ſe tourner de tous
côtez dans la bouche ; neanmoins elle a des muſcles pour ſes grands mouvemens, comme lorſqu'elle ſort hors de la bouche, ou qu'elle y ren-
tre. Ils ſont huit, quatre de châque côté. Huit muſcles à la langue.

Le premier eſt le geniogloſſe, il prend ſon origine de la partie inferieure du menton, & va
s'inſerer à la partie anterieure & inferieure de
la langue ; c'eſt luy qui la tire hors de la bouche. 23. 23. Deux ge- niogloſ- ſes.

Le ſecond eſt le ſtilogloſſe, il prend ſon origine de l'apophiſe ſtiloïde, & va s'inſerer à la partie laterale & ſuperieure de la langue ; il la leve
en haut. 24. 24. Deux ſti- logloſſes.

Le troiſiéme eſt le baſigloſſe, qui prend ſon
origine de la partie ſuperieure de la baſe de l'os
hyoïde, & s'inſere à la racine de la langue ; il la
tire vers le fond de la bouche. 25. 25. Deux ba- ſigloſſes.

Le quatriéme eſt le ceratogloſſe ; il prend ſon
origine de la partie ſuperieure de la corne de l'os
hyoïde, & va s'inſerer aux côtez de la langue ;
il le tire à côté & en arriere. Quand ces quatre
muſcles, & les quatre autres de l'autre côté, agiſſent ſucceſſivement, ils luy font faire des mouvemens en rond. 26. 26. Deux ce- ratogloſ- ſes.

L'on obferve que la langue eft divifée en deux par une ligne blanche, que l'on appelle mediane; ce qui fait qu'un côté devient paralitique, fans que l'autre le foit, parce que les nerfs qui y viennent ne paffent point d'un côté à l'autre, non plus que les autres vaiffeaux.

L'on donne quatre ufages à la langue; le premier, d'aider à la maftication, en tournant les morceaux dans la bouche, afin qu'ils foient bien mâchez: le fecond, de fervir à la déglutition en preffant l'aliment contre le palais, & l'obligeant par ce moyen d'entrer dans l'œfophage: le troifiéme, de fervir conjointement avec les lévres à l'articulation de la voix, parce que ce font leurs mouvemens qui forment des paroles de l'air qui fort des poûmons par la trachée-artere; & le quatriéme, d'eftre le principal organe du goût.

Je vous ay fait voir la membrane qui reveft la langue, & la fubftance vifqueufe qui eft au deffous: outre ces deux parties, il y a encore fous elles une tunique qu'on appelle corps papillaire; elle eft toute remplie des nerfs de la cinquiéme & de l'onziéme paire: de cette tunique ou corps papillaire fortent des papilles nerveufes qui penetrent la fubftance vifqueufe, pour venir fe terminer fur la furface de la langue: C'eft par le moyen de ces fortes de papilles que la langue apperçoit les differentes qualitez des faveurs.

Si vous voulez vous donner la peine de faire cuire des langues d'animaux, vous verrez une infinité de ces petites éminences qui fortent de la membrane de la langue; ce font comme des peti-

tes pointes femblables à celles des peignes des
Cardeurs.

Cette mécanique nous fait connoître que le
goût confifte dans les trémouffemens que les
fels des alimens caufent aux efprits de la langue,
en frapant les nerfs qui les contiennent ; & que
le fentiment de faveur eft caufé par ces trémouffemens : fi bien que les fels de tout ce qui
touche la langue venant à fraper ces éminences
papillaires, y caufent des ondulations, qui fe
communiquent dans le même moment aux
efprits contenus dans les nerfs, qui les portent
aux corps canelez, avec lefquels ils font continus, & qui les reprefentent à l'ame telles qu'ils
les ont receuës ; & ainfi goûter, n'eft pas faire
quelque chofe, mais feulemet recevoir fur ces
corps papillaires, qui font faits des extremitez
des nerfs de la langue, les impreffions que les
corps favoureux, (qui ne font proprement que
les fels des alimens,) font fur ces éminences
nerveufes.

Comment fe fait le goût.

Puifque je vous ay promis de vous faire voir
dans cette Anatomie toutes les nouvelles découvertes, je vais vous montrer les vaiffeaux falivaires, par lefquels je finiray la Démonftration
d'aujourd'huy,

Les vaif-
feaux fa-
livaires.

Les vaiffeaux falivaires font quatre, deux fu-
perieurs qui ont leur commencement dans les
glandes parotides ; & deux inferieurs, qui naiffent des maxillaires : Ils viennent tous fe terminer dans la bouche.

Ils font
quatre.

Les parotides font des glandes conglomerées
fort groffes ; elles font placées derriere les

29
Deux
viennent

des paro-
tides,

oreilles, & rempliſſent tout cet eſpace qui eſt
entre l'angle poſterieur de la mâchoire inferieure, & l'apophiſe maſtoïde ; elles ont des arteres
qui viennent des carotides, & qui entrent dans
leur ſubſtance ; & des vénes qui en partent, pour
aller dans les jugulaires ; de ce ſang qui paſſe par
leur ſubſtance, il s'en ſepare une liqueur appellée la ſalive, laquelle eſt receuë par deux vaiſſeaux nommez ſalivaires, qui ſont formez de
pluſieurs petits rameaux qui ſe réuniſſent enſemble au ſortir de ces glandes, & qui vont le
long des jouës les percer dans le milieu, pour
entrer dans la bouche où ils finiſſent.

30
Deux
viennent
des ma-
xillaires.

Les glandes maxillaires ſont ainſi appellées,
parce qu'elles ſont ſituées ſous la mâchoire inferieure, entre le larinx & l'os hyoïde ; ces glandes qui ſont conglomerées ont des arteres, des
vénes, & des vaiſſeaux ſalivaires, qui ſont formez de pluſieurs rameaux réunis enſemble ſous
le digaſtrique : la ſalive ayant eſté filtrée par ces
glandes eſt receuë par ces vaiſſeaux ſalivaires,
qui la vont décharger dans la bouche. Ils y entrent ſous la pointe de la langue, aux côtez du
frein, vers les dents inciſives d'embas.

Uſage des
glandes &
des vaiſ-
ſeaux ſa-
livaires.

L'uſage de ces quatre groſſes glandes eſt de
travailler ſans ceſſe à la ſeparation de la ſalive,
& de la verſer par les quatre vaiſſeaux ſalivaires
dans la bouche, pour y eſtre le premier diſſolvant
des alimens, comme je vous l'ay déja fait remarquer à la page 174. en parlant de leur digeſtion.

La ſituation naturelle de ces glandes eſt extre-
mement commode pour leur action. A l'égard
des parotides elles ſont dans une cavité preſque

toute offeufe; outre cela l'angle de la mâchoire inferieure qui les preffe dans le tems de la mafti-cation, oblige la falive de fortir de ces glandes, & de fe décharger dans la bouche. Les maxillai-res à la verité ne font pas preffées par une par-tie offeufe ; mais elles le font par les mufcles digaftriques, qui étant les abbaiffeurs de la mâ-choire inferieure, fe groffiffent toutes les fois qu'elle s'ouvre, & par la tumeur qu'ils font dans leur corps, expriment la falive qui eft dans ces glandes, & l'obligent de prendre le chemin de la bouche.

Ainfi ces quatre glandes font placées de ma-niere que les mouvemens de la mâchoire en font fortir la falive pour aller dans la bouche ; ce que nous experimentons même en parlant, & en baaillant, quoyque les mouvemens de la mâ-choire foient moindres qu'en mâchant ; je dis, en baaillant, car ces glandes étant comprimées for-tement par la grande dilatation de la bouche, la falive en fort quelquefois avec tant d'impe-tuofité, qu'elle en eft jettée bien loin hors de la bouche.

Voilà, Meffieurs, tout ce que j'avois à vous dire fur les organes des quatre fens que je viens de vous démontrer ; je me fuis contenté de diffe-quer & de déveloper tous les reffors & les par-ticules qui les compofent ; & vous avez vû, com-me moy, que toutes les actions qui en refultent, font une fuite neceffaire de la difpofition natu-relle de ces parties.

NEUVIE'ME

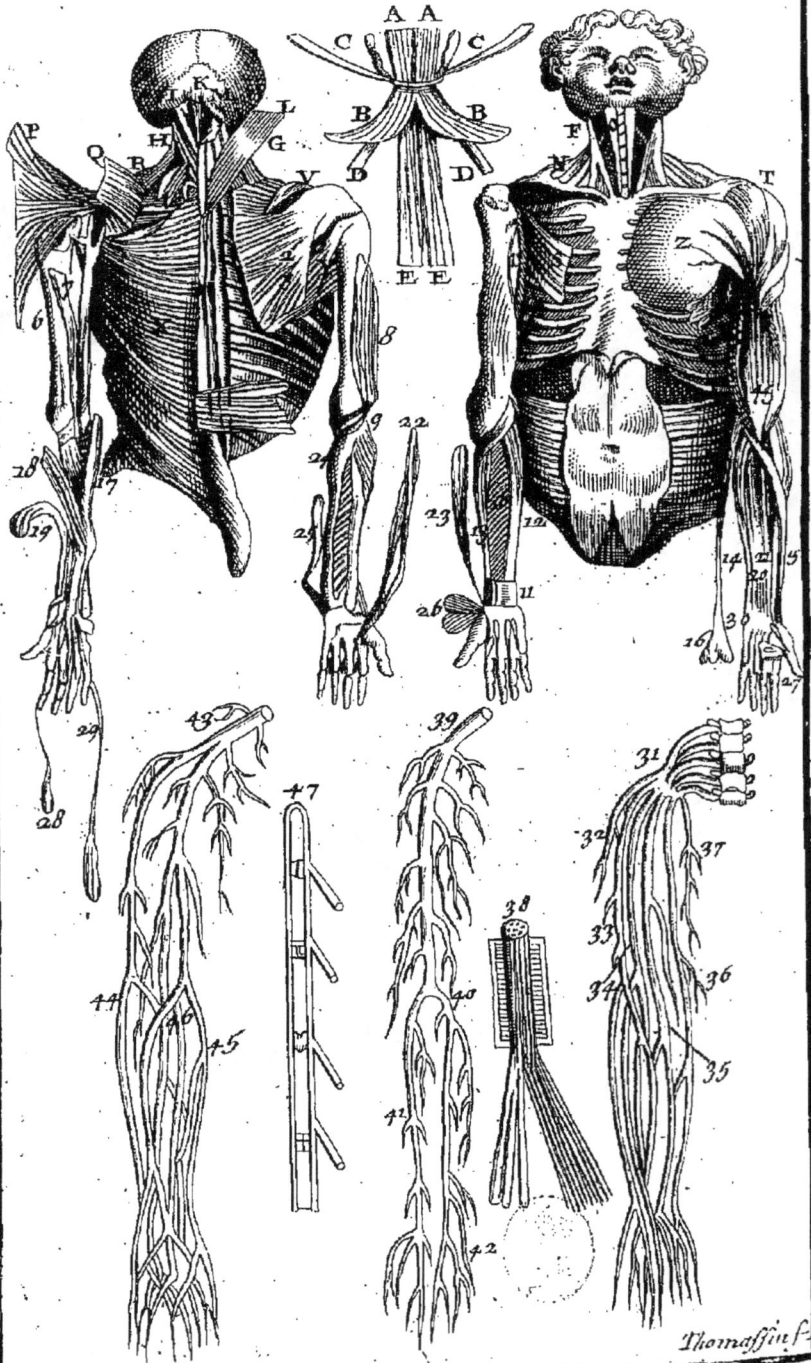

Thomassin f.

NEUVIE'ME

DEMONSTRATION.

Des Parties qui composent les extremitez superieures.

IL faut vous ressouvenir, Messieurs, que nous avons divisé le corps humain au tronc, & aux extremitez; Jusqu'icy nous avons démontré assez amplement toutes les partiés qui entrent dans la composition du tronc ; il ne s'agit plus maintenant que de vous faire voir les extremitez. Je vous en feray deux Démonstrations, parce que le nombre des parties qui les composent est si grand, que je ne puis vous les faire voir toutes dans une seule leçon.

Je vous ay dit au commencement de cette Anatomie que ces extremitez sont quatre, sçavoir deux superieures, que l'on nomme les bras, & deux inferieures, qui sont les jambes. Vous verrez aujourd'huy les superieures, & demain les inferieures.

Si j'ay differé jusqu'à present à vous entretenir des generalitez des muscles, & de leurs mouvemens, c'est parce que j'ay crû que c'étoit ici le lieu le plus convenable pour vous en instruire,

F f

puisqu'il ne s'agit presque que des muscles dans cette Démonstration, & dans la suivante.

La Myologie est une science qui traite des muscles en particulier. Ce mot se tire de deux dictions Grecques, de μῦς, qui signifie *rat*, & de λόγος, qui signifie *discours*; car les Anciens pretendoient que les muscles approchoient assez bien de la figure d'un rat à qui on auroit coupé les pattes.

Toutes les incisions que le Chirurgien fait sur le corps humain doivent estre faites selon la rectitude des fibres des muscles; or comment pourroit-il executer ce que son Art demande, s'il ignoroit la situation & la structure des muscles? C'est donc cette partie de l'Anatomie qu'il doit sçavoir préferablement aux autres; car autrement il seroit tous les jours dans le hazard d'estropier ceux sur lesquels il opere.

Le muscle est défini une partie dissimilaire & organique, qui est un tissu de fibres mouvantes enveloppées d'une tunique où entrent des nerfs & des arteres, & d'où sortent des vénes: Ou bien si nous considerons le muscle dans ses actions, nous dirons qu'il est le principal organe du mouvement volontaire.

L'on trouve des muscles par toutes les parties du corps, parce qu'il n'y en a pas-une qui ne fasse quelque mouvement: le plus grand nombre est placé aux bras & aux jambes, à cause de la diversité des mouvemens qu'ils sont obligez de faire, ces parties étant comme des valets & des porteurs, qui sont pour obeïr & faire le travail le plus rude.

La plûpart des mufcles different en figure ; en effet l'on n'en trouve prefque pas deux de femblables ; il y en a de ronds , de quarrez , de triangulaires & de circulaires : il y en a beaucoup même qui ont leur dénomination des figures avec lefquelles ils ont du rapport.

Ils different en figure.

Leur grandeur prife felon les trois dimenfions generales , longueur , largeur , & profondeur , eſt encore fort inégale ; car il y en a de longs & de courts , de larges & d'étroits , d'épais & de minces. Les parties qui font petites , & qui n'avoient à faire que des mouvemens legers & faciles , n'ont auſſi euës que de tres-petits mufcles ; celles qui en devoient faire de forts, en ont de tres-grands : Enfin l'on remarque que la grandeur des mufcles eſt proportionnée à celle des parties qu'ils font mouvoir.

Il y en a de plufieurs grãdeurs.

Vous avez toûjours ouïs dire que l'on divifoit les parties du corps humain en deux , en fpermatiques , & en fanguines ; que les premieres étoient formées par la femence, & les autres par le fang menſtruel ; & que la chair des mufcles étoit du nombre de celles qui étoient faites par le fang de la mere. Cette opinon repugne à nôtre principe ; nous pretendons que toutes les parties du corps font d'une même nature , & qu'elles font fpermatiques, ayant toutes leur commencement dans la femence dont elles font formées, & que le fang qui y eſt porté ne fert que pour leur nourriture & leur accroiſſement ; de forte que ce qu'on appelloit chair mufculeufe eſt partie fpermatique, comme toutes les autres ; & ſi elle vous paroît plus rouge que la tête , ou la queuë

Le mufcle eſt partie fpermatique comme les autres.

du mufcle, c'eft que les fibres étans plus dilatées,
les particules du fang qu'elle reçoit continuellement pour faire les mouvemens s'arrêtent dans
ces efpaces, & y font cette rougeur qu'on y apperçoit. Si vous lavez un mufcle dans plufieurs
eaux après l'avoir dépoüillé de fa tunique, les
eaux dans lefquelles vous le laverez deviendront
rouges, & le milieu du mufcle auffi blanc que
les extremitez ; toute la difference que vous
trouverez entre le corps du mufcle & les tendons, après que les particules du fang embar-
raffées dans fes fibres feront diffoutes & entraî-
nées par l'eau, fera que les fibres des tendons
vous paroîtront plus ferrées, & celles du corps
du mufcle plus dilatées.

Division du muf-cle.

Pour bien examiner comment eft fait un mufcle, il le faut divifer en fes parties : on en fait
de deux fortes, les unes font appellées fimilaires,
& les autres diffimilaires.

En par-ties fimi-laires.

Il faut vous fouvenir qu'une partie fimilaire
eft celle qui ne fe peut divifer qu'en parties femblables, & de même nature. De ces fortes de
parties nous en trouvons fix qui entrent dans la
compofition du mufcle : la premiere eft le ligament qui fort de l'os, & fert à y attacher le
mufcle : la feconde, le nerf qui vient du cerveau,
& luy diftribuë l'efprit animal : la troifiéme,
font les fibres qui en font toute la fubftance : la
quatriéme, l'artere qui luy apporte le fang pour
fa nourriture : la cinquiéme, la véne qui raporte
le refte de ce même fang : & la fixiéme, la tunique qui l'enveloppe de toutes parts. Elle eft faite
des fibres nerveufes & ligamenteufes.

Nous avons dit encore qu'une partie diſſimi-
laire étoit celle qui ne ſe pouvoit diviſer qu'en
parties de differente nature ; le muſcle en renferme trois, qui ſont, la tête, le ventre, & la
queuë du muſcle.

Ce que l'on appelle la tête du muſcle eſt
l'endroit où il prend ſon origine, & où entre un
ligament qui l'attache fortement à la partie d'où
il ſort; ce ligament n'eſt pas ſi dur que l'os, ni
ſi moû que le muſcle; ſi bien qu'étant d'une
ſubſtance entre l'un & l'autre, il ſert de moyen
pour les unir enſemble: la plûpart des Auteurs
veulent que la tête du muſcle ſoit ſon extremité, vers laquelle le nerf s'inſere; ce qui ſe rencontre ſouvent veritable.

Le ventre du muſcle eſt la partie moyenne
d'iceluy, qui en eſt toûjours la principale & la
plus grande; c'eſt cette partie qui ſe gonfle & ſe
dilate dans la contraction du muſcle, comme je
vous feray voir en vous parlant de la maniere
dont il fait ſes divers mouvemens.

La queuë du muſcle eſt ſon extremité, par laquelle il s'attache à la partie qu'il fait remuer:
lorſqu'elle eſt étroite & ronde elle ſe nomme
tendon , & quand elle eſt large & plate elle
s'appelle aponevroſe , qui veut dire un nerf
dilaté.

Le tendon eſt ainſi appellé, parce qu'il eſt tendu comme la corde d'un arc: c'eſt un corps continu qui eſt fait des fibres du ligament & du nerf
unis enſemble: ces fibres paſſent par le ventre
du muſcle, & ſe joignans font une corde forte
qui le joint à la partie qu'il fait mouvoir. Il y a

des tendons qui font plus gros les uns que les autres, & de toutes fortes de figures. Le tendon eft toûjours placé vers la fin du mufcle; il y fait le même office que le ligament en fon commencement : il eft de couleur blanche comme de l'argent, fi bien qu'aprés l'humeur criftalline, c'eft la plus belle partie qui foit au corps.

Cinq autres differences des mufcles.

Outre les differences des mufcles qui fe tirent de leur fituation, de leur figure, & de leur grandeur, (que je vous ay montré,) il y a encore cinq chofes par lefquelles ils different les uns des autres, qui font leurs parties, leur origine, l'arrangement de leurs fibres, leurs trous, & leur action.

En leurs parties.

Premierement nous voyons que les uns n'ont qu'une tête, d'autres en ont deux ou trois, comme le biceps ou triceps; ceux-ci n'ont qu'un ventre, ceux-là en ont deux, comme les digaftriques : Les uns ne finiffent que par un tendon, & d'autres par plufieurs, comme les fléchiffeurs & les extenfeurs des doigts. Il y a plufieurs mufcles qui finiffent par un tendon commun, comme les jumeaux & le folaire. Il y a encore des mufcles qui prennent leur nom des parties fur lefquelles ils font couchez, comme les crotaphites, les pectoraux, les iliaques, & plufieurs autres.

En leur origine.

La feconde difference fe tire de leur origine & infertion, parce que les uns naiffent des os, les autres des cartilages, & d'autres des membranes. Les uns finiffent aux os, comme ceux des extremitez; d'autres à la peau, comme les palmaires; & d'autres aux parties, comme ceux

de la langue ; de plus les uns prennent leur origine d'une partie & s'inferent à plusieurs, comme les facrez & les demi épineux ; & enfin d'autres tirent leur origine de plusieurs parties, &
finissent par une seule insertion, comme les
mastoïdiens & les deltoïdes.

La troisiéme se prend de l'arrangement de
de leurs fibres, en ce que les uns les ont droites, qui vont de la tête à la queuë ; les autres
les ont obliques & transverses, & d'autres circulaires ; & de plus il y a beaucoup de muscles
qui n'ont qu'une sorte de fibres, comme les extenseurs, & les fléchisseurs du carpe ; & d'autres
en ont de deux & de trois sortes, comme les
trapezet.

En leur
situation.

La quatriéme se tire de leurs trous ; il y a des
muscles qui ne font point percez, d'autres le
font ; de ceux qui ont des trous, les uns n'en ont
qu'un, comme les stilohyoidiens ; d'autres en ont
deux, comme ceux de l'abdomen ; d'autres trois,
comme le diaphragme ; & d'autres quatre, comme les sublimes, par où passent les tendons du
profond.

En leurs
trous.

La cinquiéme difference se prend de leur
action & usage, qui est, comme vous sçavez,
le mouvement volontaire ; ainsi il y a autant
de difference dans les muscles qu'il y a de varie-
té dans leurs mouvemens, que l'on reduit à
trois sortes : premierement, nous voyons que
chaque muscle a un autre muscle opposé, qui
fait une action contraire ; un fléchisseur a un
extenseur ; un levateur a un abbaisseur. Ainsi il
y a de deux sortes de muscles, de congenerez &

En leur
action.

F f iiij

d'antagoniftes ; on nomme congenerez ceux qui
conſpirent à une même fin , comme deux fléchiſſeurs , ou deux levateurs : on appelle antagoniſtes ceux qui font des mouvemens contraires , comme l'extenſeur des doigts eſt l'antagoniſte des fléchiſſeurs. Quand l'un de deux muſcles antagoniſtes eſt coupé, l'autre devient inutile
& n'a plus d'action ; mais ce n'eſt pas de même
des congenerez, où l'un peut ſuppléer au defaut
de l'autre , parce qu'ils font une même action :
Secondement , ou les muſcles ſe meuvent d'eux-
même comme les ſphincters , ou ils meuvent
d'autres parties ; de ces derniers les uns font
mouvoir de groſſes parties , & ont de forts tendons , comme ceux qui remuent les bras & les
jambes ; & les autres n'ont que de petits tendons , comme ceux des yeux ; & d'autres n'en
ont point du tout , comme ceux de la langue.
En troiſiéme lieu , il y a pluſieurs des muſcles à
qui on a impoſé des noms ſelon leur action , ou
leur mouvement ; c'eſt pourquoy ils font appellez abbaiſſeurs ou levateurs , adducteurs ou abducteurs , pronateurs ou ſupinateurs , & ainſi de
quelques autres.

Les mou-
vemens
du muſ-
cle.
Le muſcle a deux ſortes de mouvemens, celui
de contraction , & celui d'extenſion. Par le premier il s'accourcit , par le ſecond il s'allonge ,
d'où s'enſuivent tous les divers mouvemens que
nous voyons au corps. On y en ajoûte un troiſiéme , qu'on appelle mouvement tonique, qui
ſe fait lorſque pluſieurs muſcles agiſſent de con-
cert , & tiennent une partie ferme & bandée ſans
la mouvoir aucunement : Ce qui arrive quand

les quatre mufcles droits de l'œil le tiennent fans branler, & le font regarder fixement en un même endroit, ou quand l'homme fe tient debout ; quoy qu'il ne fe meuve pas actuellement, neanmoins les mufcles qui le tiennent dans cette pofture droite ne laiffent pourtant pas d'agir.

Les mouvemens font fimples ou compofez ; ceux qui fe font en haut, en bas, en devant, en derriere, à droite & à gauche, font appellez fimples, parce qu'il n'y a qu'une forte de mufcle qui les faffe ; mais lorfque plufieurs agiffent enfemble & fucceffivement, on les nomme compofez, comme quand nous mouvons les bras en rond.

Il y a des mouvemens fimples & de compofez.

L'on remarque que quand le mufcle agit il fe gonfle, parce qu'il fe racourcit, & que la groffeur qu'il fait par ce gonflement eft toûjours dans fon ventre, & qu'elle paroît en dehors, excepté aux mufcles de l'Epigaftre, à caufe qu'ils n'ont point d'os pour les appuyer.

Le mufcle fe gonfle en agiffant.

Il faut obferver que le mufcle prend toûjours fon origine à une partie plus ferme que celle où il va s'inferer, & que la partie qu'il doit remuer eft toûjours celle où il va finir ; d'où il s'enfuit que lors qu'il fe contracte, il devient plus court, & par confequent une des deux parties attachées à fes deux extremitez doit fe mouvoir, qui eft toûjours celle où il va s'inferer.

Le mufcle remuë toûjours la partie la moins folide.

Il eft encore à remarquer que dans le mufcle, comme dans les autres organes parfaits, toutes les parties qui entrent dans fa compofition ne concourent pas dans un même degré à fa fin ; il y en a quatre principales qui fervent au mouve-

Quatre fortes de parties dans le mufcle contribuent au

ment. La première est la partie qui fait l'action
par elle-même, qui sont les fibres mouvantes;
La seconde est celle sans qui l'action ne se feroit
pas, qui est le nerf. La troisiéme, sont celles par
qui l'action se fait mieux & plus fermement,
qui sont le tendon & le ligament : Et la quatriéme , sont celles qui conservent l'action , qui
sont les arteres , les vénes, les membranes , &
la graisse.

Il est dif-
ficile de
sçavoir ce
qui fait
mouvoir
les mus-
cles.

Enfin nous convenons que les muscles servent
à mouvoir toutes les parties de nôtre corps
quand il nous plaît ; mais on a de la peine à
concevoir comment cela se fait. On ne doit pas
s'en étonner , puisque cette matiere a exercé
deux des plus habiles Anatomistes de nos jours,
sans qu'ils ayent pû encore s'accorder. Neanmoins il ne faut pas que cela nous arrête , &
cette matiere, quoyque difficile, n'est pas impossible à penetrer. Je vais tâcher de vous en
donner une legere idée , suivant la Mécanique.

C'est le
suc ani-
mal versé
dans le
muscle
qui le fait
se gon-
fler.

La veuë d'un muscle nous apprend qu'il peut
se mouvoir, & qu'il est toûjours en état de le
faire; mais il faut quelque cause qui le mette en
mouvement. Il est certain que cette cause vient
du cerveau , puis qu'aussi-tôt que la volonté a
déterminé de fléchir le carpe, dans le même tems
les muscles obeïssent, & le carpe est fléchi; &
voici comment : Le sang qui est versé sans dis-
continuation dans le corps du muscle par l'artere, est toûjours prest de se raréfier pour gon-
fler le muscle, mais il ne le peut de luy-même.
C'est par le mélange du suc animal , qui est

porté par le nerf dans le muscle que se fait cette rarefaction, qui écartant les fibres les unes des autres les racourcit; & de là s'ensuit le mouvement de la partie qui est attachée à la queuë du muscle.

Cet écoulement du suc animal dans les muscles ne se fait que quand nous voulons; c'est ce qui rend leur mouvement volontaire. Si la volonté veut qu'un bras soit en repos, il y demeure: si elle veut qu'un pied se meuve, il le fait en même tems: Il ne faut pas croire que le suc animal soit porté du cerveau dans les muscles, dans le tems qu'il veut qu'ils se meuvent. Le mouvement suit de si prés la volonté, qu'il ne pourroit pas en faire le chemin en un instant: Mais les nerfs sont autant de canaux pleins du suc animal, toûjours prests de le verser par leurs extremitez dans les muscles où ils vont aboutir; & lorsque la volonté détermine de mouvoir quelque muscle, il se fait une petite compression des fibres du cerveau sur l'extremité du nerf; cette compression pousse le suc animal dont il est rempli, & l'oblige à sortir par l'autre bout du nerf, qui se termine dans le muscle, où se mêlant avec le sang qu'il y trouve toûjours, il s'y fait une ébullition, d'où s'ensuit le gonflement.

Commét le suc animal y est versé.

Je me sers d'une comparaison pour vous faire concevoir cette opinion; le reservoir d'où vient l'eau qui fait joüer les fontaines, est toûjours placé au lieu le plus éminent du jardin; plusieurs conduits en partent qui vont à toutes les fontaines. Lorsque le Fontenier en veut faire joüer

Comparaison qui donne une idée comment cela se fait.

quelqu'une il ouvre le robinet de son conduit,
& fur le champ on la voit jallir, bien qu'elle
foit quelquefois à cinq cens pas du refervoir. Le
cerveau fait l'office du refervoir, les nerfs en
font les conduits, les fontaines font comme les
mufcles, & le Fontenier reprefente la volonté,
qui met quand il luy plaît tous les mufcles en
mouvement.

Obfervations qui confirment cette opinion.

Si nous obfervons ce qui arrive dans les mouvemens, tout confirmera l'opinion que j'avance.
Quand une perfonne eft en repos, elle n'a pas fi
chaud que lors qu'elle travaille, ou qu'elle marche, parce que le mouvement étant entretenu
par plufieurs efferveffences réiterées, il augmente la chaleur & la circulation du fang avec bien
plus d'activité que dans le repos ; & fi après une
courfe vous mettez la main fur le cœur de celui
qui a couru, vous le fentez battre plus vîte
qu'à l'ordinaire, parce que le fang ayant paffé
avec précipitation par les mufcles, & les ayant
gonflé fouvent par le mélange du fuc animal,
il fe porte au cœur plus promptement que de
coûtume.

Le fuc animal circule comme le fang.

Bien que nous ayons comparé le cerveau à
un refervoir, cependant il ne faut pas croire
qu'il puiffe contenir autant de fuc animal qu'il
en faut pour entretenir les mouvemens d'un
voyageur, qui marche à pied pendant toute la
journée, ou d'un Forgeron qui travaille incef-
famment : Celuy qui a produit les premiers
mouvemens, après s'eftre mêlé avec le fang,
repaffe dans le cerveau par la circulation, là il fe
fepare du fang pour eftre employé derechef à de

nouveaux mouvemens; ce qui nous apprend que le fuc animal circule de même que le fang, & que par confequent la diffipation qui s'en fait par le travail, eft reparé par les alimens qne nous prenons; c'eft pourquoy ceux qui font employez à des ouvrages rudes & penibles, ont befoin de manger plus fouvent & en plus grande quantité que les autres.

Voilà, Meffieurs, les generalitez des mufcles expliquées, commençons à prefent à les examiner chacun en leur particulier; Avant que de vous faire voir ceux du bras que nous nous fommes propofez pour le principal fujet de la Démonftration d'aujourd'huy, je vais vous décrire ceux de la mâchoire inferieure, de l'os hyoïde, de la tête, & du col, afin de ne rien oublier.

La mâchoire inferieure fait fes mouvemens par le moyen de douze mufcles, fix de chaque côtez, dont il y en a quatre qui la ferment, & deux qui l'ouvrent.

Le premier des fermeurs eft le crotaphite, ou temporal; il prend fon origine de la partie laterale & inferieure de l'os coronal, de la partie moyenne & inferieure de l'os parietal, & de la fuperieure de l'os petreux; & paffant par deffous l'apophife zigomatique, va s'inferer par un tendon court, fort & nerveux à l'apophife coronoïde de la mâchoire inferieure. Ce mufcle reçoit des nerfs de la troifiéme & cinquiéme paire; ce qui fait que fes bleffures font fouvent mortelles, à caufe des convulfions qu'elles caufent. Ses arteres luy viennent des carotides, & fes vénes fe déchargent dans les jugulaires. Les

Faut examiner les mufcles en particulier.

Six mufcles à la mâchoire de chaque côté. Faut les voir dans la dix-feptiéme planche.

Le crotaphite.

fibres de ce mufcle vont de la circonference au centre, & c'eſt une des raiſons pourquoy l'on doit éviter d'y faire des inciſions & des ouvertures. L'on remarque que ce mufcle a trois choſes particulieres qui le fortifient dans ſon action. La premiere, qu'étant couché immediatement ſur les os du crane, il eſt recouvert du pericrane. La ſeconde, qu'il paſſe ſous le zigoma, qui ſemble n'eſtre fait que pour luy ſervir de deffenſe : Et la troiſiéme, que ſon tendon eſt garni par deſſus & par deſſous d'une chair, qui, comme un couſſin, empêche qu'il ne ſoit bleſſé.

Le pterigoïdien. Le ſecond eſt le pterigoïdien exterieur ; il prend ſon origine de l'apophiſe pterigoïde, & s'inſere dans l'eſpace qui eſt entre le condile & le coroné de la mâchoire inferieure ; on l'appelle le caché, parce qu'il eſt difficile à faire voir, à moins que l'on ne caſſe l'os de la mâchoire.

D
Le maſſeter. Le troiſiéme eſt le maſſeter, qui a deux origines, dont l'une vient de l'os de la pomette, & l'autre de la partie inferieure du zigoma, & deux inſertions ; l'une va à l'angle exterieur de la mâchoire, & l'autre à la partie moyenne ; ſi bien que les fibres de ce mufcle s'entre-croiſent en forme d'un X, parce que ceux qui viennent de la pomette, vont à l'angle de la mâchoire, & ceux du zigoma vont à la partie moyenne de la mâchoire.

Le pterigoïdien interne. Le quatriéme eſt le pterigoïdien interieur, il naît de l'apophiſe pterigoïde, partie interne, & ſe vient inſerer à la partie interne de l'angle de la mâchoire inferieure ; il faut remarquer que de ces quatre muſcles, deux ſont attachez à

l'apophife coronoïde, le crotaphite en dehors, &
le pterigoïdien externe en dedans; & deux à l'angle de la mâchoire, le maffeter exterieurement,
& celui-ci interieurement. Toûs quatre enfemble font la maftication en approchant la mâchoire inferieûre de la fuperieûre, & les ferrant
fortement l'une contre l'autre.

Le cinquiéme & premier des ouvreurs eft le
peaucier, ainfi nommé, parce qu'il eft mince
comme la peau. Il prend fon origine de la partie
fuperieûre du fternum, de la clavicule, & de
l'acromion, & va s'inferer à la partie externe de
la bafe de l'os de la mâchoire inferieure. Il y en
a qui confondent ce mufcle avec le pannicule
charneux.

Le fixiéme & dernier des ouvreurs eft le digaftrique ou biventer, ainfi nommé parce qu'il
a deux ventres à fes deux extremitez, & un tendon dans fon milieu; il prend fon origine d'une
fiffure qui eft entre l'os occipital & l'apophife
maftoïde, & paffant fon tendon par un trou
qui eft au mufcle ftiloïdien, il va s'inferer à la
partie inferieûre & interne du menton. Si ce
mufcle avoit eu fon ventre dans fon milieu,
comme les autres, en fe gonflant il auroit preffé
le pharinx, qui eft le paffage de l'aliment; mais
ayant fes ventres à fes extremitez, le gonflement s'y fait lors qu'il agit; & ainfi la cavité du
pharinx n'étant point preffée, les alimens peuvent y paffer librement.

Il faut obferver que la mâchoire n'a que deux
mufcles pour l'abaiffer, parce que par fon propre poids elle fe baiffe affez; mais que pour la

F
Le peaucier.

G
Le digaftrique.

Deux mufcles fuffifent pour l'abaiffer.

fermer elle en a six gros, parce qu'il falloit plus
de force pour la lever en haut, & pour broyer
& mâcher les viandes ; ce qu'elle fait commodement par le moyen de ces muscles : Et lors
que la mâchoire se porte un peu en devant,
ou vers les côtez ; ce sont les fibres entre-croi-
sées du masseter qui luy font faire ces mouvemens.

L'os hyoïde n'est point articulé avec aucun
autre os, il est seulement attaché par dix muscles qui font cette espece d'articulation, que
l'on nomme sisarcose ; ces muscles le tiennent
dans sa situation, de même que dix cordes attachées au mât d'un navire empêchent qu'il
ne tombe d'un côté ou d'un autre. De ces
dix muscles il y en a cinq de chaque côté.

Le premier est le genihyoïdien ; il prend son
origine de la partie inferieure & interne du menton, & va s'inserer à la partie superieure de la
base de l'os hyoïde, qu'il tire en haut.

Le second est le milohyoïdien ; il prend son
origine de la partie interne de la côte de la mâchoire inferieure, environ les dents molaires,
& va s'inserer à la partie laterale de la base de
l'os hyoïde, qu'il tire en haut & à côté.

Le troisiéme est le stilohyoïdien ; il prend son
origine de l'extremité de l'apophise stiloïde, &
va s'inserer à la corne de l'os hyoïde ; ce qui a
fait que quelques-uns l'ont appellé stiloceraco-
hyoïdien ; ce muscle est percé pour laisser passer
le digastrique : il tire l'os hyoïde vers le côté.

Le quatriéme est le coracohyoïdien ; il prend
son origine de l'apophise coracoïde de l'omoplate,

te, & vient s'inferer à la partie inferieure & laterale de la bafe de l'os hyoïde, qu'il tire en bas
vers le côté : on le nomme aufsi digaftrique,
parce qu'il a deux ventres à fes deux extremitez, & un tendon dans fon milieu, qui eft l'endroit où il touche les vaiffeaux, qui font l'artere
carotide & la véne jugulaire interne; fi fon ventre eût efté dans fa partie moyenne, il eut nui
par fon gonflement au mouvement du fang, qui
fe fait dans ces vaiffeaux ; ce qui nous montre
que la nature n'a pas efté moins ingenieufe dans
la ftructure des mufcles, que dans celle des
autres parties.

Le cinquiéme eft le fternohyoïdien, il prend
fon origine de la partie interne du premier os
du fternum, & qui montant le long de la trachée artere, va s'inferer à la bafe de l'os hyoïde,
qu'il tire en bas. Vous remarquerez que ces mufcles, avec ceux de l'autre côté, font faire les
mouvemens de l'os hyoïde, qui font de s'abaiffer
& fe hauffer dans le tems de la déglutition pour
la faciliter, & que les ftilohyoïdiens en ont un
de particulier, qui eft en tirant les cornes de l'os
hyoïde vers leur principe, de rendre la capacité du pharinx plus ample, puifque, comme
je vous ay dit dans l'Ofteologie, le principal
ufage de l'os hyoïde, qui eft fait en croiffant,
eft de former la capacité du pharinx.

La tête fait tous fes mouvemens par le
moyen de quatorze mufcles, fept de chaque
côté, dont il y en a un qui l'abaiffe, quatre qui
la relevent, & deux qui la meuvent demi-circulairement.

E E
Le fter-
nohyoï-
dien.

La tête à
quatorze
mufcles.

Gg

Le premier eſt l'abaiſſeur, c'eſt le ſternocline-maſtoïdien ; il prend ſon origine de la partie ſuperieure & laterale du premier os du ſternum, & de la moyenne de la clavicule ; il va montant obliquement s'inſerer à la partie ſuperieure de l'apophiſe maſtoïde. C'eſt luy qui fait baiſſer la tête ſur la poitrine en la fléchiſſant, & qui fait faire le ſigne de la tête, qui veut autant dire que oüy, quand nous conſentons à quelque choſe.

Le ſecond, qui eſt le premier de ceux qui le relevent, eſt le ſplenique, ainſi nommé, parce parce qu'il a la figure de la ratte ; il prend ſon origine des ſommitez des apophiſes épineuſes des cinq vertebres ſuperieures du dos, & des trois inferieures du col, & va s'inſerer en montant un peu obliquement à la partie poſterieure & laterale de l'occiput.

Le troiſiéme eſt le complexus, ainſi appellé, parce qu'il a pluſieurs ſortes de fibres ; il prend ſon origine des apophiſes tranſverſes des mêmes vertebres que le ſplenique, & va s'inſerer en ſe portant obliquement à la partie poſterieure & moyenne de l'occiput. Ce muſcle & le precedent s'entre-croiſent comme une Croix de ſaint André.

Le quatriéme eſt le grand droit, ainſi appellé, non pas à cauſe de ſa grandeur qui eſt fort mediocre, mais par comparaiſon à celuy qui le ſuit, qui eſt encore plus petit que luy ; il prend ſon origine de l'extremité de l'apophiſe épineuſe de la ſeconde vertebre du col, & va s'inſerer à l'occiput.

Le cinquiéme est le petit droit ; il prend son origine de la petite éminence qui est à la partie postérieure de la premiere vertebre du col, & va s'inserer à l'occiput. Ce muscle est situé sous le precedent ; l'un & l'autre sont nommez droits, parce que leurs fibres vont directement de leur origine à leur insertion : Il faut remarquer qu'il y a quatre muscles de chaque côtez qui relevent la tête, & qu'il n'y en a qu'un qui l'abaisse, parce que les vertebres du col qui servent de pivot à la tête ne sont pas tout-à-fait au milieu, & le poids étant plus en devant, un seul muscle suffit pour la baisser, lorsque quatre ont assez de peine à la relever ; ce que nous experimentons par la pente naturelle que l'on a de baisser la tête, & que l'on est obligé de recommander souvent aux enfans, de tenir la tête droite pour la bonne grace.

K
Le petit droit.

Le sixiéme, qui est le premier de ceux qui meuvent la tête demi-circulairement, est le grand oblique, qu'on met au nombre de ceux de la tête, quoy qu'il n'y ait pas son origine ni son insertion. Il prend son origine de l'épine de la seconde vertebre du col, & va s'inserer obliquement à l'apophise transverse de la premiere.

L
Le grand oblique.

Le septiéme & dernier de la tête est le petit oblique ; il prend son origine de l'occiput, contre l'opinion commune, qui veut que son origine soit où est son insertion ; il va s'inserer obliquement à l'apophise transverse de la premiere vertebre au même endroit où s'insere le precedent. Les deux muscles obliques du même côté, en tirant cette apophise transverse, font faire à la

M
Le petit oblique.

tête le mouvement demi-circulaire, parce que les mouvemens de la tête ne se font pas sur la premiere vertebre, mais sur la seconde qui a une éminence odontoide, autour de laquelle la premiere vertebre tourne comme une roüe autour d'un aissieu : Ce sont ces muscles qui font faire ce mouvement de la tête, qui veut dire non, quand nous refusons quelque chose sans parler, en remuant la tête à droite & à gauche.

Le col a huit muscles.

Le col se meut en deux manieres, il se fléchit, & il s'étend, & ce par le moyen de huit muscles, quatre de chaque côté, dont il y en a deux fléchisseurs, & deux extenseurs.

N Le scalene.

Le premier des fléchisseurs est le scalene, ainsi appellé, parce qu'il ressemble à un triangle scalene ; il a deux origines qui étant éloignées l'une de l'autre, laissent un espace entr'elles par où passent les vaisseaux ; l'une vient de la partie superieure de la premiere côte, & l'autre de la clavicule ; il va s'inserer aux extremitez des apophises transverses des trois & quatre vertebres superieures du col qu'il fait fléchir en le tirant en devant & en bas.

O Le long.

Le second des fléchisseurs est le droit, ou le long ; il prend son origine de la partie laterale du corps des quatre vertebres superieures du dos, & va s'inserer au corps des vertebres superieures du col, & quelquefois à l'occiput ; il fléchit le col conjointement avec le scalene.

L'épineux.

Le troisiéme, qui est le premier des extenseurs, est l'épineux, ainsi nommé, parce qu'il prend son origine des apophises épineuses des quatre & cinq vertebres superieures du dos, &

qu'il va s'inferer à toutes les apophifes épineufes des fix vertebres inferieures du col qu'il
étend.

Le quatriéme & fecond des extenfeurs eft le ⟨Le tranf-
tranfverfe, ainfi appellé, parce qu'il prend fon ⟨verfe.
origine des apophifes tranfverfes des cinq vertebres fuperieures du dos, & qu'il va s'inferer à
l'extremité des apophifes tranfverfes des trois &
quatre vertebres fuperieures du col pour les
étendre. Vous remarquerez que quand tous ces
mufcles agiffent enfemble, ils tiennent le col
ferme & droit, & que quand un extenfeur & un
fléchiffeur agiffent comme le fcalene & le tranfverfe du même côté, ils font pancher la tête fur
une épaule.

Il y a dans les efpaces des mufcles qui occu- ⟨Les glan-
pent le col, plufieurs petites glandes que l'on ap- ⟨des jugu-
pelle jugulaires, à caufe qu'elles accompagnent ⟨laires.
les vaiffeaux du même nom: Elles font de differentes figures, les unes plus groffes, les autres
moins; elles font attachées les unes aux autres
par des membranes & des vaiffeaux, & leur fubftance eft femblable à celle des maxillaires. On
en trouve jufqu'au nombre de quatorze; elles
feparent une liqueur qui humecte tous ces mufcles pour rendre leurs mouvemens plus fouples;
C'eft l'obftruction de ces glandes qui caufent les
écroüelles.

L'omoplate fe meut en haut, en bas, par de- ⟨L'omo-
vant & par derriere par le moyen de quatre muf- ⟨plate a
cles propres, & de deux communs, qui font le ⟨quatre
tres-large & le profond, qui quoy que defti- ⟨mufcles.
nez pour le bras, s'attachent en paffant, & luy

aident en quelque façon à se mouvoir.

Le premier est le trapeze, ou capuchon, parce qu'il ressemble au froc d'un Moine ; il prend son origine de la partie posterieure de l'occiput des épines des six vertebres inferieures du col, & des neuf superieures du dos, & va s'inserer à toute l'épine de l'omoplate, & à la partie externe de la clavicule qui touche l'acromion ; & dautant qu'il a diverses origines, & plusieurs sortes de fibres, il fait des mouvemens differens; par les fibres qui descendent de l'occiput, l'omoplate est levé en haut; par celles qui viennent des épines du col, il est tiré en arriere ; & par celles qui sont attachées aux apophises épineuses du dos, il est mené en bas.

Le second est le rhomboïde ainsi nommé, parce qu'il a la figure d'une losange, ou d'un turbot; il est situé sous le trapeze; il prend son origine des apophises épineuses des trois vertebres inferieures du col, & des trois superieures du dos, & va s'inserer à toute la base de l'omoplate, qu'il tire en arriere.

Le troisiéme est le releveur propre ; il prend son origine des apophises transverses des quatre vertebres superieures du col par des principes differens, qui se réunissans vont s'inserer à l'angle superieur de l'omoplate, qu'il tire en haut.

Le quatriéme est le petit pectoral, situé sous le grand pectoral; il prend son origine par digitation de la deux, trois & quatriéme côte superieure du thorax, & va s'inserer à l'apophise coracoïde de l'omoplate, qu'il tire en devant.

Cette extremité superieure que je vais vous démontrer, se divise en trois, en bras, en avant-bras, & en main ; le bras est tout ce qui est entre l'épaule & le coude ; l'avant-bras commence au coude & finit au poignet ; & la main comprend tout ce qui est depuis le poignet jusqu'aux bouts des doigts ; plusieurs muscles font mouvoir ces parties, il faut les examiner. Division de l'extremité superieure.

Le bras fait cinq sortes de mouvemens, par le moyen de neuf muscles ; il est levé en haut par deux muscles, qui sont le deltoïde & le sus-épineux ; deux l'abaissent, qui sont le tres-large, & le grand rond ; deux le tirent en devant, qui sont le grand pectoral & le coracoïdien ; deux le retirent en arriere, qui sont le sous-épineux & le petit rond ; & enfin il est approché des côtes par le sou-scapulaire. Le bras a neuf muscles.

Le premier de tous ces muscles est le deltoïde, ainsi nommé, parce qu'il ressemble à la lettre Grecque Δ, ou autrement triangulaire humeral; il prend son origine de la moitié de la clavicule, de l'acromion, & de toute l'épine de l'omoplate, & s'étreßissant peu à peu va s'inserer par un fort tendon quasi au milieu du bras, qu'il leve en haut ; la diversité des fibres qui se trouvent dans ce muscle a fait croire qu'il étoit composé de douze muscles simples. T Le deltoïde.

Le second est le sus-épineux, ainsi nommé, parce qu'il emplit toute la cavité qui est au dessus de l'épine de l'omoplate ; il prend son origine de la partie externe de la base de l'omoplate, depuis son angle superieur jusqu'à son épine, & se va inserer au dessous du col de l'os du bras, V Le sus-épineux.

qu'il ceint avec un large tendon, & qu'il leve en haut.

Le troisiéme est le *latissimus*, ainsi appellé, parce qu'il est tres-large, ou *scalptor ani*, à cause qu'il porte la main à l'anus; il couvre presque tout le dos de son côté, & prend son origine des trois & quatre vertebres inferieures du dos, de toutes celles des lombes, de l'épine de l'os sacrum, de la partie posterieure de la lèvre de l'os des iles, & de la partie externe des fausses côtes inferieures; il s'attache à l'angle inferieur de l'omoplate, & se va inserer à la partie supe-rieure & interne de l'humerus, qu'il tire en bas de plusieurs manieres par ses differentes fibres.

Le quatriéme est le grand rond, ainsi nommé pour le distinguer d'un autre qui est rond, & plus petit; il prend son origine de la partie ex-terne de l'angle inferieur de l'omoplate, & va s'inserer avec le latissimus à la partie superieure & interne de l'humerus, un peu au dessous de sa tête, qu'il tire en bas.

Le cinquiéme est le grand pectoral, ainsi nom-mé, parce qu'il est placé à la partie anterieure de la poitrine; il prend son origine de la moitié de la clavicule du côté qu'elle regarde le ster-num, & de la partie laterale & moyenne du ster-num, & couvrant une partie du thorax va s'in-serer par un tendon court & fort à la partie superieure & anterieure de l'humerus, quatre doigts au dessous de sa tête; il tire le bras en devant, & c'est luy qui fait appliquer un souf-flet.

Le fixiéme eft le coracoïdien, ainfi appellé, parce qu'il prend fon origine de l'apophife coracoïde de l'omoplate ; il va s'inferer à la partie moyenne & interne de l'humerus ; leur principe eft court & nerveux, fon ventre oblong & percé pour laiffer paffer les nerfs qui vont aux mufcles du coude, & fon tendon robufte ; il tire avec le pectoral le bras en devant.

Le coracoïdien.

Le feptiéme eft le fous-épineux, ainfi nommé, parce qu'il occupe la cavité qui eft au deffous de l'épine de l'omoplate ; il prend fon origine de la partie externe de la bafe de l'omoplate depuis fon angle inferieur jufqu'à fon épine, & va s'inferer en paffant entre l'épine & le petit rond, à la partie pofterieure & fuperieure de l'humerus, qu'il tire en arriere.

2 Le fous-épineux.

Le huitiéme eft le petit rond, ainfi appellé, parce qu'il eft rond & plus petit que l'autre rond, que je vous ay montré ; il prend fon origine de la côte inferieure de l'omoplate, proche fon angle inferieur, & va s'inferer comme le precedent, à la partie pofterieure & fuperieure de l'humerus, pour la tirer en arriere.

3 Le petit rond.

Le neuviéme & dernier des mufcles du bras eft le foufcapulaire, ainfi appellé, parce qu'il eft fitué tout entier fous l'omoplate, occupant la cavité qui eft entre luy & les côtes ; il prend fon origine de la lévre interne de la bafe de l'omoplate, & va s'inferer à la partie interne & fuperieure de l'humerus, qu'il fait ferrer contre les côtes ; c'eft luy qui fert aux Ecoliers à porter leur porte-feüilles.

Le foufcapulaire.

Tous ces mufcles font faire au bras ces cinq

fortes de mouvemens dont je vous ay parlé; il y en a encore un fixiéme en rond, qui fe fait par les huit premiers mufcles, lorfqu'ils agiffent alternativement.

Divifion de l'a- vant- bras. L'avant-bras fe divife en deux, au coude & au rayon; ils ont leurs mouvemens feparez, & & par confequent des mufcles particuliers pour les faire.

Le coude à fix mufcles. Le coude n'a que deux fortes de mouvemens, celuy de flexion, & celuy d'extenfion; il fait le premier par le moyen de deux mufcles, qui font le biceps & le brachial interne; & le fecond par le moyen de quatre, qui font le long, le court, le brachial externe, & l'anconeus.

4 Le biceps. Le premier eft le biceps, ainfi nommé, parce qu'il a deux têtes, dont l'une prend fon origine de l'extremité de l'apophife coracoïde, & l'autre de la partie fuperieure du bord cartilagineux de la cavité glenoïde de l'omoplate, qui paffant par une finuofité en la partie anterieure & fuperieure de l'humerus, va un peu au deffous du col fe joindre avec fon autre tête; il ne fait alors qu'un ventre, qui defcendant le long de la partie anterieure du bras, & ne faifant qu'un tendon, va s'inferer à une tuberofité qui eft à la partie fuperieure & interne du radius pour fléchir le bras.

5 Le bra- chial in- terne. Le fecond eft le brachial interne, ainfi nommé; parce qu'il occupe la partie interne du bras; il eft caché fous le biceps, & prend fon origine de la partie anterieure & fuperieure de l'humerus, & va s'inferer à la partie fuperieure & interne du cubitus, pour fléchir l'avant-bras conjointement avec le biceps.

Le troifiéme, qui eft le premier des extenfeurs, eft le long, ainfi nommé, parce qu'il eft le plus long des quatre : il prend fon origine de la côte fuperieure de l'omoplate proche fon col, & en defcendant par la partie pofterieure du bras, va s'inferer à l'olecrane par une forte aponevrofe, qui luy eft commune avec les deux fuivans. *6 Le long.*

Le quatriéme eft le court, ainfi appellé, parce qu'il eft plus court que le precedent ; il prend fon origine de la partie pofterieure & fuperieure de l'humerus, & va s'inferer à l'olecrane comme le precedent. *7 Le court.*

Le cinquiéme eft le brachial externe, ainfi nommé, parce qu'il occupe la partie externe du bras ; c'eft cette maffe de chair qui prend fon origine de la partie pofterieure de l'humerus, & va s'inferer à l'olecrane par la même aponevrofe que les deux precedens. *8 Le brachial externe.*

Le fixiéme eft l'anconeus, ainfi nommé, parce qu'il eft fitué derriere le plis du coude, que les Grecs appellent *ancon*, & nous l'olecrane ; il eft le plus petit de tous, & prend fon origine de la partie inferieure du condile externe de l'humerus, & va s'inferer en defcendant entre le cubitus & le radius, par un tendon noüeux, à la partie pofterieure & laterale du coude, trois ou quatre doigts au deffous de l'olecrane ; il aide aux precedens à faire l'extenfion de l'avantbras. *9 L'anconeus.*

Le rayon fait deux fortes de mouvemens, l'un que l'on nomme de pronation, l'autre de fupination ; le premier fe fait quand la paume *Le rayon a quatre mufcles.*

de la main regarde en bas , & le second quand
elle regarde en haut ; deux muscles font la pronation, qui sont le rond & le quarré ; deux autres font la supination , qui sont le long & le
court.

10
Le rond. Le premier des pronateurs est le rond , ainsi
nommé à cause de sa figure ronde ; il prend son
origine de l'apophise interne de l'humerus par
un principe fort & charnu , & va se terminer
obliquement par un tendon membraneux à la
partie externe & plusque moyenne du radius.

11
Le quar-
ré. Le second est le quarré , ainsi nommé à cause
de sa figure quadrangulaire ; il prend son origine de la partie inferieure & quasi externe du cubitus , & s'insere à la partie inferieure & externe du radius. Ce muscle est placé proche le poignet sous les autres : il finit par un tendon aussi
large que son principe , & conjointement avec
le rond ; il fait faire un mouvement demi-circulaire au radius.

12
Le long. Le premier des supinateurs est le long , ainsi
nommé , parce qu'il est plus long que son compagnon ; il prend son origine trois ou quatre doigts au dessus de l'apophise exterieure de
l'humerus , & couché sur le radius il va s'inserer à la partie interne de son apophise inferieure.

13
Le court. Le second est le court , que l'on appelle ainsi
pour le distinguer de son compagnon , qui est
plus long ; il prend son origine de la partie inferieure du condile inferieur & externe de l'humerus , & tournant autour du rayon va de derriere
en devant s'inserer en sa partie superieure & an-

terieure ; Ce mufcle avec le long fait tourner le rayon ; de forte que la paûme de la main regarde en haut, ce qui fait la fupination.

La main proprement dite eft la troifiéme partie de l'extremité fuperieure ; elle commence à l'articulation du poignet, & finit aux extremitez des doigts ; la partie interne fe nomme la paûme de la main, & fon externe le dos de la main ; elle fe divife en trois, en poignet ou carpe, en avant-poignet ou metacarpe, & aux doigts.

Divifion de la main.

Les doigts font plufieurs, afin que l'apprehenfion, qui eft l'action de la main, fe faffe mieux ; ils font de differentes groffeur & longueur ; ce qui contribuë encore à la perfection de fon action : Ils font cinq, le poûce, l'index, celuy du milieu, l'annulaire ; & l'auriculaire : ils ont plufieurs mufcles auffi bien que le carpe ; nous allons les voir.

Cinq doigts à la main.

Le carpe fait deux mouvemens, l'un de flexion, l'autre d'extenfion, par le moyen de fix mufcles, dont trois fervent à le fléchir, & trois à l'étendre. Avant que de vous les démontrer, faut examiner le ligament, que l'on appelle annulaire, parce qu'il ceint & entoure le poignet comme un anneau ; ce ligament eft tres-fort ; car outre qu'il fert à joindre les deux os de l'avant-bras proche le poignet, il tient enfemble comme un bracelet tous les tendons des mufcles, & les empêche de fortir de leur place dans leurs actions.

Le carpe a fix mufcles.

Le premier des fléchiffeurs eft le cubital interieur ; on le nomme cubital, parce qu'il eft placé le long de l'os cubitus, & interieur, parce qu'il

14 Le cubital interieur.

eſt au dedans du bras; il prend ſon origine du condile inferieur & interne de l'humerus, & couché le long de la partie inferieure de l'os du coude paſſe par deſſous le ligament annulaire, & va s'inferer par un gros tendon au petit os du carpe, qui eſt ſitué ſur les autres.

15
Le radial interne.

Le ſecond eſt le radial interieur, ainſi appellé, parce qu'il eſt ſitué le long de l'os radius, & interieur, parce qu'il eſt au dedans du bras; il prend ſon origine du condile inferieur & interne de l'humerus, & ſe couchant le long du radius va s'inferer au premier os du carpe, qui ſoûtient le poûce : Il paſſe auſſi ſous le ligament annulaire.

16
Le palmaire.

Le troiſiéme eſt le palmaire, ainſi nommé, parce qu'il va finir à la paûme de la main; on met ce muſcle au nombre des fléchiſſeurs du carpe, quoy qu'il y en ait qui le donnent particulierement à la paûme de la main; il prend ſon origine du condile inferieur & interne de l'humerus, & paſſant ſeul par deſſus le ligament annulaire, va s'inferer à la peau de la paûme de la main.

17
Le cubital externe.

Le premier des extenſeurs eſt le cubital exterieur, ainſi nommé, parce qu'il eſt placé le long de l'os cubitus & exterieurement; il prend ſon origine de la partie poſterieure du coude, paſſe ſous le ligament annulaire, & va s'inferer à la partie ſuperieure & externe de l'os du metacarpe, qui ſoûtient le petit doigt.

18
Le long.

Le ſecond eſt le long, ainſi nommé, parce qu'il eſt plus long que celuy qui ſuit; il prend ſon origine du tranchant de la partie inferieure de l'humerus, & s'étendant exterieurement le long du rayon, va passer sous le ligament annulaire, & s'inserer à l'os du carpe, qui soûtient le doigt index.

Le troisiéme est le court, ainsi appellé, parce qu'il l'est plus que le precedent ; il prend son origine de la partie plus inferieure du même tranchant, & étant couché le long du rayon va passer sous le ligament annulaire, & se terminer à l'os du carpe, qui soûtient le doigt du milieu. Plusieurs ne font qu'un muscle de ces deux derniers, ils l'appellent radial exterieur ; & d'autres le nomment bicornis, à cause de ses deux insertions ; mais ayant deux origines & deux insertions, & se pouvant separer dans leurs corps, nous avons eu raison de les distinguer.

19
Le court.

L'on trouve outre ces muscles à la racine de la main, au dessous du mont de la Lune, une certaine chair musculeuse de figure quarrée ; elle prend son origine du tenar, & va s'inserer au huitiéme os du carpe ; elle paroît comme si c'étoient deux ou trois muscles ; on veut qu'elle serve à rendre le dedans de la main concave, & former ainsi ce qu'on appelle le gobelet de Diogene, en amenant l'éminence charnuë, qui est sous le petit doigt vers le tenar.

Une masse de chair au dedans de la main.

Les doigts font plusieurs mouvemens, qui font de flexion, d'extension, d'abduction, & d'adduction par le moyen de vingt-trois muscles, dont il y en a treize communs, & dix propres : les communs font ceux qui servent à tous les doigts, qui font le sublime, le profond, l'extenseur commun, les quatre lumbricaux, & les six

Les doigts ont vingt-trois muscles.

interofleux; les propres font ceux qui font particuliers à quelques doigts, dont il y en a cinq pour le poûce, trois pour l'indice, & les deux autres pour le petit doigt.

2e.
Le fubli-
me.

Le premier des fléchifleurs eft le fublime, ainfi nommé, parce qu'il eft placé au deffus de celuy qui fuit; il prend fon origine de la partie interne du condile inferieur & interne de l'humerus; il fe divife en quatre tendons, lefquels paffent par deffous le ligament annulaire, & vont s'inferer à la feconde phalange des os des quatre doigts, aprés s'eftre attachez en paffant à ceux de la premiere, pour aider à la fléchir: ces tendons ont à leurs extremitez chacun une petite fente par où paffent les tendons du profond.

2t
Le pro-
fond.

Le fecond eft le profond, ainfi appellé, parce qu'il eft placé plus profondement dans le bras que les autres: il eft fitué fous le fublime, il prend fon origine dela partie fuperieure & interne du coude, & du rayon; il fe divife en quatre tendons, qui vont paffer fous le ligament annulaire, & par les fentes des tendons du fublime, pour s'inferer à la troifiéme phalange des os des doigts, que le fublime & luy fléchiffent enfemble.

Obferva-
tion fur
ces deux
mufcles.

Il faut remarquer que les tendons de ces deux mufcles font tres-forts, parce que ce font eux qui font la veritable action de la main, qui eft l'apprehenfion. Que les tendons du premier font troüez pour donner paffage à ceux du fecond, afin que la flexion des doigts fe faffe circulairement, & avec plus de fermeté; que les tendons
font

font renfermées chacun dans un long fourreau
fort & membraneux, qui empêche qu'ils ne se
jettent à droit & à gauche, & qu'ils ne s'élevent
contre la paûme de la main dans leurs mouvemens : & enfin que dans ce fourreau il y a une
humeur graffe & huileufe qui les humecte dans
leurs mouvemens continuels.

Le troifiéme eft le grand extenfeur commun,
ainfi nommé, parce qu'il eft le plus grand, &
qu'il étend les quatre doigts ; il prend fon origine de la partie pofterieure du condile externe &
inferieur de l'humerus, il fe divife devant que
d'arriver au poignet en quatre tendons plats &
comme membraneux, qui paffant fous le ligament annulaire vont à la deuxiéme & troifiéme
phalange des doigts, qu'ils redreffent & étendent ; Il faut obferver que les tendons de ce
mufcle font plats, afin qu'ils paroiffent moins
fur le dos de la main par où ils paffent ; ce qui
auroit efté difforme s'ils euffent efté ronds, &
qu'il n'y a qu'un extenfeur contre deux fléchiffeurs, parce que la force de la main confifte dans
la flexion.

Les quatriéme, cinquiéme, fixiéme, & feptiéme mufcles des doigts font les quatre lumbricaux, ou vermiculaires, ainfi appellez, parce
qu'ils reffemblent à des vers de terre : Ils font
placez dans la paûme de la main, & prennent
leur origine des tendons du profond & du ligament annulaire, puis portez vers la partie interne des doigts, s'inferent à leur feconde articulation, pour l'adduction. Vous remarquerez
que le mouvement d'adduction eft celuy qui

22
L'exten-
feur com-
mun.

Les qua-
tre lum-
bricaux.

H h

mene les doigts vers le poûce, & que celuy d'abduction est lorsque les doigts s'en éloignent.

Les huitiéme, neuviéme, & dixiéme muscles sont les trois interosseux internes, ainsi nommez, parce qu'ils occupent interieurement, (qui est du côté de la paûme de la main) les trois espaces qui sont entre les quatre os du metacarpe; ils prennent leur origine de la partie superieure des interstices des os du metacarpe; puis mêlant leurs tendons avec ceux des lumbricaux, vont s'inserer à la partie laterale des os des doigts, qu'ils amenent du côté du poûce, & ainsi en font l'adduction.

Les onziéme, douziéme, & treiziéme muscles communs des doigts sont les trois interosseux externes, ainsi appellez, parce qu'ils sont placez exterieurement, qui est du côté du dos de la main; ils prennent leur origine des mêmes interstices des os du metacarpe, & vont s'inserer à la derniere articulation des os des doigts, qu'ils éloignent du poûce, & ainsi ils en font l'abduction.

Le poûce fait ses mouvemens par des muscles particuliers qu'il a: ils sont cinq, un qui le fléchit, deux qui l'étendent, un qui l'éloigne des autres doigts, & un qui l'en approche.

Le premier de ces muscles est le fléchisseur propre du pouce; il prend son origine de la partie superieure & interne du rayon, & passant sous le ligament annulaire, & sous le tenar, va s'inserer au premier & au second os de ce doigt, qu'il fléchit.

Marginal notes:

Les trois interosseux internes.

Les trois interosseux externes.

Le poûce a six muscles.

23
Le fléchisseur propre.

Le fecond, qui eft le premier des extenfeurs 24 Le long. s'appelle le long, parce qu'il l'eft plus que celuy qui fuit ; il prend fon origine de la partie fupe-rieure & exterieure de l'os du coude, il monte par deffus le rayon, & vient s'inferer par un tendon fourchu au fecond os du poûce, qu'il étend.

Le troifiéme, qui eft le fecond des extenfeurs, 25 Le court. eft le court ; il eft ainfi appellé pour le diftin-guer du precedent, qui eft plus long ; ils ont tous deux la même origine, & paffant auffi fous le ligament annulaire, il va s'inferer au troifiéme os du poûce, qu'il étend avec le precedent.

Le quatriéme eft le tenar, c'eft luy qui forme 26 Le tenar. le mont de Venus ; il prend fon origine du pre-mier os du carpe & du ligament annulaire, & va s'inferer à la deuxiéme articulation du poûce, qu'il éloigne des autres doigts.

Le cinquiéme eft l'antitenar ; il prend fon 27 L'antite-nar. origine de l'os du metacarpe, qui foûtient le doigt du milieu, & va s'inferer au premier os du poûce, c'eft luy qui l'approche des autres doigts.

Le doigt indice fait trois fortes de mouve-Le doigt indice à trois mufcles. mens par le moyen de trois mufcles ; l'un fert à l'étendre, l'autre à l'approcher du poûce ; & le troifiéme à l'en éloigner.

Le premier eft l'indicateur, ainfi appellé, parce 28 L'indi-cateur. qu'il nous fert à indiquer quelqu'un ; il prend fon origine de la partie moyenne & pofterieure de l'os du coude, & va s'inferer par un double tendon à la deuxiéme phalange de l'index, & au tendon du grand extenfeur, pour, conjointement avec luy, fervir à l'étendre.

L'addu-
cteur de
l'index.

Le fecond eft l'adducteur de l'index ; il prend fon origine de la partie anterieure du premier os du poûce, & fe va inferer au premier os du doigt indice, qu'il approche du poûce.

L'abdu-
cteur.

Le troifiéme eft l'abducteur de l'index ; il prend fon origine de la partie externe & moyenne de l'os du coude, & paffant fous le ligament annulaire, il va s'inferer à la partie laterale & externe des os du doigt indice, qu'il tire en dehors vers les trois autres doigts.

Le petit
doigt a
deux
mufcles.

Le petit doigt a deux mufcles qui luy font faire les mouvemens d'extenfion & d'abduction ; fçavoir, un qui fert à l'étendre, & un qui l'éloigne des autres.

29
L'exten-
feur pro-
pre.

Le premier eft fon extenfeur propre ; il prend fon origine de la partie inferieure du condile externe de l'humerus, & couché entre les os du coude & du rayon, paffe par deffous le ligament annulaire, & s'infere par un tendon double à la feconde articulation du petit doigt ; ce mufcle aide à l'extenfeur commun à faire l'extenfion du petit doigt.

30
L'hypo-
tenar.

Le fecond des mufcles du petit doigt, qui eft le dernier de ceux du bras, eft appellé hypotenar ; il prend fon origine du petit os du carpe, qui eft fitué fur les autres, & va s'inferer exterieurement au premier os du petit doigt, qu'il éloigne des autres.

Faut exa-
miner les
vaiffeaux
du bras.

Voilà, Meffieurs, tous les mufcles que j'avois à vous montrer aujourd'huy : ce font tous ceux qui fe rencontrent dans l'extremité fuperieure ; Et afin de rendre cette Anatomie parfaite, je vais à prefent vous faire voir les nerfs, les arteres & les vénes qui se trouvent dans le bras.

La Démonstration du cerveau vous a apprit que tous les nerfs qui se distribuent par tout le corps, partent de sa base; ils sortent d'une partie que nous avons divisez en deux, en moëlle prolongée, & en moëlle de l'épine: la premiere fournit douze paires de nerfs que vous avez vûs; & la seconde trente paires, que j'ay encore à vous démontrer. *Trente paires de nerfs sortent de la moëlle de l'épine.*

Des trente paires de nerfs qui partent de la moëlle de l'épine, il y en a sept qui sortent du col, douze du dos, cinq des lombes, & six de l'os sacrum. Je ne vous feray voir aujourd'huy que ceux du col, & demain vous verrez ceux du dos, des lombes, & de l'os sacrum. *Sept paires sortent du col.*

La premiere paire des nerfs du col sort entre l'occiput & la premiere vertebre dont le rameau posterieur va se perdre dans les petits muscles de l'occiput, & l'anterieur dans les muscles du col qui sont couchez sous l'œsophage; Il faut remarquer que cette paire, aussi bien que celle qui suit, ne sortent pas par les parties laterales des vertebres, mais par les anterieures & posterieures, à cause que les articulations de ces deux premieres vertebres ne sont pas semblables à celles des autres. *La premiere.*

La seconde paire sort entre la premiere & la seconde vertebre du col par devant & par derriere; celuy de devant se perd dans la peau de la face, & celuy de derriere dans les muscles de la tête, qui s'attachent à la seconde vertebre. *La seconde.*

La troi-
siéme.
La troisiéme paire sort entre la seconde & la troisiéme vertebre, & ainsi de toutes les autres consecutivement : aussi-tôt qu'elle est sortie, elle se divise en deux rameaux ; celuy de devant va aux muscles fléchisseurs du col, & celuy de derriere aux extenseurs.

La qua-
triéme.
La quatriéme se divise comme la precedente, aprés sa sortie, en deux rameaux ; le plus petit va aux muscles posterieurs du col, & le plus gros aux muscles de l'omoplate du bras & au diaphragme.

La cin-
quiéme.
La cinquiéme se divise aussi en deux rameaux, le plus petit va aux muscles posterieurs du col, & le plus gros aux muscles de l'omoplate du bras, & au diaphragme.

La sixié-
me.
La sixiéme se divise de même que les precedentes en un petit rameau qui se perd dans la nuque du col, & un gros qui va au creux de l'épaule, au bras, & au diaphragme.

La septié-
me.
La septiéme & derniere paire des nerfs du col, n'est gueres differente des trois dernieres ; son moindre rameau va aux muscles posterieurs, & son plus gros dans le bras, & jusques au diaphragme.

31
Six nerfs
qui vont
aux bras.
Vous voyez par cette distribution des quatre dernieres paires de nerfs du col, qu'elles envoyent des branches au diaphragme, qui y sont conduites & appuyées par le mediastin ; ce qui fait la grande simpatie qu'il a avec le cerveau. Vous remarquerez encore que les plus gros rameaux des quatre paires inferieures du col se joignent aux deux superieures du dos, & qu'ils font ensemble six nerfs, qui vont se répandre par tout le

bras jufques aux extremitez des doigts ; il s'agit de vous les démontrer.

Le premier, qui eft le fuperieur & le plus petit, fe perd tout dans le mufcle deltoïde, & dans la peau du bras.

32
Le premier nerf des bras.

Le fecond, qui eft plus gros, paffe par le milieu du bras, jette des rameaux dans le biceps, & dans le fupinateur; & étant parvenu au coude fe divife en trois rameaux, dont le premier va au poûce par la partie exterieure du bras; le fecond defcend obliquement vers le poignet; le troifiéme accompagnant la bafilique va fe perdre dans la peau du coude & dans la main.

33
Le fecond nerf des bras.

Le troifiéme fe joint fous le biceps au fecond, aprés avoir donné des branches aux mufcles brachiaux, & va enfuite en donner aux fléchiffeurs des doigts, & de petits rameaux aux poûce, & aux doigts indice & du milieu.

34
Le troifiéme nerf des bras.

Le quatriéme eft le plus gros de tous, il accompagne l'artere & la véne bafilique en defcendant profondement dans les bras; il envoye des fcions aux mufcles externes du coude, & à la peau du dedans du bras; & étant parvenu au coude, il fe divife en deux rameaux, dont l'un fe traîne le long du radius, & l'autre du cubitus; le premier fait cinq branches, dont deux vont au pouce, deux au doigt indice, & la cinquiéme au doigt du milieu; le fecond ayant donné des rameaux dans les extenfeurs des doigts, va fe perdre dans le carpe.

35
Le quatriéme nerf des bras.

Le cinquiéme fe joint au quatriéme, & defcendant le long de la partie interieure du bras, diftribuë des rameaux au coude; ce qui fait que

36
Le cinquiéme nerf du bras.

s'appuyant sur quelqu'un de ces rameaux, le bras s'engourdit ; il se divise ensuite en deux branches, dont l'une va aux muscles fléchisseurs des doigts, & au poignet, le reste se perd aux mêmes endroits que le precedent ; l'autre va le long de la partie interieure & laterale du bras faire cinq rameaux, dont deux vont au petit doigt, deux à l'annulaire, & le cinquiéme au doigt du milieu.

37
Le sixié-
me nerf
du bras.

Le sixiéme & le dernier des nerfs du bras est presque tout cutané ; il descend le long de la partie interne du bras, accompagnant la basilique, & va se perdre dans la peau du coude & de l'avant-bras, & dans la membrane commune des muscles.

Cette di-
stribu-
tion di-
versifie
quelque-
fois.

Cette distribution des nerfs du bras que je viens de vous faire voir est celle qui se rencontre le plus souvent ; il ne faut pas vous étonner si quelquefois vous y trouvez du changement dans quelque ramification ; cela arrive aussi bien dans les arteres & dans les vénes, que dans les nerfs, où il se trouve de la diversité dans le nombre de leurs branches, aussi bien que dans leur grosseur. Vous avez vûs les nerfs du bras, voyons-en à present les arteres & les vénes.

38
Un nerf
dissequé.

39
L'artere
axillaire.

Vous vous souviendrez que la grosse artere ascendante se divise en deux autres, que l'en appelle soûclavieres ; qu'ensuite l'une allant à droite & l'autre à gauche, & passant par la fente qui est entre les deux têtes des muscles scalenes, elles continuent leur chemin vers le bras, où étant parvenuës elles changent de nom, & prennent celuy d'axillaire, à cause qu'elles passent par les aisselles.

Cette artere axillaire produit un rameau, qui passant par deſſous la tête de l'os du bras, va ſe perdre entre les muſcles longs & courts, qui étendent l'avant-bras ; ce tronc continuant à deſcendre le long de la partie interieure du bras, diſtribuë en paſſant des rameaux au biceps & au brachial interne & externe, & au deſſus du pli du coude il jette une branche qui s'en va à la partie interieure & inferieure du bras ſe perdre dedans & derriere iceluy.

Les rameaux qu'elle produit dans le bras.

Ce tronc d'artere ayant atteint le pli du coude ſe diviſe en deux rameaux, dont l'un eſt exterieur, & l'autre interieur.

40 Diviſion de cette artere.

Le rameau exterieur coule le long du rayon, & jette une branche qui remonte & ſe perd entre le long ſupinateur & le brachial interne, puis en deſcendant il donne des rameaux aux fléchiſſeurs du carpe & des doigts ; & étant parvenu au poignet, il produit un rameau qui va à l'origine du tenar ; c'eſt cette artere que l'on touche au poignet quand on tâte le poulx : enfin ayant paſſé ſous le tendon de l'extenſeur du poûce, il jette des rameaux qui vont à la partie exterieure de la main, & va finir par deux ſcions qui vont l'un au poûce, & l'autre à l'index.

41 Le rameau externe.

Le rameau interieur deſcend le long du coude au poignet ; c'eſt luy qui a accoûtumé d'accompagner la véne baſilique ; il jette des branches qui ſe diſtribuent dans les muſcles de l'avant-bras, & va ſe terminer par trois ſcions qui ſe répandent, l'un dans le doigt du milieu, l'autre dans l'annulaire, & le troiſiéme dans le petit doigt.

42 Le rameau interne.

43
Vénes du bras.

Les vénes ne font pas comme les arteres, qui portent le fang du centre à la circonference; mais elles le reportent de toutes les parties au cœur; c'eft pourquoy elles fe doivent examiner d'une maniere toute oppofée, & conforme à leur action; Nous avons conduits les arteres depuis le cœur jufqu'aux bouts des doigts, & il nous faut conduire les vénes depuis les extremitez des doigts jufqu'au cœur, parce qu'elles font comme les racines d'un arbre, qui reçoivent par leurs plus petites chevelures la feve pour la porter dans de plus groffes racines, de là dans de tres-groffes, & enfin dans le tronc de l'arbre.

Ramifications des vénes.

Nous trouvons dans les cinq doigts plufieurs ramifications de vénes qui en fortent, & qui fe joignans à d'autres branches qui font tant dans la partie interieure de la main, que dans l'exterieure, & qui toutes enfemble paffant par le poignet vont former trois vénes confiderables qui font dans l'avant-bras, l'une eft la cephalique, l'autre la bafilique, & la troifiéme la mediane.

44
La cephalique.

La cephalique eft ainfi nommée, parce qu'étant placée dans la partie la plus fuperieure du bras, elle eft plus proche de la tête; elle commence par de petits rameaux qui forment une véne que l'on appelle falvatelle, qui eft entre le petit doigt & l'annulaire, & que l'on ouvroit autrefois pour les douleurs de tête, & dans les Fiévres aiguës. Cette véne paffant par le poignet monte le long du radius partie externe du bras, & recevant en chemin, au

deſſus du pli du coude , un gros rameau qui
vient de la mediane , elle va le long du bras
ſe terminer à une groſſe véne , qui eſt l'axillaire.

La baſilique eſt ainſi nommée , parce qu'elle eſt principalement ſituée ſur une partie qui
eſt comme la baſe du bras : Toutes les vénules
qui viennent des cinq doigts à la main , ſe
réuniſſent avec les branches d'autres vénes
qu'elles rencontrent dans la main , & toutes
enſemble font trois groſſes branches qui con-
ſtituent la baſilique ; l'une de ces branches eſt
plus ſuperficielle , qui eſt celle que l'on a coûtume d'ouvrir dans la ſaignée du bras ; l'autre eſt plus profonde faite de deux rameaux,
dont l'un vient de la partie interieure de la
main , & l'autre de l'exterieure : La troiſiéme
eſt la véne appellée cubitane, parce qu'elle eſt
la plus belle & la plus proche de l'os du coude :
ces trois branches en montant vers le bras reçoivent une véne de la mediane , & ſe vont
rendre ſous le tendon du muſcle pectoral à la
véne axillaire. Les Anciens appelloient la véne
baſilique droite *Jecorale,* & la gauche *Splenique,* parce qu'ils croyoient que le voiſinage
de ces viſceres les feroit ſimpatiſer avec eux ;
mais la découverte de la circulation a détruit
ces ſortes d'opinions.

La mediane eſt ainſi nommée , parce qu'elle
occupe le milieu du bras , étant placée entre
ces deux vénes que je viens de vous montrer ;
deux branches de vénes qui viennent l'une d'entre le poûce & l'index , que quelques-uns ont

45
La baſili-
que.

46
La me-
diane.

nommée la cephalique du poûce, & l'autre
d'entre le doigt du milieu & l'annulaire, se
joignent, & font une grosse véne, qui montant le long du milieu du bras va jusqu'aux
plis du coude, où elle se divise en deux branches, qui font la figure d'un Y Grec, dont
l'une va finir à la cephalique, & l'autre à la
basilique ; si bien que l'opinion commune ne
se trouve pas veritable, qui tenoit que la mediane étoit faite de l'union des branches de la
cephalique & de la basilique : Mais il est certain
que l'une & l'autre de ces deux vénes se grossissent en recevant chacune une branche de la
mediane.

La véne axillaire. De ces trois vénes que vous avez veuës, il
n'y en a que deux qui montent dans le bras,
qui font la cephalique & la basilique, la mediane se confondant avec elles. La jonction de
ces deux vénes en fait une tres-grosse, que l'on
47 Une grosse véne ouverte pour voir les valvules. nomme axillaire, à l'endroit où elle passe par
l'aisselle, pour aller prendre le nom de soûcla-
viere ; & enfin le nom de véne cave à la partie
la plus grosse, qui est l'endroit où elle entre dans
le cœur.

Avertissement aux Chirurgiens pour la saignée. Je finis, Messieurs, cette Démonstration en
avertissant les Chirurgiens de bien examiner
les parties qui sont voisines des vénes des bras,
afin de ne pas piquer en saignant ni l'artere
qui fait le même chemin que la véne basilique, ni le tendon du muscle biceps, qui est
le dessous de la mediane ; car de l'ouverture de
l'artere, ou de la piquûre du tendon, il s'ensuit des accidens fâcheux, qui perdent de re-

putation un Chirurgien ; ce qui eſt le malheur
de la Profeſſion, les plus habiles étant ſouvent
fort embarraſſez , lorſqu'ils ont à ſaigner de
ces bras difficiles , où il faut aller chercher profondement des vénes ; c'eſt pourquoy un Chirurgien doit ſe précautionner contre ces accidens , en évitant de ſaigner dans ces endroits
perilleux , & haſardant plûtôt de manquer, que
de vouloir , à quelque prix que ce ſoit , avoir
du ſang,

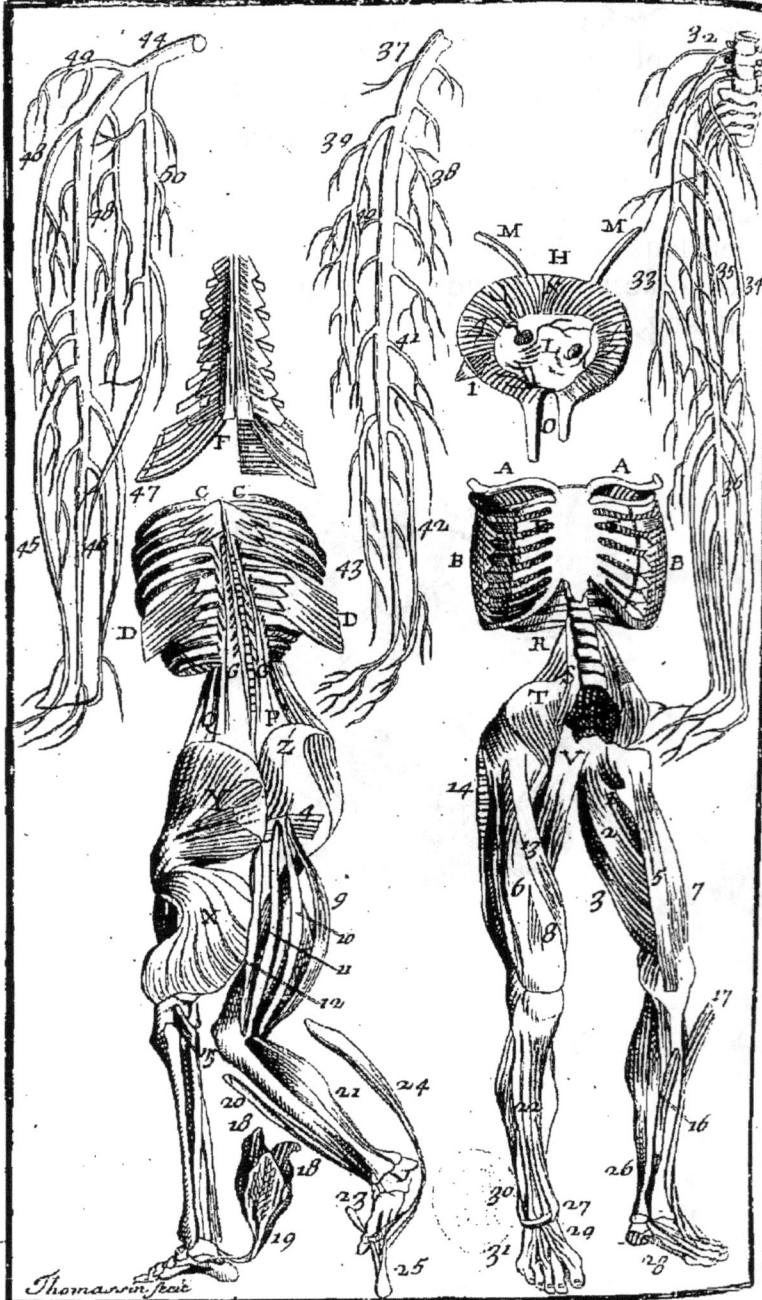

Thomassin scat

DIXIE´ME ET DERNIERE

DEMONSTRATION.

Des Parties qui composent les extremitez inferieures.

UOYQUE mon deſſein, Meſſieurs, ſoit de vous entretenir dans cette Dé-monſtration des extremitez inferieu-res , & des parties qui entrent dans leur compoſition ; je ne laiſſeray pourtant pas de vous parler encore des muſcles de la poitri-ne & des lombes ; & j'obſerve en cela le même ordre que j'ay tenu dans la Démonſtration d'hier, où je vous fis voir non ſeulement les extremitez ſuperieures , mais encore les muſcles de la mâ-choire , de l'os hyoïde , de la tête , & du col.

Vous ayant fait connoître ailleurs les deux mouvemens differens de la poitrine , qui ſont de dilatation & de contraction, je me contenteray de vous expliquer ici ſes muſcles , & ceux des lombes,

Les muſcles de la poitrine ſont au nombre de cinquante-ſept, dont il y en a trente qui la dila-tent, quinze de chaque côtez , qui ſont le ſoû-clavier , le grand dentelé , les deux dentelez poſte-rieurs , & onze interoſſeux externes ; & vingt-ſix

La poi-trine a cinquan-te-ſept muſcles

qui la resserrent, treize de chaque côtez; qui sont le triangulaire, le sacrolombaire, & onze inter-osseux internes : le cinquante-septiéme est le diaphragme, qui est commun à l'un & à l'autre de ces mouvemens.

A A
Le sou-
clavier.

Le premier de tous ces muscles est le soucla-vier, ainsi nommé, parce qu'il est sous la clavi-cule ; c'est luy qui occupe l'espace qui est entre la clavicule & la premiere côte : Il prend son origine de la partie interne & inferieure de la clavicule, & va s'inserer à la partie superieure de la premiere côte, qu'il tire en haut & en dehors.

B B
Le grand
dentelé.

Le second est le grand dentelé, ainsi nommé, parce qu'il est large, & qu'il a sept ou huit den-telures semblables à celles d'une scie ; il prend son origine de la base interieure de l'omoplate, & va s'inserer par digitation aux cinq vrayes côtes inferieures, & aux deux fausses côtes supe-rieures. Ce muscle est fort charnu, ses dente-lures entrent dans celles de l'oblique externe de l'epigastre, & lorsqu'il agit, il tire les côtes en dehors, & par consequent dilate la poi-trine.

C C
Le dente-
lé poste-
rieur &
superieur.

Le troisiéme est le dentelé posterieur & supe-rieur ; il prend son origine par une large apone-vrose des apophises épineuses des trois vertebres inferieures du col, & de la premiere de celles du dos ; là étant caché sous le rhomboïde, il va s'inserer obliquement par quatre pointes aux quatre côtes superieures qu'il tire en dehors & en arriere.

Le

Le quatriéme est le dentelé posterieur & inferieur, il prend son origine par une aponevrose
des apophises épineuses des trois vertebres inferieures du dos, & de la premiere de celles des
lombes, & va s'inserer par quatre pointes fen-
duës par digitation, aux quatre côtes inferieures qu'il tire en bas & en dehors ; ce muscle
aussi bien que le precedent est large & plat, & est
placé sous le latissimus.

D D
Le dente-
lé poste-
rieur &
inferieur.

Les onze intercostaux externes sont ainsi appellez, parce qu'ils occupent les onze espaces
qui sont entre les douze côtes ; & externes, parce
qu'ils sont situez exterieurement ; ils prennent
leur origine de la partie inferieure & exterieure
de chaque côte superieure, & vont s'inserer
obliquement de derriere en devant à la partie
superieure & exterieure de chaque côte inferieure ; si bien que chacun de ces muscles tirant la
côte inferieure en arriere & en dehors, aide à la
dilatation de la poitrine, qui, avec les quatre
que je vous ay montré, font le nombre de quinze dilatateurs de chaque côté.

E E
Les inter-
costaux
externes.

Le premier de ceux qui resserrent le thorax est
le triangulaire, ainsi appellé, parce qu'il a trois
angles ; il est situé au dedans de la poitrine, occupant la partie interieure du sternum ; Il prend
son origine de la partie inferieure du sternum
par une base assez large, & montant en haut
va s'inserer aux cartilages des côtes superieures
jusqu'à la deuxiéme ; si bien que les tirant en
bas, qui est vers son principe, il resserre & étressit la poitrine.

F
Le trian-
gulaire.

Le second est le sacrolombaire, ainsi nommé,

I i

parce qu'il prend son origine de la partie posterieure de l'os sacrum, & des épines des vertebres des lombes; il est nerveux par dehors, &
charnu par dedans; & montant en haut, il va
s'inserer à la partie posterieure des côtes proche
leurs racines, leur donnant à chacune deux tendons, dont l'un s'attache exterieurement, &
l'autre interieurement; de sorte que tous ces
tendons tirant les côtes, ils les approchent l'une
de l'autre, & ainsi resserrent la poitrine.

Les onze intercostaux internes sont ainsi nommez par la même raison que les externes, dont
ils ne different qu'en situation; Ils prennent leur
origine du haut de chaque côte inferieure, &
montant obliquement de derriere en devant,
vont s'inserer à la lévre inferieure & interieure
de chaque côte superieure; si bien que les fibres
de ces muscles s'entre-coupent en forme de
Croix Bourguignonne avec celles des intercostaux externes. L'on remarque qu'ils remplissent les espaces qui sont entre les cartilages
des bouts des côtes; ce que ne font pas les externes. Ces muscles, avec les deux derniers que
vous avez vûs, resserrent la poitrine, & font le
nombre de treize de chaque côté.

Ces muf-
cles dila-
tent &
resserrent
la poitri-
ne.

L'usage de tous ces muscles est de dilater &
resserrer la poitrine; ce qui se fait de cette maniere, lorsque le diaphragme se baisse, & que
les muscles dilatateurs de la poitrine agissent;
l'air exterieur qui la touche étant poussé, est
obligé de prendre une autre place, qu'il trouve aisément dans les poûmons qui le reçoivent
& le dilatent sans peine, à cause que la capacité

de la poitrine eſt augmentée à proportion de
l'action des muſcles: Il en reſſort enſuite par la
contraction que les muſcles antagoniſtes à ceux-
ci font de la poitrine, qui oblige ce même air
d'en reſſortir ; car la même neceſſité qui a con-
traint l'air d'entrer dans les poûmons par l'extenſion de la poitrine, le force d'en ſortir par ſa
contraction ; ce que nous appellons reſpiration, n'étant autre choſe que ces mouvemens
réïterez qui durent tout autant que la vie,
parce qu'ils commencent au moment que nous
voyons le jour, & ne finiſſent qu'au dernier
ſoûpir.

Pluſieurs Auteurs ont mis les muſcles de l'abdomen au nombre de ceux de la reſpiration, c'eſt
pourquoy ils en comptoient juſques à ſoixante
& cinq; nous convenons avec eux qu'ils y ſervent, & je vous ay dit dans la premiere Démonſtration, en vous les faiſant voir, qu'ils
agiſſoient dans une violente toux, dans les
grands cris, & dans une forte expiration ; mais
ils ne doivent pas eſtre compris dans le nombre
de ceux de la reſpiration, puis qu'elle n'eſt pas
leur principale action.

*Les muſ-
cles de
l'abdo-
men ai-
dent à la
reſpira-
tion.*

L'on fait de deux ſortes de reſpiration, l'une
que l'on appelle libre, l'autre qu'on nomme
contrainte ; l'on veut que la reſpiration libre ne
ſe faſſe que par le mouvement du diaphragme,
& qu'elle ſoit preſque inſenſible; & l'on pretend
que la reſpiration contrainte ſoit celle qui ſe
fait par le moyen des cinquante-ſix muſcles de
la poitrine. Vous avez vûs les muſcles qui font
cette derniere, voyons à preſent le diaphragme,

*Deux
ſortes de
reſpira-*

que l'on regarde comme l'organe principal de la respiration libre.

C'est la coûtume de faire voir le diaphragme en faisant la Démonstration de la poitrine ; mais deux raisons m'ont fait changer cet ordre ; la premiere, c'est que le diaphragme étant un des principaux muscles de la respiration, j'ay crû devoir attendre à vous le montrer dans le tems que je vous ferois voir les autres ; la seconde, c'est que dans la Démonstration de la poitrine, les parties qui y sont contenuës cachent presque tout le diaphragme ; & ainsi si j'ay differé de vous en parler, ce n'est qu'afin que vous le vissiez tout entier & separé des parties qui l'environnent.

Le diaphragme, que quelques-uns appellent *septum transversum*, parce qu'il separe transversallement, comme un mur mitoyen, la capacité de la poitrine d'avec celle du bas ventre, est une partie musculeuse distinguée de tous les autres muscles du corps, par sa situation, par sa figure, & par son action : C'est cette partie charnuë que vous voyez attachée circulairement à toutes les extremitez des cartilages des fausses côtes.

La figure du diaphragme est ronde, & ressemble assez bien à une raquette dont le manche, (ou à une raye dont la queuë) represente la pointe par laquelle il est attaché à la premiere vertebre des lombes. Sa grandeur est proportionnée à celle du thorax, & sa situation est entre la poitrine & le bas ventre, directement sous le cartilage xiphoïde, auquel il est attaché, & où il fait comme une voûte mouvante entre les deux ventres.

Deux membranes tapiſſent le diaphragme; l'une eſt une continuité de la plévre, qui le couvre par ſa partie ſuperieure; & l'autre eſt une continuité du peritoine, qui le revêt par ſa partie inferieure qui regarde le ventre.

Deux membranes au diaphragme.
I
L'inferieure.

Il a trois ouvertures conſiderables, l'une à droit par où la véne cave monte pour aller au cœur; l'autre à gauche, par où deſcend l'œſophage; & la troiſiéme eſt une grande fente qui eſt entre ſes deux origines vers les vertebres des lombes, par où deſcend la groſſe artere : Il y en a encore quelques petites par où paſſent le canal thorachique, & les nerfs qui vont aux parties contenuës dans le ventre.

L
Trous du diaphragme.

Le diaphragme reçoit deux ſortes de nerfs; les uns luy viennent de la paire vague, & les autres des eſpaces qui ſont entre les quatre vertebres inferieures du col; les uns & les autres paſſant par la cavité du thorax, & ſoûtenus du mediaſtin, vont ſe terminer par trois ou quatre branches dans toute ſa ſubſtance. Il reçoit encore deux arteres que l'on nomme phreniques, qui ſortent du tronc de la groſſe artere : Il a auſſi deux vénes du même nom qui vont ſe rendre dans le tronc de la véne cave.

M M
Vaiſſeaux du diaphragme.

La ſubſtance du diaphragme eſt charnuë dans ſa circonference, & membraneuſe dans ſon milieu, où paroît ce qu'on appelle le centre nerre nerveux, qui ne reſiſte pas ſeulement aux coups dont il eſt frapé par la pointe du cœur, mais auſſi à la peſanteur du foye qu'il tient

Subſtance du diaphragme.

suspendu, parce qu'il l'est luy-même par le mediastin, qui est attaché à la partie superieure de
la poitrine.

Le dia-phragme est com-posé de deux muscles.

Tous les anciens Anatomistes mettoient le
principe du diaphragme dans son cercle nerveux,
& sa fin dans sa circonference ; d'autres, comme
du Laurens & Riolan, ont pretendus que son origine étoit aux vertebres du dos & des lombes, &
à toute sa circonference, & sa fin dans son centre : Mais les Anatomistes modernes ont fait
voir que le diaphragme étoit composé de deux
muscles, qu'ils distinguent en superieur & en
inferieur.

N Le supe-rieur.

Le superieur est de figure circulaire ; il est attaché à toutes les extremitez des fausses côtes,
où commence son origine, & à sa fin il forme un
tendon plat en aponévrose, que l'on a toûjours
pris pour la partie nerveuse du diaphragme.

O L'infe-rieur.

L'inferieur prend son origine par deux productions, dont l'une plus longue (qui est celle
du côté droit) vient des trois vertebres superieures des lombes, & l'autre plus courte & plus
petite, qui est la gauche, part des deux vertebres
du dos, & va se terminer dans l'aponévrose du
muscle superieur, qui fait la division des deux
muscles : Ils disent qu'il reçoit des arteres particulieres qui luy viennent les lombaires, & qu'il a
des vénes qui vont dans l'adipeuse.

Usages du dia-phragme.

L'on donne trois usages au diaphragme le premier, de separer la cavité de la poitrine de celle
du bas ventre ; le second, de servir en comprimant les visceres du bas ventre, non seulement
à la distribution du chyle, & au cours de toutes

les humeurs, mais encore à l'expulsion des excremens ; & le troisiéme , d'aider à la respiration libre , en s'étendant lorsque l'on reprend son haleine , & en se resserrant dans l'expiration ; car ce sont les muscles du thorax qui servent à la respiration forcée , comme nous l'avons déja dit.

Le mouvement du diaphragme est appellé mixte , parce qu'il est en partie mécanique , & en partie volontaire. Il est mécanique , à cause qu'il se fait le plus souvent sans que nous y pensions ; & il est volontaire , puisque nous l'arrêtons quand il nous plaît. Il est mécanique , à cause du nerf qu'il reçoit de l'intercostal , qui tire son origine du cervelet ; & il est volontaire par le moyen des nerfs qu'il reçoit de l'épine , car le cervelet preside aux mouvemens mécaniques, & le cerveau & la moëlle de l'épine servent aux mouvemens volontaires.

Mouvement du diaphragme.

L'on remarque que les mouvemens du diaphragme sont assez semblables à ceux du cœur ; que l'un & l'autre commencent à se mouvoir dés le premier moment de la vie, & qu'ils sont composez tous deux de deux muscles chacun ; que c'est la contraction de leurs fibres charnuës qui fait sortir le sang des ventricules du cœur, & l'air des poûmons ; & que c'est le relâchement de ces mêmes fibres qui laisse entrer le sang dans le cœur , & l'air dans les poûmons : de sorte que nous sommes obligez de convenir que les poûmons ne sont que les instrumens passifs de la respiration , qui recevant l'air par leur dilatation, rafraîchissent par ce moyen le sang qui passe

Le diaphragme est l'organe de la respiration libre.

par leur substance, & aident ainsi à la circulation ; & que le diaphragme en est l'instrument
actif par ses mouvemens continuels, qui sont
d'une telle importance pour la vie, qu'elle finit
avec la respiration aussi-tôt qu'il est blessé ; cela
s'entend par sa partie nerveuse, car les blessures
de la charnuë ne sont pas absolument mortelles.

Le dia-
phragme
est un des
organes
de la
voix.

L'on regarde encore le diaphragme comme un
des organes de la voix & du chant, puisque c'est
luy qui pressant les poûmons, en fait sortir l'air
dont nous formons les paroles & les sons, & que
les secousses réïterées dont il frape les poûmons
sont la cause de ses fredonnemens qui font la
beauté du chant. Enfin l'on observe qu'il ne fait
pas un mouvement, que la poitrine & le bas
ventre n'en tirent également des utilitez, & que
tout ce qui nuit à ces mouvemens, nous empêche de respirer ; ce qui arrive quand l'estomac
est trop plein d'alimens, ou les intestins trop
tendus.

Autres
utilitez
du dia-
phragme.

A tous les avantages que l'homme reçoit du
diaphragme, l'on ajoûte encore qu'il est l'organe du hocquet & de l'éternuëment, du ris & des
pleurs ; ayant des nerfs qui ont une étroite liaison
avec ceux qui vont aux muscles, auteurs de ces
differens mouvemens.

Le dia-
phragme
finit par
une expi-
ration.

L'explication de ces phenomenes nous meneroit trop loin ; il suffit seulement que vous sça-
chiez, pour concevoir de quelle importance est
le diaphragme, que pour vivre l'homme est dans
une necessité indispensable de respirer, & que par
consequent les mouvemens de cette partie luy

font abfolument neceffaires. Souvenez-vous
donc que ces mouvemens commencent par une
infpiration, & finiffent par une expiratoi dans
le dernier moment de la vie; Ce que nous re-
connoiffons par la fituation où nous trouvons le
diaphragme dans ceux qui viennent d'expirer.
Il eft toûjours retiré en haut comme pour pouffer le dernier foûpir, en obligeant le poûmon par
fon preffement, de chaffer le dernier air qu'il a
reçû.

Le dos & les lombes ont fix mufcles qui leur Les lom-
bes ont
trois muf-
cles.
font communs, pour les étendre, les fléchir, &
les ployer vers les côtes; lefquels on attribuë
plûtôt aux lombes qu'au dos, quoy qu'il y en ait
quatre qui montent & qui s'attachent à toutes
les vertebres du dos : Entre ces fix mufcles, quatre font l'extenfion, & deux la flexion.

Le premier des extenfeurs eft le facré, ainfi P
Le facré.
nommé, parce qu'il prend fon origine de la partie pofterieure de l'os facrum; il naît auffi de
l'extremité pofterieure & fuperieure des os des
iles; il va s'inferer aux épines des vertebres du
dos qu'il tire en arriere.

Le fecond des extenfeurs eft le demi-épineux, Q
Le demi-
épineux.
ainfi nommé, parce que la moitié de ce mufcle
prend fon origine des épines de l'os facrum; &
l'autre moitié des épines des vertebres des lombes; & montant en haut va s'inferer un peu obliquement à toutes les apophifes tranfverfes des
vertebres du dos jufques au col, & les tire toutes en arriere. Ce mufcle eft fitué entre le facré
& le facrolombaire, qui eft un de ceux de la poitrine : ces trois mufcles ne femblent faire qu'un

corps, & on a de la peine à les feparer ; ils forment cette maffe de chair qui occupe tout le dos
depuis l'os facrum jufqu'au col. Il falloit qu'ils
fuffent forts pour contre-balancer la pefanteur
des parties anterieures, & neanmoins malgré la
force qu'ils ont, on voit que l'homme a encore
de la difpofition à tomber en devant & fur le
nez. Ce font ces mêmes mufcles qui donnent le
bon air aux femmes en les faifant tenir bien
droites ; & lorfque ces mufcles ne font pas bien
leur action, ou par foibleffe, ou par quelque
méchante habitude, l'on devient voûté, & quelquefois boffu.

R
Le trian-
gulaire.

Le fléchiffeur des lombes eft le triangulaire,
ainfi nommé par fa figure à trois angles, dont il
y en a deux à fa bafe, où il prend fon origine à
la partie pofterieure de la côte de l'os des iles, &
de la partie laterale & interne de l'os facrum ;
& l'autre angle eft à fa pointe où eft fon infertion à la derniere des fauffes côtes, & à toutes
les apophifes tranfverfes des vertebres des lombes ; Ce mufcle avec fon congenere fléchit l'épine en devant. Il faut remarquer que cette flexion
ne fe fait point en angle aigu, comme aux jointures, mais qu'elle eft circulaire, afin que la
moëlle de l'épine ne foit point comprimée:Il y en
a qui veulent que la flexion de l'épine ne fe puiffe
faire qu'en devant, parce que fi elle fe faifoit en
derriere, la véne cave & la groffe artere coure-
roient rifque de fe rompre. Les voltigeurs neanmoins & les danfeurs de corde qui font mil
contorfions du corps, nous font voir que l'épine peut fe ployer de toutes manieres par l'ha-

bitude qu'ils s'en font faite dans leur enfance.

Il faut remarquer que les extenfeurs des lombes fe pourroient divifer, auffi bien que le facrolombaire, en autant de mufcles qu'ils ont
d'infertions ; & c'eſt la raifon pourquoy quelques-uns qui leur en trouvoient douze à chacun,
en ont faits trente-fix mufcles : mais ne vou-
lans pas multiplier les eftres fans neceffité, nous
en demeurerons au nombre que je vous ay
marqué. Divifion de ces mufcles en douze petits.

Toute cette extremité inferieure qui eſt depuis les os des iles jufqu'aux bouts des doigts du
pied, porte le nom de pied; les autres la nomment
la jambe, ou le grand pied. On la divife comme la main, en trois parties; en fuperieure, appellée la cuiffe ; en moyenne, nommée la jambe ;
& en inferieure, qui retient le nom de pied, ou
de petit pied. Divifion de l'extremité inferieure.

La cuiffe eſt une partie fort graffe, longue &
ronde, qui commence par fa partie fuperieure
à l'endroit où elle eſt articulée avec l'os des iles,
& finit par fon inferieure à la jonction qu'elle a
avec les os de la jambe. Le devant du haut de la
cuiffe fe nomme l'ayne, le côté de dehors la
hanche, & le derriere la feffe. On diftingue à fa
partie moyenne quatre parties differentes, qui
font le devant, le derriere, le deffous, & le dehors
de la cuiffe ; le devant de la partie inferieure fe
nomme le genoüil, & le derriere le jarret ; vous
voyez qu'elle eſt plus groffe par fa partie fuperieure, qui va toûjours en diminuant à mefure
qu'elle s'approche du genoüil. La cuiffe.

La jambe, quoyque plus petite que la cuiffe, La jambe.

est composée de deux os ; elle commence au genoüil, & finit à l'articulation qu'elle a avec le pied ; elle est moins garnie de chair par devant que par derriere ; ce qui fait que nous ressentons tant de douleur quand nous nous heurtons à cet endroit. On nomme le derriere le gras, ou le mollet de la jambe, lequel contribuë beaucoup à la rendre bien faite. Au bas de la jambe en dedans & en dehors sont deux éminences que l'on nomme les malleoles, ou chevilles du pied.

Le pied.   Le pied proprement pris est tout ce qui est depuis les malleoles jusqu'aux bouts des doigts; le dessus se nomme le coude du pied, & le dessous la plante du pied ; il se divise en trois parties, en tarse, en metatarse, & en doigts. La premiere est un assemblage de sept os joints fortement ensemble, dont le plus gros fait une éminence posterieure, que l'on nomme le talon ; la seconde est faite de cinq os grêles & longs arrangez à côté les uns des autres : ils soûtiennent chacun un des doigts : & la troisiéme, ce sont les doigts, que l'on appelle au pied orteils ; ils sont de differente grosseur & longueur : le premier est appellé le gros orteil ; & comme ils vont toûjours en diminuant, le dernier est le plus petit de tous.

Les muscles de ces parties sont gros & forts.   Plusieurs muscles contribuent à faire les mouvemens de ces trois parties. Ils sont forts, parce qu'il falloit qu'ils fussent proportionnez à leur action : Examinons-les tous les uns aprés les autres.

La cuisse a quinze muscles.   La cuisse fait cinq mouvemens differens par le moyen de quinze muscles : le premier de ces

mouvemens eſt celuy de flexion lequel ſe fait par
trois muſcles, qui ſont le pſoas, l'iliaque, & le
pectineus : le ſecond mouvement eſt celuy d'extenſion par les trois feſſiers ; le troiſiéme celuy
d'adduction par les trois triceps : le quatriéme celuy d'abduction par le piramidal, le quarré, &
les deux gemeaux ; & le cinquiéme celuy de rotation par les deux obturateurs.

Le premier eſt le *pſoas*, ou muſcle lombaire, Le pſoas
ainſi nommé, parce qu'il eſt ſitué au dedans de
l'abdomen, à côté du corps des vertebres des
lombes. Il prend ſon origine des apophiſes tran-
verſes des deux vertebres inferieures du dos, &
des ſuperieures des lombes ; & porté par deſſus
la face interne de l'os ileon, il va s'inſerer par
un tendon fort & rond au petit trocanter ; c'eſt
ce muſcle qui forme cette partie ſi tendre des al-
loyaux, qu'on nomme le filet.

Le ſecond eſt *l'iliaque*, ainſi nommé, parce L'iliaque,
qu'il remplit toute la cavité interne de l'os
ileon ; il eſt, comme le precedent, placé dans
l'abdomen. Il prend ſon origine de tout le bord
de la cavité interieure de l'os des iles, & ſe con-
duiſant par le même chemin que le pſoas, il va
joindre ſon tendon pour enſuite s'inſerer comme
luy au petit trocanter.

Le troiſiéme eſt le *pectineus*, ainſi nommé, Le pecti-
parce qu'il prend ſon origine de la partie ante- neus,
rieure de l'os pubis appellé *pecten*, & vient s'inſerer par devant à l'os de la cuiſſe, au deſſous du petit trocanter : Ces trois muſcles tirent la cuiſſe en devant, & par conſequent la
font fléchir.

X
Le grand fessier.

Le premier des extenseurs est *le grand fessier*, ainsi nommé, parce qu'il fait la plus grande partie de la fesse ; il prend son origine de la partie laterale de l'os sacrum, & de la partie posterieure & exterieure de la lévre de l'os des iles, & s'attachant au coccix va s'inserer à l'os de la cuisse, quatre doigts au dessous du grand trocanter. Ce muscle est le plus épais de tous ceux du corps.

Y
Le moyen fessier.

Le second est *le moyen fessier*, ainsi appellé, parce qu'il tient le mileu tant en grosseur qu'en situation, entre le grand que vous avez vûs, & le petit qui suit ; Il prend son origine de la partie posterieure de la lévre des os des iles, & va s'inserer trois doigts au dessous du grand trocanter.

Z
Le petit fessier.

Le troisiéme est *le petit fessier*, ainsi nommé, parce qu'il est le plus petit des trois. Il prend son origine de la partie plus cave & enfoncée de la cavité externe de l'os des iles, & va s'inserer à une petite cavité qui est à la racine du grand trocanter. Ces trois muscles font l'extension de la cuisse en la retirant en arriere, & ils forment les fesses qui sont comme des oreilliers, qui empêchent que nous nous blessions en nous assayant.

1
Le triceps superieur.

Le premier des adducteurs est le *triceps superieur* : Il prend son origine de la partie externe & superieure de l'os pubis, & va s'inserer à la partie superieure d'une ligne qui est au dedans de la cuisse.

2
Le triceps moyen.

Le second est le *triceps moyen* ; il prend son origine de la partie moyenne de l'os pubis, &

va s'inferer à la partie moyenne de cette ligne, qui eft au dedans de l'os de la cuiffe.

Le troifiéme eft le *triceps inferieur;* il prend fon origine non feulement de la partie inferieure de l'os pubis, mais auffi de la partie inferieure de la tuberofité de l'ifchion, & va s'inferer à la partie inferieure de la ligne qui eft au dedans du femur. Il y en a qui de ces trois mufcles n'en font qu'un à trois têtes, qu'ils appellent *triceps;* mais ayant auffi trois infertions, l'on peut le divifer en trois mufcles; ce font eux qui font les défenfeurs du pucelage, en faifant ferrer les cuiffes l'une contre l'autre. 3 Le triceps inferieur.

Le premier des abducteurs eft *le piramidal,* ainfi nommé, parce qu'il a la figure d'une petite piramide; ou *piriforme,* parce qu'il reffemble à une poire: Il prend fon origine de la partie fuperieure & laterale de l'os facrum, & de la partie laterale de l'os des iles; il va s'inferer en une petite cavité qui eft la racine du grand trocanter. Le piramidal.

Le fecond eft *le quarré,* ainfi appellé, parce qu'il a quatre angles; il prend fon origine de la partie laterale & externe de la tuberofité de l'ifchion, & va s'inferer à la partie pofterieure & externe du grand trocanter. 4 Le quarré.

Le troifiéme & le quatriéme font *les gemeaux,* ainfi nommez, parce qu'ils font femblables en tout; ils prennent leur origine de deux petites éminences qui font à la partie pofterieure de l'ifchion, & fe vont inferer à une petite cavité à la racine du grand trocanter: Ces deux mufcles font feparez par le tendon de l'obturateur inter- Les gemeaux.

ne : ils font faire conjointement avec le piriforme & le quarré, l'abduction de la cuiffe en l'éloignant de l'autre.

Le premier des *obturateurs* eft l'interne : il prend fon origine de toute la circonference interne du trou ovalaire, qui eft à l'os ifchion, & fon tendon paffant au milieu des deux gemeaux, va s'inferer à une petite cavité à la racine du grand trocanter.

Le fecond eft l'externe, il prend fon origine de la circonference externe du même trou ovalaire, & fe va inferer à côté de la cavité qui eft à la racine du grand trocanter : Ces deux mufcles font là rotation de la cuiffe, en luy faifant faire ce mouvement, qu'on appelle *piroüeter*.

La jambe fait quatre fortes de mouvemens : le premier, celuy d'extenfion par le moyen de quatre mufcles, qui font le droit, le vafte interne, le vafte externe, & le crural : le fecond, celuy de flexion, par trois mufcles qui font le biceps, le demi-nerveux, & le demi-membraneux : le troifiéme, celuy d'adduction par deux mufcles, qui font le coûturier & le grefle : & le quatriéme, celuy d'abduction par deux autres mufcles, qui font le *fafcia lata*, & le *poplité*, ou *jarretier*.

Le premier des extenfeurs eft le droit, ainfi nommé, parce qu'il a une figure droite depuis fon commencement jufqu'à fa fin : Il prend fon origine de la partie anterieure & inferieure de l'os des iles, & defcendant par le devant de la cuiffe, il envelope par fon tendon commun avec les trois fuivans, toute la rotule, & va s'inferer à la partie fuperieure & anterieure du *tibia*.

Le

Le fecond eft la vafte interne, ainfi appellé, parce qu'il eft cette groffe maffe de chair fituée au dedans de la cuiffe ; il prend fon origine de la partie interne & fuperieure du femur, un peu au deffous du petit trocanter, & va s'inferer par un tendon large & commun avec le precedent, à la partie fuperieure & anterieure du *tibia*.

6
Le vafte interne.

Le troifiéme eft le vafte externe, ainfi nommé, parce qu'il eft fitué au dehors de la cuiffe : il prend fon origine de la partie fuperieure & anterieure du femur, & va s'inferer avec les precedens.

7
Le vafte externe.

Le quatriéme eft le crural ; c'eft cette chair qui eft attachée à l'os de la cuiffe, comme le brachial l'eft à l'os du bras : Il prend fon origine de la partie anterieure & fuperieure du femur, entre les deux trocanters, & revêtant tout l'os de la cuiffe, il va s'inferer avec les trois precedens; fi bien que ces quatre mufcles occupent le devant de la cuiffe, & ne faifant enfemble qu'un tendon fort large, qui envelope la rotule, & qui fert de ligament au genoüil, ils vont s'attacher au haut du gros os de la jambe, qu'ils étendent en la tirant en devant.

8
Le crural.

Le premier des fléchiffeurs eft *le biceps*, ainfi nommé, parce qu'il a deux têtes ; il prend fon origine par une de fes têtes, qui eft la plus longue de la partie inferieure de la tuberofité de l'ifchion, & par l'autre de la partie exterieure & moyenne du femur, lefquelles fe joignans enfemble ne font qu'un mufcle, qui fe va inferer à la partie pofterieure & fuperieure de l'epiphife fuperieure du *peroné*.

9
Le biceps.

K k

Le fecond eft le *demi-nerveux*, ainfi nommé, parce qu'il n'eft pas tout-à-fait charnu, & que fa fubftance tient de la nature du nerf : Il prend fon origine de la tuberofité de l'ifchion, & va s'inferer à la partie fuperieure & pofterieure du *tibia*.

Le troifiéme eft *demi-membraneux*, ainfi nommé, parce qu'il tient en quelque façon de la nature des membranes : Il prend fon origine de la tuberofité de l'ifchion, & va s'inferer à la partie pofterieure de l'epiphife fuperieure du tibia : Ces trois mufcles font fituez dans le derriere de la cuiffe, & en agiffant ils font fléchir la jambe, qu'ils tirent en arriere.

Le premier des abducteurs eft *le long*, ainfi nommé, parce qu'il eft le plus long mufcle qui foit au corps ; ou *coûturier*, à caufe que c'eft luy qui fait ployer la jambe en dedans, de la maniere que font les Coûturiers pour travailler : Il prend fon origine de l'épine fuperieure & anterieure de l'os des ifles, & va s'inferer obliquement à la partie interne & fuperieure du tibia, qu'il tire en dedans.

Le fecond eft *le grefle*, ainfi nommé, parce qu'il eft fort menu : Il prend fon origine de la partie anterieure & inferieure de l'os pubis, & va s'inferer en defcendant par le dedans de la cuiffe à la partie fuperieure & interne de l'os de jambe : Ces deux mufcles font l'adduction de la jambe, en la menant en dedans.

Le premier des abducteurs eft *le membraneux*, ou *fafcia lata*, ainfi appellé, parce qu'il eft fait comme une bande large qui envelope les mufcles de la cuisse. Il prend son origine de la partie externe & laterale de la lévre de l'os des iles, & va s'inserer par une membrane fort large à la partie superieure & externe du peroné, & il descend quelquefois jusques dessus le pied.

Le second est le *poplité*, ou *jarretier*, ainsi nommé, parce qu'il est placé sous le jarret. Il prend son origine du condile externe & inferieure du femur, & va s'inserer obliquement de dehors en dedans à la partie superieure & interieure du tibia : Ce muscle est de figure quarrée, & conjointement avec le membraneux il fait l'abduction de la jambe, en la tirant en dehors.

15
Le poplité.

Le pied n'a que deux mouvemens principaux, pour lesquels il a neuf muscles : il fait celuy de flexion par le moyen de deux muscles, qui sont le jambier & le peronier anterieur : Il fait celuy d'extension par le moyen de sept muscles, qui font les deux gemeaux, le solaire, le plantaire, le jambier posterieur, & les deux peroniers posterieurs.

Le pied a neuf muscles.

Le premier des fléchisseurs est *le jambier anterieur*, ainsi nommé, parce qu'il est placé le long du principal os de la jambe ; ce qui le fait appeller par quelques-uns *tibial*. Il prend son origine de la partie anterieure & superieure du tibia, & va s'inserer par deux tendons, qui passant sous le ligament annulaire, dont l'un s'attache au premier os cuneïforme, & l'autre à l'os du metatarse qui soûtient le poûce.

16
Le jambier anterieur.

Le second est *le peronier anterieur*, ainsi appellé, parce qu'il accompagne le petit os de la

17
Le peronier anterieur.

jambe que l'on nomme *peroné* : Il prend son origine de la partie externe & moyenne du peroné, & passant par la fente qui est sous la malleole exterieure, va s'inserer par devant à l'os du metatarse qui soûtient le petit doigt ; Ces deux muscles tirant le pied en devant le font fléchir.

18 18
Les ge-
meaux.

Le premier & le second des extenseurs sont les deux gemeaux, ainsi appellez, parce qu'ils sont semblables en tout, & placez à côté l'un de l'autre : Ils prennent leur origine de la partie posterieure des deux condiles inferieurs de l'os de la cuisse, & se vont inserer par un tendon commun avec les deux suivans à la partie posterieure & superieure de l'os du talon ; ce sont ces muscles avec le suivant qui forment cette grosseur, que l'on appelle le gras de la jambe.

19
Le solai-
re.

Le troisiéme est *le solaire*, ainsi appellé, parce qu'il ressemble à une sole ; il est placé sous les gemeaux, & prend son origine de la partie posterieure & superieure tant du tibia que du peroné, & confondant son tendon avec celuy des gemeaux, il va s'inserer à l'os du talon.

Le plan-
taire.

Le quatriéme est *le plantaire*, ainsi nommé, parce qu'on veut que l'extremité de son tendon s'aille perdre dans la plante du pied. Il est petit & caché entre les gemeaux & le solaire : Il prend son origine du condile externe de l'os de la cuisse, & confondant son tendon, qui est fort grêle, avec celuy des trois precedens, va s'inserer au même endroit ; l'on appelle cette corde le tendon d'Achiles, parce que l'on dit qu'il mourut d'une blessure qu'il y avoit reçeu. Les playes de

cette partie font fort dangereufes, & caufert de
fâcheux accidens.

Le cinquiéme eft le jambier pofterieur ; il
prend fon origine de la partie pofterieure de l'os
de la jambe, & s'étendant le long d'iceluy, &
paffant par la fente qui eft à la malleole interne ;
il va s'inferer à la partie interne de l'os fca-
phoïde.

20
Le jam-
bier po-
fterieur.

Le fixiéme & feptiéme font les peroniers pofterieurs, nommez *le long* & *le court* ; dont le premier prend fon origine de la partie fuperieure &
quafi anterieure du peroné, & va s'inferer à la
partie fuperieure & aucunement exterieure de
l'os du metatarfe qui foûtient le poûce ; & le
fecond prend fon origine de la partie plus inferieure du même peroné, & va s'inferer à l'os du
metatarfe qui foûtient le petit doigt ; lorfque ces
fept mufcles agiffent, ils tirent le pied en arriere, & ainfi ils en font faire l'extenfion. Il
ne faut pas vous étonner s'il y a fept extenfeurs
contre deux fléchiffeurs ; c'eft en quoy la mécanique du pied eft admirable, parce que ce grand
nombre de mufcles qui tirent le pied en arriere,
& qui empêchent que l'homme ne tombe en devant, étoit neceffaire pour contre-balancer le
centre de pefanteur qui fe jette en avant lors qu'il
marche, & deux fuffifoient pour faire la flexion
du pied, qui naturellement ne fe fléchit que
trop en marchant.

21
Les pero-
niers po-
fterieurs.

Le pied, outre la flexion & l'extenfion, fait
encore les mouvemens d'adduction & d'abduction ; mais il n'a point de mufcles particuliers
pour les faire : Quand un extenfeur & un flé-

Le pied
s'éloigne
& s'ap-
proche de
l'autre.

chiſſeur du même côté agiſſent comme le jambier anterieur & poſterieur, le pied ſe porte en dedans, & c'eſt l'adduction; & quand ce ſont deux peroniers, le pied ſe jette en dehors, & c'eſt l'abduction.

Les orteils ont vingt-deux muſcles.

Les orteils, qui ſont les doigts du pied, font leurs mouvemens à la faveur de vingt-deux muſcle, dont il y en a ſeize communs, qui ſont deux extenſeurs, deux fléchiſſeurs, & huit interoſſeux: & ſix propres, dont quatre ſont pour le poûce, un pour le ſecond doigt, & le ſixiéme pour le petit doigt.

22 L'extenſeur commun.

Le premier des extenſeurs eſt appellé *extenſeur commun*, parce qu'il étend quatre doigts. Il prend ſon origine de la partie ſuperieure & anterieure du tibia, à l'endroit où il ſe joint au peroné; puis deſcendant le long du peroné ſe diviſant en quatre tendons, & paſſant ſous le ligament annulaire, va s'inſerer aux quatres articulations des quatre orteils qu'il étend.

23 Le pedieux.

Le ſecond eſt le *pedieux*, ainſi nommé, parce qu'il eſt placé ſur le pied. Il prend ſon origine de la partie inferieure du peroné, & du ligament annulaire, & ſe diviſe en quatre tendons qui s'inſerent à ſa partie externe de la premiere articulation des quatre orteils: Ces deux muſcles agiſſans enſemble leur font faire l'extenſion.

24 Le ſublime.

Le premier des fléchiſſeurs eſt *le ſublime*, ainſi nommé, parce qu'il eſt plus exterieur que celuy qui ſuit. Il prend ſon origine de la partie inferieure & interne de l'os du talon: il ſe diviſe en quatre tendons troüez qui vont s'inſerer à la partie superieure des os de la premiere phalange des quatre orteils pour les fléchir ; Ce muscle est placé sous la plante du pied.

Le second est *le profond*, ainsi appellé, parce qu'il passe plus profondement que le precedent. Il prend son origine de la partie superieure & posterieure du tibia & du peroné, & porté sous la malleole interne par la sinuosité du calcaneum fait quatre tendons, qui passant par les trous des tendons du sublime vont s'inserer aux os de la derniere phalange des doigts : Ces muscles agissans ensemble fléchissent les quatre plus petits doigts du pied.

25
Le pro-
fond.

Les cinquiéme, sixiéme, septiéme, & huitiéme muscles communs sont les quatre lumbricaux, ainsi nommez, à cause qu'ils ressemblent à des vers de terre : Ils prennent leur origine des tendons du profond, & d'une masse de chair qui est à la plante du pied, & s'unissans par leurs tendons avec ceux des interosseux internes, vont s'inserer à la partie laterale & interne des premiers os des quatre orteils.

Les ver-
micalai-
res.

Les neuf, dix, onze, & douziéme muscles sont les intercostaux internes; ce sont eux qui remplissent les quatre espaces internes qui sont entre les cinq os du metatarse : Ils prennent leur origine des os du tarse, & des interstices des os du metacarpe, & se vont inserer avec les lumbricaux à la partie superieure & interne des os de la premiere articulation des quatre doigts qu'ils ameinent vers le pouce.

Les inter-
osseux in-
ternes.

Les treize, quatorze, quinze, & seiziéme muscles sont les intercostaux externes : Ils pren-

Les inter-
osseux
externes.

nent leur origine de la partie superieure des inٰ
terstices des os du metatarse, & se vont inserer
à la partie laterale & externe des premiers os des
doigts qu'ils emmeinent, & ainsi leur font faire
l'abduction.

*Le gros
orteil a
quatre
muscles.*

Le poûce ou le gros orteil fait ses mouvemens particuliers, qui sont de flexion, d'extension, d'adduction & d'abduction, & ce par le
moyen de quatre muscles qui luy sont propres.

*26
Le flé-
chisseur
propre.*

Le premier est son fléchisseur propre : il prend
son origine de la partie posterieure & superieure
du peroné, & s'avançant par la malleole interne à la plante du pied, va s'inserer à l'os de la
derniere phalange du poûce qu'il fléchit.

*27
L'exten-
seur pro-
pre.*

Le second est son extenseur propre, & prend
son origine de la partie anterieure & superieure
du peroné, entre le tibia & le peroné, & se
traînant par dessus le pied, va s'inserer à la
partie superieure du premier os du poûce pour
l'étendre.

*28
Le tenar.*

Le troisiéme est *le tenar* ou *adducteur* : Il
prend son origine de la partie laterale & interne
de l'os du talon, des os scaphoïdes & innominez,
& couché exterieurement sur l'os de metatarse,
qui est sous le gros orteil, va s'inserer à la partie
superieure du deuxiéme os du poûce, qu'il
ameine en dedans.

*29
L'anti-
tenar.*

Le quatriéme est l'*anti-tenar*, ou *abducteur*;
Il prend son origine de l'os du metatarse, qui
soûtient le petit orteil ; & passant obliquement
sur les autres os, va s'inserer par un fort tendon à
la partie interne du premier os du poûce, qu'il
tire en dehors vers les autres orteils.

Le cinquiéme des propres & l'adducteur de l'indice, est un muscle particulier pour l'orteil, qui tient la place du doigt indice : il prend son origine de la partie interne du premier os du poûce, & s'insere aux rangées du second orteil, qu'il mene vers le poûce.

30
L'addu-
cteur de
l'indice.

Le sixiéme & dernier des muscles propres, aussi bien que ceux de tout le corps, est l'hypotenar ou abducteur ; il est particulier pour le petit orteil, & prend son origine de la partie externe de l'os du metatarse, qui soûtient le petit doigt, & va s'inserer à la partie superieure & externe des os du petit doigt qu'il éloigne des autres.

31
L'hypo-
tenar.

Si vous examinez bien la structure du pied, vous connoîtrez que l'homme ne pouvoit avoir un instrument plus commode pour marcher, & pour se tenir droit, ni qui fût plus convenable à toutes les inégalitez, sur lesquelles il falloit qu'il marcha ; cette cavité qui est au milieu de la plante du pied fait qu'il se tient ferme aussi bien en marchant qu'en demeurant debout. La flexion du pied fait qu'il monte aisément les montagnes, & l'extension fait qu'il descend ; l'un & l'autre s'accommodans à la disposition du terrain.

La stru-
cture du
pied.

Je vous ay démontré tous les muscles, & comme ce sont les parties que les Chirurgiens doivent le mieux connoître, je vais, pour aider la memoire des jeunes gens qui s'appliquent à la Chirurgie, en faire le dénombrement, afin qu'ils puissent retenir le nombre certain qu'il y en a, qui est de quatre cens vingt-cinq.

Dénom-
brement
des mus-
cles.

Le nombre des muscles 425.

Tous les Auteurs neanmoins ne s'accordent pas sur ce nombre, ceux qui l'augmentent, d'un muscle seul ils en font plusieurs, & ceux qui le diminuent, de plusieurs n'en font qu'un, & par ce moyen chacun d'eux trouve son compte, selon qu'ils divisent les muscles, ou qu'ils les joignent les uns aux autres. Je vous conseille de vous en tenir au nombre que je viens de vous marquer, & que je vous ay fait voir comme le plus parfait, & le plus universellement receu. En voici le calcul.

Du front,	2	Des bras,	18
De l'occiput,	2	Des coudes,	12
Des paupieres,	6	Des rayons,	8
Des yeux,	12	Des carpes,	12
Du nez,	7	Des doigts,	48
Des oreilles externes,	8	De la respiration,	57
Des oreilles internes,	4	Des lombes,	6
Des lévres,	13	De l'abdomen,	10
De la langue,	8	Des testicules,	2
De la luëtte,	4	De la vessie,	1
Du larinx,	14	De la verge,	4
Du pharinx,	7	De l'anus,	4
De l'os hyoïde,	10	Des cuisses,	30
De la mâchoire infer.	12	Des jambes,	22
De la tête,	14	Des pieds,	18
Du col,	8	Des orteils,	44
Des omoplates,	8		
		Total 425.	

Il reste encore à finir l'Angiologie.

Des trois parties que j'ay entrepris de vous faire voir dans cette Anatomie, qui sont la splancnologie, la Miologie, & l'Angiologie, la dé-

monftration que je vous ay faite de tous les
vifceres contenus dans les trois ventres, vous a
fuffifamment inftruits de la premiere partie : je
viens d'achever la feconde par l'examen des
mufcles de l'extremité inferieure : il s'agit à pré-
fent de finir la troifiéme , en vous montrant les
vaiffeaux qui fe rencontrent dans cette même
extremité.

Vous devez vous eftre apperçûs que tout le
tems de nos Démonftrations a efté également
rempli ; c'eft pourquoy je ne vous ay encore
rien dit des generalitez des vaiffeaux ; & j'ay
differé à vous en parler jufqu'aujourd'huy , afin
que cette Démonftration, quoyque la derniere ,
ne fuft pas la moindre, & qu'elle renferma, auffi
bien que les autres, des particularitez dignes
d'eftre venës & entendües. Il ne me refte donc
plus qu'à vous montrer les nerfs , les arteres &
les vénes de l'extremité inferieure ; c'eft ce que
je vais faire, aprés vous avoir dit en peu de mots
ce qu'il faut obferver en general fur chacun
de ces vaiffeaux.

Des gene-ralitez des vaif-feaux.

Les nerfs font les organes du fentiment & du
mouvement ; ce font des corps longs , ronds , &
blancs envelopez de deux membranes faites de
la dure & de la pie-mere, & compofez de plufieurs fibres qui viennent toutes des glandes de
la fubftance corticale du cerveau & du cervelet ,
& qui étant unies enfemble font la moëlle allongée dans le cerveau, & la moëlle de l'épine
dans les vertebres.

Défini-tion des nerfs.

Pour connoître parfaitement la ftru* re des
nerfs , il faut y confiderer trois chofes. Premie-

Stru ure des nerfs.*

rement la moëlle, ou la substance intérieure, qui s'étend en forme de filets depuis le corps cortical & le cervelet jusqu'aux extremitez des membres. Secondement, les membranes qui environnent les petits filets, & composent les tuyaux dans lesquels ces petits filets sont renfermez. Et en troisiéme lieu les esprits animaux, qui étant portez par les mêmes tuyaux depuis le cervelet & la moëlle de l'épine jusqu'aux muscles, font que les filets tendus ne peuvent estre touchez, sans que les mouvemens qu'ils reçoivent ne soient transmis au cerveau ; ce qui fait ce que nous appellons sentiment.

Sçavoir s'il y a des cavitez dans les nerfs.

Ce Phenomene s'éclaircira mieux par la comparaison suivante : Nos yeux ne nous font point découvrir de cavité dans les nerfs, comme dans les arteres & dans les vénes ; & neanmoins il est certain qu'il y en a ; car de même que dans le tronc d'un arbre nous ne voyons point de conduits apparens par où cette liqueur, qu'on appelle la séve, soit portée de la racine de l'arbre jusqu'au plus haut de ses branches, les fibres ligneufes, que l'écorce entoure, servans de canaux à cette séve pour la distribuer dans tout le corps de l'arbre ; il faut concevoir que la même chose se passe dans les nerfs : ils ne sont pas seulement composez de plusieurs petits filets, qui prenans leur origine du cerveau, vont sans interruption jusqu'aux muscles les plus éloignez ; ils sont aussi enveloppez de membranes, qui font le même office que l'écorce fait à l'arbre ; de plus ces petits filets se trouvans renfermez dans des tuyaux pleins d'esprits & de suc animal,

qu'ils conduifent dans le corps des mufcles , y
caufent l'enflûre, parce que ces efprits & ce fuc
animal ne manquent pas de fe faire paffage par
l'impulfion qui fe fait dans le cerveau fur l'extremité de ces filets, d'où l'enflure s'enfuit , &
par confequent le mouvement.

Quant à la moëlle de l'épine, elle commence
à la fortie du crane, & finit à l'extremité de l'os
facrum : Elle eft, dans tout le chemin qu'elle
fait, défenduë par toutes les vertebres, qui luy
donnent paffage par une cavité qu'elles ont
dans leur partie moyenne ; toutefois il ne faut
pas vous imaginer que cette moëlle ait dans toute fa longueur la même groffeur qu'elle a en
fortant du crane ; car elle diminuë non feulement à mefure qu'elle s'en éloigne, mais auffi
à mefure qu'elle diftribuë les nerfs qui en fortent à droite & à gauche, depuis fon commencement jufqu'à fa fin.

De la moëlle de l'épine.

Ceux qui ont comparé la moëlle de l'épine
à une queuë de cheval, difent qu'elle eft un
faiffeau compofé d'une infinité de filets qui fe
continuent dans toute fa longueur ; de même
que la queuë eft un faiffeau de plufieurs crins
continus d'un bout à l'autre : Et comme la queuë
n'eft pas fi groffe vers fa fin que dans fon commencement, parce que tous les crins ne vont pas
jufqu'au bout ; auffi la moëlle de l'épine diminuë à mefure qu'une partie des filets qui la compofent s'échappent, n'allant pas tous jufqu'à fon
extremité , comme vous le pourrez voir fi vous
tirez une medulle fpinale des vertebres , &
que vous la fecoüiez un peu : Vous convien-

La moël-
le de l'é-
pine ref-
femble à
une queuë
de che-
val.

drez alors qu'elle ressemble assez bien à la queüe d'un cheval.

Des trente paires de nerfs qui forment la moëlle de l'épine, & qui en sortent par les trous qui sont entre chaque vertebre, nous avons vûs les sept du col; il nous faut à present voir ceux du dos, des lombes, & de l'os sacrum.

Les douze paires de nerfs qui sortent des vertebres du dos sont les plus petites de toutes; aussi ne font-elles pas un grand chemin; car elles ne passent pas la circonference de la poitrine: Elles se divisent chacune en deux rameaux, l'un grand, qui est celuy de devant, & l'autre petit, qui est celuy de derriere. Ceux de devant se distribuent dans chaque espace intercostal aux muscles intercostaux externes & internes, & donnent aussi des rameaux aux muscles de la poitrine, & aux obliques descendans de l'abdomen. Ceux de derriere se recourbent, & vont se perdre dans les muscles qui sont adherens aux vertebres, & dans ceux du dos.

Les cinq paires qui sortent des lombes sont plus grosses que les precedentes; elles se divisent aussi chacune en deux rameaux, l'un anterieur, & l'autre posterieur, lesquels se distribuent en partie dans les muscles des lombes, & de l'hypogastre, & en partie dans ceux de la cuisse: Voici à peu prés leur distribution.

La premiere paire des nerfs des lombes donne un rameau qui va se perdre dans le diaphragme, & le reste dans les muscles des lombes & de l'abdomen.

La seconde donne un rameau aux vaisseaux spermatiques, & le surplus, qui est la plus grande partie, va aux muscles de la cuisse, & de la langue.

La troisiéme donne des rameaux qui se répandent dans les muscles des lombes, & le reste accompagne la saphene, & se perd dans les genoüils & dans la peau qui les couvre.

La quatriéme est la plus grosse de toutes; elle va aux muscles anterieurs de la cuisse & de la jambe jusqu'au genoüil.

La cinquiéme passe par le trou de l'os des hanches; elle distribuë des rameaux à la verge, au col de la matrice, & à la vessie; & le surplus va se perdre dans les muscles de la cuisse.

L'os sacrum donne issuë à six paires de nerfs; quoy qu'il n'ait que cinq trous de chaque côté, nous y comprenons, pour faire la sixiéme, celle qui sort entre luy & la derniere vertebre des lombes. Souvenez-vous que nous avons compté pour la premiere paire, celle qui sort entre l'occiput & la premiere vertebre : qu'ensuite nous avons compté autant de paires qu'il y a de vertebres au col, au dos, & aux lombes, & qu'ainsi nous comprenons avec l'os sacrum, celle qui sort au dessous de la derniere vertebre des lombes.

Des six paires de l'os sacrum, il n'y a que la premiere paire qui sorte par la partie laterale; les cinq autres sortent par devant & par derriere, parce que l'articulation qu'il a par ses parties laterales avec les os des iles, empêche qu'il ne soit percé en ces endroits; en recompense il l'est

par devant & par derriere ; on y remarque vingt
trous, fix anterieurs & fix posterieurs ; des uns
auffi bien que des autres, il y en a cinq de chaque côté par où fortent autant de nerfs.

La pre-
miere de
l'os fa-
crum.

La premiere paire de l'os facrum fe divife,
comme celles des lombes, en deux rameaux ; l'un
anterieur & plus grand qui vient en devant ; &
l'autre posterieur & plus petit, qui fe perd dans
les muscles voifins.

La fecon-
de, troi-
fiéme &
quatrié-
me.

La feconde, troifiéme, & quatriéme paire fe
divifent chacune en deux rameaux, dont les anterieurs & tres-gros defcendent dans les cuiffes
& dans les jambes ; & les posterieurs, qui font
plus petits, fe diftribuent comme les lombaires dans les parties posterieures les plus voifines.

La cin-
quiéme
& la fi-
xiéme.

La cinquiéme & fixiéme paire font les plus petites ; elles fe divifent comme les precedentes
en anterieures & en posterieures, qui vont toutes fe perdre dans les muscles de l'anus au col de
la veffie, & dans les parties honteufes, tant de
l'homme que de la femme.

Derniere
paire des
nerfs de
l'épine.

L'extremité de la moëlle de l'épine finit par un
nerf, qui fortant par un trou qui eft posterieu-
rement à la fin de l'os facrum, va fe diftribuer
à la peau qui eft entre les feffes, & à l'anus ;
mais comme il jette des rameaux qui vont jufques aux muscles de la cuiffe, & qui vont à droite & à gauche, on en peut faire une paire en
particulier, qui n'augmentera pas le nombre des
trente paires de l'épine, parce que nous avons
compris la premiere paire qui fort entre l'occiput
& la premiere vertebre du col, dans le nombre

des

des nerfs du cerveau, dont elle fait la douziéme paire.

Les plus gros rameaux des trois paires inferieures des lombes, & ceux des quatre superieures de l'os sacrum se joignent les uns aux autres en descendant en bas, & forment les nerfs qui vont aux cuisses, aux jambes, & aux pieds, & tous ensemble font quatre branches de nerfs, dont il y en a deux qui ne passent pas les cuisses, une qui va finir dans la jambe, & la quatriéme qui va jusqu'au pied. *Quatre gros nerfs qui vont dans l'extremité inferieure.*

La premiere branche qui descend aux cuisses est formée de la troisiéme & quatriéme paire des lombes ; & passant proche le petit trocanter se distribuë aux muscles & à la peau de la cuisse, & à quelques-uns de ceux qui font mouvoir la jambe, & se perd toute au dessus du genoüil. 33 *La premiere paire des cuisses.*

La seconde branche sortant du même endroit descend par les aînes de la cuisse ; elle accompagne la véne & l'artere crurale, & se distribuë aux muscles de devant, à la peau de la cuisse, & autour du genoüil : elle jette un rameau considerable qui accompagne la saphene jusqu'à la malleole interne où il se perd. 34 *La seconde.*

La troisiéme branche sort d'entre la quatriéme & la cinquiéme vertebre des lombes, & passant par le trou qui est à la fin de l'os pubis, elle se distribuë aux muscles du haut de la cuisse, aux parties honteuses, & principalement aux muscles qui prennent leur origine de l'os pubis, comme aux triceps, & se perdent dans la peau des aînes. 35 *La troisiéme.*

La quatriéme branche, qui est la plus grosse

& la plus longue de toutes, eſt auſſi la plus dure, parce qu'ayant à faire un plus long chemin,
il falloit qu'elle pût y reſiſter : Elle eſt formée
des quatre nerfs ſuperieurs de l'os ſacrum, qui
joints enſemble font un gros nerf, que l'on nomme crural, & qui ayant paſſé proche la tuberoſi-
té de l'iſchion, deſcend tout entier au jarret, où
il ſe fend en deux gros rameaux; dont l'externe
va de la partie exterieure du pied aux muſcles du
peroné, & ſe refléchiſſant vers la cheville externe, y finit; & l'interne, qui eſt le plus gros,
deſcend le long de la jambe aux muſcles du pied,
& ſe diſtribuant à la malleole interne va ſe perdre dans la plante du pied, & à tous les doigts
par deux rameaux qu'il leur donne à chacun.
Voilà tous les nerfs expliquez: voyons à preſent
les arteres & les vénes.

Vous connoiſſez aſſez les arteres pour ſçavoir
que ce ſont des vaiſſeaux longs, ronds & creux,
qui ont leur commencement au ventricule gauche du cœur, où ils reçoivent le ſang qu'elles
diſtribuent par toutes les parties du corps.

Tous les Anciens ont crû que les arteres n'é-
toient compoſées que de deux tuniques; mais
les modernes qui les ont examinez de plus prés,
en ont trouvez quatre, dont la premiere eſt nerveuſe & déliée, ayant ſa ſuperficie exterieure
remplie de pluſieurs petits nerfs répandus de
tous côtez, & ſa ſuperficie interieure tiſſuë de
petites arteres & vénes, dont les extremitez penetrent les autres membranes. La ſeconde eſt
glanduleuſe & adherente à la premiere; elle eſt
parſemée d'une infinité de petites glandes blan-

châtres. La troifiéme eft mufculeufe, étant tif-
fué de plufieurs fibres annulaires arrangées les
unes à côté des autres. La quatriéme eft une
tunique tres-déliée, dont les fibres font en droite ligne, coupans les fibres annulaires de la troifiéme à angles droits: ces fibres font apparentes
dans l'aorte proche du cœur.

Ceux qui nous ont fait remarquer ces quatre
differentes tuniques aux arteres, nous difent
qué ces petites arterioles portent le fang neceffaire pour la nourriture de ces tuniques; que les
vénules reprennent le fuperflu pour le reporter
au cœur; que les glandules feparent les ferofitez
de ce même fang; & enfin que les petits nerfs
verfent dans les fibres mufculeufes de ces tuniques des efprits animaux, qui fervent à entrete-
nir le battement continuel des arteres. Ufage de leurs quatre tu-niques.

Le battement des arteres, auffi bien que celuy
du cœur, confifte dans ces deux mouvemens que
nous avons appellez *diaftole* & *fiftole*, lefquels
étans pareils à ceux du cœur, fe font mécaniquement comme les fiens, tant par la ftructure
des fibres des arteres, que par le fang même, qui
étant pouffé avec violence par la contraction
des fibres mufculeufes du cœur dans l'aorte, dilate les fibres droites & circulaires de fes tuniques, qui par un mouvement de reffort fe re-
mettans enfuite dans leur premier état, continuent à pouffer le fang vers les extremiez des
arteres, à mefure qu'elles le reçoivent du cœur. Du batte-ment des arteres.

On ne peut pas douter que le battement des
arteres ne réponde à celuy du cœur; on en fera
convaincu en mettant une main fur la region du Le batte-ment des arteres.

fait celuy du cœur.

cœur, & tâtant le poulx de l'autre à la même personne, parce que l'on sentira que les pulsations de l'un se font en même tems que celles de l'autre : que si l'on découvre une artere à un animal vivant, & que l'on y fasse une ligature, le battement cessera à cette artere au dessous de la ligature, & se continuera au dessus ; ce qui fera connoître que les arteres ne battent pas par une vertu elastique particuliere qu'elles ayent, mais par l'impulsion du sang que le cœur lance dans leurs cavitez.

Usages des arteres,

Les usages des arteres sont si évidens, qu'il ne faut pas un grand raisonnement pour les prouver ; vous voyez qu'elles sont autant de canaux qui ayans reçûs du cœur le sang, le vont porter & répandre par toute la machine pour la faire subsister, & que sans cet esprit de vie qu'elle reçoit sans cesse par un million de petites arteres, elle periroit bien-tôt.

La nature est copiée dans la machine de Marly.

La Mécanique dont la nature s'est servie en fabriquant le cœur & les arteres, est si belle, qu'elle a esté le modele de ce qu'il y a de plus surprenant dans les machines que l'homme a inventé. La nature a esté simplement copiée dans le mouvement circulaire du sang, par celuy qui a fait cette grande machine de Marly, avec laquelle il fait monter l'eau de la Seine jusques sur une des plus hautes montagnes voisines. Toutes les circonstances qui se trouvent dans la circulation du sang, se rencontrent dans cette machine, & je vais vous les faire observer en peu de mots.

Preuves que cela est vray.

Une grande roüe tourne sans cesse, parce qu'elle est disposée de telle maniere que l'eau la frapant, elle ne peut s'empêcher de tourner, son mouvement pousse cette eau dans un conduit, & l'oblige par ses differentes impulsions d'aller jusqu'au bout non seulement de ce conduit, mais encore de tous ceux qui y aboutissent, & d'en sortir par leurs extremitez pour faire joüer toutes les fontaines de Versailles. Cette roüe represente le cœur : les conduits font l'office des arteres ; les differentes reprises qui poussent l'eau font le même effet que le diastole & le sistole : les Fontaines qui joüent ressemblent aux muscles dans lesquels le sang est versé : les décharges de ces Fontaines, qui raportent dans la Seine l'eau qu'elles ont reçeües, imitent les vênes qui reçoivent le sang versé dans les parties pour le reporter au cœur ; & enfin cette même eau frapant derechef la roüe, fait que par son mouvement elle la repousse dans les mêmes conduits, pour faire encore le même chemin qu'elle a déja fait ; Tout ceci est la figure du sang reporté qui fait mouvoir le cœur, & qui est par luy renvoyé dans toutes les parties, & ainsi continuellement : ce qui entretient ce mouvement circulaire qui nous fait vivre. Et tout de même que le sang a besoin d'estre réparé par l'aliment, pour remplacer celuy qui s'employe pour la nourriture des parties, de même il faut que la source de la Seine fournisse une nouvelle eau pour suppléer au defaut de celle qui s'est consumée & perduë dans le chemin qu'elle a faite.

Aprés que le tronc de l'artere iliaque est sorti du bas ventre, il change de nom, & s'appelle crural aussi-tôt qu'il est entré dans la cuisse ;

De l'artere crurale.

c'est cette artere qui porte & diſtribuë le ſang dans toute cette extremité par une infinité de branches qui ſortent de ſon tronc, à meſure qu'elle approche du pied où elle finit. En entrant dans la cuiſſe elle produit trois ou quatre petits rameaux qui n'ont point de nom, leſquels ſe perdent dans la peau & dans les muſcles du haut & du devant de la cuiſſe ; mais quatre ou cinq doigts au deſſous de l'ayne, l'artere crurale produit trois groſſes branches.

La premiere eſt appellée muſculaire interne, parce qu'elle eſt dans les muſcles interieurs de la cuiſſe ; elle jette d'abord quatre branches qui vont, la premiere, poſterieurement dans les muſcles abducteurs de la cuiſſe, dans la tête du triceps, dans celle des biceps, des demi-nerveux & demi-membraneux : la ſeconde, dans le haut du triceps ; la troiſiéme & la quatriéme dans le corps du triceps, & dans le greſle. Enſuite le tronc de cette muſculaire ſe diviſe en trois rameaux, dont le premier apres avoir paſſé à la fin du troiſiéme des triceps, ſe perd dans le demi-membraneux ; le ſecond paſſe ſous l'os de la cuiſſe, & ſe perd dans le vaſte externe ; & le troiſiéme deſcendant en bas jette des rameaux à la fin du troiſiéme des triceps, & ſe perd dans le demi-nerveux, & dans la tête du biceps.

La ſeconde eſt la muſculaire externe ; elle va à la partie exterieure de la cuiſſe ; & paſſant ſous le coûturier & le greſle droit, jette des branches à la fin de l'iliaque dans le vaſte externe, dans le crural, & dans le *faſcia lata*, ou membraneux.

La troisiéme sort presque du même endroit de la crurale que la precedente ; elle jette des rameaux dans le crural & dans le vaste externe, & va se perdre dans les membranes, & dans la graisse de la cuisse.

40
Autre musculaire.

A mesure que l'artere crurale descend, elle jette plusieurs petits rameaux qui vont dans les muscles voisins, & elle entre plus avant dans le derriere de la cuisse ; elle passe proche les tentons du triceps, & va gagner le jarret, où étant parvenuë, elle jette de petites branches qui vont à l'extremité des muscles du derriere de la cuisse, & se perdent dans la graisse : Ensuite elle produit sous le jarret les deux poplitées qui embrassent le genoüil, l'une par dedans, l'autre par dehors, & plus bas les surales, qui vont au commencement des gemeaux, du solaire, du plantaire, & du poplité ; elles environnent les os de la jambe de tous côtez par plusieurs petits rameaux qui s'y perdent.

41
Suite de la distribution de l'artere crurale.

Aprés cela elle se divise en deux grosses branches, dont la premiere est la crurale anterieure, qui passe à travers de la membrane qui joint les os de la jambe ; puis continuant sa route, va donner des rameaux dans le jambier exterieur, & dans les muscles extenseurs du poûce & des doigts,

42
La crurale anterieure.

La seconde est la crurale posterieure, elle est plus grosse que l'anterieure ; elle se divise en deux branches, l'une qui est la premiere posterieure, qui ayant distribué des branches au solaire, au peronier posterieur, au fléchisseur du poûce, monte par la malleole externe, & va se

43
La crurale posterieure.

perdre au deſſus du pied ; l'autre, qui eſt la ſeconde poſterieure, jette en deſcendant des rameaux au ſolaire, aux fléchiſſeurs des doigts , &
au jambier poſterieur ; & de là paſſant par la
cavité de l'éperon, ſe diviſe en deux branches,
dont l'une paſſe ſous le tenar pour aller au gros
orteil , & l'autre entre le muſcle court & l'hypotenar ſous la plante du pied, & va ſe diſtribuer
aux quatre autres doigts.

Vénes de
l'extremi-
té infe-
rieure.

Il me reſte encore à vous faire voir les vénes
qui ſe trouvent dans l'extremité inferieure, c'eſt
ce que je vais faire dans un moment, après que
je vous auray dit des generalitez des vénes ce
que l'on ne peut ſe diſpenſer d'en ſçavoir.

Défini-
tion de
véne.

Les vénes ſont des conduits membraneux qui
reçoivent le ſang de toutes les parties du corps,
pour le porter au cœur ; elles ſont compoſées
de quatre membranes differentes : La premiere
eſt un tiſſu de fibres nerveuſes en droite ligne,
quoyque diſpoſées irregulierement ; elle eſt lâche & s'étend facilement, n'étant pas attachée
aux autres, en ſorte que l'air qu'on y introduit
la gonfle. La ſeconde eſt un tiſſu de petits vaiſſeaux en forme de rets, qui fournit l'aliment aux
autres tuniques. La troiſiéme eſt toute parſemée
de petites glandes qui reçoivent les ſeroſitez apportées par les vaiſſeaux qui compoſent la ſeconde tunique : Et la quatriéme eſt compoſée
d'un arrangement de fibres muſculeuſes & annulaires, qui en ſe rétreſſiſſant, font cheminer le
ſang dans leurs cavitez.

Le nom-
bre des
vénes eſt
infini.

On ne peut pas vous déterminer le nombre
des vénes, il eſt infini, mais en general il eſt

plus grand que celuy des arteres ; il étoit de la prévoyancé de la fage nature que cela fût de la forte , parce que fi le fang n'avoit pas trouvé en fortant des arteres où il eft preffé , affez de vaiffeaux pour le recevoir , il auroit refté trop long-tems dans les chairs ; par là le mouvement circulaire étant retardé , le fang en auroit reçû de l'alteration , & toute la machine en auroit fouffert.

La groffeur des vénes eft differente , les deux principaux troncs font ceux de la véne cave & de la porte. Les crurales & les émulgentes font un peu moins groffes , & ainfi des autres à proportion qu'elles font éloignées de leurs troncs , où le nombre augmente à mefure qu'elles diminuent en groffeur. Il y en a que l'on appelle vénes capillaires , parce qu'elles ne font pas plus groffes que les cheveux ; & même il y en a de fi petites qu'elles font imperceptibles ; elles font répanduës par toutes les parties du corps : enfin il y en a jufques dans les os même pour y recevoir le fang que les rameaux des arteres y ont portez.

Les opinions font differentes fur l'origine des vénes , la plus receuë étoit qu'elle la tiroient du foye ; mais la plûpart des Modernes difent qu'elles n'en ont point de particuliere , non plus que toutes les autres parties du corps , qui trouvent toutes leur principe dans la femence , dont elles ne font que fe développer infenfiblement. Ils ajoûtent que fi l'on vouloit leur en donner une autre , il y auroit plus d'apparence de la chercher dans toutes les parties du corps , & de croire

Groffeur des vénes.

Les vénes naiffent de toutes les parties du corps.

qu'elles la reçoivent des petits rameaux qui y
font diftribuez , & qui pourroient leur fervir
de principes , comme autant de racines qui vont
produire un tronc , & comme autant de ruiffeaux qui par leur jonction vont former des
rivieres.

Qu'eft-ce
qu'ana-
ftomofe.
L'union de deux vaiffeaux qui fe joignent enfemble par leurs extremitez s'appelle anaftomofe ; il s'en trouve beaucoup de véne à véne,
auffi bien que d'artere à artere ; mais les anaftomofes d'arteres à vénes ne font que dans l'imagination de ceux qui les ont conçûs, puifque
l'on n'en trouve pas une en effet. Les premiers
qui ont connus la circulation du fang fuppo-
foient que les extremitez des arteres s'abou-
choient avec celles des vénes ; que les premieres
portoient le fang que les autres recevoient, &
qu'ainfi le mouvement circulaire fe faifoit fans
ceffe ; mais outre que nos yeux nous découvrent
le contraire, la raifon ne veut pas que cela foit
ainfi ; car de cette maniere le fang feroit toûjours contenu dans des vaiffeaux , & la nourriture ne fe pourroit pas faire, puifque pour qu'elle fe faffe, il faut qu'il foit extravafé dans les
parties , comme effectivement nous voyons
qu'il l'eft : Et de même qu'un arbre n'en feroit
pas mieux quand il auroit fes racines environnées de plufieurs conduits pleins d'eau, de même
les parties ne feroient pas nourries , fi le fang
étoit toûjours dans des vaiffeaux ; & comme
pour rafraîchir l'arbre, il faut que l'eau foit
verfée dans la terre où fes racines font répanduës ; il faut auffi pour nourrir une partie, que le

fang forte de ces conduits, & qu'étant verfé dans la partie, il la touche de toutes parts.

Je vous ay fouvent parlé des valvules, & je ne vous en ay point encore fait voir, parce que j'attendois à vous montrer celles des vénes de la cuiffe, qui font les plus apparentes de toutes; & pour cet effet j'ay ouvert cette véne tout de fa longueur, afin que vous en voyïez plufieurs.

Des val-
vules en
general.

Ces petites membranes que vous voyez dans la cavité de cette véne s'appellent des valvules; elles font difpofées d'efpaces en efpaces, en telle forte qu'elles s'ouvrent du côté qui regar-de le cœur, & fe ferment du côté des extre-mitez; ce qui empêche le retour du fang, & qui le foûtient contre fon propre poids, de peur qu'il ne tombe en bas.

Ce que
c'eft que
valvule.

La fubftance des valvules eft membraneufe, & quoyque déliée elle ne laiffe pas d'eftre affez forte; leur nombre eft incertain, & l'on dit qu'il y en a jufques à cent, ou environ: Les ar-teres n'en ont point; il s'en trouve plus dans les vénes des bras, des mains, des cuiffes, des jam-bes & des pieds, que dans celles des autres par-ties, parce que le fang venant de plus loin, a plus befoin de leur fecours pour gagner la véne cave. Il y en a dans les jugulaires internes qui empêchent que l'animal, ayant la tête baiffée, ne foit fuffoqué par le retour du fang dans le cerveau, & il n'y en a point dans les jugulaires externes, ni dans la cervicale, parce qu'elles ne viennent que des parties externes, & non pas du cerveau.

Subftan-
ce des
valvules.

Les valvules font faites en forme de croif-

Figure
des val-
vules,
fant, ou de panier de pigeons ; elles font ordinairement fimples, quelquefois doubles, triples
& quadruples en un même endroit : il faut remarquer que plus leur nombre eft grand, plus
elles font petites. Leurs ouvertures font alternativement difpofées, afin que le fang qui s'é-
chape & retombe de l'une, puiffe eftre arrêté
par la fuivante ; fi bien qu'elles font autant d'é-
chelons qui fervent au fang pour monter jufques
à la véne cave.

Obferva-
tion fur
les valvu-
les.
L'on voit aux vénes exterieures des bras & des
jambes, comme de petits nœuds d'efpaces en
efpaces ; ce font les endroits où il y a des valvules ; les Chirurgiens doivent éviter d'y faire les
ponctions dans les faignées, parce que la valvule fe trouvant à l'endroit de la piquûre, empêche le fang de bien fortir.

Ufages
des val-
vules.
La feule mécanique des valvules devoit fuffir
aux Anciens pour leur faire connoître le cours
du fang dans les vénes, puifqu'elles luy permettent de retourner de la circonference au centre,
& qu'elles l'empêchent d'aller du centre à la circonference : Mais ils étoient tellement prévenus
de leur principe, qui étoit que le foye envoyoit,
par le moyen des vénes, le fang nourricier aux
parties ; que quoy qu'ils y viffent de l'oppofition
de la part des valvules, ils perfiftoient dans leur
erreur, & difoient que les difficultez qu'elles y
apportoient, n'étoient que pour que le fang ne
defcendît avec trop de précipitation ; mais l'experience nous apprend que cette opinion n'eft
pas veritable.

Je vous ay dit que la nature étoit copiée en

toutes chofes, & que toute l'induftrie de l'homme n'alloit qu'à l'imiter dans fes ouvrages. Nous voyons qu'il y a réuffi fur le fait des arteres & des vénes. La Nature a fait les arteres tres-fortes, parce que le fang y eft forcé & preffé par les diverfes impulfions du cœur & du nouveau fang qu'il oblige d'y entrer ; elle a fait les vénes plus minces, parce qu'elles ne font que des tuyaux pour conduire le fang au cœur, & qu'étant en plus grand nombre que les arteres, & ne rapportant pas la même quantité de fang que les arteres en ont portées dans les parties, elles ne fouffrent aucune violence, & ainfi elles n'ont pas befoin d'eftre fi fortes. L'homme copie toutes ces circonftances dans les fontaines qu'il fait pour les jardins ; les tuyaux qui y conduifent l'eau du refervoir font tres-forts, parce que l'eau y eft forcée, & que l'impulfion que fait celle du refervoir, les feroit crever s'ils n'étoient renforcez ; les conduites de décharge font foibles, & fouvent on fe contente de les faire de grés, parce que ne fouffrans aucuns efforts, elles ne font fimplement que conduire l'eau dans quelque ruiffeau : & fi le conduit de décharge eft toûjours plus grand que l'ouverture de l'ajuftoir, quoy qu'il n'ait pas plus d'eau à recevoir que celle qui y a paffée, il imite encore en cela la nature, qui a mis plufieurs vénes pour recevoir le fang qu'une feule artere a verfée, & qui en debite plus elle feule que deux vénes n'en peuvent reporter.

Il arrive quelquefois que les membranes des vénes fe dilatent, ce qui fait les varices & ces

La nature eft copiée fur la ftructure des arteres & des vénes.

Ce qui fait les varices.

petites tumeurs & groffeurs que l'on nomme varicocelles : elles font caufées par des efforts, & principalement aux femmes par des accouchemens violens , parce que dans ce tems-là l'enfant preffant les vénes iliaques ; empêche le cours ordinaire du fang ; fi bien que ne pouvant marcher, les vénes s'empliffent tellement, que leurs membranes en s'étendant font ces fortes d'incommoditez , que l'on nomme des varices.

44
Vénes de l'extremité inferieure.

Dans l'extremité inferieure fe trouve une groffe véne que l'on nomme crurale ; elle eft formée par fix branches d'autres vénes qui s'y viennent inferer, & qui font comme fix vaiffeaux dont l'eau vient de plufieurs fources , & qui tous enfemble font un bras de riviere.

45
La fciatique majeure.

La premiere eft la fciatique majeure, qui commence par dix fcions de vénes, dont deux viennent de chaque orteil , & qui font un rameau auquel fe joint un autre qui vient d'entre le peroné & le talon ; ces deux rameaux montent par les mufcles du gras de la jambe , & n'en font plus qu'un qui va finir à la crurale.

46
La furale.

La feconde eft la furale , qui eft formée par deux branches de vénes, dont l'une eft exterieure & faite de la plûpart de celles que vous voyez ramper fur le pied ; l'autre eft interieure & produite par des rameaux de vénes qui viennent du gras de la jambe; ces deux branches en montant fe joignent, & font la furale , qui eft affez groffe.

47
La poplitique.

La troifiéme eft la poplitique, elle eft formée de differens rameaux unis enfemble ; elle monte

du talon, où elle commence par plusieurs scions,
tant de ceux du talon, que d'une partie de ceux
du coud de pied ; elle s'enfonce assez avant dans
les chairs, & passant par le jarret se va terminer
dans la crurale.

La quatriéme est la muscule qui comprend
deux branches, sçavoir la muscule externe, qui
vient des muscles exterieurs de la cuisse ; & la
muscule interne, qui vient des muscles interieurs
de la cuisse : ces deux branches vont se rendre à
la crurale vis-à-vis l'une de l'autre.

48 48
La muf-
cule.

La cinquiéme est la sciatique mineure, qui
est la plus petite de toutes ; elle est faite de plusieurs ramifications qui viennent de la peau &
des muscles qui environnent l'article de la
cuisse.

49
La sciati-
que mi-
neure.

La sixiéme est la saphene, qui est la plus
longue & la plus grosse des six : elle commence
par quelques rameaux qui viennent du gros orteil, & de dessus le pied ; & montant par la
malleole interne le long de la jambe, & par la
partie interieure de la cuisse, entre la peau & la
membrane charnuë, elle va se rendre environ
les glandes de l'ayne dans la crurale : Elle reçoit
plusieurs branches dans son chemin, & c'est cette
véne que l'on a accoûtumé d'ouvrir dans la
saignée du pied.

50
La saphe-
ne.

Ces six vénes vont toutes se terminer dans la
crurale, pour y porter le sang qu'elles ont re-
cueillies de toute l'extremité inferieure, la crurale montant en haut, & ayant passé l'ayne, va
finir à l'iliaque, & y conduit le sang qu'elle a
reçû des autres. L'iliaque le porte dans la véne

Ces six
vénes
font la
crurale.

cave , & celle-ci dans le ventricule droit du cœur ; si bien que ces vénes sont comme une longue ruë qui a plusieurs noms , quoyque ce ne soit que la même continuité d'un bout à l'autre.

L'Angiologie ne traitoit anciennement que de trois sortes de vaisseaux, qui étoient les nerfs, les arteres, & les vénes ; je vous les ay démontré tous : Mais les Modernes y en ajoûtent de deux sortes, qu'ils ont découverts dans ce siecle ; ce sont les vénes lactées, & les vaisseaux lymphatiques. Je vous ay parlé des vénes lactées dans leur lieu, & je vais vous dire quelque chose des vaisseaux limphatiques.

L'Angiologie traite aussi des vaisseaux limphatiques.

Ce sont de petits canaux à peu prés comme des lactées, faits d'une tunique fort déliée, semblables à de la toile d'araignée, & remplis de valvules qui s'ouvrent comme celles des vénes vers le cœur, & qui se ferment en allant du cœur vers les extremitez.

Structure des vaisseaux limphatiques.

Ils sont appellez vaisseaux limphatiques séreux, aqueux, ou cristallins, qui sont tous noms synonimes qu'on leur a donnez, à cause que la liqueur qu'ils contiennent est claire, sereuse, & transparente.

Pourquoi ainsi appellez.

Ces vaisseaux n'ont point de reservoir commun ; car les uns vont déposer leur limphe dans les reservoirs, ou dans le canal thorachique, & les autres dans les vénes immediatement. Les uns viennent des visceres, & les autres des glandes qui sont répanduës par tout le corps. Ceux qui viennent des glandes conglobées portent leur limphe dans les vénes ; & ceux qui viennent des glandes conglomerées la portent dans des cavitez

Chemin de ces vaisseaux.

cavitez particulieres, comme dans les yeux, dans la bouche, dans le duodenum, &c. Il y en a encore d'autres qui viennent des glandes qui sont dans les articles, comme sont ceux des genoüils, lesquels rampans le long de la cuisse, vont se décharger dans les reservoirs du chile.

Leur nombre est fort grand; car outre ceux que l'on voit, il y en a une infinité de petits que l'œil ne peut découvrir; leur figure est semblable à celle des autres vaisseaux: ils paroissent noüeux aux endroits où sont leurs valvules, à cause de la diversité de leur division. Leur situation est dans toutes les parties du corps, & principalement proche les articles, & autour du foye, qu'ils ceignent de toutes parts comme une couronne.

Leur nombre est infini.

La limphe que contiennent ces vaisseaux vient des serositez du sang qui se filtrent dans les glandes; elle est ordinairement claire & transparente, mais elle change de couleur à proportion des teintures qu'elle prend du chile, de la bile, & des autres humeurs contenuës dans le sang; elle est insipide d'elle-même; neanmoins on la trouve quelquefois acide, amere, ou salée; elle se fige & se coagule par le mêlange des humeurs, & la dissolution des sels, de même que les serositez du sang; & elle a une odeur particuliere quand elle est dessechée.

Couleur de la limphe.

Il y a quelques Auteurs qui croyent qu'elle vient du suc nerveux qui est porté par les nerfs dans les glandes, & qui y est filtré; il y en a d'autres qui pretendent que la découverte de ces vaisseaux a fait connoître la cause de l'hydropisie; ils

M m

disent qu'elle n'est causée que par la rupture de quelques-uns de ces vaisseaux qui distillent leur serosité dans quelque capacité.

A l'égard des usages de la liqueur limphatique, je croy que l'on en a usé comme on fait à l'égard de quelque remede nouveau, à qui l'on donne plus de vertu qu'à tous ceux qui ont precedez : Car on dit que la limphe sert à détremper le chile & le sang, & ainsi à les rendre plus coulans ; qu'elle sert à la nourriture & à l'accroissement du corps ; qu'elle empêche la trop grande consomption des esprits ; qu'elle dissout les sels ; qu'elle aide à faire les fermentations ; & enfin qu'elle tempere l'acrimonie des acides & de la bile.

J'imite aujourd'huy Policlete, ce fameux Peintre, qui achevoit toutes les figures qu'il peignoit par les ongles, & qui disoit, que ces derniers coups de pinceau ne luy faisoient pas moins de peine, que tous ceux qu'il avoit donnez auparavant. Je finis comme luy la Démonstration de l'Homme par celle des ongles, & j'avoüe en même tems que ces parties, quoyque simples, ne donnent pas moins de peine à ceux qui travaillent à les bien connoître, que toutes les autres parties du reste du corps.

Les ongles sont faciles à démontrer, c'est pourquoy s'ils embarrassent, ce n'est ni dans leur démonstration, ni dans leur dissection ; mais la difficulté est de pouvoir bien déveloper leur nature ; ce qui n'est pas aisé, à cause des differens sentimens dans lesquels nous voyons les Auteurs à leur égard : neanmoins il ne faut pas nous rebuter au bout de la carriere ; au contraire nous devons nous efforcer de nous éclaircir, en penetrant les obfcuritez qui nous cachent leur nature ; c'eft ce que nous allons faire fuccintement, & par où nous finirons ce Cours d'Anatomie.

Les ongles font des corps durs, ronds, blancs, & diaphanes, fituez à l'extremité des doigts. Il y a des Auteurs qui leur conteftent le nom de partie, difant qu'ils ne le font qu'en prenant ce mot *de partie* largement, & de la même maniere qu'on le donne aux cheveux ; mais il femble que c'eft leur difputer injuftement cette qualité, puifqu'ils font auffi bien parties que les dents, à qui on n'en a jamais refufé le nom.

Je trouve beaucoup de convenance entre les dents & les ongles ; ces deux parties ont leurs racines par où elles fe nourriffent ; elles font en partie fenfibles, & en partie infenfibles ; elles croiffent toutes deux, & l'on peut limer l'extremité des unes, & couper les bouts des autres, fans reffentir de la douleur ; & enfin elles ont les unes & les autres des ufages dont l'homme a de la peine à fe paffer. Je remarque au contraire de la difconvenance entre les ongles & les poils, puifque nous tirons autant d'utilité en rafant & faifant tomber les poils, que nous en recevons en confervant les ongles ; & l'obfervation de Paré, qui dit les avoir vû croître à un mort de vingt-cinq ans, ne fuffit pas pour les priver du nom de partie.

Il y en a qui ont voulu que la matiere des ongles fût une humeur excrementeufe, qui venoit des os & des cartilages ; & d'autres qu'ils fuffent

Définition des ongles.

Convenance des ongles avec les dents.

La matiere des ongles.

M m ij

faits & formez par l'extremité élargie des tens
dons des muscles qui remuent les doigts, lesquels
étant hors de la chair, & exposez à l'air, se dessechent de la maniere que vous voyez; mais mon
opinion est que les ongles trouvent leur principe
dans la semence, où il y a des particules propres
à les former, comme il y en a pour les os & les
cartilages, & que l'enfant venant au monde avec
des ongles n'avoit pas besoin d'attendre que les
os & les cartilages eussent produits des excremens, ni qu'il eût esté à l'air, afin qu'il desséchât
& endurcît les extremitez des tendons pour les
former.

La figure des ongles est ovalaire, étans plus
longs que larges; ils sont plats & un peu courbez
par les côtez pour s'accommoder à la figure
ronde des doigts. Leur grandeur est differente;
ceux des mains sont plus larges que ceux des
pieds, excepté celuy du gros orteil, qui est le plus
grand & le plus épais de tous. Leur nombre est
reglé, l'homme en a vingt, cinq à chaque main,
& autant à chaque pied. Leur couleur est difficile à définir; elle n'est pas tout-à-fait blanche, &
ils paroissent rouges & livides selon la couleur de
la chair qui est au dessous, parce qu'ils sont trans-
parens. Enfin leur substance est mediocrement
dure afin de resister, & neanmoins flexible, pour
ceder un peu & ne se rompre pas.

On considere deux surfaces aux ongles, l'une
externe, & l'autre interne; l'externe est celle qui
paroît au dehors, qui est polie & insensible, &
laquelle nous pouvons ratisser sans douleur:
l'interne est celle qui est attachée à la chair, &

Figure des ongles.

Examen des ongles.

qui a vie & fentiment ; ces deux furfaces ne font point de parties differentes, car elles ne fe peuvent divifer étant continuës & produites par une même fubftance.

On divife l'ongle en trois parties ; la premiere eft appellée la racine, qui ordinairement eft blanche ; elle eft attachée à la chair & au tendon ; elle a auffi un fentiment fort exquis : La feconde eft celle du milieu, qui eft vermeille en ceux qui fe portent bien : La troifiéme eft celle qui n'a ni vie ni fentiment, qui croît toûjours, & qu'on rogne toûjours fans en reffentir aucune douleur. Il ne faut pas que les ongles foient plus longs ni plus courts que les extremitez des doigts, parce qu'étans trop longs ils ne fçauroient prendre exactement les petits corps, de même que ceux qui font trop courts rendent les extremitez des doigts inutiles à l'apprehenfion ; mais ceux qui égalent les bouts des doigts, font qu'on prend & qu'on tient plus aifément.

Divifion des ongles.

Il eft certain que les ongles fe nourriffent, puifqu'ils croiffent à proportion que les doigts groffiffent ; ils reçoivent leur nourriture par leur racine ; ce que nous pouvons remarquer tous les jours, lorfqu'il y a une tache fur un ongle ; nous voyons qu'elle s'éloigne de la racine à mefure que l'ongle croît, & que l'on le coupe ; il fe nourrit de même que les os & les cartilages par addition de matiere fur matiere, & ils trouvent des particules dans le fang propres à leur nourriture, qui leur font apportées par les arterioles qui aboutiffent entre leur partie interne & la chair à laquelle ils font attachez.

Commét. les ongles fe nourriffent.

L'homme tire plusieurs usages des ongles, ils affermissent l'extremité des doigts; ils luy servent à prendre les corps durs & menus; ils défendent les bouts des doigts, qui étant sensibles, seroient souvent blessez sans les ongles; ils contribuent à l'ornement; enfin outre les utilitez generales que tout le monde reçoit de ces parties, il en est de particulieres que de certains artisans en tirent pour la perfection de leurs ouvrages, & entr'autres le Chirurgien à qui ils sont d'un grand secours dans les Operations les plus délicates.

Je ne sçay pas si les Chiromantiens par l'inspection des ongles, qu'ils appellent *Onychomantia*, connoissent le passé & penetrent dans l'avenir comme ils le publient; mais je sçay bien que les habiles Medecins en tirent beaucoup d'indications dans plusieurs maladies, comme dans la Phtisie, l'Hydropisie, le poison & les Fiévres aiguës qui rendent les ongles crochus & livides. Un sçavant Medecin d'Italie en a fait un Traité exprés qui est fort rare.

Nous voici enfin parvenus à la fin de nos Démonstrations Anatomiques; je les ay faites avec le plus d'exactitude que j'ay pû: je seray trop recompensé des peines qu'elles m'ont données, si vous estes contens & satisfaits de mon travail.

FIN.

TABLE

DES MATIERES
de ce Livre,

Contenant huit Démonstrations OSTEOLOGIQUES,

Dont *LA PREMIERE* explique

LA II. DEMONSTRATION
contient

M m iiij

TABLE

LA III. DÉMONSTRATION
décrit les Os du Crâne.

LA IV. DÉMONSTRATION
fait voir les Os de la Face.

DES MATIERES.

DIX DÉMONSTRATIONS
Anatomiques,

Dont la premiere explique,

TABLE

LA IV. DE'MONSTRATION
fait voir les parties de l'Homme qui ſervent à la generation.

AVTRE IV. DE'MONSTRATION,
qui traite des parties de la Femme deſtinées à la generation.

DES MATIERES.

LA V. DE'MONSTRATION
instruit des parties de la poitrine.

LA VI. DE'MONSTRATION,
fait connoître les organes de la refpiration.

TABLE

LA VII. DEMONSTRATION
represente le cerveau & ses parties.

DES MATIERES.

TABLE DES MATIERES.

LA X. ET DERNIERE DEMONST. *fait voir les extremitez inferieures.*

Fin de la Table.

EXTRAIT DU PRIVILEGE
du Roy.

PAr Grace & Privilege du Roy, donné à Versailles le neuviéme Janvier 1690. Signé BOUCHER. Il est permis au Sieur DIONIS, premier Chirurgien de Madame la Dauphine, de faire imprimer un Livre intitulé, *L'Anatomie de l'Homme, suivant la Circulation du sang, & les dernieres Découvertes, démontrée au Iardin Royal, & accompagnée de Figures gravées sur ce sujet;* en tel volume, marge & caractere, & autant de fois que bon luy semblera, pendant le tems de dix années consecutives, à commencer du jour qu'il sera achevé d'imprimer : Et défenses sont faites à tous autres de l'imprimer sans le consentement de l'Exposant, ou de ses ayans cause ; à peine de trois mil livres d'amende, confiscation des Exemplaires contrefaits, & de tous dépens, dommages & interests, ainsi

N n

qu'il eſt plus au long porté par ledit Privilege.

Ledit Sieur DIONIS a cedé & tranſporté ſon droit de Privilege à LAURENT d'HOURY, ſuivant l'accord fait entr'eux.

Regiſtré ſur le Livre de la Communauté des Imprimeurs & Libraires de Paris, le 28. Fevrier 1690.

Signez P. TRABOUILLET,
P. AUBOUIN, J. COIGNARD,
Adjoints,

Achevé d'imprimer pour la premiere fois le premier Octobre 1690.

ERRATA.

PAge 30. ligne 12. au corps, *lisez* au carpe

P. 43. lig. 22. à cause de la , *lisez* & à ceux de la

P. 54. lig. 23. ne la fait, *lisez* ne se fait

P. 57. lig. 30. *lisez* à ces os trois sortes

P. 75. lig. 10. étroite , *lisez* droite

P. 77. lig. 28. le mast d'un navire où les cordes, *lisez* la quille d'un navire où les courbes

P. 107. lig. 20. un des trous, *lisez* un des tendons

P. 109. lig. 13. *lisez* les os du carpe

P. 111. lig. 21. *lisez* en grossissant à mesure

P. 115. lig. 17. *lisez* aux quatre autres

P. 119. lig. 7. que toute la tête , *lisez* tout le reste

Aux pages 167. lig. 16. 172. lig. 24. 179. lig. 24. & encore ailleurs , au lieu de, sixiéme paire, *lisez* neuviéme paire

P. 172. lig. 7. qui le formât, *lisez* qui la fermât.

P. 189. lig. 20. & 191. lig. 31. *lisez* véne cave descendante

P. 297. lig. 22. *lisez* diaphragme dans son milieu

P. 473. lig. 4. *lisez* son principe

P. 491. lig. 19. la plus belle , *lisez* la plus basse

P. 519. lig. 24. & lig. 33. intercostaux , *lisez* interosseux

A la même, lig. 31. & se perdent, *lisez* & se perd

P. 530. lig. 21. le sang qu'elles, *lisez* le sang qu'ils

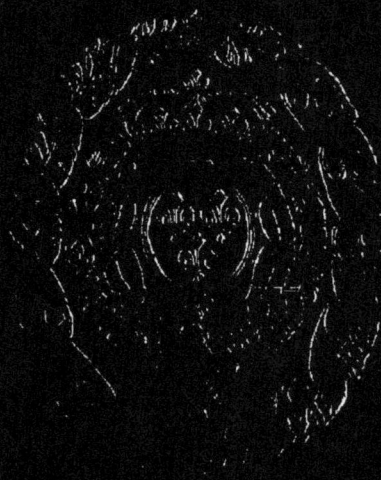